计算机科学与技术专业核心教材体系建设——建议使用时间

课程系列	一年级上	一年级下	二年级上	二年级下	三年级上	三年级下	四年级上	四年级下
基础系列	大学计算机基础	离散数学(上)信息安全导论 / 离散数学(下)						
电类系列		电子技术基础 / 数字逻辑设计 数字逻辑设计实验						
程序系列			计算机程序设计 / 面向对象程序设计 程序设计实践	数据结构	算法设计与分析	软件工程编译原理	软件工程综合实践	
系统系列			计算机原理 操作系统	计算机系统综合实践	计算机网络		计算机体系结构	
应用系列						人工智能导论 数据库原理与技术 嵌入式系统	计算机图形学	
选修系列								机器学习 物联网导论 大数据分析技术 数字图像技术

面向新工科专业建设计算机系列教材

操作系统
MOOC版

杨兴强　韩芳溪　潘润宇　著

清华大学出版社
北京

内 容 简 介

操作系统是计算机系统最核心的软件系统，操作系统课程是计算机类本科的专业基础课程。本书作为面向计算机类专业本科生的操作系统课程教材，目标是阐述操作系统的原理和运行机制。

本书阐述了操作系统中的核心概念、原理和机制，以及解决各种问题的策略；介绍了和操作系统相关的硬件及软件的相关知识。本书具体内容包括计算机硬件基础、程序设计与运行、操作系统的形成和发展、CPU 管理、内存管理、输入/输出管理、文件管理、互斥与同步、死锁。

本书从历史和系统两个维度阐述操作系统中的概念，既探索了核心概念的起源和发展，也联系计算机系统的其他课程，以加强读者对原理的深入理解。同时，以在源代码层面上理解操作系统为目标，结合读者的程序设计经验，讲解原理的实现机制，并落实到代码层面，使读者形成从原理到实现的一贯认知。

本书适合作为计算机专业类本科生教材或其他读者的参考书，对于有一定实际经验的程序员也有重要参考价值。

版权所有，侵权必究。举报：010-62782989，beiqinquan@tup.tsinghua.edu.cn。

图书在版编目（CIP）数据

操作系统：MOOC 版/杨兴强，韩芳溪，潘润宇著. -- 北京：清华大学出版社，2025.3. --（面向新工科专业建设计算机系列教材）. -- ISBN 978-7-302-68520-3

Ⅰ. TP316

中国国家版本馆 CIP 数据核字第 2025AK4803 号

策划编辑：白立军
责任编辑：杨 帆 薛 阳
封面设计：刘 键
责任校对：王勤勤
责任印制：沈 露

出版发行：清华大学出版社
网　　址：https://www.tup.com.cn，https://www.wqxuetang.com
地　　址：北京清华大学学研大厦 A 座
邮　　编：100084
社 总 机：010-83470000
邮　　购：010-62786544
投稿与读者服务：010-62776969，c-service@tup.tsinghua.edu.cn
质量反馈：010-62772015，zhiliang@tup.tsinghua.edu.cn
课件下载：https://www.tup.com.cn，010-83470236

印 装 者：三河市龙大印装有限公司
经　　销：全国新华书店
开　　本：185mm×260mm　　印　张：19.25　　插　页：1　　字　数：468 千字
版　　次：2025 年 4 月第 1 版　　印　次：2025 年 4 月第 1 次印刷
定　　价：69.00 元

产品编号：092386-01

出版说明

一、系列教材背景

人类已经进入智能时代,云计算、大数据、物联网、人工智能、机器人、量子计算等是这个时代最重要的技术热点。为了适应和满足时代发展对人才培养的需要,2017年2月以来,教育部积极推进新工科建设,先后形成了"复旦共识"、"天大行动"和"北京指南",并发布了《教育部高等教育司关于开展新工科研究与实践的通知》《教育部办公厅关于推荐新工科研究与实践项目的通知》,全力探索形成领跑全球工程教育的中国模式、中国经验,助力高等教育强国建设。新工科有两个内涵:一是新的工科专业;二是传统工科专业的新需求。新工科建设将促进一批新专业的发展,这批新专业有的是依托于现有计算机类专业派生、扩展而成的,有的是多个专业有机整合而成的。由计算机类专业派生、扩展形成的新工科专业有计算机科学与技术、软件工程、网络工程、物联网工程、信息管理与信息系统、数据科学与大数据技术等。由计算机类学科交叉融合形成的新工科专业有网络空间安全、人工智能、机器人工程、数字媒体技术、智能科学与技术等。

在新工科建设的"九个一批"中,明确提出"建设一批体现产业和技术最新发展的新课程""建设一批产业急需的新兴工科专业"。新课程和新专业的持续建设,都需要以适应新工科教育的教材作为支撑。由于各个专业之间的课程相互交叉,但是又不能相互包含,所以在选题方向上,既考虑由计算机类专业派生、扩展形成的新工科专业的选题,又考虑由计算机类专业交叉融合形成的新工科专业的选题,特别是网络空间安全专业、智能科学与技术专业的选题。基于此,清华大学出版社计划出版"面向新工科专业建设计算机系列教材"。

二、教材定位

教材使用对象为"211工程"高校或同等水平及以上高校计算机类专业及相关专业学生。

三、教材编写原则

(1) 借鉴 *Computer Science Curricula* 2013(以下简称CS2013)。CS2013

的核心知识领域包括算法与复杂度、体系结构与组织、计算科学、离散结构、图形学与可视化、人机交互、信息保障与安全、信息管理、智能系统、网络与通信、操作系统、基于平台的开发、并行与分布式计算、程序设计语言、软件开发基础、软件工程、系统基础、社会问题与专业实践等内容。

(2) 处理好理论与技能培养的关系，注重理论与实践相结合，加强对学生思维方式的训练和计算思维的培养。计算机专业学生能力的培养特别强调理论学习、计算思维培养和实践训练。本系列教材以"重视理论，加强计算思维培养，突出案例和实践应用"为主要目标。

(3) 为便于教学，在纸质教材的基础上，融合多种形式的教学辅助材料。每本教材可以有主教材、教师用书、习题解答、实验指导等。特别是在数字资源建设方面，可以结合当前出版融合的趋势，做好立体化教材建设，可考虑加上微课、微视频、二维码、MOOC等扩展资源。

四、教材特点

1. 满足新工科专业建设的需要

系列教材涵盖计算机科学与技术、软件工程、物联网工程、数据科学与大数据技术、网络空间安全、人工智能等专业的课程。

2. 案例体现传统工科专业的新需求

编写时，以案例驱动，任务引导，特别是有一些新应用场景的案例。

3. 循序渐进，内容全面

讲解基础知识和实用案例时，由简单到复杂，循序渐进，系统讲解。

4. 资源丰富，立体化建设

除了教学课件外，还可以提供教学大纲、教学计划、微视频等扩展资源，以方便教学。

五、优先出版

1. 精品课程配套教材

主要包括国家级或省级的精品课程和精品资源共享课程的配套教材。

2. 传统优秀改版教材

对于已经出版、得到市场认可的优秀教材，由于新技术的发展，计划给图书配上新的教学形式、教学资源的改版教材。

3. 前沿技术与热点教材

反映计算机前沿和当前热点的相关教材，例如云计算、大数据、人工智能、物联网、网络空间安全等方面的教材。

六、联系方式

联系人：白立军
联系电话：010-83470179
联系和投稿邮箱：bailj@tup.tsinghua.edu.cn

面向新工科专业建设计算机系列教材编委会
2019 年 6 月

面向新工科专业建设计算机系列教材编委会

主　任：
　　张尧学　清华大学计算机科学与技术系教授　中国工程院院士/教育部高等学校
　　　　　　软件工程专业教学指导委员会主任委员

副主任：
　　陈　刚　浙江大学　　　　　　　　　　　　　　　　　　　副校长/教授
　　卢先和　清华大学出版社　　　　　　　　　　　　　　　　总编辑/编审

委　员：
　　毕　胜　大连海事大学信息科学技术学院　　　　　　　　　院长/教授
　　蔡伯根　北京交通大学计算机与信息技术学院　　　　　　　院长/教授
　　陈　兵　南京航空航天大学计算机科学与技术学院　　　　　院长/教授
　　成秀珍　山东大学计算机科学与技术学院　　　　　　　　　院长/教授
　　丁志军　同济大学计算机科学与技术系　　　　　　　　　　系主任/教授
　　董军宇　中国海洋大学信息科学与工程学部　　　　　　　　部长/教授
　　冯　丹　华中科技大学计算机学院　　　　　　　　　　　　副校长/教授
　　冯立功　战略支援部队信息工程大学网络空间安全学院　　　院长/教授
　　高　英　华南理工大学计算机科学与工程学院　　　　　　　副院长/教授
　　桂小林　西安交通大学计算机科学与技术学院　　　　　　　教授
　　郭卫斌　华东理工大学信息科学与工程学院　　　　　　　　副院长/教授
　　郭文忠　福州大学　　　　　　　　　　　　　　　　　　　副校长/教授
　　郭毅可　香港科技大学　　　　　　　　　　　　　　　　　副校长/教授
　　过敏意　上海交通大学计算机科学与工程系　　　　　　　　教授
　　胡瑞敏　西安电子科技大学网络与信息安全学院　　　　　　院长/教授
　　黄河燕　北京理工大学计算机学院　　　　　　　　　　　　院长/教授
　　雷蕴奇　厦门大学计算机科学系　　　　　　　　　　　　　教授
　　李凡长　苏州大学计算机科学与技术学院　　　　　　　　　院长/教授
　　李克秋　天津大学计算机科学与技术学院　　　　　　　　　院长/教授
　　李肯立　湖南大学　　　　　　　　　　　　　　　　　　　副校长/教授
　　李向阳　中国科学技术大学计算机科学与技术学院　　　　　执行院长/教授
　　梁荣华　浙江工业大学计算机科学与技术学院　　　　　　　执行院长/教授
　　刘延飞　火箭军工程大学基础部　　　　　　　　　　　　　副主任/教授
　　陆建峰　南京理工大学计算机科学与工程学院　　　　　　　副院长/教授
　　罗军舟　东南大学计算机科学与工程学院　　　　　　　　　教授
　　吕建成　四川大学计算机学院(软件学院)　　　　　　　　　院长/教授
　　吕卫锋　北京航空航天大学　　　　　　　　　　　　　　　副校长/教授
　　马志新　兰州大学信息科学与工程学院　　　　　　　　　　副院长/教授

毛晓光	国防科技大学计算机学院	副院长/教授
明　仲	深圳大学计算机与软件学院	院长/教授
彭进业	西北大学信息科学与技术学院	院长/教授
钱德沛	北京航空航天大学计算机学院	中国科学院院士/教授
申恒涛	电子科技大学计算机科学与工程学院	院长/教授
苏　森	北京邮电大学	副校长/教授
汪　萌	合肥工业大学	副校长/教授
王长波	华东师范大学计算机科学与软件工程学院	常务副院长/教授
王劲松	天津理工大学计算机科学与工程学院	院长/教授
王良民	东南大学网络空间安全学院	教授
王　泉	西安电子科技大学	副校长/教授
王晓阳	复旦大学计算机科学技术学院	教授
王　义	东北大学计算机科学与工程学院	教授
魏晓辉	吉林大学计算机科学与技术学院	教授
文继荣	中国人民大学信息学院	院长/教授
翁　健	暨南大学	副校长/教授
吴　迪	中山大学计算机学院	副院长/教授
吴　卿	杭州电子科技大学	教授
武永卫	清华大学计算机科学与技术系	副主任/教授
肖国强	西南大学计算机与信息科学学院	院长/教授
熊盛武	武汉理工大学计算机科学与技术学院	院长/教授
徐　伟	陆军工程大学指挥控制工程学院	院长/副教授
杨　鉴	云南大学信息学院	教授
杨　燕	西南交通大学信息科学与技术学院	副院长/教授
杨　震	北京工业大学信息学部	副主任/教授
姚　力	北京师范大学人工智能学院	执行院长/教授
叶保留	河海大学计算机与信息学院	院长/教授
印桂生	哈尔滨工程大学计算机科学与技术学院	院长/教授
袁晓洁	南开大学计算机学院	院长/教授
张春元	国防科技大学计算机学院	教授
张　强	大连理工大学计算机科学与技术学院	院长/教授
张清华	重庆邮电大学	副校长/教授
张艳宁	西北工业大学	副校长/教授
赵建平	长春理工大学计算机科学技术学院	院长/教授
郑新奇	中国地质大学(北京)信息工程学院	院长/教授
仲　红	安徽大学计算机科学与技术学院	院长/教授
周　勇	中国矿业大学计算机科学与技术学院	院长/教授
周志华	南京大学计算机科学与技术系	系主任/教授
邹北骥	中南大学计算机学院	教授

秘书长：

| 白立军 | 清华大学出版社 | 副编审 |

前言

操作系统的重要性无须赘言,在高科技领域竞争日趋激烈的时下,操作系统的研发面临艰难的挑战。同样面对巨大挑战的是操作系统教学,它与操作系统的研发相辅相成。

最近几十年,国内操作系统的教学理念在新技术和国外优秀教材的影响下不断改进,出版了一系列优秀的教材。最早的教材主要介绍概念和方法,也有的教材基于具体的系统解析操作系统的实现。后来引入了一大批国外的著名教材,如陈向群译的《现代操作系统》,郑扣根译的《操作系统概念》,陈莉君译的《Linux 内核设计与实现》,陈向群、陈渝译的《操作系统精髓与设计原理》等,其特点是内容丰富且深入。在吸收这些教材的优点的基础上,国内也跟着出现了一批优秀教材,如罗宇编写的《操作系统》、张琼生编写的《计算机操作系统原理》等,其特点是面向教学,内容实用。另外,系统能力培养教学理念引领了新的教学改革,相继出版了一批从系统角度诠释操作系统内容的教材,如袁春风编写的《计算机系统基础》、龚奕利和雷迎春译的《深入理解计算机系统》等;也出现了一些紧跟操作系统研发步伐的教材,如陈海波、夏虞斌编写的《现代操作系统》。

在研究前人操作系统教材以及现代教学理念和技术的基础上,本书积极探索操作系统教材编写的新思路,体现在如下几方面。

(1) 从技术发展历史的进程中,理解操作系统中概念的本质内涵。将重要的概念,结合其提出的历史背景进行阐述,使读者能够更容易地理解概念,抓住问题本质,同时也体会到每个概念的创新价值。

(2) 从系统的角度阐述操作系统原理。通过介绍计算机硬件、编译系统以及程序设计知识的关联性,读者可以更全面地掌握操作系统中的方法,以及这些方法的硬件基础和应用背景,第 1 章和第 2 章内容为此而设置。第 2 章的内容弥补了从编程到操作系统之间在知识衔接上的缺失,是理解操作系统必备的内容。

(3) 在代码层面理解操作系统。本书在介绍操作系统的机制和策略时,虽然没有大篇幅地使用代码,但力图讲解到程序员可以理解并将机制和策略与程序实现相关联的程度,对操作系统与硬件的接口也做了尽可能详细的说明,尽可能使读者能够在已有专业知识的基础上深入、详细地理解操作系统的实现基础。

希望此书能够提供给读者一个新的视角和途径,学习并掌握操作系统的原理和方法。本书配有 MOOC 视频,可以在智慧树官网找到。

编 者

2024 年 11 月

CONTENTS

目录

第1章　计算机硬件基础 …………………………………………………………… 1

　1.1　图灵机 ……………………………………………………………………… 1
　　　1.1.1　图灵机的架构 …………………………………………………… 1
　　　1.1.2　一进制加法图灵机实例 ………………………………………… 2
　　　1.1.3　通用图灵机 ……………………………………………………… 4
　1.2　早期的计算机系统 ………………………………………………………… 5
　　　1.2.1　电子计算机的诞生 ……………………………………………… 5
　　　1.2.2　通用电子计算机 ………………………………………………… 6
　　　1.2.3　存储程序计算机 ………………………………………………… 7
　　　1.2.4　存储程序计算机 EDSAC ……………………………………… 8
　1.3　指令集架构 ………………………………………………………………… 11
　　　1.3.1　指令集架构的概念 ……………………………………………… 11
　　　1.3.2　指令集架构发展现状 …………………………………………… 13
　　　1.3.3　指令集架构与操作系统的关系 ………………………………… 16
　　　1.3.4　指令集架构在计算机系统设计中的地位 ……………………… 17
　　　1.3.5　处理机运行模式 ………………………………………………… 17
　1.4　存储访问 …………………………………………………………………… 18
　　　1.4.1　寄存器 …………………………………………………………… 19
　　　1.4.2　访问内存 ………………………………………………………… 20
　1.5　访问外设 …………………………………………………………………… 23
　　　1.5.1　总线 ……………………………………………………………… 24
　　　1.5.2　I/O 接口 ………………………………………………………… 25
　　　1.5.3　端口 ……………………………………………………………… 26
　　　1.5.4　设备控制方式 …………………………………………………… 27
　　　1.5.5　主机对外设的控制 ……………………………………………… 29
　小结 ……………………………………………………………………………… 30
　练习 ……………………………………………………………………………… 30

第2章 程序设计与运行 ... 31

2.1 一个简单的程序 ... 31
2.1.1 代码描述 ... 31
2.1.2 代码解释 ... 33
2.1.3 程序在内存中的布局 ... 34

2.2 子程序 ... 36
2.2.1 子程序的概念 ... 36
2.2.2 调用约定 ... 36
2.2.3 程序的运行栈 ... 37
2.2.4 子程序库 ... 39

2.3 可执行程序的生成 ... 39
2.3.1 编程语言 ... 40
2.3.2 程序的连接 ... 41

2.4 程序的装入 ... 44
2.4.1 可执行文件结构 ... 44
2.4.2 装载 ... 45
2.4.3 程序启动与结束 ... 46

2.5 程序的运行 ... 47
2.5.1 指令流之间的切换 ... 47
2.5.2 操作系统提供的支持 ... 48
2.5.3 运行时系统 ... 49

小结 ... 50
练习 ... 51

第3章 操作系统的形成和发展 ... 52

3.1 早期的人机交互 ... 52
3.2 批处理 ... 54
3.2.1 批处理系统 ... 54
3.2.2 脱机输入/输出系统 ... 56

3.3 多任务 ... 57
3.3.1 并发与并行 ... 57
3.3.2 多任务的实现 ... 59
3.3.3 分时系统 ... 61

3.4 操作系统的概念 ... 64
3.4.1 操作系统概念的形成 ... 64
3.4.2 操作系统发展的里程碑 ... 65
3.4.3 操作系统的地位 ... 68

3.5 操作系统内核 ... 69

3.5.1　内核的概念 …………………………………………………………… 69
　　　3.5.2　内核提供的服务（系统调用）………………………………………… 70
　　　3.5.3　内核的功能 …………………………………………………………… 73
　　　3.5.4　内核的结构 …………………………………………………………… 76
　3.6　操作系统用户接口 ………………………………………………………………… 79
　　　3.6.1　系统程序 ………………………………………………………………… 80
　　　3.6.2　命令解释器 ……………………………………………………………… 80
　　　3.6.3　图形接口 ………………………………………………………………… 82
　3.7　操作系统研发 ……………………………………………………………………… 82
　　　3.7.1　操作系统设计 …………………………………………………………… 82
　　　3.7.2　操作系统的实现 ………………………………………………………… 85
　　　3.7.3　我国操作系统发展之路 ………………………………………………… 86
小结 ……………………………………………………………………………………………… 89
练习 ……………………………………………………………………………………………… 89

第4章　CPU管理 …………………………………………………………………………… 91

　4.1　程序运行过程的描述 ……………………………………………………………… 91
　　　4.1.1　程序的顺序执行和并发执行 …………………………………………… 91
　　　4.1.2　线程 ……………………………………………………………………… 92
　　　4.1.3　进程 ……………………………………………………………………… 94
　4.2　多线程进程 ………………………………………………………………………… 95
　　　4.2.1　多线程进程的概念 ……………………………………………………… 95
　　　4.2.2　内核级线程和用户级线程 ……………………………………………… 96
　　　4.2.3　多线程模式 ……………………………………………………………… 98
　4.3　进程的创建与撤销 ………………………………………………………………… 99
　　　4.3.1　进程的创建 ……………………………………………………………… 99
　　　4.3.2　进程创建实例 …………………………………………………………… 100
　　　4.3.3　进程间的联系 …………………………………………………………… 103
　　　4.3.4　进程的终止 ……………………………………………………………… 105
　4.4　CPU调度与切换 …………………………………………………………………… 106
　　　4.4.1　CPU调度 ………………………………………………………………… 106
　　　4.4.2　线程上下文 ……………………………………………………………… 109
　　　4.4.3　上下文切换 ……………………………………………………………… 110
　　　4.4.4　CPU调度与线程切换过程实例 ………………………………………… 111
　　　4.4.5　线程切换实例 …………………………………………………………… 112
　4.5　CPU调度算法 ……………………………………………………………………… 114
　　　4.5.1　影响调度算法的因素 …………………………………………………… 114
　　　4.5.2　先来先服务 ……………………………………………………………… 116
　　　4.5.3　短作业优先 ……………………………………………………………… 116

4.5.4 响应比高者优先 …… 117
4.5.5 基于优先数的调度策略 …… 118
4.5.6 轮转 …… 118
4.5.7 多级队列 …… 119
4.5.8 份额公平调度 …… 120
4.5.9 实时任务调度 …… 120
4.6 进程通信 …… 121
4.6.1 共享内存 …… 121
4.6.2 消息通信 …… 122
4.6.3 管道通信 …… 123
4.6.4 信号 …… 123
小结 …… 124
练习 …… 124

第5章 内存管理 …… 126

5.1 连续分配内存管理 …… 126
5.1.1 连续分配 …… 126
5.1.2 内存保护 …… 128
5.1.3 交换 …… 128
5.2 分段内存管理 …… 129
5.2.1 分段的基本方法 …… 130
5.2.2 段的共享 …… 131
5.2.3 内存共享的程序实例 …… 133
5.3 分页内存管理 …… 134
5.3.1 基本方法 …… 134
5.3.2 地址变换时间开销 …… 136
5.3.3 分页模式下的内存保护与共享 …… 137
5.3.4 段页式存储管理 …… 139
5.4 页表的实现 …… 141
5.4.1 多级页表 …… 141
5.4.2 哈希页表 …… 143
5.4.3 反置页表 …… 144
5.5 虚拟存储器 …… 145
5.5.1 按需调页 …… 146
5.5.2 分配内存 …… 148
5.5.3 颠簸 …… 150
5.5.4 虚拟存储器的性能 …… 152
5.5.5 内存映像文件 …… 154
5.6 置换策略 …… 155

         5.6.1　最优置换 ·· 155
         5.6.2　先进先出 ·· 156
         5.6.3　最久未用 ·· 157
         5.6.4　工作集 ··· 159
   小结 ·· 160
   练习 ·· 161

第6章　输入/输出管理 ·· 162

   6.1　输入/输出概述 ··· 162
         6.1.1　输入/输出设备 ·· 162
         6.1.2　进程与设备的关系 ····································· 164
         6.1.3　输入/输出系统架构 ···································· 165
   6.2　外部存储器 ··· 166
         6.2.1　机械硬盘 ··· 166
         6.2.2　固态硬盘 ··· 172
   6.3　时钟 ·· 173
         6.3.1　可编程计时器 ··· 174
         6.3.2　系统时钟 ··· 174
         6.3.3　时钟中断处理 ··· 175
         6.3.4　软定时器 ··· 177
   6.4　驱动程序 ·· 178
         6.4.1　驱动程序的概念 ·· 178
         6.4.2　统一的驱动程序接口 ·································· 179
         6.4.3　Linux系统字符设备驱动程序接口 ················· 180
   6.5　外部中断处理程序 ·· 181
         6.5.1　外部中断处理 ··· 182
         6.5.2　中断机制 ··· 183
         6.5.3　中断处理程序与驱动程序的关系 ··················· 186
   6.6　输入/输出子系统中的设备独立软件 ····················· 188
         6.6.1　缓冲区 ·· 188
         6.6.2　高速缓存 ··· 190
         6.6.3　假脱机输入/输出 ······································· 191
         6.6.4　设备的分配与回收 ····································· 193
         6.6.5　错误处理 ··· 193
   6.7　应用程序I/O接口 ··· 194
         6.7.1　输入/输出接口概述 ···································· 194
         6.7.2　字符设备与块设备接口 ······························· 196
         6.7.3　网络设备接口 ··· 197
         6.7.4　进程与设备之间的时序关系 ························· 198

6.8 I/O 系统的操作流程和结构 ········ 199
    6.8.1 I/O 系统操作流程实例 ········ 200
    6.8.2 流 ········ 201
小结 ········ 202
练习 ········ 203

第 7 章 文件管理 ········ 204

7.1 文件 ········ 204
    7.1.1 文件的概念 ········ 204
    7.1.2 文件元数据 ········ 205
    7.1.3 文件的类型 ········ 206
    7.1.4 文件的逻辑结构 ········ 207
    7.1.5 文件的访问方式 ········ 207
    7.1.6 文件系统接口 ········ 208
7.2 文件存储空间分配 ········ 209
    7.2.1 连续结构 ········ 210
    7.2.2 链接结构 ········ 211
    7.2.3 索引结构 ········ 213
7.3 空闲存储空间管理 ········ 215
    7.3.1 空闲块链 ········ 216
    7.3.2 位图 ········ 217
    7.3.3 空闲区表 ········ 217
7.4 目录 ········ 218
    7.4.1 目录的概念 ········ 218
    7.4.2 一个文件有多个名字 ········ 219
    7.4.3 目录的存储 ········ 221
7.5 保护 ········ 222
    7.5.1 域 ········ 222
    7.5.2 访问矩阵的实现 ········ 223
    7.5.3 Linux 系统中的文件保护机制 ········ 224
7.6 文件系统的整体描述 ········ 225
    7.6.1 文件系统的存储架构 ········ 225
    7.6.2 日志在文件系统中的应用 ········ 226
    7.6.3 文件系统的层次架构 ········ 227
    7.6.4 根文件系统 ········ 229
    7.6.5 文件系统在内存中的结构 ········ 230
    7.6.6 虚拟文件系统 ········ 231
小结 ········ 233
练习 ········ 233

第 8 章 互斥与同步 ... 235

- 8.1 互斥 ... 235
  - 8.1.1 互斥的概念 ... 235
  - 8.1.2 临界资源和临界区 ... 236
  - 8.1.3 实现互斥的机制 ... 237
- 8.2 软件方法 ... 238
  - 8.2.1 Dekker 算法 ... 238
  - 8.2.2 Peterson 算法 ... 239
- 8.3 硬件方法 ... 240
  - 8.3.1 关中断方法 ... 240
  - 8.3.2 硬件指令方法 ... 240
- 8.4 操作系统方法 ... 242
  - 8.4.1 锁 ... 242
  - 8.4.2 信号量 ... 243
- 8.5 同步 ... 245
  - 8.5.1 同步的概念 ... 246
  - 8.5.2 同步的实现 ... 247
- 8.6 经典互斥与同步问题 ... 248
  - 8.6.1 生产者-消费者问题 ... 248
  - 8.6.2 读者/写者问题 ... 252
  - 8.6.3 哲学家进餐问题 ... 253
- 8.7 管程 ... 254
  - 8.7.1 管程的概念 ... 255
  - 8.7.2 生产者-消费者问题的管程解决方案 ... 257
  - 8.7.3 哲学家就餐问题的管程解决方案 ... 258
- 小结 ... 259
- 练习 ... 260

第 9 章 死锁 ... 264

- 9.1 进程与资源的关系 ... 264
  - 9.1.1 可抢占资源和不可抢占资源 ... 264
  - 9.1.2 资源的使用过程 ... 265
  - 9.1.3 资源分配图 ... 265
- 9.2 死锁的概念 ... 266
  - 9.2.1 死锁产生的原因 ... 267
  - 9.2.2 死锁的必要条件 ... 268
  - 9.2.3 基于资源分配图的死锁建模 ... 269
- 9.3 死锁的处理方法 ... 270

9.4 死锁预防 ………………………………………………………………… 270
    9.4.1 破坏互斥条件 …………………………………………………… 270
    9.4.2 破坏占有并等待条件 …………………………………………… 271
    9.4.3 破坏不可抢占条件 ……………………………………………… 271
    9.4.4 破坏环路等待条件 ……………………………………………… 272

9.5 死锁避免 ………………………………………………………………… 273
    9.5.1 安全状态与不安全状态 ………………………………………… 273
    9.5.2 银行家算法 ……………………………………………………… 275

9.6 死锁检测 ………………………………………………………………… 279
    9.6.1 基于资源分配图的死锁检测 …………………………………… 280
    9.6.2 每种资源类型只有单个实例 …………………………………… 280
    9.6.3 每种资源类型可有多个实例 …………………………………… 281
    9.6.4 死锁检测算法的应用 …………………………………………… 283

9.7 死锁解除 ………………………………………………………………… 283
    9.7.1 终止进程 ………………………………………………………… 284
    9.7.2 抢占资源 ………………………………………………………… 284
    9.7.3 回退 ……………………………………………………………… 284

小结 …………………………………………………………………………… 285
练习 …………………………………………………………………………… 285

参考文献 ……………………………………………………………………… 288

第1章 计算机硬件基础

计算机硬件为程序提供运行环境,所有程序,包括操作系统的功能都依赖于硬件的能力。从程序员的观点全面认识底层的硬件平台,对于学习操作系统具有非常重要的意义。计算机架构(Computer Architecture)是硬件系统的顶层结构,是程序员所看到的、由程序直接使用的计算机硬件属性和功能。操作系统是运行在计算机硬件之上的第一层软件,直接使用、管理和控制计算机系统的硬件资源,所以要掌握操作系统的原理和运行机制,必须首先理解计算机架构。

20 世纪 30 年代,图灵提出了图灵机模型,用形式化的方法描述了人类的计算思维过程。图灵机是一个虚拟的计算机架构,简单、直观而深刻,为计算机科学的发展奠定了理论基础。在图灵机模型中也暗含操作系统存在的必然性。图灵机以抽象、简约的形式描述了计算机系统,从而能够帮助人们理解其本质。

无独有偶,20 世纪 40 年代,同样怀着对计算自动化的强烈兴趣,世界各国的计算机先驱们制造了各种类型的人类历史上的第一批电子计算机。由于完全采用了电子器件,这些电子计算机的计算速度和规模远远超出了传统的机械式计算机。不同于图灵机的抽象模型,这些计算机的建造,预示了信息时代的到来。

在计算机制造和使用的实践中,以冯·诺依曼为代表的计算机先驱们很快就总结并提出了计算机体系架构的基本模型——存储程序计算机,这为其后几十年的计算机工业指明了发展道路。操作系统也是存储程序计算机发展的必然结果。

现代计算机系统复杂多样,但要认识计算机的核心架构,还是最好回到简单、朴实的计算机发展的早期年代。本章从历史的角度,通过计算机发展过程中的一个个里程碑,阐述计算机架构的进化脉络,让读者认识计算机程序运行的基本环境,了解操作系统发展的历史场景,为后续各章操作系统的学习提供背景知识。

◆ 1.1 图 灵 机

1936 年,24 岁的阿兰·图灵(Alan Turing)设计了一个有趣的虚拟计算模型[1],模拟人们用笔在纸上进行的演算过程,替代人类计算。后来,这个计算模型被称为图灵机(Turing Machine)。

1.1.1 图灵机的架构

图灵把人类使用纸和笔进行计算的过程,例如列竖式进行乘法运算,简化为如下几个基本的动作：在纸上当前关注的位置读或写某个符号；注意力从纸上的一个位置移到另一个位置；根据运算规则、当前状态和读入的符号，确定下一个状态。

图灵机就是用来模拟上述计算过程的一台假想的机器，其结构如图 1.1 所示，它由一条存储带、一个读/写头和一个控制器组成。存储带表示为格子的序列，每个格子中存放一个数据，可无限延伸；读/写头可以沿着存储带左右移动，并能在存储带当前格子的位置中读出或写入数据；控制器由状态寄存器和规则表组成，状态寄存器用来保存图灵机的当前状态，规则表用来描述图灵机的操作。控制器是图灵机的核心部件，能从存储带当前的格子中读入一个数据，结合状态寄存器的内容，根据规则表中指定的操作，确定在存储带当前的格子中需要写入的数据、图灵机要进入的新状态、左移或右移读/写头。

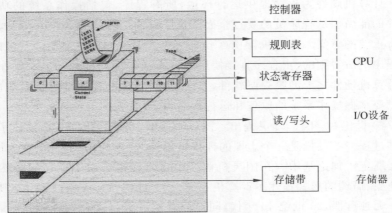

图 1.1 图灵机结构示意图

尽管图灵机的结构非常简单，但只要给它足够的时间，现代计算机能做的所有事情，它都能完成。原理上，图灵机实际上和现代计算机是非常相似的，控制器相当于 CPU 及其所执行的程序；读/写头相当于 I/O 设备；而存储带则相当于各种存储器。

一个组合电路、一个加法器，甚至一段程序，都描述了一个计算过程，都是图灵机的具体实例。它们之所以不同，是因为有不同的规则表。看上去，图灵机的规则表确定后，图灵机的功能就固定了，所以一个图灵机就像安装了一个固定程序的计算机。在 1.1.3 节中会介绍，这种固定的程序不会妨碍图灵机拥有各种不同的功能，这一点很像现代的桌面计算机，尽管计算机每次启动都执行一个固定的操作系统，但都可以依靠各种应用程序完成用户各种各样的任务。

1.1.2 一进制加法图灵机实例

前面关于图灵机的叙述还是很抽象，下面通过一个加法的例子，演示图灵机的计算过程，看一下这台抽象的机器是如何具体运转的。简单起见，例子中的数采用一进制表示，即用连续的字符 1 组成的字符串来表示数，字符 1 的个数表示数字的大小。例如，"111"表示 3，"1111"表示 4，那么 3+4 的结果就表示为"1111111"，这就是一进制表示方法及其加法的含义。如果存储带上初始的内容记录了加数、被加数和加号、等号组成的表达式，如下所示。

| ⋯ | X | 1 | 1 | 1 | + | 1 | 1 | 1 | 1 | = | Y | ⋯ |

其中,存储带上第一个加数左侧全是字符 X,＝右侧全是字符 Y,那么可以通过扫描存储带,略过所有 X,找到第一个字符 1,就可以发现表达式了。当加法图灵机执行完加法运算后,则停机,此时纸带上的内容应记录两数相加后的和,如下所示。

| … | X | X | X | X | 1 | 1 | 1 | 1 | 1 | 1 | 1 | Y | … |

原来的表达式被字符 X 覆盖,存储带上仅有计算结果。

现在使用较形式化的方法来描述一进制加法图灵机的运行过程。不妨规定机器存储带上的字符集为{'X','1','+','=','Y'},机器的所有状态及其含义如表 1.1 所示,规则表描述了状态之间的转换关系,如表 1.2 所示。规则表也可以更形象地描述为图 1.2 中的状态转换图,其中,弧线上的三个字符依次表示读/写头读取的字符、写到纸带上的字符和移动方向。规则表和状态转换图是等价的。图灵机开始运行时读/写头指向字符串"111"最左侧的"1",初始状态为 A,参照图 1.2 或表 1.2。

表 1.1 加法图灵机状态描述

状 态	状态的含义	状 态	状态的含义
A	初始状态	C	返回初始状态
B	寻找 1 的存放位置	H	停机状态

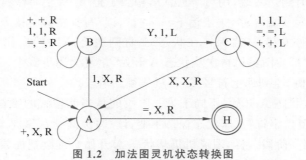

图 1.2 加法图灵机状态转换图

表 1.2 加法图灵机规则表

序 号	状 态	读 入	写 入	移 动	转 向
1	A	1	X	R	B
2	A	+	X	R	A
3	B	+	+	R	B
4	B	1	1	R	B
5	B	=	=	R	B
6	B	Y	1	L	C
7	C	1	1	L	C
8	C	=	=	L	C
9	C	+	+	L	C
10	C	X	X	R	A
11	H	=	X	R	H

上述加法图灵机总体的运行过程是：第一阶段先将被加数的三个"1"依次移到等号右侧，覆盖等号右侧的三个"Y"，并在其原先位置上写入"X"，表1.3描述了第一阶段初始和结束的样子，试观察第1行和第2行的区别；第二阶段将"+"改为"X"，参照表1.3，试比较第2行和第3行的区别；第三阶段把被加数的4个"1"依次移到被加数右侧，覆盖4个"Y"，同时在其原先位置上写入"X"，试比较表1.3中第3行和第4行的区别；最后第四阶段将"="改为"X"，如表1.3中最后一行所示。下面具体说明每个阶段是如何具体操作的。

表 1.3 一进制加法图灵机运行过程

初始状态	…	X	1	1	1	+	1	1	1	1	=	Y	Y	Y	Y	Y	Y	Y	…
第一阶段结束	…	X	X	X	X	+	1	1	1	1	=	1	1	1	Y	Y	Y	Y	…
第二阶段结束	…	X	X	X	X	X	1	1	1	1	=	1	1	1	Y	Y	Y	Y	…
第三阶段结束	…	X	X	X	X	X	X	X	X	X	=	1	1	1	1	1	1	Y	…
第四阶段结束	…	X	X	X	X	X	X	X	X	X	X	1	1	1	1	1	1	Y	…

第一阶段：①从状态 A 开始，读入字符"1"，用"X"覆盖"1"，然后右移，并进入状态 B。②在状态 B，目标是要将读/写头移动到等号右侧，把"1"搬运到第一个"Y"的位置并覆盖"Y"。右移时读/写头读入什么就写入什么，相当于不修改数据，不停右移，一直保持在状态 B，直到遇上"Y"，此时到达右端，用"1"覆盖 Y，相当于把"1"从左端移到了右端，并进入状态 C。③在状态 C，读/写头要左移，去搬运下一个"1"，读/写头左移时读入什么就写入什么，相当于不修改数据，不停左移，一直保持在状态 C，直到遇上"X"，然后往右走一格，进入状态 A，开始搬运下一个"1"。图灵机再次从状态 A 开始，重复上述步骤①~③，将被加数的所有字符"1"移到等号右侧，直到遇上符号"+"，进入第二阶段。

第二阶段：仍从状态 A 开始，不同于第一阶段的是当前位置的字符是"+"。此时图灵机只是简单地用 X 覆盖字符"+"，状态保持不变，读/写头继续右移进入第三阶段。

第三阶段：和第一阶段一样，图灵机仍从状态 A 开始。继续把加数中的全部"1"移到等号右侧被加数的右边，这样，两个加数中的符号"1"都移到了"="右边。

第四阶段：从状态 C 左移，直到遇上字符"X"，进入状态 A 并右移，当前字符是"="。在状态 A 读入字符"="，将其改为"X"，进入状态 H，加法完成，停机。

上述计算过程完全是按照图1.2或表1.2中规定的操作执行，可见，每个图灵机实际上就是一个程序。表面上看，这和目前关于机器和程序的概念有点不同，事实上，它们是相通的。也可以把现代计算机看作从启动到结束就执行了一个大的程序，从 CPU 的角度上看，这个大程序就是一个指令序列，没有程序的区分。

1.1.3 通用图灵机

前两节介绍的图灵机，其功能体现在规则表中，也就是说，控制器中既包含 CPU，也包含程序，程序和 CPU 紧密地绑定在一起，可以理解为程序是固化在 CPU 中的。所以，看上去每个图灵机只能完成一项任务。实际上，图灵机的抽象性造就了其更强大的能力，这就是通用图灵机。

将一个图灵机 TM 的规则表进行编码，存放在一条存储带上，作为另一台图灵机 UTM 的输入,后者可以解读这条存储带上的编码,实现前者的功能。这说明一台图灵机可以模拟另一台图灵机的功能,当然,也可以模拟多台图灵机,这样的图灵机称为通用图灵机(Universal Turing Machine,UTM)。如果图灵机 A 能够实现加法运算,图灵机 B 能够实现乘法运算,那么就可以将图灵机 A 和 B 的规则都编码,存到一条存储带中,作为通用图灵机的输入,让通用图灵机完成 $x\times(y+z)$ 的计算。要注意的是,通用图灵机也是图灵机,在概念上并没有超越图灵机的范畴。事实上,上述通用图灵机的概念也是图灵在提出图灵机的论文中同时阐述的。

操作系统将应用程序作为数据读入内存,为其提供必要的运行环境,并启用 CPU 执行该程序,如果把应用程序看作一台图灵机,那么操作系统是不是就像一台通用图灵机呢?所以,从计算机最抽象、最简单的描述中,仍然能够看到操作系统的身影,这说明操作系统在计算机系统中具有核心地位。从这个意义上看,Java 虚拟机等各种虚拟机软件也都可被看作通用图灵机。

人类思维中的很多东西用语言表达都很困难,而图灵把"计算"这项人类具有的复杂能力从思维中抽取出来,表示成了图灵机这种形式化描述,让人们看到"计算"是可以用机器来完成的。从这一点上来看,图灵无疑是一位创造历史的哲学家。一台图灵机可以被编码后以数据的形式存放在存储带上,作为另外一台图灵机的输入,并被后者执行,就像程序从外存装入内存,然后被 CPU 执行一样。这蕴含存储程序计算机的思想,被认为是存储程序计算机思想的原点。

◆ 1.2 早期的计算机系统

早在图灵机理论模型提出前 100 年的 1837 年,巴贝奇就设计并制造了被称为分析机的计算机,不过它是由蒸汽驱动的机械式计算机。直到 20 世纪 30 年代,人们才开始设计完全由电子器件构成的电子计算机。

1.2.1 电子计算机的诞生

1937 年,也就是图灵机模型提出的第二年,有人开始用电子管等元件制造一台全部由电子器件组成的计算机,即通常所说的**电子计算机**。它不同于抽象的图灵机模型,和图灵机没有直接的联系,也不同于以往的机械式计算机。

1939 年,在原型机(实现了加减法)完成之后,美国艾奥瓦州立大学数学物理教授阿塔纳索夫向艾奥瓦州立大学提交了一份项目建议,获得了 650 美元的费用,其中 200 美元买器材,另外 450 美元付给研究生贝利作为助研费。阿塔纳索夫是一个善于思考的发明家,其名言是"构想就是成就"。他幸运地遇上了天才工程师贝利——一个能让所有事情像电子一般运转的人。

1942 年,世界上第一台电子计算机——**阿塔纳索夫-贝利计算机**(Atanasoff-Berry Computer,ABC)由阿塔纳索夫和贝利用了近 5 年的时间研制成功。

他们彻底放弃了齿轮传动的机械装置的计算机结构,成为当时世界上考虑使用电子元件——电阻、放大器和电容等来制造计算机的先驱。数据的表示、运算和控制都采用电子器件,这是开创性的工作。例如,在如何存储数据方面,他们认识到可以在电容器上存储高电位或低电位,但电荷会泄漏,随即用一种"慢跑"的再生过程解决了这个问题,这是当今所有机器所依赖的动态记忆技术的原型。

除了全部使用电子元器件之外，ABC 另外的特点是：
- 没有 CPU 的概念，也没有指令的概念，不可编程。
- 采用二进制表示数据并实现运算。
- 不是图灵完备的，即不能模拟图灵机的功能，或者说不具有通用性。

可惜的是，太平洋战争爆发后，阿塔纳索夫应征进入美国海军研究水雷。ABC 项目停止了，甚至机器也被拆解成零件挪作他用，以至于之后很长时间，人们都忽视了 ABC 的存在。不过毫无疑问的是，ABC 开创了人类电子计算机的历史先河。图 1.3 是艾奥瓦州立大学 1997 年花费 35 万美元重建的 ABC。

阿塔纳索夫在第二次世界大战后开办了多家公司，发明了很多专利，如其引以为自豪的单词记忆方法。后来，他没有再涉足计算机领域，只是被卷进了 ABC 与 ENIAC 的第一台电子计算机之争。阿塔纳索夫一生荣誉无数，于 1995 年去世。

1973 年，美国联邦地方法院判决撤销了 ENIAC 的电子计算机发明专利，并得出结论：ENIAC 的发明者是从阿塔纳索夫那里继承了电子数字计算机的主要设计构想。因此，ABC 被认定为世界上第一台电子计算机。但由于判决生效的第二天报道了水门事件，判决结果被世人忽略。

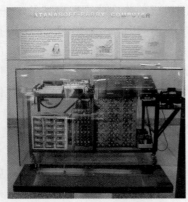

图 1.3　ABC 的复制品

1.2.2　通用电子计算机

1943 年，美国军方为计算炮兵射表，投入大量资金资助宾夕法尼亚大学莫尔学院秘密研制计算机。1946 年，在宾夕法尼亚大学由莫克利（John Mauchly）和埃克特（J. Presper Eckert）设计的电子计算机埃尼阿克（ENIAC）研制成功。其主要特点是：
- 可编程。程序是硬编码化的，即由硬件线路表示，需要重新连接线路才能修改程序。
- 图灵完备。完全能够模拟图灵机的功能，这体现了它的通用性。
- 能执行循环、分支和子程序操作。

虽然让出了第一台电子计算机的头衔，然而，基于以上特点，ENIAC 仍被称为第一台**通用电子计算机**。这说明 ENIAC 不仅能够解决某一个具体应用问题，也可以解决面向各领域的问题。ENIAC 可以通过编程实现复杂的计算，编好的程序需要转换成硬件电路才能执行，这项工作一般需要几天的时间。程序设计的错误会导致程序"硬编码化"的工作白做。程序"硬编码化"之后，紧跟着就是程序的单步执行和调试。ENIAC 最初的 6 位程序员皆为女性，她们要决定如何"硬编码化"程序和调试程序，通过程序的调试不仅能发现程序中的逻辑错误，还可以找出损坏的电子器件。对于那时的 ENIAC 而言，程序是以硬件的形式存在和固化的，并不区分软件和硬件。ENIAC 出现之前 100 年，基于巴贝奇的分析机的设计原理，爱达（Ada Lovelace）编写了几组指令代码，被誉为历史上第一位程序员。爱达把程序描述为"纪律严明、异常和谐的军队"，ENIAC 计算机的出现，使人类程序设计的梦想成为现实。

ENIAC 无疑是第一台现代意义上的通用电子计算机。不过 ENIAC 和现代计算机还是有很大的区别。例如，程序运行时不需要从外存装入内存，也就不需要装入程序；计算机启动后直接执行用户程序，执行完就停机；系统不需要管理者，没有操作系统的概念。和图灵机很像，ENIAC可被看作一个固化程序，当然，可以通过修改电路更换程序。

1946年暑期，ENIAC发布之后，Eckert和Mauchly在莫尔学院开设了"数字计算机设计的理论和技术"讲座，参加者囊括当时顶尖的计算机研发人员，其中包括后来建造EDSAC的剑桥大学教授威尔克斯（Maurice Wilkes）。1947年，Eckert和Mauchly创建了世界上第一个计算机公司EMCC（Eckert-Mauchly Computer Corporation），生产了第一台商品化的计算机UNIVAC。

1.2.3 存储程序计算机

以ENIAC为代表的通用电子计算机，宣告了一个新时代的到来。然而它们本身仍然存在构造上的局限：机器所执行的程序都是通过硬件电路来表示的，若要改变程序，必须重新设计并组装电路，这往往需要很多的时间。程序看上去不是软件，而是硬件。

1944年8月，ENIAC还没有彻底完工的时候，其设计者Mauchly和Eckert就针对程序的硬接线问题，提出了将程序放在内存中的方案。此时，冯·诺依曼也加入了ENIAC的研制团队，共同参与了该方案的讨论，并做了历史性的总结。1945年1月，ENIAC团队获得了美国军方建造计算机的合同。不久，他们以冯·诺依曼（John von Neumann）的名义提交了 *First Draft of a Report on the EDVAC* 的专题报告[2]，首次正式提出了一个全新的计算机设计方案，人们往往称其为**冯·诺依曼计算机**或**存储程序计算机**，其核心思想是：程序和数据存于同一个内存中；程序可以像数据一样被改变；CPU从内存中读取指令并执行。

冯·诺依曼划时代的报告同时明确提出了存储程序计算机架构由运算器、控制器、存储器、输入设备和输出设备5大部分组成，如图1.4所示。在这个架构中，输入设备，如纸带、磁带或硬盘，负责向内存提供程序和数据，CPU从内存中取出指令和数据进行运算，最后结果送往外部设备，如打印机、显示器或硬盘。

存储程序架构中的程序执行过程被模式化为如图1.5所示的流程图。从这个流程图中可以看出，开机后，硬件电路必须在CPU执行第一条指令之前初始化程序计数器（PC），它指向CPU要执行的第一条指令所在的内存单元。然后CPU进入一个循环：取指令，PC加1，执行指令。计算机是通过程序中的停机指令结束运行的。

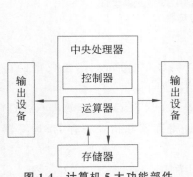

图1.4 计算机5大功能部件

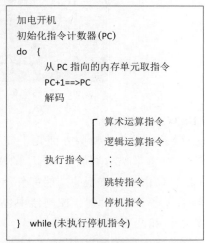

图1.5 存储程序计算机执行周期

内存一般是易失性存储器，加电后内存中的程序是从哪儿来的呢？这是存储程序计算机面临的新问题。一般来说，存储程序计算机所执行的程序在开机前都是存放在纸带、卡片、磁带、磁盘等外存中的，开机后由一个特殊的程序装入内存，这个程序称为装入程序。可见，装入程序是存储程序计算机带来的新概念。

装入程序又是如何装入内存的呢？这个问题可以一直问下去，总应该有一个程序是不需要装入内存的，即使关机后断电，它也应该一直在内存中。存储程序计算机一般采用的方法是：将开机后首先执行的装入程序存放于只读存储器 ROM 中，而 ROM 作为内存的一部分，开机时 PC 直接指向 ROM 中装入程序的入口。现代计算机仍然继承了这种机制。

存储程序计算机模型照亮了计算机系统研制的工业化道路，随后几年，相继出现了多台著名的存储程序模型计算机，如 EDSAC、ISA、EDVAC、BINAC 等。在存储程序计算机中，程序可以像数据一样装入内存，不再表现为硬接线的电路，从计算机硬件中独立出来成为软件。直到今天，几十年过去了，存储程序计算机仍然主导着当代计算机领域。

1.2.4 存储程序计算机 EDSAC

在冯·诺依曼提出的存储程序计算机架构方案 EDVAC 的鼓舞下，在莫尔学院学习了 ENIAC 的制造经验之后，剑桥大学的 Maurice Wilkes 教授在 1949 年率先研制了世界上第一台存储程序计算机 EDSAC。相比之下，EDVAC 本身直到 1951 年才投入运行。图 1.6 是当年的 EDSAC 机房场景。图 1.7 是 EDSAC 复制项目（The EDSAC Replica Project）设计的模拟器软件的用户界面，该项目是剑桥大学的学生在桌面环境下设计实现的模拟软件，是一个虚拟机，以再现 EDSAC 的运行环境，完全可以执行当年在 EDSAC 上运行的程序。下面将从硬件和软件等方面说明 EDSAC 计算机系统。

图 1.6　EDSAC 机房场景

1. EDSAC 的架构

EDSAC 系统在总体架构方面几乎完全按照 EDVAC 报告而设计，是典型的存储程序架构计算机，其基本架构类似于图 1.4 的样子，具体情况如下。

- EDSAC 由 5 个典型的功能部件组成：控制器（CONTROL）、运算器（ALU）、内存、输入设备、输出设备。控制器中包含指令地址寄存器和指令寄存器，运算器中包含累加器和两个乘法寄存器。
- EDSAC 内存容量为 2KB，平均指令访问时间为 1.5ms。
- 指令系统包含 14 条指令，操作码占 5 位，地址占 10 位。每条指令的助记符是一个

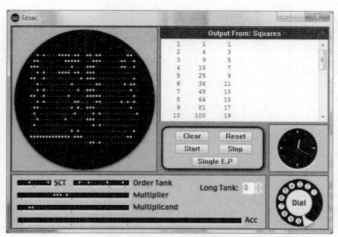

图 1.7　EDSAC 模拟器的界面

英文字母。
- EDSAC 的汇编语言中有多条伪指令,用于说明程序加载到内存中的位置、程序的入口和程序的结束等。
- 6 个监视器分别显示内部时钟、指令地址寄存器、32 个字内存、指令寄存器、累加器和两个乘法寄存器,这些寄存器对于观察程序执行过程和程序调试非常重要。
- 5 个按钮分别是"开始""停止""清除""复位""单步执行"。

2. 用户程序实例

图 1.8 是 EDSAC 上的一个小程序——HelloWorld,其作用是在电传打字机上打印"HI"。通过这个程序,可以展示在计算机发展早期——没有操作系统的年代,程序是如何设计和运行的。在图 1.8 中,第 1 列是程序中指令在内存中的地址,第 2 列是 HelloWorld 汇编程序指令,每条指令的第一个字符是指令的助记符,后续字符为指令的参数。每条指令的含义在第 3 列有详细描述。在这个程序中,第 1 条指令 T64K 是伪指令,说明从内存的 64 号单元开始存放后续的程序代码。第 2 条指令 GK 也是伪指令,用于将汇编程序定义的参数 θ 设为当前的加载位置,即置 θ=64。接下来是需要 CPU 执行的指令和数据。最后一条 EZPF 也是伪指令,说明用户的源程序到此为止,汇编完成后可以到 θ 指定的地址开始执行程序。**伪指令**(Pseudo Instruction)是用于控制汇编过程的指令,该类指令并不是 CPU 可执行指令,只用于为汇编程序提供汇编信息。所以,在程序中并没有对应具体的内存地址。

用户程序 HelloWorld 按照伪指令给出的地址被装入内存中的 64 号单元,同时,CPU 的 PC 也已经指向了存放 ZF 指令的 64 号单元,参见图 1.8,这是汇编程序和装入程序在程序执行前就完成了的。第一条指令 ZF 是暂停指令,其作用就是让 CPU 暂时停下来,并响铃,意在提醒操作员:程序要开始执行了,请注意配合。操作员按计算机控制面板上的 Reset 按钮后,CPU 就会继续执行;操作员也可以按 Single E.P 按钮,单步执行一条指令。Single E.P 按钮是专为调试程序准备的,在单步执行时,操作员可以看到控制台显示器上显示的内存单元和所有寄存器的内容。这或许是目前所有集成调试环境的鼻祖。

内存地址	指令	描述
	T64K	伪指令,表示当前的程序的装入位置为 64 号单元
	GK	伪指令,给 θ 赋值:θ＝当前的装入位置,即 θ＝64
64＋0	ZF	暂停,发出响铃声,等操作员按 Reset 按钮后,继续执行下一条指令
64＋1	O5θ	"O"表示输出指令,输出 64＋5 号单元中的字符"＊"
64＋2	O6θ	输出 64＋6 号单元中的字符 H
64＋3	O7θ	输出 64＋7 号单元中的字符 I
64＋4	ZF	暂停
64＋5	＊	＊为控制字符,表示换字母档,以后输出的都是字符
64＋6	H	字母 H
64＋7	I	字母 I
	EZPF	伪指令,转去 0θ 执行,即 64 号单元开始执行。

图 1.8 一个完整的小程序 HelloWorld

在打印字符串"HI"之前,CPU 先向打印机发送一个控制字符"＊",是传给打印机的命令,使打印机从接收命令状态变为接收数据状态。它告诉打印机"＊"之后送过去的是要打印的字符的编码,这就是指令"O5θ"的作用。其中,"O"表示输出,"5θ"表示输出字符所在单元的地址,其值为 $5+θ=5+64=69$。参数 θ 实际上起到了变址寄存器的作用,EDSAC 的年代还没有变址寄存器,所以变址是通过汇编程序在程序执行前完成的。

CPU 执行输出指令"O6θ"和"O7θ"分别打印字符"H"和"I"。打印机每次打印一个字符,CPU 都要等待其打印完成后再执行下一条指令。EDSAC 中 CPU 等待打印机的这种方式,既不是轮询方式也不是中断方式,是现代计算机绝对不能接受的。现代计算机系统中,CPU 向端口输出完字符,会立即返回并执行下一条指令,不会等待打印机。不过,那时的 CPU 很慢,这么做也就不足为奇了。

HelloWorld 程序的最后一条是暂停指令"ZF",以响铃提醒操作员程序结束了。操作员做善后工作,收拾一下纸带和打印机的输出,可以离开了。设想一下,若没有该指令,CPU 就会取内存后续单元中的内容作为指令,一直执行下去,结果是不可想象的。可以对比一下现在的程序设计,请思考一下:现代计算机中的程序是如何结束的呢?最后执行的是什么指令?

3. 支持用户程序运行的软件

除了有硬件平台之外,HelloWorld 的运行还需要两个软件支持:一个是将汇编语言程序翻译成机器代码的程序,即**汇编程序**(Assembler);另一个是将机器代码程序装入内存的程序,即**装入程序**(Loader)。EDSAC 将装入程序和汇编程序合二为一,称为 initial orders,存于自身的只读存储器中。该程序只有 44 条指令,短小精悍,堪称艺术之作。操作员按 Start 按钮启动计算机时,initial orders 程序就开始自动执行。它从纸带输入机逐条读入用户程序指令,读完第一条指令后就知道了程序应该存放在内存中的位置。然后依次处理后续的指令和数据,将汇编指令翻译成机器代码指令,并存入内存。直至遇到伪指令 EZPF, initial orders 才将 CPU 的控制权交给用户程序，即跳转到程序的入口（64 号单元）开始执行。

在 EDSAC 的年代，虽然没有操作系统，但操作系统的雏形还是出现了，这就是 initial orders。它将用户程序装入内存，然后交出 CPU 的控制权，这正是目前操作系统最基本的工作。通用图灵机和装入程序从两个不同的方面阐释了操作系统在整个计算机系统中所具有的核心地位，也可以说呈现出了操作系统的本质作用。

4. EDSAC 的影响力

在设计与建造 EDSAC 的过程中，威尔克斯也创造和发明了许多新的技术和概念，诸如变址、宏指令、微程序设计、高速缓存等都对现代计算机的体系结构和程序设计技术产生了深远的影响。1967 年，威尔克斯获得第二届图灵奖。

在研制 EDSAC 的关键时刻，遇到了资金问题，英国面包商 Lyons 出手相助，并得到了批量生产 EDSAC 的权利。由此产生了 1951 年投入运行的 LEO I（Lyons Electronics Office I）计算机，它被认为是历史上第一台用于商业领域的计算机。

1.3 指令集架构

20 世纪 40—50 年代，计算机领域的开拓者们依据自己对计算机的理解，制造了各种各样的计算机。尤其是存储程序计算机的出现，使程序成为可装载的。从此，计算机软件和硬件逐渐形成独立的工业领域。计算机硬件系统必须面向各种不同的软件，提供统一的运行平台，那么这个平台应该是什么样子呢？从软件的角度来看，最值得关心的就是硬件所支持的指令集了，这是程序设计的硬件基础。

指令集的内容代表了计算机硬件系统的功能。在指令集之下是如何设计和实现指令集规定的功能，属于计算机架构、计算机组成和生产需要研究的内容。所以，指令集实际上描述了计算机硬件的最顶层架构，同时也描述了软件的最底层平台。

1.3.1 指令集架构的概念

指令集架构定义了软硬件之间的界面，因此，深入理解指令集架构的一般内涵以及各种形式的、特定的指令集架构，对于操作系统的理解和设计，具有重要的意义。

1. 指令集架构的定义

20 世纪 60 年代，计算机行业的领导者 IBM 公司同时拥有多条计算机的生产线，面向科学计算机、商业处理等不同的领域，生产不同功能的计算机。自然地，这些计算机沿着各自的方向发展，结果最后完全不兼容！每一种机器都发展出了自己的硬件结构、指令集、编译器、汇编器、链接器等。每当推出新的计算机，都要为其编写相应的软件。同样，这些机器上的应用程序也不兼容，运行在 IBM 701 上面的软件不能在 IBM 1401 上运行，这显然会产生不必要的开发成本。

1964 年，IBM 公司推出了 IBM 360 系列计算机，其中的 360 表示全方位的意思。该系列的计算机支持相同的指令集、以相同的方式和设备相连，所以一个机器上的程序可以运行在该系列的其他计算机上，做到了系列内计算机之间硬件和软件的兼容。这在计算机发展史上是一个里程碑式的创新，主要得益于他们采用了新的设计思想。

为了使各种类型的计算机能够共享软件和设备，IBM 首次提出并定义了指令集架构。**指令集架构**（Instruction Set Architecture，ISA）就是一个软硬件之间界面的精确的、没有二义性的描述。具体来说，ISA 描述了 CPU 的全部指令，以及这些指令所访问的硬件，如寄存器等，并说明了每一条指令的功能和用法，通过这些指令可以访问计算机中的全部硬件资源。所以，程序可以看到的计算机硬件属性均在指令集中体现出来。可见，ISA 实际上是软硬件之间的界面。同一个系列的计算机尽管计算机组成和生产工艺不同，但只要 ISA 架构相同，就可以做到软件的兼容。

2. 指令集架构的内容

计算机体系架构描述了程序员能够看到的计算机关键属性，一般都是相关于指令和数据的，这里所说的数据特指指令能够直接操作的数据，也就是操作数。这些硬件的关键属性一般包括如下内容。

1）操作数对齐

有些计算机要求操作数对齐，即操作数存放的字节地址必须是其本身所占存储字节数的倍数，目的在于提高访存速度。

2）寻址模式

说明程序获取操作数的各种模式。在 MIPS 架构中有立即数寻址、寄存器寻址、位移量寻址；x86 架构中除此之外还包括基址寻址、变址寻址、间接寻址等；ARM 也在 MIPS 寻址模式的基础上增加了相对于程序计数器的寻址等。可见，不同的指令集架构提供了各自的寻址模式。

3）操作数的类型和所占存储空间的大小

一般操作数的类型和所占空间的大小为：字符型 1B，短整型 2B，整数或单精度 4B，长整数或双精度 8B。

4）CPU 指令集

一般 CPU 的指令集包括数据传输指令、算术逻辑指令、控制指令、浮点指令和控制流指令。各种 CPU 的指令集不同，多的能达到上千条指令，少的只有几条指令，但一般需要足以满足图灵完备的要求，只是面向不同的应用各有特色而已。

5）指令编码

有的指令集中所有指令的编码长度相同，如 ARM 和 MIPS，也有不同的，如 x86。

3. 指令集架构与程序设计

指令集架构中的数据类型表示程序中最基本和常用的数据，可被看作指令集架构对程序设计的支持，所以掌握好它们是编程的基础，也是提高程序运行效率的关键。操作系统等底层软件，尤其是汇编语言程序和编译程序的开发者是直接面向指令集架构编程的，全面、熟练、深刻地理解计算机架构对于编写出高质量的代码无疑是非常重要的。即使是应用程序的设计者，要想设计出高水平的软件，也需要了解指令集架构，毕竟它们定义了程序设计和运行的底层逻辑，应用程序终究要到硬件层面上运行。

指令集架构是计算机软硬件之间的界面，软件和硬件的技术进步都会促进指令集架构的发展。例如，在早期的计算机中都没有栈操作指令、子程序调用指令等，这些指令是指令集架构满足程序设计需求的结果；指令和数据的并行处理技术则是受到底层元器件技术推动的结果。

1.3.2 指令集架构发展现状

在最早一批计算机,尤其是存储程序计算机出现之后,计算机工业走上了快速发展的轨道。一方面受益于计算机组成设计和硬件制造工艺的技术创新,另一方面受到计算机应用市场的需求推动,人们迫切需要设计速度更快、功能更强大的计算机。

计算机设计者们从多方面探讨了指令集架构应该具有的样子,演化出了 CISC 和 RISC 这两种目前主流的指令集架构。

1. 复杂指令集计算机

图灵机可以看作只有几条指令的计算机,而 EDSAC 也只有十来条指令,比现在的 RISC 机器指令数还要少。乘/除法运算,可以用加法指令实现,浮点运算可以用整数指令实现。随着程序设计需求和硬件技术的发展,为了提高计算机的性能、简化程序设计,更多的指令、更多的寄存器、更多的寻址方式被加入指令集架构中。汇编语言程序员和编译程序的设计者当然乐见这种变化:过去多条指令才能完成的工作现在可以用一条指令完成,而且用硬件实现的操作更省时。除了指令的数量和功能增加外,这类指令集中指令的长度、执行时间也不尽相同,所以被称为复杂指令集。具有复杂指令集的计算机称为**复杂指令集计算机**(Complex Instruction Set Conputer,CISC)。

早期的 CPU 几乎全部是 CISC 架构,CISC 技术是指令集架构发展的一种自然选择,孕育出像 x86 系列这样取得巨大成功的指令集架构。然而,随着越来越多的复杂指令引入指令集,CISC 技术受到如下方面的制约。

- 20%与 80%规律。20%与 80%规律在 CISC 中的表现是,指令集中 20%的指令使用频率较高,占据了 CPU 执行时间的 80%,而且使用频率高的指令大部分是简单的指令。这让人们有理由怀疑设计复杂的指令集是否值得。
- VLSI 技术的发展。VLSI 技术发展迅速,而且速度和容量以数量级的规模增长,这要求工艺上的规整性,复杂指令集做不到这一点。另外,复杂指令往往是通过微程序实现的,微程序放在控存中,在 DRAM 出现之前,微指令的执行速度大大快于简单指令,而之后二者已经差别不大了。这样复杂指令用一组简单的指令来代替就可以了,也就没有存在的必要。
- 软硬件功能分配。有时将高级语言的语句翻译成机器语言需要付出很大的代价,即两种语言之间的语义鸿沟。复杂指令集架构试图整合高级语言的功能,用特定的指令来直接实现,意图消除语义鸿沟。然而,结果往往不尽如人意:一条指令被计算机设计者赋予过多的语义内容后,完全适用的场景就会减少,甚至只能应用于非常有限的上下文中。

复杂指令集遇到的以上问题,促使人们将目光转向另一种指令集架构。

2. 精简指令集计算机

CISC 技术要用最少的指令来完成一个计算任务。乘法可以用一条指令完成,例如,MUL addr_x、addr_y 就可以将 addr_x、addr_y 中的数相乘,乘积存放在 addr_x 内存单元中,这个乘法完全由硬件实现。对于程序员和编译程序来说是好事,一条指令就解决问题,然而,这种指令会增加 CPU 结构的复杂性,对 CPU 的制造工艺有更高的要求。

针对上述乘法的例子,**精简指令集计算机**(Refined Instruction Set Conputer,RISC)用

简单的指令来完成乘法运算,但要求软件完成更多的操作。先将内存单元 addr_x 和 addr_y 中的数据读入寄存器,乘法指令仅对寄存器中的数据进行操作,相乘的结果再写回内存,这些操作步骤都是由软件控制的,具体的指令序列为 Load R1, addr_x; Load R2, addr_y; MUL R1, R2; Store addr_x, R1。这几条指令都非常简单,容易实现,就是程序长度增加了,但不会增加更多的时间开销。计算机指令集采用简单的指令后,单条指令执行的速度提高了,CPU 的结构简单了,因而可以提升计算机的并行执行能力,把 CPU 做得更多、更快,当然,软件会承担更多的任务。和 CISC 技术相比,RISC 技术从总体上并没有减少或增加计算,而是在整个计算机系统的范围内,关于计算的操作步骤在软硬件之间重新做了权衡。

RISC 的理念起源于 20 世纪 70 年代中期,20 世纪 80 年代的 MIPS 最早采用了该架构,其技术的特点是:简单,尽可能地并行,减少指令平均执行周期数,用软件的方法优化系统中的计算。该技术方兴未艾,和 CISC 技术一起主导了当前指令集架构的前沿研究领域。二者没有优劣之分,只能说谁更适应计算机工业的生态。一般是通过各种量化指标来评价 CPU 的性能,这些指标也成为改进指令集架构设计的依据,且会随着技术的进步不断变化。

RISC 技术同样占据了 CPU 的主流市场,如 MIPS、ARM、RISC-V 架构的 CPU 都是基于 RISC 技术的,而且发展势头迅猛。

3. 现代主流指令集架构

目前计算机工业领域占主导地位的指令集架构包括 x86、MIPS、ARM 和 RISC-V,以及龙架构,下面将分别介绍这 5 种架构的发展现状和特点。

1) x86 架构

1978 年,Intel 发布了 16 位 CPU"8086",开创了一个新时代,x86 架构诞生了。其中,"x"是一个通配符,表示跟在 8086 之后的一系列 CPU。在后续几十年的发展中,x86 家族不断壮大,从桌面计算机扩展到笔记本电脑、服务器、超级计算机。为了适应新的软硬件技术的发展,并兼容以往的产品,x86 指令集架构内容不断扩充,同时保留了许多过时的指令,指令集功能越来越强大,至今已经达到了上千条指令的规模。在指令集规模和指令种类扩充的同时,x86 指令集的实现复杂度也越来越高,是典型的复杂指令集架构。Intel 公司和 AMD 公司生产的 CPU 都采用了 x86 架构。

2) MIPS 架构

MIPS(Microprocessor without Interlocked Piped Stages architecture)架构,其名字的内涵是无内部互锁流水级的微处理器。该指令集架构于 1981 年由斯坦福大学教授约翰·轩尼诗(Hennessy)领导的团队开发并授权,被广泛使用在游戏机、路由器和超级计算机上。该指令集架构通过指令管线化来增加 CPU 运算的速度。1984 年,MIPS 计算机公司成立,开始设计 RISC 处理器;1986 年,推出 R2000 处理器,成为最早的商用 RISC 处理器之一。MIPS 架构授权和 ARM 架构授权不一样,ARM 架构授权用户基本不能自行修改,而得到 MIPS 架构授权后,可以自己修改。

3) ARM 架构

ARM(Advanced RISC Machine)架构是 Acorn 计算机公司(Acorn Computers Ltd)于 1983 年开始的开发计划,也是一个精简指令集架构。由于节能的特点,广泛地使用在嵌入式系统中。目前,ARM 家族占了所有 32 位嵌入式处理器市场 75% 的比例。华为的麒麟、高通的骁龙都使用了 ARM 架构的处理器。ARM 架构已经广泛应用在手机、PDA、多媒体播放器、计算机、硬盘、桌上型路由器等各种便携式设备或嵌入式系统中。ARM 的经营模式在于出售知识产权核（Intelligent Property core，IP core），授权厂家依照其中的代码、实现规则和工艺文件设计制作出建构于此核的微控制器或中央处理器。

华为早在 2013 年就已经买下了 ARMv8 的永久授权，在 v8 基础上进行 CPU 的设计不会存在法律上的问题。2021 年 3 月，ARM 推出了新一代的 ARMv9 架构，与 v8 相比，ARMv9 分别有安全性、AI 性能和整体性能的提升。此后一年内，联发科、阿里巴巴和高通等推出了基于 ARMv9 架构的 CPU。然而，华为并未购买 ARMv9 架构的知识产权。2021 年 12 月 9 日，华为发布了一款高清电视芯片，内置海思自研 RISC-V CPU，采用 LiteOS 操作系统。这意味着，华为在去 ARM 的道路上，已经走出了坚实的一步。

4）RISC-V 架构

RISC-V 是基于精简指令集（RISC）原理建立的开放指令集架构，由 Davaid Patterson 领导的加州大学伯克利分校的 RISC 项目组，历经 4 代处理器的设计，终于在 2011 年正式推出，名字中的"V"表示目前技术为该指令集架构的第 5 代。

简约是所有 RISC 技术共同推崇的理念，RISC-V 也不例外。David Patterson 将达·芬奇的名言"简约是复杂的最终形式"置于其关于 RISC-V 著作的第 1 章第 1 节的第 1 句话[3]。

RISC-V 的目标是要成为一个通用的指令集架构 ISA。通用性体现在：从袖珍的嵌入式控制器到高性能计算机；兼容各种流行的软件栈和编程语言；适应于各种微架构和实现；指令集本身是稳定的，能够适应未来的发展。这些目标有深度、有广度，体现了开发者团队宏伟的抱负，他们希望 RISC-V 能为今后 50 年计算机的设计和创新铺平道路。能否实现，大家可以边走边看，见证未来。

开源，允许任何人自由使用，这是 RISC-V 不同于以往 CPU 架构的理念。RISC-V 的所有技术不仅公开，而且自由使用，这对于 CPU 工业起步晚、不成熟的我国来说具有重要的意义，也是一个良好的契机。2020 年 4 月，原在美国的 RISC-V 基金会因为担心受到政治因素影响，搬迁到了一贯以中立著称、有着支持开源传统的瑞士。

"新"使 RISC-V 有别于其他流行的 RISC 架构的 CPU，如 MIPS、ARM，它们都有几十年的历史。RISC-V 从它们的历史教训中、从 CISC 几十年来和 RISC 技术的竞争中获得灵感，取其精华弃其糟粕，具有后发优势。尽管 RISC-V 也经历了漫长的发展，但并没有进入市场，一直在自身迭代，所以无须像其他指令集架构考虑兼容以往的版本。例如，在 x86 中有很多指令仅是为了兼容以往的程序，这严重拉低了 CPU 的效率。

RISC-V 属于一个开放的、非营利的基金会，如 Google、华为、IBM、微软、AMD、英伟达这样的顶级企业都是 RISC-V 基金会成员，不像 x86、MIPS、ARM 架构被一家公司所掌控。RISC-V 诞生于学界，受到众多大型公司的赞助，得到业界的广泛支持。这也许是 RISC-V 开发团队自称影响后世 50 年的底气的由来。

RISC-V 给中国产业带来的最大机遇是一个与全球一致的起跑线。抓住 RISC-V 这一难得的历史机遇，对于建立中国国产自主、可控、安全的运算平台，实现信息产业的全面跃升，具有重要的战略意义。

5）龙架构

2001 年 5 月，在中国科学院计算所知识创新工程的支持下，龙芯课题组正式成立。龙芯发展早期,采用 MIPS 架构,但未经 MIPS 公司的授权,遭到侵权的控告。2009 年,中国科学院与 MIPS 公司达成和解,得到正式授权。从龙芯 1 号到龙芯 3 号均使用了 MIPS 架构。

2020 年,龙芯中科基于二十年的 CPU 研制和生态建设积累推出了龙架构(LoongArch),包括基础架构部分和向量指令、虚拟化、二进制翻译等扩展部分,近 2000 条指令。从此,龙芯与 MIPS 分道扬镳。

龙架构具有较好的自主性、先进性与兼容性。龙架构从整个架构的顶层规划,到各部分的功能定义,再到细节上每条指令的编码、名称、含义,在架构上进行自主重新设计,具有充分的自主性。

龙架构摒弃了传统指令系统中部分不适应当前软硬件设计技术发展趋势的陈旧内容,吸纳了近年来指令系统设计领域诸多先进的技术发展成果。同原有兼容指令系统相比,不仅在硬件方面更易于高性能低功耗设计,而且在软件方面更易于编译优化和操作系统、虚拟机的开发。

龙架构已得到国际开源软件界的广泛认可与支持,有望成为与 x86、ARM、RISC-V 并列的顶层开源生态系统。

2023 年以来,龙芯中科陆续发布新款 CPU 龙芯 3D5000、3A6000 等,均采用龙架构,无须国外授权,可满足通用计算、大型数据中心、云计算中心的计算需求。

1.3.3 指令集架构与操作系统的关系

指令集架构的核心是指令及其功能和数据的表达形式,所以直接影响的是汇编语言、高级语言程序设计和编译程序。采用高级语言编程的程序员,大多可以不用关心计算机硬件的指令集架构。例如,当使用 C 语言或 Java 语言时,编出来的程序一般是可以跨平台运行的,即可以在不同的指令集架构下运行。然而,不懂底层的指令集架构,将使程序员在很多方面的认知受到限制,例如,C 语言中的 long 类型在 IA32 架构下用 4B 表示,而在 IA64 架构下用 8B 表示。所以,正确理解指令集架构,不仅可以提升程序运行效率,而且有利于程序设计的正确性。

现代操作系统大部分是由 C 语言编写的,一小部分是由汇编语言编写的。除了这一小部分汇编语言程序和指令集架构直接相关外,一部分 C 语言程序也和指令集架构直接相关,因为 C 语言是面向底层硬件的。例如,可以在 C 语言中描述中断向量表结构,这种描述必须是以指令集架构为基础的,再如,IA-32 指令集架构,将中断向量表称为中断描述符表,其表项的内容就是依赖于指令集架构的。

实际上,操作系统管理的计算机硬件资源基本上都是在指令集架构下定义的,不深入掌握指令集架构,就无法实现操作系统的管理功能。例如,内存的页表、段表以及描述它们位置的寄存器,属于计算机的逻辑结构,是程序员可见的,也是在指令集架构下定义的;访问外设是采用统一编址方式还是单独的 I/O 地址空间,这个问题也属于指令集架构;还有,计算机硬件资源的保护、CPU 运行模式、上下文切换等,都不可能离开指令集架构。

综上所述,操作系统尤其依赖于指令集架构。典型的例子是,针对 Intel 公司的 IA-32 和 IA-64 指令集架构,Windows 和 Linux 都会专门定制不同的版本。所以,在下载操作系统时,一定要清楚计算机的指令集架构。

当然,操作系统会尽量做到与指令集架构保持一定的独立性,当指令集架构改变时,或操作系统从一个硬件平台移植到另一个时,操作系统自身变动尽可能地少。例如,Linux 系统采用多级页表的数据结构存放进程的页表,可以适应各种采用二级或三级页表的指令集架构。然而,操作系统程序对指令集架构的依赖性要远远超过一般的应用程序。

1.3.4 指令集架构在计算机系统设计中的地位

现在的计算机一般都是图灵完备的,也就是说,完全可以用来模拟图灵机。但这也仅仅是一个理论上的最低要求。设计 CPU 时往往针对不同的应用需求,例如手机、台式计算机、巨型计算机,设计目标是不一样的。一般情况下,指令集架构的设计者需要考虑新机器的性能、成本,还要以兼容性、功耗、可用性等作为约束条件。可见,计算机的设计是一个复杂而艰巨的任务。

计算机硬件系统的设计一般分为三个阶段:一是确定从程序员的角度所能看到的计算机的架构,包含计算机的逻辑结构和功能特性,也就是前述的指令集架构,这与程序设计直接相关;二是设计计算机主要功能部件及其相互连接和相互作用,以实现指令集架构中所定义的机器指令的各种功能和特性,称为计算机组成(Computer Organization)设计,有时也称为微架构(Microachitecture);三是硬件设计,即计算机组成的实现,包括计算机硬件的详细设计,如印制电路板、芯片的封装技术等。指令集架构、计算机组成和硬件设计是计算机研制过程中前后三个不同的阶段,分工明确,例如,指令集架构考虑的是计算机应提供什么样的加法指令,计算机组成则考虑如何设计 CPU 加法器的逻辑电路,而硬件设计则考虑采用什么样的器件,是电子管、晶体管还是集成电路。

显然,同一个指令集架构完全可以用不同的组成设计;一个组成的设计也存在多种不同的硬件实现。例如,在同样的 x86 指令集架构下,Intel 和 AMD 可以设计、生产出各自的 CPU;Intel Core i7 和 Intel Xeon 7560 具有相同的指令集架构,组成设计也几乎相同,但存储系统的硬件实现和时钟频率不同。

综上所述,计算机的设计要全面考虑指令集架构、计算机组成和硬件设计三方面,才能达到设计目标、满足功能需求,这就是计算机架构(Computer Achitecture)的内涵[4]。

1.3.5 处理机运行模式

在通用电子计算机发展的前十年中,没有操作系统,应用程序直接运行在裸机上。当一个用户使用计算机时,用户程序可以使用计算机的全部资源,并且指令集中的全部指令都可以提供给程序使用。

然而,操作系统出现之后,它起到了管理、控制应用程序运行的作用,为此,必须给予操作系统程序比应用程序更高的权限。具体到程序来说,对整个系统的运行起到关键的控制和管理作用的指令,只允许操作系统执行而应用程序不能执行,这种指令称为特权指令。这样,指令集中的指令就被分成两类:一类是特权指令,另一类是非特权指令。应用程序仅能执行非特权指令,而操作系统可以执行所有指令。为保证 CPU 既能运行应用程序又能运行操作系统,一般情况下,会将 CPU 分为两种运行模式,分别称为内核模式和用户模式,内核模式也被称为监管模式。在内核模式下,CPU 可以执行所有指令;在用户模式下,仅能执行非特权指令。显然,操作系统运行时,CPU 是处于内核模式的。程序状态字 PSW 中会有一个标志位说明当前CPU处于何种模式,以便CPU在执行指令时能够验证该指令是否可以被执行。

虚拟机技术出现以后,允许在一台机器上同时运行多个操作系统,此时操作系统不再是整个计算机系统的管理和控制者。在操作系统之下还有一个监控程序,负责监管整个计算机硬件系统的运行,称为虚拟机监控器。虚拟机监控器通过直接管理硬件资源,构建多个虚拟机,每个虚拟机可以完全模拟一个指令集架构定义的物理计算机,在其上可以运行一个操作系统。应用程序、操作系统和虚拟机监控器之间的关系如表1.4所示,虚拟机实际上是虚拟机监控器管理下的计算机硬件呈现给操作系统的一种抽象表现形式。显然,虚拟机监控器应该比操作系统拥有更高的权限,具体表现在:虚拟机监控器能够执行操作系统无权执行的某些指令。于是,在CPU指令集架构的设计中就有了新的运行模式——机器模式。CPU在机器模式下可以执行CPU指令集M的全部指令;在内核模式下所执行的指令集合仅是M的子集K;而在用户模式下,CPU所执行的指令集合仅是K的子集S。

表1.4 应用程序、操作系统和虚拟机监控器之间的关系

各种应用程序	各种应用程序	各种应用程序	用户模式
操作系统1	操作系统2	操作系统3	内核模式
虚拟机1	虚拟机2	虚拟机3	
虚拟机监控器			机器模式
计算机硬件			

可见,如果仅从操作系统实现的角度看,CPU的运行模式只要两种就够了,所以在传统的操作系统教材中往往仅基于两种模式来讲解操作系统。但考虑到虚拟机的实现,CPU就必须至少有三种运行模式。实际上,CPU的运行模式可以更多,以支持更复杂的程序权限管理技术,例如,x86就包含4种运行模式。另外,CPU的全部运行模式在指令执行权限上呈现出偏序关系:如果一条指令能在较低权限的模式下执行,那么它肯定可以在较高权限的模式下执行。不同的CPU运行模式所具有的权限呈现出一种层次关系。

◆ 1.4 存储访问

程序和数据都需要临时或永久地存放在各种不同类型的存储器中。从程序员的角度看,这些存储器大体上可以分为三个层次:寄存器、内存和外部存储器,如图1.9所示。寄存器主要位于处理机中,其速度快、价格高、容量小;外部存储器是计算机的外部设备,其速度慢、价格低、容量大;而内存介于两者之间。程序员总会精心安排,尽可能地把使用频率高的代码和数据放在较快的存储器中,而较慢的存储器则存放不常用的代码和数据。这是程序局部性原理发挥作用的结果。事实上,绝大部分的代码和数据都是不常用的,常用的总是少数,就像人们日常生活中总有一些物品会随身携带,正在使用的握在手中,经常用的装在

图1.9 存储器的层次结构

口袋里,不常用的放在背包里。从计算机硬件的角度看,存储系统会分成更多的层次,例如,CPU 中或外存中的高速缓存,但它们往往对程序员是透明的。所谓**透明**,是计算机系统中常用的处理问题的一种方式,意思是有些工作是必要的,而且无须用户参与,也就没有必要让用户知道,甚至有意做得像没有那么回事一样,目的是让用户省心,以提供更好的服务。就如同玻璃起到挡风的作用,但又不让你看到它,因为玻璃是透明的。

1.4.1 寄存器

CPU 中的寄存器可以分为两大类:一类用于通常的计算,不管 CPU 处于什么模式,程序都可以使用;另一类仅用于系统管理,它又可以分成两组,一组是在内核模式下可以使用的,另一组是仅在机器模式下才可以使用的。处理机运行模式具有的权限越高,所能访问的寄存器集合就越大。在特定模式下访问的寄存器只能通过特定模式下才能执行的指令来操作,这就限制了在较低权限模式下访问较高权限寄存器的情况。作为例子,下面分别介绍 RISC-V 在处理器不同模式下所能访问的寄存器,以帮助读者形成对处理机寄存器的全面认知。

1. 通用寄存器访问

通用寄存器可用于传送和暂存数据,也可参与算术逻辑运算,并保存运算结果。除此之外,它们还各自具有一些特殊功能。在 RISC-V 基本整数指令子集中定义了 32 个 32 位通用寄存器,这些寄存器标识为 x0~x31。除了 x0 保存常数 0 之外,x1~x31 都可以被各种指令用以进行布尔或算术运算。另外,还有一个用户模式下的寄存器存放当前指令的地址,即程序计数器 PC。

除了作为通用寄存器之外,寄存器 x1~x31 还在某些指令中起到了特定的作用。例如,在子程序调用指令 JAL 和返回指令 JALR 中,寄存器 x1 存放返回地址,x2 存放栈指针,x8 存放帧指针,x10 和 x11 存放返回地址。这是 RISC-V 子程序调用规范中定义的,程序设计必须知晓并遵守这种约定。

与 x86 指令集架构相比较,可以看出 RISC-V 提供了大量的通用寄存器,这为提高程序运行性能、减少代码长度提供了支持,是 RISC 技术的一个优势。

除了上述用户模式下可访问的通用寄存器外,某些控制状态寄存器也可以在用户模式下访问,参阅后续内容。

2. 控制状态寄存器

控制状态寄存器(Control and Status Register,CSR)用于设置和记录处理机运行的状态,一般情况下是在监管(内核)模式下才允许指令访问的。RISC-V 支持的 CSR 的地址空间大小为 4096B。下面介绍访问这些寄存器的指令,指令中 csr 表示要操作的控制状态寄存器,用 12 位二进制表示。

对控制状态寄存器的访问需要一组专门的指令,这些指令不一定要求特别的执行权限,有些指令应用程序也是可以使用的。但是访问绝大部分的控制状态寄存器需要特权,所以应用程序还是不可以操作大部分的控制状态寄存器。对控制状态寄存器操作的指令如表 1.5 所示。由于控制状态寄存器都是系统中所有线程共享的,所以这些对 CSR 操作的指令必须是原子指令。所谓**原子指令**,就是在该指令执行过程中,系统中不允许发生任何影响该指令运行结果的事件。从逻辑上可以认为该指令是瞬间完成的。

表 1.5 读写控制状态寄存器 CSR 的指令

CSRRW csr,rs1,rd	将 csr 寄存器的内容读入 rd;将 rs1 中的内容读入 csr
CSRRS csr,rs1,rd	将 csr 寄存器的内容读入 rd,rs1 作为屏蔽字;将 csr 中相应的位设置为 1
CSRRC csr,rs1,rd	将 csr 寄存器的内容读入 rd,rs1 作为屏蔽字;将 csr 中相应的位设置为 0
CSRRWI csr,imm5,rd	这三条指令分别是上述三条指令的变种,只是用指令中的立即数代替 rs1 中的内容作为屏蔽字
CSRRSI csr,imm5,rd	
CSRRCI csr,imm5,rd	

1.4.2 访问内存

寄存器的数量有限,仅适合存放 CPU 操作过程中的一些临时变量或者程序执行随时用到的 CPU 状态信息,大量的程序和数据仍然需要存放在内存中。

CPU 可以通过编号访问寄存器和内存单元,二者的不同之处在于:寄存器在 CPU 内部,编号可以在 CPU 内解析并找到相应的寄存器;而内存在 CPU 之外,编号需要送到地址总线上传给内存控制器。由于地址的译码复杂,地址和数据传输还要经过总线,所以内存的访问时间会更长。总之,与 CPU 的距离、硬件结构和工作方式的不同,造成了寄存器和内存在容量和速度上的差异。另外,CPU 中的寄存器往往有特定的用途,因此在汇编语言中被赋予一个容易识别的名字,如栈指针寄存器为 sp,程序计数器为 pc,而内存单元一般不指定特定的用途,仅用统一的编号访问,这个编号称为地址。

1. 物理地址空间

CPU 指令访问内存一般是以一字节或一个字(如 16 位、32 位、64 位等)为单位,内存中可以通过指令访问的这种单位存储区域称为存储单元。内存由一系列的存储单元组成,这些存储单元按顺序编号。CPU 将这个编号送到内存的地址总线上,就可以访问对应的存储单元,这个编号称为存储单元地址或物理地址。所有存储单元地址构成了一个从 0 开始的、连续的线性地址空间,称为物理地址空间。如果计算机中可以编址的最小单元是字,则该计算机称为按字寻址的计算机;如果计算机中可以编址的最小单元是字节,则该计算机称为按字节寻址的计算机。

2. 绝对代码

程序设计时,程序员需要事先知道 CPU 的内存寻址方式、物理地址空间的结构,以及程序是如何被 CPU 一条指令接着一条指令地取走执行的,然后在物理地址空间中规划其程序和数据的位置,并且照此设计将代码和数据装入物理内存中的指定位置。在程序设计阶段就确定了程序在内存中的位置,程序运行时 CPU 直接将地址送到内存地址总线上,以这种方式使用的地址称为绝对地址,使用绝对地址访存的程序称为绝对代码。这里"绝对"的意思是指代码中的地址就是物理地址,直接送到地址总线上,内存控制器以此访问相应的内存单元。绝对代码可以由程序员直接编写,也可以由编译程序或汇编程序生成,编译和汇编程序只是做了一些程序员不愿意干或者说干不好的事情。对于 CPU 来说,它并不在乎代码是谁编的。绝对代码的访存是最早期的计算机的一种编程方式,目前绝大部分的程序设计已经远离这种方式了。

绝对代码是直接面向物理内存空间的，简单且直观，要求程序员（或编译/汇编程序）对整个物理空间的布局非常了解，程序员所看到的程序和数据在内存中的位置就是它们在内存中的实际位置。可见，采用绝对代码编程方式时，指令执行过程中没有地址变换，指令的执行效率更高。然而，各种机器的物理地址空间的结构不同，导致绝对代码过于依赖机器的硬件，难以跨平台运行。

另外，绝对代码这种程序设计方式没有考虑多个程序同时在系统中运行的情况，一个程序一旦运行，就可以访问计算机系统的全部资源，包括存储空间。由于程序可以访问整个物理地址空间，如果在内存中同时装入两个程序运行，那么这两个程序可以相互访问对方的代码和数据，可能相互干扰和破坏。如图 1.10 所示，程序 i 和程序 j 相当于共享同一个物理地址空间。程序 i 的任何有意或无意的干扰，都有可能破坏程序 j 的正常运行，所以早期计算机系统不支持多个程序同时在内存中，也就不支持多任务，除非内存中的多个应用程序都有很强的自我约束能力，不影响其他程序的运行，但系统不能做这种假设。

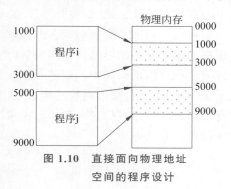

图 1.10　直接面向物理地址空间的程序设计

为满足嵌入式系统的需要，现代指令集架构 RISC-V 也支持绝对代码编程，不过它提供了物理内存保护机制 PMP 以实现不同程序之间的隔离。PMP 包括一组地址寄存器对（通常为 8~16 对），为每个应用程序设定内存访问的上限和下限，分别称为**上限寄存器**和**下限寄存器**。有的系统会使用**限长寄存器**和**重定位寄存器**，分别存放程序的长度和在内存中的起始地址，记录程序在内存中的位置，作用和上、下限寄存器是等价的。当 CPU 尝试取指或执行访问内存的 load/store 操作时，系统会将其提供的地址和对应的 PMP 中的上、下限寄存器进行比较。如果访存地址和操作在上、下限寄存器允许的范围内，则允许访问，否则会引发访问异常。

PMP 以相对较低的成本提供了内存保护，对嵌入式这种专用、简单且对操作时间要求高的系统来说很有吸引力。由于 PMP 仅支持固定数量的内存区域，因此无法对它进行扩展从而适应复杂的应用程序。事实上，RISC-V 也像所有现代指令集架构一样，还提供了更强大的内存管理机制，配合操作系统实现复杂、通用的内存管理。在第 5 章会有通用内存管理机制的详细介绍。

3. 虚拟地址空间

从上述物理地址空间的描述中看到，采用绝对代码的编程方式时，程序员需要了解物理地址空间的构成、程序在物理地址空间中的位置等系统方面的情况，这样编出来的程序无法适应硬件运行环境的升级，也不方便移植到另外一个硬件平台上。解决之道是避免程序设计绑定到特定的硬件平台。

1) 虚拟地址空间的概念

指令集架构的设计者试图为程序提供一个和特定系统运行环境无关的、所有程序都按照统一的规范独自使用的内存空间，称为**虚拟地址空间**或简称为**地址空间**。在最简单的情况下，它是一个地址从 0 开始的连续的线性地址空间，地址空间的大小取决于地址的位数。例如，RISC-V 的 RV32I 指令集架构提供给程序员的是一个由 32 位地址表示的地址空间，那么地址空间的大小就是 2^{32}B=4GB；而 RV64I 指令集架构提供了一个由 64 位地址表示的地址空间，其大小为 2^{64}B。程序员设计程序时，就是在这个地址空间中安排指令和数据。虚拟地址空间中每个存储单元的地址称为虚拟地址、逻辑地址或直接称为地址，而物理地址一般是不能省略"物理"二字的。也就是说，程序在机器上执行时，CPU 从指令中解析出来的地址，就是虚拟地址。从程序员的角度来看，每个程序在设计和运行时都处于自己独有的一个虚拟地址空间中。程序员设计程序时，看到的仅是虚拟地址空间，至于程序运行时实际上会在内存的什么地方，他并不知道，也无须知道，这是操作系统关心的事。

在图 1.11 中，程序 i 和程序 j 都使用从 0 号单元开始的虚拟地址空间，可见这两个程序所在的地址空间的形式是相同的，即使程序和数据的虚拟地址是相同的，它们也会被操作系统装到物理地址空间中不同的位置。而图 1.10 中，没有虚拟地址空间的概念，也没有操作系统，程序设计直接面向物理地址空间。计算机架构提供了虚拟地址空间后，程序设计和运行不用考虑程序在物理内存中的位置，减少了对系统运行环境的依赖，这是计算机架构为程序设计带来的方便。

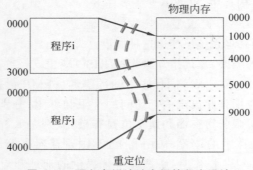

图 1.11　面向虚拟地址空间的程序设计

程序运行前，由操作系统为其分配内存。每个程序实际上只占用物理地址空间的一部分，程序中指令和数据的虚拟地址与物理地址并不一定相同。这样，可能会出现的情况是：在程序中一个数据的地址是 10000，而实际上，被装入地址为 20000 的内存单元中。所以，如果装入后直接运行程序，肯定是不行的。

2）地址变换

程序员设计程序使用的都是虚拟地址，然而，程序和数据却存放在物理地址空间中，内存控制器只能通过物理地址才能找到存储单元。可见，在虚拟地址空间和物理地址空间之间一定存在一种操作，将虚拟地址变换成物理地址，该操作称为地址变换。地址变换后，物理地址被送往地址总线，然后才能去访问内存。

计算机发展早期的地址变换非常简单，完全通过软件完成。如图 1.11 所示，程序 i 在程序运行之前，操作系统需要把程序中所有的地址都加上 1000，从而使程序中的地址和程序在物理内存中的位置相一致。在程序执行过程中，CPU 就可以直接把程序中的地址送到地址总线上。这种地址变换的操作称为**重定位**。上述方法实现的重定位操作是在程序运行之前完成的，称为**静态重定位**。显然，静态重定位是一种软件方法实现的重定位。

和静态重定位不同，**动态重定位**并不在程序运行之前进行重定位，而是在指令执行过程中进行重定位，该操作是由 CPU 中的内存管理单元 MMU（Memory Management Unit）完成的。图 1.12 显示了动态重定位的过程,CPU 从指令中解析出虚拟地址后,送给 MMU。MMU 中有限长寄存器 limit 和重定位寄存器 relocation,其中的内容是程序运行前由操作系统赋值的。例如,针对图 1.11 中的程序 i,在执行前系统需将 CPU 的重定位寄存器内容置为 1000,限长寄存器内容置为 3000。当虚拟地址小于 limit 时,将其与重定位寄存器的值相加,得到物理地址,送往地址总线;否则产生地址越界异常错误。

采用静态重定位技术时,重定位是由软件完成的;而采用动态重定位时,软件负责在程序运行前设置重定位寄存器和限长寄存器的值,具体的变换过程是由硬件 MMU 在指令执行过程中完成的。这里的软件一般是指操作系统。

在第 5 章中,将会结合分页等技术介绍更为复杂的地址变换过程,使用好计算机架构提供的地址变换机制是操作系统管理内存的基础。

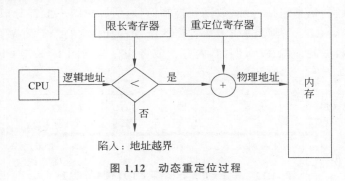

图 1.12 动态重定位过程

1.5 访问外设

处理机用于处理数据,内存只是存放数据的临时场所,计算机系统还需要各种各样的设备将数据输入计算机或从计算机输出。冯·诺依曼早就将输入/输出设备纳入计算机系统的基本部件。外存是一种特殊的 I/O 设备,专门用于存放长期保存的数据,然而,更多的设备用于 CPU 和外部世界的交互,例如,显示器、打印机、键盘等。本节介绍输入/输出系统的构造原理,尤其是程序员能够看到的结构。在此基础上,进一步讨论程序如何使用和控制各种设备。

与计算机之间进行数据传输的各种电子装置,都可以称为计算机的设备,最通常的是键盘、鼠标、显示器、摄像头、网卡等。由于计算机的设备主要承担了数据输入和输出的工作,所以也称为输入/输出设备,又由于这些设备种类繁杂、功能各异、数据格式难以统一、运算速度和 CPU 不在一个数量级、结构差异大,因此系统设计时设备和 CPU 具有相对的独立性,CPU 并不像访问内存那样可以直接访问设备,所以,设备也被称为外部设备或外围设备。

计算机系统可以通过设备与人进行交互,如键盘、显示器;也可以通过设备探测环境信息或进一步控制各种设备等,如摄像头、各种传感器、控制无人机的飞行、汽车自动驾驶等;还可以实现计算机之间的数据通信和资源共享,如网卡。

与计算机相连的设备五花八门、数不胜数。为了对它们进行有效的控制,计算机系统演化出了总线、接口、端口等硬件机制,以实现 CPU 与设备之间的连接,从而使 CPU 能够控制各种各样的外部设备。本节将综述输入/输出系统中硬件的基本概念和结构,为理解操作系统的管理方法打好基础。

1.5.1 总线

计算机系统中包含 CPU、Cache、主存,以及各种各样的外部设备,它们之间需要彼此通信。如果每两个部件之间都建立一条数据传输线路,无疑会增加系统的成本,其复杂性也是不可接受的。通常的解决之道是从系统的视角对系统中各部件之间数据传输的共同特性进行抽象,建立所有部件之间的公共传输通路,这称为总线。就像一条公路串联起一组城市,任何两个城市都可以通过这样一条公路连接起来,而没有必要在任意两个城市之间均建立一条公路。

部件之间传送的信息包括地址、数据和控制信号,所以总线一般都分成三部分:地址总线、数据总线和控制总线。地址总线传送数据的位置,如内存地址、指定某个设备,控制总线传送针对地址和数据的控制命令,例如,内存读或者内存写。图 1.13 是 CPU、存储器、设备之间三类总线的示意图。

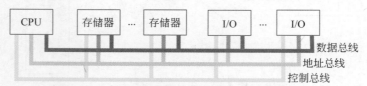

图 1.13 连接 CPU、存储器和 I/O 设备的总线

采用总线尽管节省了线路,但也限制了任何两个节点之间并行传输信号。系统中的一个部件向另一个部件发送数据前需要获得总线的使用权,然后才可以通过总线传送地址、数据和控制信号。所有挂接在总线上的部件都可以看到总线上的内容,并且都有识别能力,以确定总线上的内容是不是发给自己的,要不要接收。

为了有效组织系统中的总线内数据的传输和总线之间数据的传输,系统中的总线可以组织成单总线、多总线等多种结构,如图 1.14 所示。有时需要对设备进行分类,如快速的设备和慢速的设备使用不同的总线,这就好像不能让自行车和汽车行驶在同一条路上一样。不同种类的总线一般采用分层的方法连接起来,这使得在不同总线上的通信可以同时进行。例如,系统总线是指连接处理器、存储器和各种 I/O 接口的总线,位于最顶层。CPU 和 Cache 之间的通信使用它们之间的局部总线,而内存和设备之间的通信使用系统总线。这样,在进行 DMA 操作时,设备与内存之间和 CPU 与 Cache 之间的通信可以同时进行,但 CPU 与内存、设备与内存的通信就不能同时进行。

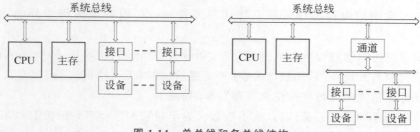

图 1.14 单总线和多总线结构

1.5.2 I/O 接口

外设的种类繁多，数据格式、传输方式，以及操作方法各不相同，主机不可能直接连接并控制所有的设备。接口的出现，就是为了主机能够以简单、灵活的方式实现对各种各样设备的控制。

在主机和外设之间建立双方通信的标准，用以规范信号格式及传输方式，为各种设备和主机共同遵守，这种机制称为 I/O 接口、I/O 模块、设备控制器或设备适配器。接口包含三个层面的内容：一是接口中所包含的通信标准；二是接口电路的设计；三是一个具体的器件。一个接口可以同时连接相同类型的多个设备，也可以连接多种不同类型的设备，只要这些设备都遵从接口的规范。计算机可以连接数量不等的各种类型的接口，这就大大扩展了主机连接各种外设的能力。I/O 接口用于解决主机和设备之间在数据格式、传输速率和操作方法等方面所存在的差异性的工作，所以 I/O 接口并不是一个简单的通路，它包含数据缓冲、格式转换、设备选择等功能。"接口"的含义说明 I/O 接口既包含它和主机之间的接口，也包含它和设备之间的接口。

图 1.15 显示了 I/O 接口在 CPU 和外设之间的地位。I/O 接口是一种机制，它并没有绑定具体的主机和设备，例如，USB 接口两侧可以连接不同的 CPU 和设备。主机和设备之间通过 I/O 接口传输什么内容、完成什么样的操作，依赖接口两端所连接的对象。例如，若接口的设备一侧连接的是打印

图 1.15 I/O 接口地位

机，而接口的 CPU 一侧运行的是打印机的驱动程序，则通过接口，CPU 就可以在打印机上输出数据；若接口的设备一侧连接的是键盘，而接口的 CPU 一侧运行的是键盘驱动程序，则通过接口，CPU 就可以读取键盘了。接口的标准化，大大简化了 CPU 和外设的设计，实现了系统设计的模块化。接口可以在不同的时间连接不同的设备，例如，USB 接口可以连接打印机，用完打印机后，拔下打印机的电缆，再接上音响的电缆，接口又可以控制音响了，这体现了接口的通用性。

I/O 接口允许 CPU 以一种简单的方式与多个设备进行通信，并检测、控制多种不同的设备，而隐藏了设备的定时、格式和机电特性。CPU 指令可以直接访问接口中的数据、状态/控制寄存器，通过它们向设备发送读、写命令，实现输入/输出操作。

I/O 接口是连接设备和主机的桥梁，一端连着主机(CPU 或内存)，称为内部接口；另一端连着设备，称为外部接口，如图 1.16 所示[5]。图中左侧是内部接口，右侧为外部接口。I/O 接口中的数据寄存器、状态/控制寄存器、地址译码和 I/O 控制逻辑直接与系统的 I/O 总线相连，一组外设控制逻辑则与各个设备直接相连，如图 1.16 右侧所示。数据寄存器用于存放 CPU 和外设之间的输入/输出数据；状态/控制寄存器存放 CPU 发送给设备的命令，或者是设备的状态；地址译码用于选择将与 CPU 通信的是哪一个设备，I/O 控制逻辑用于控制被选中的设备。

一个接口也可以同时连接多个不同的设备，例如，可以从一个 USB 接口引出多个接口，以连接不同的设备，图 1.16 中右侧就显示了该接口可以与多个设备连接。CPU 发送给设备的数据或命令，到达接口的 CPU 一侧的内部接口寄存器后，会通过地址译码和 I/O 控制逻辑传递给选中的设备。

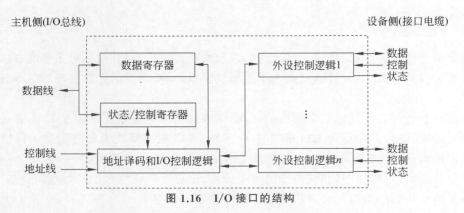

图 1.16 I/O 接口的结构

接口是从 CPU 的视角对外设共同特性的抽象,通过接口,CPU 可以和各种外设连接,但这种抽象也受到制约。如果设备之间的差异性太大,就很难使用相同的接口。例如,个人计算机往往提供多种接口,以连接不同的设备,如串行口、并行口、USB 口、HDMI 口等。同一个接口,也不宜连接太多的设备,所以计算机提供了相同类型的多个接口,如多个 USB 口。

I/O 接口是一个抽象的概念,描述了 CPU 与设备之间连接的机制,从简单到复杂,存在很多具体的实现。有些 I/O 接口做大量复杂的处理工作,往往需要一个小的处理器来承担,这样的 I/O 接口也称为 **I/O 通道**。I/O 通道可以执行程序,但不具有自己独立的存储器,而是与主机共享存储器。比通道具有更强大的输入/输出管理能力的是**输入/输出处理机**(Input Output Processor,IOP),可以拥有自己独立的存储器[6]。通道和 IOP 一般用于小型计算机以上的系统中。在个人计算机领域,I/O 接口一般比较简单,不包含 CPU,往往称为**设备控制器**。所有这些 I/O 接口的共同目标都是减轻主机在输入/输出工作中的压力。

1.5.3 端口

CPU 向接口发送控制命令、数据,或者从接口读取数据、设备状态之前,首先要用某种标识来指定所访问的设备,这种标识就是设备地址。当 CPU 将设备地址送到 I/O 总线上时,I/O 接口的地址译码电路可以据此识别属于自己所连接的设备。如果一个 I/O 接口连接了多个设备,那么 I/O 接口就会识别出它所连接的所有设备的地址,然后接收 CPU 发来的控制命令和数据并送给指定的设备。

CPU 和设备之间的通信内容无外乎输入/输出数据、设备状态、发送给设备的命令,这些内容一般分别暂存在接口的数据、状态和命令寄存器中,这些寄存器称为**设备端口**。每个设备都有三个设备端口,一般来说,设备状态和命令可以交替使用一个寄存器,因为二者不会同时使用。为了在程序中能够访问设备端口,系统给每个设备端口一个唯一的标识,称为**端口号**或**端口地址**,接口中的地址译码电路依据端口号,将收到的数据或命令传送给相应的端口。接口会识别总线上所有和自己相连的设备的端口号。

接口和设备是物理意义上的硬件,而端口则是设备的逻辑表示,程序不会直接看到设备,看到的仅是端口,端口号相当于设备端口的地址。程序只能通过端口号访问设备的端口,接口会从总线上接收属于自己负责的端口的信息,接口对程序来说是透明的。显然,端口的设计是指令集架构负责的,而接口的设计是由计算机组成负责的。

所有设备的端口号形成了 CPU 所能访问设备的地址空间。如果这个地址空间中仅有设备的端口号,则这种编址称为**独立编址**,意思是设备的地址空间与内存地址空间是彼此独立的;如果将设备端口与内存单元映射到一个统一的地址空间中,则称这种编址为**统一编址**。采用独立编址时,ISA 指令集需要提供专门的 I/O 指令,指定外设,并进行读/写、控制等操作;采用统一编址时,ISA 指令集无须提供专门的 I/O 指令,端口地址映射到内存地址,指令通过访问这些特定的内存地址来访问设备端口。硬件会识别出对这些地址的访问,送给接口。I/O 接口从总线上获取属于自己的地址和数据。

例如,Intel x86 CPU 的输入/输出指令为 in 和 out 指令,端口地址空间为 0x000~0x3ff,那么可以使用指令 in/out [端口号]进行输入/输出操作。若一个系统采用统一编址方式,指令 store [2000],0 表示将 0 送给 2000 号内存单元,如果系统将 2000 号地址分配给某个设备的端口,则上述指令就是给该端口赋值了,当然内存也不会再使用 2000 号地址。很多计算机的物理地址空间采用统一编址,在物理地址空间中划分出一个区域给 I/O 端口,从而使处理器访问内存和端口的命令看上去没有区别,只能从访问地址所处的区域来判断是内存单元还是 I/O 端口。RISC-V 就采用了统一编址方式,没有专门的 I/O 指令。

设备属于系统资源,由操作系统管理和控制,应用程序不能直接使用,所以,访问设备的程序必须在 CPU 的内核模式下运行。设备端口采用独立编址的计算机系统,有专门的 I/O 指令,这些指令都属于特权指令;采用统一编址方式时,尽管输入/输出操作使用普通的数据传送指令,但却仅在内核模式下才能访问 I/O 设备端口对应的内存单元。

1.5.4 设备控制方式

总线和 I/O 接口建立了 CPU 和设备之间的连接通路,定义了输入/输出系统的基本结构。在此基础上,CPU 和设备之间可以传输数据、控制命令和设备状态。下面要解决的是输入/输出过程中的控制问题,即 CPU 和设备之间是按照什么样的步骤、进行怎样的交互来完成输入/输出任务的,这就是所谓的**设备控制方式**。针对不同的设备或应用,一般有如下 4 种控制方式。

1. 轮询

在最早期计算机上(如 EDSAC),CPU 执行 I/O 操作时,I/O 指令要等待外部设备完成操作之后才返回程序,执行下一条指令。这与现代计算机 I/O 指令的执行方式不同,I/O 指令的开销包含 I/O 设备的操作时间。CPU 执行 I/O 指令的时间主要花费在设备的操作上,严重拉低了 CPU 的速度。

I/O 接口出现之后,在 CPU 和外设之间有了一个中转站,CPU 的 I/O 指令终于不必等待低速的外设了。它把要输出的数据放在接口中,I/O 指令就算执行结束了,CPU 可以继续执行程序的下一条指令,剩下的事就留给 I/O 接口去控制外设来干了。同样,输入设备将准备好的数据交给接口,就可以输入下一个数据了,而 CPU 则可以选择时机从接口中取数据。可见,在 CPU 与外设之间设立标准化的接口是很有意义的,它不仅解决了设备操作的标准化问题,而且使 CPU 与外设可以并行工作。

现在问题来了,CPU 启动了外设之后,外设开始工作,那 CPU 干什么呢?继续执行当前程序不太现实,后面的代码可能还要依赖输入/输出的结果。最简单的办法是在启动外设后执行一段循环程序,不停地检测设备状态,直到发现外设工作完成,继续执行后续代码。这种输入/输出的方式称为轮询。这样的话,CPU 的时间还是浪费掉了,不过,同前面在指令执行过程中等待 I/O 完成不同,至少是允许 CPU 继续执行了,等待是程序的原因,程序也可以不等待。

2. 中断

虽然轮询方式浪费了 CPU 时间,但这件事也不能完全怪程序,因为程序可能需要等待输入的数据才能继续工作。如果放手让 CPU 去做另外的工作,那当前程序怎么办？输入的数据到了以后,谁来通知它？就如同我们在路口遇上红灯,也是在不停地检测信号灯的状态(眼睛不能离开信号灯),不敢懈怠,生怕错过绿灯,显然,这时候司机不能睡觉。

20 世纪 50 年代后期,中断技术出现了,这一次是要真的解放 CPU！中断机制允许外设工作完成后向 CPU 发送信号。这样当前程序 A 在等待外设输入/输出时,系统就可以放手 CPU 去做另外的工作 B。当外设工作完成后发出中断信号通知 CPU,CPU 可以返回继续执行程序 A。也就是说,有了中断信号,就可以提醒 CPU 去执行前面没有完成的程序 A。如果路口的信号灯有叫醒服务的话,那么我们都可以在路口等红灯时闭目养神了,即使睡过去了,也可以被叫醒。

中断机制虽然可以提高 CPU 的利用率,但它也使程序设计变得更加复杂,必须考虑 CPU 在没有执行完一个程序的情况下再去执行另一个程序,并保证它们之间在使用寄存器、内存、外设方面不会相互干扰。事实上,中断开启了并发程序设计,也带来了同步、互斥等很多问题,详细的内容参见本书后面有关中断和并发的内容。

3. DMA

CPU 与外设的互动就像给婴儿喂食。当你喂一勺饭之后,婴儿会咀嚼、玩耍,而你必须等着,一直关注着他,直到他咽下之后才能喂下一勺,这就是轮询方式。婴儿长大一点,喂一勺饭之后,你就可以去干别的事情了,他咽下之后,自然会叫你回来再喂他,这就是中断。婴儿再长大一点,一口接一口地吃饭,不停地叫你来喂,你不得不忙于应付他的嘴,什么事情也干不成。你会发现最好的办法是释放勺子和碗的使用权限,让他自己吃,一口一口地吃,吃完一碗之后,再叫你给他送来下一碗饭,这就是 DMA 的 I/O 控制方式,这种方式大大减轻了 CPU 的工作量。

DMA 控制器可以连续控制内存和外设之间一批数据的传输,中间不需要 CPU 的干预,完成一批数据传送之后再向 CPU 发送中断信号。不过,事先 CPU 必须告诉 DMA 控制器所传输数据在内存的起始位置和数量。DMA 控制器自动完成批量数据连续、快速地传输,适用于像外存这样的设备,其特点是速度快、传输量大。

从程序员的视角看,DMA 本质上与中断方式相似,只是每次传输的数据量增加了,当然,I/O 操作之前程序必须初始化 DMA 控制器。每次中断都要进行 CPU 切换,改变程序的运行环境,系统付出较大的开销。DMA 方式大大减小了中断处理的开销。

4. 输入/输出处理器

DMA 控制器尽管大大减少了中断次数,减轻了 CPU 的压力,但随着有些现代输入/输出设备越来越复杂,CPU 仍然需要在输入/输出上花费很多时间。例如,目前随着人机交互技术的发展,人们对显示器的画面效果和速度提出了更高的要求,这就需要在图形图像绘制上花费巨大的计算时间。面对这些复杂的计算工作,DMA 这类功能简单的控制器是不能胜任的。于是，针对特定输入/输出设备的处理器出现了，例如图形处理器 GPU，用以减轻 CPU 的负担，毕竟 CPU 应该把主要精力放在关键的计算上。

图形处理器(Graphics Processing Unit，GPU)是一种专门在个人计算机、工作站、游戏机和一些移动设备（如平板电脑、智能手机等）上做图像和图形相关运算工作的微处理器。GPU 安装在显卡上，改变了显卡仅是一个简单控制器的历史，使显卡减少了对 CPU 的依赖，尤其是在 3D 图形处理时 GPU 承担了部分原本 CPU 的工作。当然，为了节省成本，CPU 也可以代替输入/输出处理器完成设备的管理，这将降低系统成本，也会损失一部分性能。

CPU 中的每个核都具有通用的、超强的计算能力，可以完成各种各样的任务，这也限制了 CPU 中核的数量。而 GPU 源于特定的图形图像处理，每个核的功能简单，GPU 中可以包含大量的核，实现超强的并行计算。随着 GPU 中核的功能逐渐增强，核的数量逐渐增多，GPU 已经可以高效地完成更多的应用需求。例如，英伟达推出的 NVIDIA AI 大大提高了推理的性能，将为人工智能的应用带来突破性的进步。

输入/输出处理器的另一个例子是独立磁盘冗余阵列(Redundant Array of Independent Disks，RAID)，磁盘阵列的管理是一个复杂的工作，一般的 I/O 接口控制器也难以胜任。为此，许多 RAID 控制卡有专门的处理器，完成对 RAID 磁盘阵列的管理，CPU 不用负责具体的磁盘阵列的控制，只是把命令下发给 RAID 控制卡上的输入/输出处理器就行了。

1.5.5 主机对外设的控制

I/O 接口规范并简化了 CPU 与外部设备的连接，程序也只能访问到端口，看上去外部设备的多样性和复杂性似乎被 I/O 接口屏蔽了。尽管输入/输出数据和各种控制信号都以规范化的形式进出 I/O 接口，但 I/O 过程的复杂性却隐藏在这些数据和信号之中。例如，不同的设备接收不同的命令和不同格式的数据，打印机和键盘呈现出的状态也不一样，系统收到网卡的数据后可能需要在规定的时间之内送回应答信号等，所有这些都需要程序对设备进行精准的控制。接口规范了输入/输出的形式，就像设计了一条管道的结构，然而管道中传输什么东西，是水、油还是气体，仍然需要更多的控制。

要控制设备，就需要了解设备的各种各样的特性，这无疑增加了程序员的负担。人们往往把设备的操作进行高度的抽象，如从键盘读一个字符、读一个字符串、读一个整数等，由一组程序来完成这些直接控制设备的操作，形成供所有软件使用的共享模块。这样程序员就可以调用这样的共享模块来完成输入/输出操作。这些直接控制设备的程序称为**驱动程序**。

编写驱动程序的程序员需要精通设备的特性和控制方式，事实上，设备的驱动程序往往由设备的生产厂家提供。另外，如果设备生产厂家生产的设备是标准化的，那么其他人也可以为此编写驱动程序。例如，操作系统厂家可以为标准化的设备提供驱动程序，此时新加入的设备无须安装驱动程序，可以实现热拔插的功能。

驱动程序运行在 CPU 上，属于操作系统的一部分，可被看作操作系统中的其他模块或者其上的应用程序与硬件设备之间的桥梁。它通过接口向设备发送命令，检测设备状态，实现主机对设备的控制。

驱动程序是硬件接口之上，在软件层面上对输入/输出过程的又一次抽象或规范化。

小 结

20世纪30年代,人们同时从计算理论和机器制造两个领域开展了计算机的研究工作。图灵提出了计算机的理论模型,奠定了计算机科学的发展基础;阿塔纳索夫开始研制第一台电子计算机。经过十年的探索,在计算机制造领域,冯·诺依曼提出了沿用至今的存储程序计算机架构,为其后半个多世纪的计算机工业化道路指明了方向。

本章试图从发展的角度阐述计算机系统至今所呈现出来的体系架构,并试图从软件的观点阐述指令集、访问存储器、访问设备这些最基本的操作,说明计算机软件和硬件之间的界面,这是程序设计和运行的基础。

在本章的基础上,第2章将阐述程序设计和运行的原理,这是理解操作系统的基础。

练 习

1. 请描述实现一进制加法"2 + 3"的图灵机及其操作过程。
2. 针对计算机发展早期的三台计算机系统,指出它们各自的创新价值。
3. 存储程序计算机架构的意义是什么?
4. 存储程序计算机中都有特权指令吗?
5. 什么是指令集架构?
6. 从图灵机的角度,说一下操作系统是什么。
7. 装入程序和存储程序计算机架构有什么联系?
8. 什么是端口?什么是接口?它们之间有联系吗?
9. 驱动程序应该属于操作系统还是应用程序?

第 2 章 程序设计与运行

现代计算机中的任何应用程序都需要依赖操作系统提供的底层服务来运行。事实上,最早期的计算机中没有操作系统,因而应用程序自身要负责一切程序运行方面的工作。随着计算机系统和软件复杂度的发展,软件中具有共性的部分被独立出来,逐渐形成了操作系统。从程序员的角度看,操作系统已经和计算机硬件平台融为一体,共同完成对程序运行的支持。应用程序甚至无须关心哪些支持是硬件完成的,哪些是操作系统完成的,这大大减轻了程序设计的负担。例如,应用程序在使用打印机进行输出时,无须关心往打印机端口上传送什么命令或者什么格式的数据,这些工作都可以由操作系统代劳。然而,从设计和理解操作系统的角度来说,需要理解在裸机上,即没有任何其他软件支持的情况下,如何设计和运行程序。因为操作系统本身就是在这样的环境下运行的,这是理解操作系统所做工作的关键。另外,操作系统需要为应用程序提供一个虚拟的运行环境,这个虚拟的运行环境也是以硬件的体系架构为基础构建的。

本章从一个简单的程序开始,基于底层的机器代码,探究其设计、编译、连接、装入与运行的过程,从而建立对程序设计与运行大概过程的基本认识。虽然这个过程并不全面,但希望能够唤起读者对程序运行过程的深入思考。对比自身的程序设计体验,读者能够更好地理解操作系统甚至其他软件,如编译程序为应用程序的运行所提供的支持及其必要性。

本章涉及程序的设计、编译、连接和运行,希望读者能够从程序员的视角和系统的观点全面理解程序的各方面,这是理解操作系统的基础。

◆ 2.1 一个简单的程序

本节介绍一个简单的汇编语言程序,描述程序设计和运行的基本框架。采用汇编语言程序是为了更好地阐释程序设计与计算机硬件之间的直接关系,揭示被高级语言程序隐藏的细节。对有些读者来说,汇编语言程序可能看上去有一点陌生,但本节做了详细的解释,这对于从指令级别上理解程序是非常有益的。

2.1.1 代码描述

要运行一个程序,需要先将它装入计算机的内存中。程序一般包含一些指令,也包含这些指令运行时所要使用的数据,另外,程序运行还需要一个运行栈,用于子程序调用和返回。

图 2.1 是一个简单的程序,它计算一个数组中所有元素的和。该图分为 5 列:第 1 列表示指令在程序中的行号,第 2 列是指令的汇编语言形式,第 3 列是注释,第 4 列是指令在内存中的地址,第 5 列表示指令的二进制代码。

编号	汇编指令	注释	地址	指令编码
01	# Execution begins at address 0			
02	.pos 0		0x000:	
03	iremovq stack %rsp	# Set up stack pointer	0x000:	30f40002000000000000
04	call main	# Execute main program	0x00a:	803800000000000000
05	halt	# Terminate program	0x013:	00
06				
07	# Array of 4 elements			
08	.align 8		0x018:	
09	array:		0x018:	
10	.quad 0x000d000d000d		0x018:	0d000d000d000000
11	.quad 0x000c000c000c		0x020:	c0000c000c000000
12	.quad 0x0b000b000b00		0x028:	000b000b000b0000
13	.quad 0xa000a000a000		0x030:	00a000a000a00000
14				
15	main:		0x038:	
16	irmovq array, %rdi		0x038:	30f71800000000000000
17	irmovq $4, %rsi		0x042:	30f60400000000000000
18	call sum	# call sum(array, 4)	0x04c:	805600000000000000
19	ret		0x055:	90
20				
21	# long sum(long *start, long count)			
22	# start is rdi, count is rsi			
23	sum:		0x056:	
24	irmovq $8, r8	# constant 8	0x056:	30f80800000000000000
25	irmovq $1, r9	# constant 1	0x060:	30f90100000000000000
26	xorq %rax, %rax	# sum <= 0	0x06a:	6300
27	andq %rsi, %rsi	# set CC	0x06c:	6266
28	Jump test		0x06e:	708700000000000000
29	loop:		0x077:	
30	mrmovq (%rdi), %r10	# Get *start	0x077:	50a700000000000000
31	addq %r10, %rax	# Add to sum	0x081:	60a0
32	addq r8, rdi	# start++	0x083:	6087
33	subq %r9, %rsi	# count--, set CC	0x085:	6196
34	test:		0x087:	
35	jne loop	# stop when 0	0x087:	747700000000000000
36	ret	# return	0x090:	90
37				
38	# Stack starts here and grows to the lower addresses			
39	.pos 200		0x200	
40	stack:		0x200	

图 2.1 一个简单的程序示例

在汇编语言程序中,大部分指令都要转变成机器代码送给 CPU 去执行。除此之外,还有一些汇编指令起辅助作用,并不代表一条硬件指令,仅提供程序的相关信息,告诉汇编程序如何进行汇编,这类指令称为伪指令,有的系统中伪指令也可以表示一组硬件指令。这里的伪指令向汇编语言描述程序的相关信息，并不转换为机器代码，它以"."开始，例如，上述程序的第 2 行、第 8 行等，其中，第 2 行表示该行后面的程序存放在从 0 号单元开始的内存中。另外，注释语句以"#"开始，仅用于解释程序的意图，会被汇编程序忽略。在汇编语言中也定义了标识符，标识符以":"结束，例如，第 40 行的"stack:"。stack 可被看作一个地址，stack 的值表示其后程序所在内存单元的地址，其值仅对汇编程序有意义，并不占内存空间。例如，第 39 行的意思是后续程序存放在 0x200 开始的内存区域，可知 stack 的值为 0x200。类似地，array、main、sum、loop 和 test 都表示地址。

2.1.2 代码解释

本节将从第 02 行开始逐行介绍图 2.1 中的代码，以期读者能对之有概括的了解。

第 02 行中指令.pos 是一条伪指令，说明其后续的指令，即 03 行的指令存放在 0 号单元开始的区域。

第 03～05 行是执行用户程序的通用机制，初始化（如栈的设置）和善后（停机），早期计算机的程序员就是按这种方式编写程序的。在现代计算机系统中，如果使用高级语言编程，程序员是不需要写这段代码的，它是由编译程序事先准备好的。这样的代码属于运行时系统，是指在应用程序运行过程中为应用程序提供支持服务的那些代码。运行时系统一般是在程序连接的时候由编译程序加到可执行文件中。

第 03 行中指令 iremovq 把立即数 stack 送给栈指针寄存器%rsp，指令名字 iremovq 中字符 i 表示立即数，r 表示寄存器，q 表示传输的是 4 字节数据，%是寄存器标志。该指令执行完成后，栈指针指向了栈，即 stack 开始的内存区域。在后续子程序调用和返回时，需要使用栈来传送返回地址或参数。请注意，这里的栈是沿地址递减的方向增长的，程序的最后一条指令和 stack 之间是栈的存储区域。

第 04 行调用第 15 行开始的主程序 main。

第 05 行是停机指令。在主程序 main 中仅有返回指令 ret，返回后程序并没有停止，所以这里的停机指令是必要的，表示整个程序的结束。在没有操作系统的年代，停机指令让 CPU 停止工作，用户做运行下一个程序的准备，然后重新启动计算机。在有操作系统管理计算机之后，应用程序运行结束后无须也无权停止 CPU，而是将 CPU 的控制权交给操作系统，由操作系统决定 CPU 干什么。这是通过系统调用完成的，如 exit()。如果读者了解停机指令，自然就会提问：现代计算机系统中应用程序结束后，控制是怎么转移的？

第 08～13 行定义了数组 array。第 08 行中的.align 是伪指令，意思是后面的数组 array 存放在当前单元往后的第一个 8 字节边界开始的区域，即满足内存访问的数据对齐，这是硬件要求的。第 10～13 行中的.quad 是伪指令，意思是其后的数据占 8 字节。

第 15～19 行是主程序 main 的代码。第 15 行中标号 main 说明主程序的入口位置。第 16、17 行，把数组 array 的地址和长度送给寄存器%rdi 和%rsi，作为传给子程序 sum 的参数。第 18 行调用子程序 sum，注意，指令 call 除了跳转到子程序入口之外，还会将返回地址压到栈中，等待后续的 ret 指令来取以返回主程序。第 19 行从主程序返回。

第 23～36 行是子程序 sum 的代码。第 23 行的标号 sum 说明子程序 sum 开始存放的位置，也是其入口位置。第 24～28 行是子程序 sum 在累加运算之前对循环次数、累加和、变量地址的初始化工作。第 29～35 行实现循环累加：r8 存放每个数组元素所占字节数，r9

存放地址循环变化的步长。

需要特别注意的是,从第 36 行子程序结束到 stack 所指向的 0x200 地址之间,都属于栈可以动态使用的区域,随着调用和退出子程序,栈的内容是动态变化的。这种栈在程序运行过程中用于子程序调用、局部变量的存放等,是不可或缺的,被称为**运行栈**。在此程序中,栈仅用于存放子程序的返回地址,供 call 和 ret 指令使用,子程序参数是通过寄存器传送的。

2.1.3 程序在内存中的布局

在操作系统尚未出现的年代,程序员是直接面向物理内存编写程序的,程序中的地址就是物理地址,正如 1.4.2 节中介绍的绝对代码编程方式。程序员可以把他的程序放到内存中他喜欢的位置,只要使用伪指令.pos 描述出来,剩下的事情就由汇编程序和装入程序来完成了。在第 1 章关于 EDSAC 的程序实例中,汇编程序和装入程序实际上是一个程序。用户程序中的数据和代码甚至可以交错存放,只要程序自己知道就可以了,这也是存储程序架构的特点。可以说,程序中的各个部分在内存中的布局完全是由程序员自己决定的。

操作系统出现以后,系统中可以支持多个程序同时运行,内存中同时存放多个程序,每个程序都不可能使用整个物理内存。不过,操作系统为每个程序提供一个虚拟的地址空间,程序仍像过去独自使用物理地址空间那样使用虚拟地址空间。从程序员的角度,他们可以仍像过去那样编程序,只是系统要实现虚拟地址空间到物理地址空间的映射,参见 1.4.2 节中有关地址变换的内容,当然,这个映射对应用程序来说是透明的。可以说,操作系统决定物理地址空间的布局,这关系到系统中的所有应用程序。然而,应用程序仍然可以决定自身的虚拟地址空间中代码和数据的布局。

高级语言出现以后,程序员已经很少使用汇编语言了,也就很少直接面向虚拟地址空间直接编程序。是编译链接程序将高级语言程序安排到虚拟地址空间中,程序在虚拟地址空间中的布局已经成为编译链接程序关心的事情了。另外,操作系统为了更好地管理程序的运行(例如,实现内存的共享和访问控制),也需要了解程序在虚拟地址空间中的布局。所以,这就需要操作系统和编译工具链生产厂家有一个关于程序在虚拟地址空间布局的共同规范,以实现应用程序之间、应用程序和操作系统之间在机器代码层面上的一致性。为此,**应用程序二进制接口**(Application Binary Interface, ABI)出现了,它定义了二进制接口的规范,用于确保不同的编译器和操作系统之间的二进制兼容性,具体包括数据类型、调用约定、参数传递方式、数据、代码、堆、栈布局等方面的规则,以确保在二进制级别上的交互正常工作。ABI 的具体规则会根据硬件体系结构、操作系统和编程系统的不同而有所变化。

图 2.2 描述了 Linux 系统在 x86-64 平台上的应用程序地址空间布局,这种布局是 ABI 规范定义的,是基于指令集架构,和操作系统、编译程序紧密相关的,对于理解程序的运行和操作系统的功能非常关键。地址空间是一个线性的地址空间,包含若干连续的、具有逻辑含义的区域,称为段。段与段之间因为各种原因,如地址对齐、ABI 规定等,可能存在间隙或洞,是还没有被利用的空间。注意,这种间隙并没有在图 2.2 中表示出来。下面简单介绍地址空间中的各主要部分。

1. 内核内存

内核内存是存放操作系统代码和数据的地方,其中包括和用户进程相关的管理数据,这

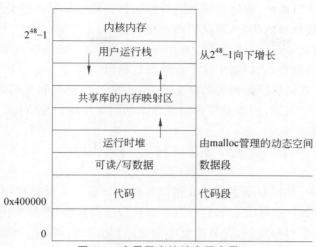

图 2.2　应用程序地址空间布局

些内容对应用程序是不可见的。操作系统会通过权限设置，防止应用程序访问内核内存。Linux 系统中每个进程的地址空间中都有相同的内核内存区域，它仅仅是内核的物理内存区域在进程虚拟地址空间中的映射。当进程执行操作系统的系统调用或系统进行中断处理时才能访问内核内存。注意，在 Linux 中将内核内存映射到应用程序的虚拟地址空间，但这并不是必需的，操作系统也可以和应用程序不处于一个地址空间。

2. 运行栈

运行栈存放在栈段（.stack）区域内，负责存放程序运行时所使用的栈。处理器的栈指针将指向这个段的高地址处，并在调用子程序时向低地址方向增长。调用子程序时处理器会执行 call 指令，该指令会返回地址压栈；子程序中的局部变量、参数以及返回值也可能会被分配在栈上。

程序运行时一般都需要栈段。在如图 2.1 所示的简单程序中，第 39、40 行就定义了栈段的起始地址，且可以看到在程序开始运行时该段的高地址被赋给了 CPU 的栈指针％rsp，栈沿着地址减小的方向扩展。有关栈的相关知识，将在 2.2 节中详细介绍。

3. 共享库的内存映射区

像各个进程共享内核一样，它们也可以共享物理内存中的动态链接库。进程在使用动态链接库之前，需要先将它们映射到共享库的内存映射区，以后对该区域的访问就可以实现对共享库的调用了。

4. 堆段

堆段负责存放应用程序运行时用 malloc() 申请的内存，管理堆段的是运行时系统。只有那些支持动态内存分配的系统才具有堆段。有关堆管理的相关知识，在第 5 章还会涉及。

5. 可读/写数据段

它们一般是程序员声明的全局变量。这些变量在程序运行时也可以被修改，因此它们是可读/写的。常见的程序都具备这类数据，如图 2.1 所示的程序中，数组所在的区域应该属于可读/写数据。

6. 代码段

代码段包括程序执行的具体代码。当程序被装载好时，操作系统负责将程序计数器 PC

指向该段中的程序入口地址,程序即可从此开始运行。除了早期少数类型的程序以外,程序在运行时一般不修改自身的代码,因此代码段是只读的。

任何一个程序都必定具备代码段。在图 2.1 中,第 03～05、15～36 行对应的程序行就定义了程序所执行的指令,它们属于这个程序的代码段。

要注意的是,从存储程序架构的角度上讲,是不区分数据段和代码段的,上述地址空间的描述只是现代 CPU 架构、操作系统和编译技术共同支持的一种结构。

2.2 子程序

在计算机程序中,往往有很多重复或相似的指令片段。如果在程序中重复编写这些指令片段的话,会造成程序臃肿、庞大,且一旦指令片段需要修改,则需要同时修改程序的很多地方,不利于程序的编写和维护,并且重复的指令序列会消耗额外的外存空间。为了消除这些没有必要的开销,需要引入子程序的概念,将这些重复的指令片段打包为一个个模块,并使主程序在合适的地方调用它们。在完成子程序的调用后,子程序还要返回主程序。

2.2.1 子程序的概念

子程序,又称为过程或函数,是程序中一个相对独立的功能模块,可被看作主程序中的重复功能的抽离和合并。在调用子程序之前,需要将参数传递给子程序,并保存主程序的返回地址。之后,程序将转移到子程序的入口,并开始子程序的执行。子程序执行结束后,将其返回值传递给主程序,并根据之前保存的主程序的返回地址,返回主程序的合适位置。子程序还可以嵌套:在子程序中可以调用下一级子程序,如此循环往复。使用子程序方式编写的程序,相对而言易读、模块化,如果配合合适的数据结构还能实现面向对象的程序设计。

在电子计算机领域,子程序是在 ENIAC 的研制工作中首次提出的。不过,就子程序的概念而言,还可以继续向前追溯至少一个世纪。第一个计算机程序员 Ada 首次描述了子程序及其中的递归关系:"显而易见,既然每个函数前后相继,并遵循相同的规则,那么就会出现循环的循环……这对该机器而言是一种非常重要的情形。"机械计算机差分机的发明人 Babbage 则形象地称这种调用方式为"机器咬尾巴——团团转"。

2.2.2 调用约定

为了使调用者(caller)和被调用者(callee)之间的控制流和数据流交接顺利完成,子程序和主程序之间需要遵循一定的约定,这种约定涉及参数的传递、返回地址的保存、寄存器的保存与恢复、返回值的回传、跳转到返回地址的方法,以及栈帧的开辟和回收等,统称调用约定。

在早期的计算机中,如 EDSAC 和 UNIVAC 中,子程序在自己第一条指令所在单元 SA 的前面预留一个空的存储单元(全局变量)SA-1,用来存放返回地址,如图 2.3 所示。主程序在调用子程序前,会将调用指令的下一条指令的位置 RA(返回地址)写入这个存储单元,然后跳转到子程序。这样,子程序在执行完成后,查询这个固定的存储单元,就可以得到返回地址,回到主程序中继续执行。如果多层子程序嵌套调用,则整个调用序列会组成一条连续的链,返回时也按照这条链从深至浅依次返回。

有时子程序自己调用自己,或者是底层的子程序调用高层的子程序,这种情况称为递归。此时,一个被调用的子程序就会对应两个调用者,再用一个固定的存储单元来存放返回地址就会导致前一个返回地址被覆盖,使子程序不能正确地返回。所以,在子程序前存放返回地址的方法是不能实现子程序递归调用的。

图 2.3 所描述的早期的子程序调用约定不能解决递归问题,2.2.3 节介绍的运行栈可以用于实现子程序的递归调用,也是后来的调用约定需要定义的对象。

2.2.3 程序的运行栈

每个程序开始执行前,需要为其在内存中分配一段栈空间,用于调用者和被调用者之间传递信息以及存放程序中的临时数据。一般情况下,栈的增长方向从高到低,栈底位于栈空间的最高端,在程序运行过程中保持不变;栈顶是存放将

图 2.3 利用固定单元存放返回地址

入栈数据的存储单元,指向栈顶的指针称为栈指针(Stack Pointer,SP)。程序运行之初,栈为空,栈顶和栈底重合,即 SP 指向栈底。往栈中存入数据时,SP 向低地址移动一个字长,并保存数据,这个过程称为入栈(Push);从栈中取出数据时,直接取出栈指针指向的数据,然后将栈指针向高地址移动一个字长,这个过程称为出栈(Pop)。可见,所有入栈和出栈的数据都必须通过 SP 在栈顶进行,栈是先进后出(First-In-Last-Out,FILO)的数据结构。SP 随着数据入栈和出栈而动态变化。当 SP 超出栈空间的范围时,产生栈溢出。

栈的数据结构与子程序的嵌套调用都满足先进后出,而且每调用一次子程序,子程序参数和返回地址都会压入栈,而不会破坏前面调用过程中已经压入的内容。因此,栈非常适合描述子程序的调用及返回。尤其是,即便是递归调用,其返回地址也会被保存在栈的不同区域,不会被后续的调用所破坏。

除了返回地址之外,子程序的其他数据,诸如参数、局部变量和返回值等,都依附子程序的运行过程,一旦子程序退出,就没有存在的意义,所以也特别适合保存在栈中,这些数据组成一个称为栈帧的结构。每次子程序调用,都会在栈上构建一个新的栈帧,在子程序返回时栈帧则被释放。当一个子程序运行时,主要访问自身栈帧中的数据,该栈帧称为活动栈帧,显然,活动栈帧是位于栈顶的。一般情况下,活动栈帧的起始地址存放在一个称为栈帧基址(Stack Frame Base,BP)的专门寄存器 BP 中。当子程序返回时,该子程序的整个栈帧出栈,其调用者的栈帧就又成为活动栈帧。为了能够找到调用者的栈帧,被调用者一旦开始执行,首先需要将调用者的 BP(栈帧基地址)保存在自己的栈帧中。然后修改 BP 寄存器的内容,使其指向存放调用者栈帧指针的单元。这样,被调用者和调用者之间的栈帧串联在一起,形成一个链表,称为栈帧链。子程序返回时可以从自己的栈帧中找到调用者的栈帧指针,这样依靠栈帧链逐层返回上一级程序。

下面用一个例子来说明栈帧的结构：如图 2.4 所示，主程序 X 调用子程序 Y，子程序 Y 调用子程序 Z。从子程序 X 进入子程序 Y 的过程大致如下。①在进入子程序 Y 之前，X 将参数和返回地址压入栈中。②在进入子程序 Y 后，先将调用者的栈帧指针寄存器 BP 入栈，再将栈指针寄存器 SP 内容送给 BP，此时，BP 指向的就是子程序整个栈帧的起始地址，这就是 BP 叫作栈帧指针寄存器的缘由。对于高级语言程序，这些工作一般是由编译程序插入的代码（运行时系统）完成的；但对于汇编语言程序，就需要程序员自己动手来做了。③进入子程序 Y 后，沿栈的增长方向移动 SP 来为子程序自身分配局部变量，最终形成 Y 的栈帧（图 2.4 中的阴影区域）。当 Y 调用 Z 时，如法炮制，可以得到 Z 的栈帧。在子程序 Y 中，要访问 Y 所属的参数、局部变量

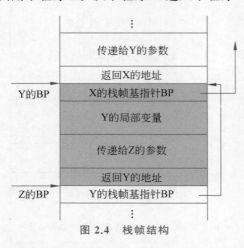

图 2.4　栈帧结构

或返回值，只要以 BP 指针为基地址，加上一个偏移量就可以了。每一层子程序调用都会产生一个新的嵌套的栈帧。返回时，首先将 BP 赋给 SP 以恢复被调用者的 SP，再将 BP 指向的内容出栈以恢复调用者的 BP，并修改 SP，最后从 SP 所指单元的上一个存储单元取出返回地址，并跳转到主程序。

当然，在上面的例子中，假设栈总是从高地址向低地址增长，且栈指针平时所指的位置总是一个空位。事实上，栈的生长方向可以是从高地址到低地址，也可以是从低地址到高地址，而且栈指针平时所指的位置的值可以是有效的数据，也可以是无效的空位，这与 CPU 的指令集架构有关。表 2.1 给出了不同架构 CPU 中栈的增长方向和出/入栈操作的描述。如果栈指针指向的是有效的数据，那么入栈时需要先移动栈指针，再向栈指针指向的位置写入值；否则入栈时需要先向栈指针指向的位置写入值，然后出栈。

表 2.1　不同架构 CPU 中栈的增长方向和出/入栈操作

栈类型		递减满栈	递增满栈	递减空栈	递增空栈
增长方向		高→低	低→高	高→低	低→高
栈指针位置		数据有效	数据有效	数据无效	数据无效
入栈	先	自减	自增	赋值	赋值
	后	赋值	赋值	自减	自增
出栈	先	取值	取值	自增	自减
	后	自增	自减	取值	取值
代表架构		8086，ARM RISC-V	8051，C28X RISC-V	6502，RISC-V	RISC-V

不难看出，在子程序的调用中涉及大量的入栈和出栈操作。早期计算机系统中子程序调用时出栈和入栈操作是用软件来实现的，时间开销较大。在现代指令集架构中，入栈和出栈有时由专门的 PUSH 与 POP 指令负责；而且部分架构的子程序调用指令 CALL 能自动将返回地址入栈且跳转到子程序入口，子程序返回指令能自动从栈中取出返回地址且跳转

到返回地址。这些硬件的支持大大提高了子程序调用的效率。尽管如此,子程序调用涉及大量栈的操作(多次访问内存),还是付出了很大的代价。为此,在那些子程序非常短小的场合,编译器会决定将它们内联(Inline)到调用者中,这彻底消除了子程序调用的开销。另外,大量使用寄存器传递参数,也可以降低子程序的调用开销。

2.2.4 子程序库

在 2.2.3 节讲到,如果在一个程序中存在着大量的重复指令序列,就可以把它们抽出来成为独立的子程序。随着计算机的普及和编程活动的大众化,人们在实践中发现,这种重复不仅出现在一个程序的内部,也可以出现在程序与程序之间。诸如字符串比较、排序、文件访问、打印输出等一些操作是很常用的,因此很多程序都含有这些部分。

这些程序之间的共同部分也可以抽象出来,组成一套独立于各个程序的公用子程序库。这样,编写新程序时就不需要再重复编写别人写过的代码,直接使用子程序库中的子程序就可以了。第一个子程序库是 1944 年由格蕾丝·赫柏(Grace Hopper)创建的,当时的子程序库是写在笔记本上的,需要时才将它们输入计算机。后来,在 EDSAC 中,子程序库被存储在专用的纸带上,当用到这些子程序时,机器将自动读取它们。

随着子程序库中的子程序的数量增加,为它们设计统一的接口和标准就变得很重要。这使得任何应用程序编写者都可以直接按照标准的接口调用子程序,大大方便了子程序库的编写、维护和推广。这种接口最后演化出**应用程序接口**(Application Programming Interface,API)的概念,并且被行业广泛接受,成为行业标准的一部分。相当多编程语言(如 C 语言等)都带有自己的标准子程序库。这些库中所包含的子程序涵盖并抽象了最基本、最常见的操作,任何程序的编写者都能从中受益。除此之外,还有一些第三方厂商会针对特定领域提供标准的、模块化的可重用的子程序库,以减轻对应领域的程序开发工作量。

在今天,子程序库很少以源码形式进行分发,而是普遍以二进制形式进行分发,并以库文件的形式独立于应用程序而存在。所谓的二进制形式,是指调用者和被调用者之间的约定是基于机器语言的,依赖于硬件的。这免去了使用者的编译负担,也有利于保护开发者的知识产权。另外,也使得程序库的共享可以在一个指令集架构下,能够跨越不同的程序设计语言,例如,汇编语言可以调用 C 语言的函数库。因此,**应用程序二进制接口**(Application Binary Interface,ABI)也就应运而生。ABI 描述了应用程序和操作系统之间,一个应用和它的库之间,或者应用程序的各个组成部分之间的二进制接口,其涵盖了数据类型、调用约定等各种细节。在连接时,这些子程序会被插入用户程序,组成一个可以运行的虚拟地址空间布局。

API 和 ABI 之间最大的区别是:前者是程序员可读的,基于高级语言的;而后者是面向机器硬件的,基于二进制代码表示的。要实现代码共享,调用者和被调用者必须同时在这两个标准的层面上达成一致。一般来说,程序员负责其程序符合 API 的接口规范,而 ABI 规范是由编译程序、操作系统,或者二进制程序库的提供者来负责的。

◆ 2.3 可执行程序的生成

在前两节讨论了程序的基本结构,这些程序都是用汇编语言来表示的,反映了程序运行时的实际结构,与二进制代码的机器语言无异。二进制代码指令是计算机硬件可以直接理解的。尽管早期的计算机程序员就是使用机器语言(或汇编语言)来编写程序的,然而,这类程序并不太适合人类进行编写、阅读和分析,除非必要场合,现在已经很少有人采用这种机器级语言编写程序。人们更喜欢用各种高级语言、脚本语言来写程序,不过,这些程序仍然要转换成计算机能够直接识别的机器语言,毕竟计算机硬件仍然只认机器语言。

当应用程序运行时,呈现给硬件和操作系统的都是机器代码的形式。所以,为了能从现代程序员的角度认识从程序设计到运行的全过程,并进一步理解操作系统在当代计算机系统中所起的核心作用,需要从高级编程语言程序设计出发,介绍如何生成机器可以接受的机器语言程序,从而使读者认识程序设计和程序在运行时的形式之间的联系。本节将介绍从高级语言生成机器语言程序的方法和步骤。

2.3.1 编程语言

总体上讲,程序设计语言可以分为机器级语言和高级语言两个层次,其中,机器级语言包括机器语言和汇编语言,二者没有本质的差别,只是表示方式不同而已。下面从系统角度阐述它们的特点,帮助读者全面认识程序从设计到执行的全过程。

1. 机器语言

机器语言是软件与硬件的界面,硬件可以直接解读并执行该语言编写的程序。对程序员而言,这是最底层的编程语言。指令是机器语言的语句,是程序要求CPU完成的基本操作。每种CPU都有自己的指令集,不同指令集中指令的类型和数量尽管不相同,但对于现代计算机来说,它们毫无疑问都是图灵完备的。不过,指令集中指令的功能越丰富,对于编程来说越方便,当然,其代价是硬件结构更复杂。在计算机发展过程中,程序中某些频繁出现的操作,例如入栈和出栈,最后都由硬件实现了,例如,我们经常使用的入栈、出栈、子程序调用、返回指令等。随着应用的发展和技术的进步,CPU的指令集演化出前面介绍的CISC和RISC两类指令集,它们构成了机器语言的基础。

2. 汇编语言

机器语言使用二进制代码表示程序和数据,不利于程序员直接阅读和编写程序。为了使其对程序员变得可读,人们用带有语义的标识符代替那些表示特定指令或寄存器的二进制编码,这样更容易识别、记忆和理解,由此得到了汇编语言。其中,指令本身使用几个字母组成的助记符代表,而寄存器、数据等则使用字母和数字表示的操作数代表。由于汇编语言只是对机器语言中的元素的简单替换,其语句几乎和机器语言的指令一一对应,在编程风格和技术上没有本质的区别,在机器语言发明后很快就出现了汇编语言。要将它翻译成机器语言也往往只需要做简单的替换,因此,负责做此项工作的汇编程序相对于编译程序来说,非常容易实现。图2.5的左下角描述了汇编语言源程序、机器代码和汇编程序之间的关系。

值得一提的是,在汇编语言中存在一些机器语言中不存在的"伪指令",是程序员写给汇编程序看的。伪指令的含义有两类:第一类并不生成机器指令,而是告诉汇编程序某些要求,例如,程

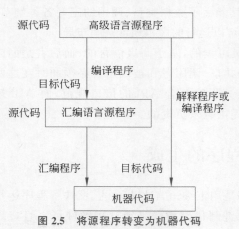

图 2.5 将源程序转变为机器代码

序和数据的存放位置、对齐方式、程序结束标志等，以帮助汇编程序生成程序员想要的程序；第二类会生成机器指令，往往是一组复杂指令的简单表示，汇编程序会据此生成相应的机器代码，例如，在 MIPS 和 RISC-V 中，伪指令可用于表示某些特定指令的组合。

汇编语言既然是机器语言的一种符号表示，那么不同的机构可以定义自己的符号指令体系。例如，同样是 x86 架构的机器语言，就有 AT&T 和 Intel 两种汇编语言，它们是两种不同的汇编语言格式。当然，同一种汇编语言格式也可以应用到不同的机器语言上。

3. 高级语言

汇编语言虽然避免了机器语言中那些对人来说难以识别、记忆的数字代码，增强了程序的可读性，但仍离人类的思维方式有相当的距离。在汇编语言中，机器指令仍然是机械的、呆板的，所操作的数据也仍然是二进制表示的。另外，要能正确编写汇编语言程序需要相当熟悉计算机硬件的架构，即汇编语言与 ISA 仍是紧密绑定的，针对一种 ISA 的汇编程序无法简单地移植到另一种 ISA 上。为了解决上述问题，人们发明了高级语言（High-Level Language）。用高级语言编写的程序独立于 ISA 架构，更贴近人的思维方式，并在 CPU 本身提供的整型、字符型、浮点型等数据类型外，增加了更抽象的枚举、数组、字符串、类等数据类型，因此程序的表达能力、可读性和可维护性大大提升了。

由于高级语言与机器语言之间没有明确的映射关系，因此必须有功能强大的编译程序实现高级语言程序到机器代码的转换，图 2.5 描述了高级语言源程序、编译程序（或解释程序）和机器代码之间的关系。1949 年，ENIAC 的发明者 Mauchly 提出了第一个高级语言 Short code，可以表示数学表达式，功能非常简单。1953 年，IBM 提出了第一个具有广泛影响力的高级语言 FORTRAN，可以方便地表示数学计算，并可用于控制程序的流程。1960 年，艾伦·佩利等发布了 ALGOL60，对后世的高级编程语言影响极大，并由此获得第一届图灵奖。

从程序设计的角度，可以将高级语言分为：面向过程的语言，如 C 语言、ALGOL、Pascal 等；面向对象的语言，如 Java、C++ 等；人工智能软件的编程语言，如 Lisp、Prolog 等。其中，C 语言由于具有处理低级存储结构的能力而被广泛用于开发操作系统软件，如 UNIX、Linux 和 Windows 都是采用 C 语言设计的。

按照高级语言程序转换为机器代码的方式，可以将高级语言分为编译型和解释型两类：前者的源程序通过编译程序转换成独立的机器代码，可以直接在硬件平台上运行而不再需要编译程序的支持；而后者的源程序通过解释程序逐条分析，完成语句功能，这样的程序不能离开解释程序单独运行。例如，C 语言程序可转换成独立的可执行文件，运行时不需要 C 的编译环境，而 Python 语言程序则必须在 Python 解释器支持下才能运行。

脚本语言是高级语言的一种，也是通过解释器来运行的，典型的例子是 Linux 系统中的 Shell 脚本语言。作为 Linux 等操作系统的命令语言，它既是终端上的用户与 Linux 操作系统会话的语言，又可作为程序设计的语言。Linux 系统中的命令，都可以作为 Shell 语言中的语句。除此之外，Shell 语言中还包含循环、条件语句等，以实现程序的控制功能。在 Linux 系统中，Shell 作为一个应用程序，既能执行 Shell 编写的程序，也能执行用户输入的命令，是 Linux 系统中基本的人机交互工具。

2.3.2 程序的连接

在设计大型程序时，基于模块化的思想，全部程序和数据分散放在若干文件中，每个程序文件包含若干子程序或全局变量,可被看作一个模块。程序文件数量太多时,还可以把它们放在不同的子目录下,一个子目录下的所有文件组成一个更大的模块。程序设计时往往会针对每一个源程序文件进行编译,形成独立的目标文件,这样,一个大型程序往往由大量的目标文件构成。

如果在模块 A 中引用模块 B 中的一个变量 x,那么在单独编译模块 A 时是不能确定 x 的地址的。也就是说,在这些相互独立的目标文件中,互相之间的引用地址往往是缺失的。由于编译器一次生成一个目标文件,并不确定那些引用的数据的地址在哪儿。况且,各个目标文件中含有的各段在内存中的位置也还没确定,因此所有对符号的引用(全局变量访问、函数调用等)的具体地址都只能推迟到组装所有目标文件时才能确定。因此,目标文件无法直接运行,而需要对这些符号引用进行填充来形成可执行文件,这个过程叫作程序的连接,它由专门的连接器来完成。

具体地,假设有如图 2.6 所示的用高级语言编写的三个子程序 A、B、C 和两个全局变量 x、y。在高级语言中,它们用符号名表示,而在汇编语言中则使用地址来表示。图 2.6 中,x、A、B 位于一个程序文件中,C、y 位于另一个文件中,如图 2.6 中左侧两图,则在这两个文件分别编译时,前者中 y 的地址无法确定,后者中 x、A、B 的地址也无法确定,对它们的引用只能暂时留白,以等待连接时填充。例如,图 2.6 中第三个图是第一个文件编译后的结果,符号名 x、A、B 是本模块内定义的,属于本地符号,有确定的地址,例如,符号名 x 对应的地址是 1000。而符号名 y 是另一个模块定义的,属于外部符号,在编译第一个文件时,其地址是不知道的,所以 y 的地址空着。编译程序会为每个模块建一个本地符号表和外部符号表,分别存放本地符号名和外部符号名对应的地址。事实上,即便在同一个模块内部定义的符号,目标模块中的地址也只是相对的,需要在连接时才能确定,因为一个模块的起始内存地址也是在编译时不能决定的。一般情况下,只能假定每个模块都是从 0 号单元开始存放的。最终符号名的内存地址等于其所在目标模块的起始地址加上该符号在模块内的偏移地址。例如,假设第一个模块被安排在虚拟地址空间中起始地址为 60000 的地方,则其变量 x 的虚拟地址就是 60000+1100=61000。

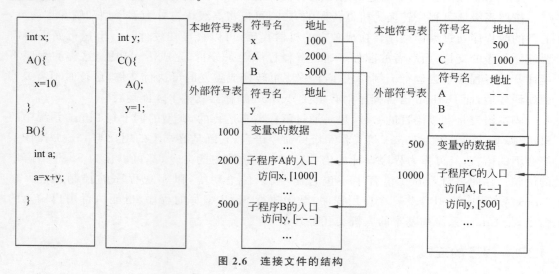

图 2.6 连接文件的结构

简单地讲,连接器负责进行的连接工作就是给所有模块决定起始地址,据此计算各符号名对应的地址,并将这些地址填充到一切引用了这些符号的地方,就好像将各个模块的相关对象像穿针引线一样地连接到一起。总体的连接过程是:先将所有模块依次映射到一维地址空间中,这样,所有模块中的每一个符号名都有了一个地址,然后把符号名的地址回填到所有引用它们的地方。

具体的连接方法可以分为两种:**直接回填法和间接地址法**。在进行编译的时候就要确定使用什么样的连接方法。如果使用直接回填法,编译程序会在目标模块中将引用某个外部符号的所有地方用一个连接表记录下来,连接时,获得该外部符号的地址后,再依据该连接表将地址回填到所有引用该外部符号的地方。图 2.7 中左边的图描述的第一个目标文件中符号名 y 的引用连接表。如果使用间接地址法,编译器生成的目标代码中所有对外部符号的引用,均改为间接访问外部符号表中该符号的位置。等连接时,再将该外部符号的地址填入外部符号表中。只要修改了外部符号表中的这个存储单元,就相当于修改了后续对此符号的引用。图 2.7 中的右图描述了采用间接引用法时,目标文件中所有对外部符号名 y 的引用已经确定,即间接访问 996 号存储单元,连接时仅需要回填 996 号单元即可。

连接的时机也可以分为两类,分别是静态连接和动态连接。**静态连接**过程相对简单,它会在程序运行之前就将所有的模块连接起来,形成一个完整的可执行程序。然而,此时连接生成的可执行文件中复制了所有可能要调用到的程序,不同的可执行文件之间即便有共同部分,也没有办法合并起来,这就导致部分模块在不同的可执行文件内多次存储,浪费了外存空间。而且当程序装入内存后,因为它们之间并没有建立关联,这些本可以被共享的代码也会在内存中复制多份,浪费内存空间。另外,更新一个程序的任何模块都必然需要重新连接整个应用程序,这又浪费了时间。

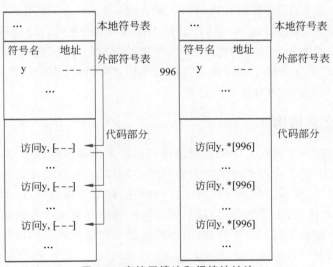

图 2.7 直接回填法和间接地址法

为了解决静态连接的上述问题,可以将各应用程序可共享的模块在可执行文件之外单独存储,而连接操作推迟到了不得不连接的时候才去做,即在使用某模块时才执行连接操作,这称为**动态连接**。如果有一个程序 p 需要使用一个模块 m,那么在 p 的可执行文件中可以不包含 m,仅当 p 装入内存时,再将 m 与 p 连接起来,装入内存。当要将 m 装入内存时,如果发现 m 已经被其他程序装入内存,则无须再装一次。可见,采用动态连接时,每个模块无论在外存中还是在内存中仅需保留一个副本,这节约了内存与磁盘空间,并使得模块可独立于可执行文件而更新。这样的模块就叫作**动态连接库**。在 Windows 中,动态连接库以".dll"为扩展名,在 Linux 中,动态连接库以".so"为扩展名。

◆ 2.4 程序的装入

CPU 不断从内存中取出指令执行,所以程序在运行前必须首先装入内存,这是存储程序(冯·诺依曼)计算机架构的基本特点。操作系统出现之后,程序的装入就成为操作系统的基本功能。最初,程序的装入是指将程序从外存整个装入物理内存中,而且是在程序运行前必须全部装入内存,这是装入的第一种含义。

事实上,程序在运行时并不需要全部装入内存,只需要装入当前程序运行所必需的代码和数据。程序在后续的运行过程中,如果用到的代码和数据不在内存,再装入。这成为操作系统内存管理的一项重要工作,也是装入的第二种含义,与第一种含义相同的是,都是将程序从外存装入物理内存中;不同的是,前者是一次性全部装入,而后者是需要时动态装入。

尽管程序可以不必全部装入物理内存就能运行,但是在程序运行前,操作系统需要为程序建立虚拟地址空间,具体就是定义应用程序中的各种代码和数据在虚拟地址空间中的布局,例如,代码段、数据段、堆段等各存放在哪个区域,并用相应的数据结构描述出来。建立虚拟地址空间后,从程序员的角度看,程序的装入已经完成,程序就运行在虚拟地址空间中,程序员是看不到物理内存的。至于程序何时实际装入物理内存,完全是操作系统虚拟内存管理的工作,程序员无须操心。这是装入的第三种含义。

本书中在大部分情况下,使用装入的第三种含义,为了区分,使用名词"装载"替代装入的第三种含义。要注意的是,这两个词在其他书中是不加区分的,这里的约定不具有普遍性。与程序装入的前两种含义不同之处在于,程序的装载可能不涉及代码和数据从外存实际读入内存的操作,仅仅是建立虚拟地址空间的结构,实际读外存的操作往往在程序运行过程中动态完成,在 5.5 节中会有详细的讨论。

2.4.1 可执行文件结构

程序不运行时作为可执行文件以二进制代码的形式保存在外存上。可执行文件可以看作程序的二进制代码以及它们在地址空间布局的一种描述,包含程序运行所需的所有信息。当需要运行程序时,操作系统按照可执行文件的描述,构造应用程序运行时虚拟地址空间的布局,也称为内存映像,这也是程序运行时,程序员所能够理解的内存的样子。要注意的是,这个虚拟地址空间并不是真实的存储器,对虚拟地址空间任何单元的访问,都会被内存管理部件映射为对物理内存的访问。

每个应用程序的虚拟地址空间都很大,这是由指令集架构决定的,如在 32 位计算机上为 4GB,但是,绝大部分的应用程序不会使用这么大的空间,一般只有其中的一部分被使用,不使用的部分称为空洞,程序是不能访问的。可执行文件用于存放程序,但不会逐字节存储程序的整个地址空间,一般会采用更紧凑的表示方法。程序中的未初始化数据段(.bss 段),对应高级语言程序中定义的那些未初始化的全局变量,一般初值置为 0,还有堆段

(.heap)和栈段(.stack)则没有初值，都是仅在运行时才用到的存储空间，因此它们中的数据不需要在可执行文件中存储。当然，那些空洞区域就更没必要记录了。

可执行文件由文件头和程序中各个部分的内容构成，每一部分是一个相对独立的逻辑单元，称为节(Section)，例如代码、数据等，如图2.8所示。左边的表是可执行文件的文件头，描述程序的各个节的节名、在文件中的偏移量大小和起始虚拟地址，如图2.8中右边的表所示。对于那些需要初始化为固定内容的段，如.text、.const和.data，需要记载它们在可执行文件中的偏移量、大小，以及装载到虚拟地址空间中的位置，如图2.8中右侧的前三个节.text(正文节或代码节)、.const(只读数据节)和.data(可读可写数据节)。装载时会将这些节从可执行文件中读取出来，原样装入虚拟地址空间中的指定位置，例如，.text节的偏移量0表示文件头之后偏移量为0的位置。

对于.bss(未初始化数据节)、.heap(堆节)和.stack(栈节)，在可执行文件中偏移量为0，这里的"0"不同于.text节的偏移量0，并不表示偏移量，仅表示这三个节并不在可执行文件中，占据实际存储空间为0，只是说明装载时只须为它们在虚拟地址空间中分配指定大小的存储空间，无须从可执行文件中复制数据。关于可执行文件中其他节的信息，可参阅本章参考文献[1-2]。

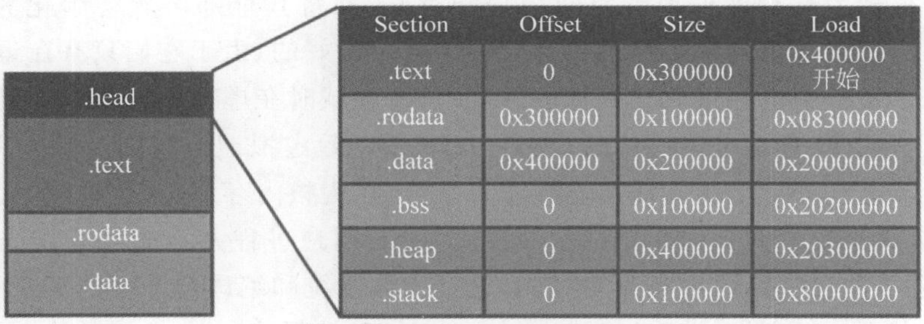

Section	Offset	Size	Load
.text	0	0x300000	0x400000 开始
.rodata	0x300000	0x100000	0x08300000
.data	0x400000	0x200000	0x20000000
.bss	0	0x100000	0x20200000
.heap	0	0x400000	0x20300000
.stack	0	0x100000	0x80000000

图2.8 可执行文件的结构

可执行文件的格式涉及操作系统、编译程序、汇编程序和连接程序，这些程序可能来自不同的厂家，因此需要有通用的国际标准统一不同厂家的产品。现在广泛应用的二进制可执行文件格式以 Windows 下的 PE(Portable Executable)和 Linux 下的 ELF(Executable and Linking Format)为主，ARM 体系中采用的是 ELF 文件格式。它们都是 COFF (Common Object File Format)的变种。COFF 是在 UNIX System V Release 3 时由 UNIX 系统实验室首先提出并且使用的可执行文件规范，后来微软公司基于 COFF 格式，制定了 PE 格式标准，并将其用于当时的 Windows NT 系统，获得广泛应用。在 System V Release 4 时，UNIX 系统实验室在 COFF 的基础上，开发和发布了 ELF 格式，作为应用程序二进制接口(Application Binary Interface, ABI)。

2.4.2 装载

如前所述，装载是为程序建立虚拟地址空间的布局。为了管理以及与其他系统软件共享的方便，操作系统为所有应用程序的虚拟地址空间设计统一的布局结构，各个应用程序的布局可能会因为应用程序的大小、自身的结构不同而在细节上有所不同，但基本架构是相同的，这也是 ABI 规范的内容之一。图2.2是 Linux 操作系统平台上应用程序的虚拟地址空间总体布局,包括内核内存、栈、堆、代码段、数据段等内容。整体上,虚拟地址空间由多个段(Segment)构成,每个段占用连续的空间,各个段的大小可以不同,段和段之间可以有空闲区(即空洞)。为了管理方便,段的起始地址是需要对齐的,例如,采用分页的系统中,段就是以页为边界对齐的。段内的代码或数据具有相同的访问权限,内核是以段为单位对程序的各部分进行保护的。

在可执行文件中应用程序被分成若干节(Section),每个节是程序的一个逻辑单元,具有独立的含义。与节不同的是,段是程序在虚拟地址空间中的划分,每个段本身并不一定具有逻辑的意义。段只是操作系统为了应用程序进行有效管理而划分的单位,例如,栈是可以动态增长的,会独立形成一个段。又如,可执行文件中的代码节和只读数据节尽管逻辑含义不同,但访问权限都是只读的,可以将这两个节组成一个段。装载到内存时,可执行文件中的很多节可以合并到一个段中,这样可以减少内存中段的数量。

在图 2.2 中,程序代码从地址 0x400000 开始存放,该地址称为代码段。程序中的常量存放在节.rodata 中,尽管它是数据,但由于也具有只读特性,所以也放在代码段中,同样,初始化代码节.init 也是跟代码段放在一起,这是为了实现保护的方便。代码段之上是数据段,包含.bss 节和.data 节,.data 是从可执行文件中复制来的,而可执行文件中没有.bss 的内容,装载时内核现为其在虚拟地址空间中分配空间,并将其全部区域初始化为 0。运行时堆、运行时栈的位置和范围都是在可执行文件中就定义好的,由于它们只有在运行时才有意义,因此可执行文件中也不存放它们的内容,而是在装载时在虚拟地址空间中建立。共享内存映射区用于建立物理地址空间中的动态连接库到进程虚拟地址空间的映射关系,通过访问共享内存区,进程就可以访问动态连接库。类似地,内核内存也是把内核的代码核数据映射到进程的虚拟地址空间,当然,这些区域受到保护,用户进程是不能随意访问的。共享内存映射区和内核内存区的位置是预留好的,这是操作系统和编译器等生产厂家约定好的,共同遵守,体现在可执行文件的定义格式中,如 ELF、PE 等规范。

装载程序(Loader)是内核的一个模块,其任务就是依据可执行文件,建立进程的虚拟地址空间。首先,读可执行文件的文件头,看看文件中都有哪些节,然后把这些节按照文件头中指定的位置安排在虚拟地址空间中,参见图 2.8 中右侧表中的 Load 字段。具有相同属性的节安排在连续的地址空间中,形成一个段。事实上,由于节在虚拟地址空间中的位置是由可执行文件定义的,所以哪些节形成一个段自然是由连接程序安排的。装载的任务就是在内核中建立段的数据结构,以描述程序各部分在虚拟地址空间中的位置。

需要注意的是,在虚拟存储功能的操作系统中,装载并不意味着要将可执行文件中的代码和数据从外存传输到内存。事实上,装载仅仅是建立了虚拟地址空间的结构,这是创建进程工作的一部分。至于何时代码从文件中读到内存,是由操作系统的内存管理部分,如预调入页、页的置换等代码来完成的,往往是进程执行第一条指令时因产生缺页而实现页的调入。

在建立了虚拟地址空间结构之后,装载程序就可以将 CPU 的控制权交给应用程序了,即去执行进程的第一条指令。事实上,装载仅仅是进程创建过程的一部分,何时执行进程要由 CPU 调度程序决定,这将在第 4 章中介绍。

2.4.3 程序启动与结束

在装载应用程序之后,还需要为其设置好必要的初始环境,程序才可以运行。例如,程序计数器、栈指针寄存器等,这一部分工作往往是由一个称为_start 的程序来完成的。图 2.1 中的第 03~05 行代码就描述了一个简单的_start 程序基本功能,当然,目前可执行文件中的_start 要复杂得多。_start 程序在完成基本的设置之后,调用应用程序的主程序,进入并执行应用程序。

_start 程序不需要由程序员来写,由连接程序加到可执行文件中,作为应用程序的一部分,典型地属于运行时系统。

在现代计算机系统中,当应用程序结束时,不能像图 2.1 那样只是简单地执行停机指令。停机指令属于特权指令,应用程序也无权限执行,当然也不应该执行,因为系统中还有其他程序需要执行。应用程序结束后应该将 CPU 控制权交还给操作系统,这往往是通过执行系统调用来完成的,例如,C 语言中的 exit() 系统调用,其主要作用是请求操作系统释放程序运行时占用的资源,为程序的运行做善后工作。

应用程序中无论在什么地方、什么时候调用 exit(),都无须返回主程序,而是立即退出整个应用程序的执行并返回操作系统。应用程序中更通常的结束方式是执行完主程序 main 的最后一条语句或者返回语句,自然地返回上一层程序。要注意的是,main 的上一层程序是_start,而返回_start 之后,它就会调用 exit(),还是要将控制权交回给操作系统,只是这对程序员来说是透明的。

◆ 2.5 程序的运行

程序从开始执行到结束,形成了一个指令流序列。从程序员的角度看,CPU 一直在随着指令计数器 PC 值的改变而不断执行这个指令流。然而,事实上,这个指令流可能会被各种各样的意外事件打断。

当意外事件出现时,CPU 需要执行相应的程序以处理意外事件。这使指令流的执行不再是一个时间上完整的过程,也就是说,程序的运行环境不是封闭的。CPU 完全有可能在没有执行完一个指令流的情况下,转去执行另一个指令流。这种执行方式为计算机系统完成更复杂的任务提供了手段,也为程序的正常运行(即程序在逻辑上不会受到外界的干扰)带来了挑战。

本节将介绍程序运行过程中可能出现的各类事件,系统处理这些事件的手段,以及系统为保证程序正确而高效运行所提供的服务。

2.5.1 指令流之间的切换

CPU 算术运算过程中免不了溢出,一旦出现溢出现象,会对程序的后续执行带来严重影响,任何程序都不能忽视其存在。所以,系统有必要对溢出事件进行处理,例如,退出运行、发出警告,或采用其他的计算方法。异常是计算机系统中最古老的机制之一,在第一台商用计算机 UNIVAC(1953 年)中就存在了。

在 UNIVAC 上,程序员需要在硬件规定的特定位置存放一段溢出处理代码,一旦出现溢出,CPU 控制逻辑就发出异常(中断)信号,CPU 会暂停当前程序并记住断点,自动执行特定位置上的处理代码。如果溢出问题能够被处理好,CPU 就会重新回到原来程序的断点处继续执行。

CPU 在执行指令流的过程中，一条指令的执行结果可以保存在寄存器中，供后一条指令使用。例如，两数相加之后，"和"及溢出标志留在寄存器中，下一条指令可以直接使用。CPU 中的这些寄存器，存放了指令的运算结果，为后续指令的运行提供了运行环境，称为程序运行的上下文。从异常的处理方式看，CPU 在程序原来的指令流与异常处理程序指令流之间进行了切换。异常处理程序显然会使用 CPU 的各类寄存器，如果异常处理程序破坏了程序的上下文，程序就不能继续执行了。

为使异常处理程序执行完后，能够重新回到原来的程序继续执行，就必须保存好程序运行的上下文，例如，将寄存器中的内容保存在内存的某个地方。当异常处理完成后，恢复程序的上下文，程序才能够继续执行。所以，指令流之间能够进行切换的前提是上下文的保护和恢复。CPU 在执行下一个指令流之前需要保存前一个指令流的上下文，并恢复下一个指令流的上下文，这称为**上下文切换**。

除了异常事件之外，设备在完成输入/输出操作之后或在出现故障的情况下，也向 CPU 发送中断信号，CPU 会停止当前程序的运行，进行中断事件的处理。异常事件和设备中断事件处理过程总体上非常类似，都是暂停当前指令流的执行，去执行另一个指令流，其中要经过两次上下文切换。这样的过程称为**中断**（Interrupt），前者是由 CPU 执行指令引起的，称为内部中断，后者来自外设，称为外部中断，并且它们采用相同的处理机制。

在操作系统出现之前，应用程序需要自己处理异常事件和外部中断，在有了操作系统之后，这些事件的处理就交给操作系统了。

2.5.2 操作系统提供的支持

2.5.1 节分析了程序运行过程中，会有来自 CPU 的内部中断和设备的外部中断事件出现，系统暂停当前程序的运行，处理中断事件，这种工作模式称为中断机制。除了处理中断事件之外，在现代计算机系统中，中断机制也用于系统调用，以完成操作系统提供给应用程序的服务。

应用程序经常需要使用系统设备、访问操作系统中的某些数据、请求操作系统中的某些服务。但是，受限于 CPU 运行在用户模式，应用程序自身无法直接完成这些工作，必须请求运行在内核模式的操作系统的程序来完成。内核程序与应用程序的权限不同，所访问的内存区域不同，所以，应用程序要请求内核服务，不能像子程序调用那样，简单地通过子程序调用指令转向内核中的程序来完成。而是需要 CPU 重新换一个运行环境，单独执行内核的代码，也就是说，相当于启动一个新的指令流。现实生活中也有类似的情况：你如果觉得家里的某个灯的位置不合理，可以设计个方案重新摆放；你如果觉得公共场所的路灯位置不合理，则需要请求政府部门来改变其位置，不能自己直接去做。

为了方便应用程序执行操作系统的功能，操作系统提供了统一的一组程序接口，每个接口定义了接口的名字、功能、传送的参数，供应用程序调用，这样的接口称为系统调用（System Call）。一般计算机系统会有专门的指令，实现系统调用。例如，在 x86 指令集架构中，请求系统调用的程序段如下。

```
mov $60, %rax
mov $0, %rdi
syscall
```

这段代码就是 C 语言中 exit(n) 系统调用的汇编语言形式,第一条指令将系统调用号 60(对应 exit() 的功能)送给寄存器 rax;第二条指令将退出码 0 送给寄存器 rdi;第三条指令转向操作系统的系统调用处理程序,相当于切换到另一个指令流。

由于应用程序与操作系统的系统调用构成了两个不同的指令流。系统调用与中断(内部、外部)处理一样,都导致 CPU 从一个指令流切换到另一个指令流,都需要保存和恢复上下文,都需要进入操作系统来处理,也就都需要 CPU 从用户模式切换到内核模式。这样,中断机制可以统一处理内部中断、外部中断和系统调用三类事件。当然,系统调用和前两者之间也有不同之处:系统调用是程序自身主动引起的,非意外事件。包含中断机制的程序执行过程可以用图 2.9 描述,这是程序执行过程的一般模式[3]。

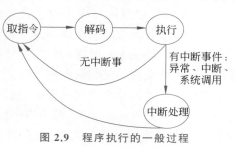

图 2.9 程序执行的一般过程

2.5.3 运行时系统

应用程序的生命周期可以分为不同的阶段,如设计、编译、连接、装入、运行,相应的时间段可以分别称为设计时、编译时、连接时、装入时、运行时等。程序在运行时,除了操作系统会为程序提供中断事件处理和系统调用服务之外,还会得到特定的运行时系统的支持。运行时软件是伴随着程序运行而存在的,若程序不运行,它们就不会运行,也不会出现在内存中。操作系统一般不被认为是运行时软件,因为应用程序不运行,操作系统也在内存并且起到管理作用,这是运行时软件与操作系统的显著区别。另外,运行时系统是为某个特定的应用程序服务的,而操作系统提供公共服务,面向所有运行的程序。运行时软件和操作系统都支持应用程序的运行,但是它们所发挥的作用和存在的形式不一样,运行时系统是在 CPU 用户模式下运行的。

运行时系统所执行的代码是一组底层的子程序,以函数库形式存在,受编译系统的管理,称为运行时库。高级语言程序在转换成可执行程序时,运行时软件就被"偷偷"安插在其中,并辅助应用程序的运行。请看下面一个最简单的 C 语言程序。

```
#include <stdio.h>
int main(void) {
  printf("Hello World!\n");
}
```

在执行 main() 函数之前,进程会先执行 _start() 函数为应用程序的执行设置必要的初始环境,如初始化运行栈的栈指针等。_start() 函数就是运行时库中的一个函数,这样的函数是编译程序插入应用程序中的,应用程序自身感受不到它的存在。例如,2.1 节程序例子中调用 main() 函数的那段程序可被看作 _start() 函数。它们并不完成程序中的逻辑功能,而是为程序的运行提供必要的支持。不同的是,函数 printf() 显式完成程序的逻辑功能,是程序主动调用的。_start() 和 printf() 函数都是随程序运行而一起装入内存,是支持程序运行的运行时库中的成员。另外,像 C 语言中的动态内存申请 malloc(),需要为应用程序运行时动态管理内存空间,也是运行时库的典型功能。

运行时库和操作系统都是支持应用程序运行的软件,二者的地位不同。运行时库是编译系统的一部分,是对高级语言程序运行时的支持,是连接程序将运行时库程序与应用程序的目标代码组装到一起,形成可执行程序的。所以,操作系统会把运行时库和应用程序看作一个整体,并不区分二者。图 2.10 描述了运行时库、应用程序和操作系统之间的关系。

运行时库和操作系统所起的作用不同,操作系统常驻内存,为所有的应用程序提供运行时支持,而运行时系统随应用程序装入或退出内存,仅为特定的应用程序提供运行时的支持。由于运行时系统是在高级语言层面的软件,显然,它是跨平台的,具有更强的可移植性。

运行时软件以运行时库的形式支持应用程序时,起到一种辅助运行的作用,是伴随应用程序的可执行文件一起装载到内存的。应用程序可以直接访问操作系统的系统调用,操作系统也把运行时库作为应用程序的一部分装载到内存。实际上,运行时软件还可以为应用程序的运行承担更大的支持,即为应用程序构建一个虚拟运行环境,甚至使应用程序感受不到底层操作系统的存在,这样的运行时软件称为**运行时系统**。例如,Java 虚拟机、沙箱、运行脚本程序的浏览器等,图 2.11 显示了应用程序、Java 虚拟机和操作系统之间的层次关系。在应用程序看来,这样的运行时系统就是其运行的平台,而在操作系统看来,运行时系统是一个独立的应用程序,操作系统不会直接管理在运行时系统上运行的应用程序。从运行时系统看,它基于操作系统提供的服务,为应用程序提供可移植性更强、更具应用领域特色的服务。例如,Java 虚拟机可以创建并管理线程,而所有这些工作可以是操作系统感知不到的。

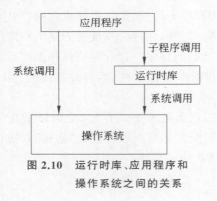

图 2.10 运行时库、应用程序和操作系统之间的关系

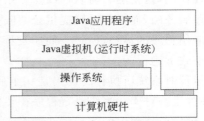

图 2.11 应用程序、Java 虚拟机和操作系统之间的层次关系

小　　结

本章从一个简单的程序开始,介绍了程序的基本架构。在此基础上阐述了程序的设计、编译、连接、装入和运行各个重要的阶段,以及它们之间的关系。希望读者能够对程序的结构和运行有一个全面的了解。

本章的目的是要向读者展示没有操作系统的情况下程序是怎样设计和运行的,从而使读者认识到作为一个服务者,操作系统应该做些什么,为第 3 章引入操作系统的概念提供基本的背景。

练　习

1. 程序运行时需要在内存中为代码、已经初始化的数据和未初始化的数据、栈、堆分配空间，试问在程序运行之前，它们在可执行文件中是否占用存储空间？
2. 静态重定位和动态重定位之间的区别是什么？
3. 虚拟地址空间的大小是由操作系统还是 ISA 架构决定的？
4. 什么是虚拟地址？什么是物理地址？
5. 说明栈帧的内容，解释子程序调用、执行和返回过程中栈帧内容的变化情况。
6. 动态连接库和静态连接库的区别是什么？
7. 连接方法有哪两种？各有什么优缺点？
8. 程序装载的具体含义是什么？

第 3 章 操作系统的形成和发展

如果想知道操作系统是干什么的,那么现代庞大复杂的操作系统都是应该学习的,但这远远超出人们的认知能力,而且也没必要。我们需要从简单的系统中把握操作系统的核心概念。在电子计算机发展的最初十年中并不存在操作系统,操作系统是计算机系统发展到一定阶段的产物。从早期的计算机开始,沿着操作系统从无到有的过程,探究操作系统形成和发展的轨迹,从而发现操作系统发展的规律,把握其最本质的内涵,这是本章的目的。

本章将从历史的角度阐述操作系统发展过程中形成的一系列基本概念,从系统和用户两种角度介绍支撑操作系统的关键技术,向读者展示一个生动的、多维度视角下的操作系统。当我们回到最简单、原始的系统结构中去,才会发现操作系统最关键的作用和特征,有利于把握系统的发展规律。

◆ 3.1 早期的人机交互

在计算机发展的早期,计算机系统的操作自动化程度很低,往往需要操作员完成一些非常基本的工作。操作员必须对计算机系统非常了解,一般人根本玩不了那些庞大而复杂的计算机系统。所以,那时的计算机操作员都是计算机专家,他们往往既是计算机系统的设计者、程序员,也是操作员。像图灵、冯·诺依曼这样的计算机大师,也都花了大量时间泡在计算机机房中,图 3.1 是冯·诺依曼和他研制的计算机。计算机系统往往是边研制边使用,图 3.2 显示了计算机机房的情景。

图 3.1 冯·诺依曼和他研制的计算机

图 3.2　早期计算机机房的场景

早期计算机的主要功能都集中在计算上,所有辅助的工作都由操作员来完成。在执行一个用户程序时,操作员可能做的工作如下:①将程序纸带装入纸带输入机,按下按钮启动纸带机;②通过面板开关设置内存地址,装入汇编程序、编译程序或用户程序到内存的某个区域;③从某个地址(程序入口)执行程序;④启动、暂停或结束程序的运行,等等。总之,操作员会根据程序的执行情况操作计算机的控制面板、纸带机、打印机等设备,并及时处理各种意外情况。操作员的工作贯穿程序的整个执行过程,从程序的装入到卸下程序,取走输出结果,以及程序运行过程中各个阶段的控制。

用户提交程序和数据到计算机系统上,以完成一个计算任务,这个任务包含程序、数据及其相应的运行过程,称为作业(Job),也就是用户交给计算机系统的一项工作。从系统管理的角度看,作业的具体呈现形式就是程序和数据。就像我们进入商店,商家会习惯地把我们称为顾客而不是人一样,计算机系统也是用"作业"这个词来特指用户提交给系统执行的程序和数据,并包含它是一个任务的意思。"作业"这个词背后隐含系统的一个目标,就是要高效地、尽快地完成好一个作业,就像商家希望和每一位顾客都完成一笔大交易。

用户要完成一个任务可能需要多个步骤,例如,一个用户可能需要在计算机上先编译、连接,然后才能执行程序。所以,一个作业的执行过程往往由多个阶段构成,每个阶段都包含程序的运行,输入或输出数据,这样的阶段称为作业步。一个作业步完成后,系统往往需要在操作员的控制下,进入下一个作业步。例如,操作员通过往纸带输入机装入编译程序,决定当前作业步要完成的工作,然后通过某个按钮启动编译程序的执行。同样,当一个作业执行完后,操作员需要取下该作业的所有输出结果,然后准备下一个作业的执行。由此可见,作业内作业步的控制,以及作业之间的切换都是在操作员的控制下完成的,人大量地参与了作业的执行过程,并起到了主导作用,这是早期计算机系统中人机交互的特点。

当操作员装卸纸带或设置控制面板上的开关时,计算机什么事都干不了,处于等待状态。在一个每秒 1 万次的计算机系统中,如果一个用户程序在计算机上的执行时间为 9min,操作员的操作时间为 1min,也就是计算机等待的时间,那么计算机的利用率为 90%。人们,尤其是那些花钱买计算机的人们,对此应该没有什么抱怨。然而,当计算机的速度提高到 10 倍之后,达到每秒 10 万次,上述用户程序的执行时间缩短为 0.9min,而操作时间,即使人们再练习,也不会有大的改变,如表 3.1 所示。此时的计算机利用率为 0.9/(0.9+

1),小于 50%,这对于耗费巨资建造的计算机系统来说是不可接受的。

表 3.1　CPU 利用率的变化

CPU 速度	总 CPU 时间	总操作时间	CPU 利用率
1 万次/秒	9 分钟	1 分钟	≈ 90%
10 万次/秒	0.9 分钟	1 分钟	< 50%

由于作业内的各个步骤以及作业之间的切换是由人工操作完成的,CPU 必须等待人的操作,然而与计算机相比,人太慢了。例如,如果编译程序需要读入用户程序进行编译,那么它就要等待操作员首先安装好纸带,然后启动纸带输入机。计算机每天都在进步,而人的操作水平则停滞不前,操作员成为制约系统效率提升的关键因素。

显然,操作员的手工作业控制方式已经很难再继续下去了,计算机系统需要一种更高效的作业控制方式。一台机器,在它的初级阶段,往往需要人类更多的关照,一旦技术上成熟之后,人类自然会退居二线。作业的执行过程摆脱人的控制,实现自动化,这也是计算机系统发展的必然。

◆ 3.2　批　处　理

为了提高作业执行过程中作业控制的效率,人们首先想到利用作业的共性改进操作流程。系统管理员将收到的所有要执行的用户作业分类,例如,按照作业所使用的语言,分成 FORTRAN 语言类作业、Cobol 语言类作业、汇编语言类作业。作业被分类之后。系统会先运行某一类作业,如 FORTRAN 类型的作业,从而可以一次性装入 FORTRAN 的编译程序,然后分别装入所有的 FORTRAN 作业进行编译、执行。这样,当某一类语言的程序全部运行完之后,再运行另一类语言的程序。与过去每个作业都要换装相应的编译程序相比,这种集中同类程序的方式省下了大量的编译程序装入时间。上述管理模式的基本思想可以总结为:将相同类型的工作集中起来一起处理,从而简化处理流程,这种管理模式称为批处理。

3.2.1　批处理系统

就像现代化工厂中的流水线,批处理思想的核心是抽象出多个任务的共性集中处理,通过简单重复的方式来完成复杂的工作。上述思想可以进一步应用到所有作业的控制过程中。

尽管不同的作业有不同的作业步,每个作业步所完成的任务也不一样,然而,它们之间也存在共性:都需要装入内存才能运行,这是冯·诺依曼计算机的基本特征。这样,可以进一步应用批处理的思想,将作业的装入和执行过程规范化,用一个称为监控程序的程序来自动完成,实现一批作业的装入和执行,以代替操作员的工作。监控程序构成了早期操作系统的核心。

在系统启动前,系统管理员会把所有要执行的用户作业装入磁盘或磁带中,然后启动计算机执行监控程序。监控程序运行的基本过程如下:① 从磁盘中读入一个用户作业进入内存并执行；②用户作业运行结束后，判断磁盘上是否还有下一个作业，若有则转①，否则停机。这个装载过程的特点是：通过监控程序完成作业的自动装入，可以连续装载多个作业而无须操作员的干预。该过程由于减去了人工操作时间，因此大大提高了计算机的效率。如果用户程序在执行过程中出错，监控程序会把内存中的程序和数据保存起来（供程序员事后查找错误），然后继续处理下一个作业。图 3.3 展示了监控程序的执行框图。

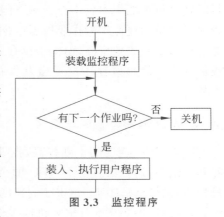

图 3.3　监控程序

监控程序是一个软件，它能够代替人自动地实现作业的装入，控制作业的运行，不能不说是计算机系统管理和计算机软件在技术上的一次跨越。1956 年，通用汽车公司的 Robert L. Patrick 研究了 Gantt 的工业管理学[10]，做了有关吞吐量的实验，提出了连续地、不间断地处理用户作业的设想。随后，通用汽车和北美航空两家公司合作在 IBM 704 计算机上设计了计算机发展史上的第一个操作系统 GM-NAA I/O[11]，实现了上述监控程序的功能，使系统吞吐量增加了 10 倍。这种以批处理技术为核心的操作系统，通常称为批处理系统。第一个操作系统的重要意义在于：由软件代替了人工操作，接管了计算机系统中的作业控制。

采用了批处理技术之后，由于大大减少了人的干预，计算机不用等待人的操作，CPU 利用率得到极大的提升。然而，过去由操作员处理的一些程序执行过程中遇到的问题如何解决呢？例如，过去遇上 FORTRAN 编写的程序，操作员会先装入 FORTRAN 编译器，产生目标代码，再装入连接程序，形成可执行程序，然后运行程序。有了批处理系统后，这些工作也可以交给操作系统来做。

操作系统向用户提供一组作业控制命令，允许用户向操作系统发送命令，由操作系统完成某些操作而代替其亲自为之。具体的形式是：用户在提交给系统的作业（程序和数据）中会插入一些作业控制命令，告诉系统如何控制其程序的运行，这些命令采用特殊的标记，不会与程序和数据混淆。在采用卡片记录用户作业的年代，控制命令被存储在具有特殊标记、称为控制卡的卡片上。例如，一个作业的内容如图 3.4 所示，其中有作业控制命令，也有程序和数据。每个作业控制命令以'＄'作为开始标记，然后是命令的名字及其参数，其含义分别为：①＄JOB 命令，标志一个作业的开始；②＄COBOL 命令，请求监控程序装载并执行 Cobol 编译器；③＄LOAD，请求装载编译好的程序；④＄RUN，运行程序；⑤＄END，标识作业结束。

| $JOB,… | $COBOL | 源程序,… | $LOAD | $RUN | 数据,… | $END |

图 3.4　一个作业的典型结构

这些控制卡片插入由程序和数据组成的作业流中提交给监控程序，使得监控程序明白用户的意图，能够像操作员一样控制作业的运行。在 IBM 早期的批处理系统中，程序员和监控程序之间以这些控制命令为核心，形成了一种特定的脚本语言——作业控制语言（Job Control Language，JCL）。在此之前，操作员是通过按钮、开关来与计算机交互的，采用命令方式是一个大的进步，也导致后来出现了人机交互的命令行方式。

在作业运行时,如果控制命令的执行有问题,程序员是没有机会改的。事实上,程序运行时程序员可能根本就不在现场。例如,如果在编译用户程序的过程中出了错,系统会根据程序员给出的更详细的作业控制命令采取相应的措施,如打印错误信息等。批处理系统虽然运行起来系统效率高,但由于没有交互性,使其应用仅限于某些大容量、高强度的计算和数据处理。像调试程序这样交互性很强的工作要在批处理系统上来完成简直就是一场噩梦。

3.2.2 脱机输入/输出系统

随着 CPU 速度的不断提高,批处理系统用来代替人的操作,大大减少了 CPU 的等待时间。然而,这并没有消除 CPU 的全部等待时间。输入/输出设备在和 CPU 的数据通信过程中,同样远远跟不上 CPU 的速度,拉低了 CPU 利用率,成为 CPU 的另一个"猪队友"。例如,编译程序要从卡片输入机读入包含 1000 张卡片的源程序,需要 100s 的时间。在这组卡片的读入过程中,卡片的送入和数据读出占据了绝大部分时间,相比之下,CPU 将数据存入内存的时间几乎可以忽略不计,也就是说,CPU 在整个输入过程中基本上处于等待状态。数据输入完后,编译 1000 张卡片上的源程序也仅需要几秒钟的时间。同操作员一样,设备速度的提升也远远跟不上 CPU 的发展,CPU 等待输入/输出设备的时间也变得越来越不能接受。

既然设备的速度和 CPU 不在一个量级上,让 CPU 和设备直接通信就很难避免 CPU 的等待。就像处理 CPU 和操作员的关系一样,批处理的思想在这里再一次被应用,形成了脱机输入/输出技术。首先,CPU 要输出数据到设备时,如打印机,并不是直接送到打印机的端口,而是将数据写入一个高速、大容量的外部存储器,如磁带,作为输出缓冲区的磁带往往称为输出井;其次,当存储器上积累了大量的要在打印机上输出的数据之后,由系统管理员将磁带从主机上取下,装入另一个小的计算机上,这台小计算机连接着系统的各种设备,往往称为卫星机;最后,卫星机从磁盘上读出数据,直接送给打印机。同样,如果 CPU 要输入数据时,也要通过卫星机将各作业所需数据集中从输入设备送入磁带,然后由系统管理员把磁带从卫星机上卸下,装入主机,将数据读入与主机相连的磁带中,作为输入缓冲区的磁带往往称为输入井。在主机上运行的作业需要输入数据时,由系统到输入井中取作业的数据。输入/输出设备与主机不直接相连,真正的输入/输出操作是在脱离主机的情况下完成的,所以这种输入/输出方式称为脱机输入/输出。图 3.5 显示了主机和设备直接相连的情况,图 3.6 显示了采用脱机输入/输出方式后主机、卫星机和设备之间的关系。

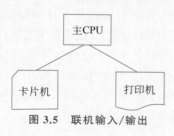

图 3.5 联机输入/输出

系统采用脱机输入/输出方式,实际的输入/输出任务是在卫星机的直接控制下完成的,由于卫星机本身速度慢、价格低,即使卫星机等待设备,对整个系统的资源利用率影响不大。主机不再控制设备,可以把时间主要用于计算上,所以大大提高了主 CPU 的利用率。脱机输入/输出将所有的输入/输出数据集中存放在磁带上之后再一起输入/输出,而不是随着程序的执行随时输入/输出,这是批处理思想的进一步应用。要注意的是,尽管 CPU 不直接控制打印机、卡片机这样的低速输入/输出设备,但是 CPU 在将输出数据送到磁带,或从磁带读入输入数据时,仍然需要对磁带进行输入/输出操作,CPU 仍然需要等待磁带 I/O 完成,只不过由于磁带的速度相比于其他的设备较快,等待的时间会很短。

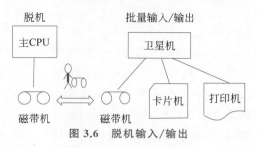

图 3.6　脱机输入/输出

卫星机控制输入/输出,也会面对输入/输出设备速度慢的问题。不过,由于卫星机本身功能弱、速度慢、价格低,这个问题已经可以忽略了。

批处理技术应用在作业管理和输入/输出操作,解决了高速的 CPU 和低速的操作员、设备之间的矛盾,大大提高了 CPU 的利用率,这是计算机系统发展到一定阶段的结果。从应用方面讲,一定存在大量的作业、大量的输入/输出数据需要处理,才会有对批处理技术的需求;从技术方面讲,软件的能力得到进一步的发挥,用软件来管理软件的运行过程,实现了系统管理的自动化,这是操作系统软件最原始的功能。需要指出的是,批处理技术在提高系统自动化的同时,也限制人机交互,操作员没法参与到批处理的过程中,导致大量的应用不能在批处理系统中运行,例如,文本编辑、游戏、程序调试。

3.3　多　任　务

随着电子技术的发展,CPU 的运算速度越来越快,尤其是集成电路技术的出现,使 CPU 运算速度按摩尔定律保持了几十年的高速发展。然而,在作业的运行过程中,难免要进行输入/输出或人机交互,会极大地拉低 CPU 的利用率。虽然批处理技术大大减少了 CPU 的等待时间,但很多交互型的作业或实时任务并不适合采用批处理技术。批处理技术解决了作业交替过程中的 CPU 等待问题;脱机输入/输出技术解决了作业执行过程中等待设备输入/输出的问题;然而,交互型作业执行过程中 CPU 大量时间等待人的问题尚未解决。在 CPU 性能快速提高的同时,如何提高 CPU 的利用率,仍然是计算机系统发展的关键问题。

本节分别从原理、实现和应用三个层面上阐述多任务技术,介绍早期的操作系统如何通过多任务技术提高 CPU 利用率。

3.3.1　并发与并行

批处理技术将人和外设从主机系统中分离出来,提高了 CPU 的利用率,但它并没有杜绝 CPU 等待人和外设的问题。即使采用脱机输入/输出方式,CPU 仍然需要读写磁盘或磁带,由于 CPU 的速度和它们不在一个量级上,所以 CPU 还是要等,而且这对于高速 CPU 来说,仍然是不可接受的。另外,许多计算机应用不能没有人机交互,如游戏、文字编辑等,在这样的系统中,CPU 也无法避免等待。总之,在作业的执行过程中,CPU 等待设备或人是不可避免的。换一种思路,能不能在 CPU 空闲时,给 CPU 安排其他的工作,以提高 CPU

的利用率呢？这正是现在要讨论的问题。

日常生活中，人们经常会遇到不可避免的等待。例如，开车到路口遇上红灯，此时司机可以保持注视信号灯，也可以去观望一下路上的行人、街上的风景，听听音乐来打磨时光。再如，煮面条时，需要等待水烧开，人们此时可以去看书或玩游戏。可见，当我们处于等待状态时，一般都会找另外一件事来做，保持大脑的利用率，很少有人会让大脑保持静息状态。当然，CPU 也可以这么干，当它在执行一个任务 A 的过程中，等待输入/输出操作时，完全可以去执行另一个任务 B 的计算。这里的**任务**（Task）就是计算机系统中完成的一项工作，通常情况下，它和作业的概念没有本质的区别，也是指程序的一次运行过程。在计算机的发展过程中，不同时期、不同领域的研发人员往往使用了不同的词汇来描述同一个概念。

在一个系统中，同时有两个或两个以上的任务在运行，这种任务的运行方式称为**多任务**（Multitasking）。关于两个任务的"同时运行"，人们并没有对它进行严格而详细的描述，所以它包含多种运行方式。例如，日常生活中，我们打开洗衣机开始洗衣服，然后淘好米，启动电饭煲煮饭，洗衣机和电饭煲开始以互不干扰的方式工作。另外，在朋友聚会时也经常是一边吃饭一边聊天，吃饭和聊天也被认为是同时进行的。但这里的"同时"和上例中的"同时"有所不同。吃饭和聊天都用到嘴，二者之间是会相互干扰的。说两个任务是同时执行的，仅是一种宏观上的描述，微观上它们可能是交替的，也可能是并行的。在上面两个例子中，从微观上讲，前者是并行运行的，后者是交替运行的，但从宏观上都可被看作同时进行的任务。两个任务同时执行，可以描述为：一个任务还没有结束，另一个任务就开始了，或者说，两个任务从开始到结束的总的运行周期在时间轴上有重叠。

如图 3.7 所示，任务 A 在[t1,t2]时间段上在 CPU 上执行，在[t2,t3]时间段内任务 A 在打印机上输出，此时任务 A 不能在 CPU 上运行，CPU 可以去执行任务 B。在 t3 时刻任务 A 完成了打印，CPU 可以在[t3,t4]时间段上继续执行。执行一段时间[t4,t5]后，任务 A 又要在下一个时间段[t4,t5]执行打印输出，CPU 又可以去执行任务 B 了。按照前面描述的关于"同时"的内涵，任务 A 和任务 B 是同时运行的。实际上，在任何一个时刻，只能有一个任务在 CPU 上运行，微观上看，两个任务在 CPU 上交替执行；宏观上看，两个任务在同时运行，这种任务的运行方式称为**并发**。采用并发运行方式，可以保证 CPU 能够最大程度地被利用。

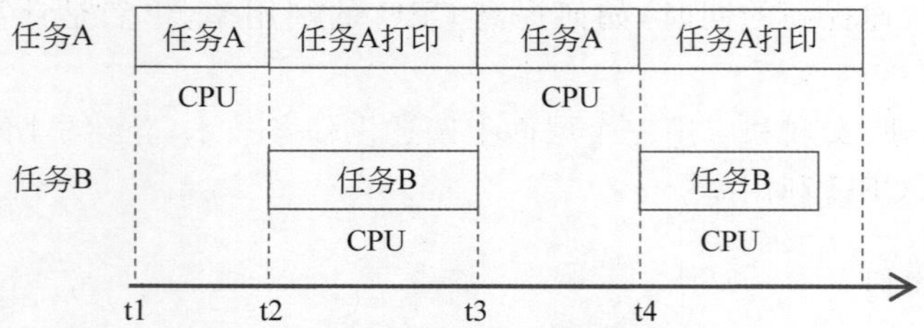

图 3.7 两个任务并发执行的情况

如果一个系统中包含多个 CPU 或多核，可能会采用另一种方式运行两个任务，如图 3.8 所示。[t1,t3]时间段上任务 A 在 CPU1 上运行，[t2,t4]时间段上任务 B 在 CPU2 上运行，其中，t1＜t2＜t3＜t4。由于[t1,t3]和[t2,t4]存在重叠，按照前面关于"同时运行"的描述，这两个任务也属于同时运行，但这种运行方式和并发不一样。不论是在微观上还是在宏观上看,CPU 都不是交替地执行了两个任务,而是两个同时执行的任务,也就是说,在任何一个时刻,这两个任务都在同时运行,这种同时运行两个任务的方式称为**并行**。

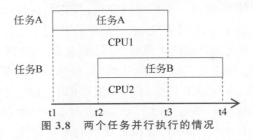

图 3.8 两个任务并行执行的情况

并发和并行是多任务的两种执行方式,除了以上阐述的二者的不同之外,它们也有共性。不妨假设每个任务都是由若干个具有严格顺序的操作组成,在每个任务内部,所有的操作都有严格的顺序,程序中的操作就是这样的。但是在两个任务之间,无论是并发还是并行,都没有规定不同任务中的两个操作之间的顺序,二者是等价的。从系统的角度看,可以用两台 CPU 并行地执行两个任务,也可以用一台 CPU 交替地执行两个任务,最后的执行结果都是符合要求的,这就是并发和并行的共性。并发和并行在逻辑上没有什么区别,其区别体现在具体的实现上。

早期的计算机系统以单 CPU 为主,现在的计算机系统则以多 CPU、多核为主,所以系统中多任务的运行方式既包含并发,也包含并行,这也构成了目前各种虚拟化技术的基础。程序员可以充分利用操作系统提供的多任务运行环境,能够大大提高程序运行的性能,改善用户体验。

当我们在讨论两个 CPU 并行执行时,并没有对它们的执行速度有任何限定,哪怕是其中一个 CPU 暂停一段时间,也不应从逻辑上影响系统的运行结果。所以用一个 CPU 的并发运行方式可以在逻辑上模拟两个 CPU 的并行运行的执行结果,反之亦然。所以,本书讨论的多任务技术,大部分情况下都可以忽略并发与并行的差异,所以如果不特别说明,都假定程序的执行环境是单 CPU 单核的情况,也就是说,多任务都是以并发方式运行的。

3.3.2 多任务的实现

在一个计算机系统中同时运行多个任务,每个任务都会用到 CPU、内存和设备,如何协调多个任务共享系统中的这些资源,正是操作系统的主要功能。本节简单概述实现这些功能的关键思路,加深对操作系统内涵的理解,后面各章将会详细阐述实现的具体机制。

1. 共享 CPU

为了让 CPU 总是有事可做,系统需要为 CPU 准备多个可以执行的任务。当一个任务执行输入/输出操作时,CPU 可以转去执行其他的任务。当有多个任务可以执行时,系统需要为 CPU 选择一个最合适的任务来执行,该项工作称为 **CPU 调度**。在任何系统中,调度都是非常重要的工作。例如,警察在十字路口指挥交通时,主要工作是决定哪辆车先走,哪辆车后走。指挥好了,路口的通过率就高,否则可能会引起交通阻塞。同样,在计算机操作系统中有一个调度程序模块专门负责 CPU 调度的工作,以提高计算机系统的吞吐量。一旦CPU 处于空闲状态,就去执行调度程序,寻找下一个要执行的任务。

一个任务执行过程中用到 CPU、内存和设备,这构成了该任务的执行环境,当另一个任务运行时,不应该破坏前一个任务的执行环境,否则前一个任务就不能继续执行了。一般来说,操作系统会采用相应的管理措施(见内存管理和设备管理两章)保证分配给一个任务的内存和设备在其未用完之前不被另一个任务所使用,让它们保持任务暂停时的样子。但是,CPU 是唯一的,必须提供给下一个任务使用。系统采用的方法是:保存当前任务的 CPU 状态到内存中,在该任务下次执行之前再恢复 CPU 的状态。**CPU 状态**由 CPU 中寄存器的内容组成,这些寄存器包括通用寄存器、程序计数器、栈指针寄存器等。另外,有些设备,如中断控制器,像 CPU 一样,也是所有任务都需要使用的。因此,中断控制器的状态,例如,其中中断屏蔽字寄存器内容也应该像 CPU 的寄存器内容一样保存起来。

在 CPU 调度程序选中一个任务后,紧跟着要做的事情就是:保存当前任务的上下文,恢复选中任务的上下文,这个过程称为**上下文切换**。每个暂停执行的任务的上下文都保存在和任务相关的一个特定区域,以备恢复运行时使用。CPU 调度和任务的上下文切换都是操作系统的核心功能。完成这些功能本身也需要占用一定的 CPU 时间,是花费在管理上的代价,属于系统开销,系统总是尽量减少 CPU 调度和上下文切换所花费的时间。

在 2.5.1 节中,讨论中断处理时曾介绍过中断处理程序和被中断程序之间存在上下文切换,和现在所讲的任务之间的上下文切换概念是完全一致的。中断处理程序可以理解为不同于当前任务的另一个任务。

2. 共享内存

和 CPU 不一样的是,计算机内存可以划分成不同的区域供不同的程序使用,在早期的计算机系统中一种简单的内存分配方案如图 3.9 所示。内存被操作系统和各个任务分享,每个任务在内存中的位置由起始地址和结束地址(也可以是任务所占空间大小)来界定。

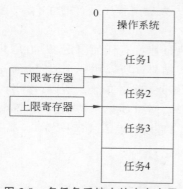

图 3.9 多任务系统中的内存布局

操作系统负责整个内存的管理,包括记录各任务在内存中的位置以及内存中的空闲区域,并为每个任务分配内存空间,任务结束后还要回收内存。多个任务放在同一个内存空间中,任何一个程序都有可能有意或无意地破坏另一个程序,为此,操作系统在将 CPU 交给将要执行的任务之前,一定会为该任务设定访问内存的上下限,防止它破坏其他任务的内存空间,详情参考 1.4.2 节,更高级的管理技术将在第 5 章中介绍。

3. 共享设备

在多任务系统中,各个任务在使用设备时也存在设备共享的问题。例如,当一个任务要使用打印机输出数据时,CPU 转去执行另一个任务,而后一个任务也想使用打印机怎么办?显然,系统不会允许后一个任务再去启动打印机,否则打印出来的数据就混在一起了。为此,操作系统承担起管理系统中所有设备的责任。这主要是通过系统在以下三方面的工作实现的。首先,系统禁止应用程序直接使用设备,只有操作系统才能访问和控制设备,在指令集架构设计时就考虑到了这个问题,输入/输出指令一般都属于特权指令;其次,操作系统负责设备的管理,记录系统中设备的使用情况,例如,哪些设备是空闲的,哪些设备正在为哪些任务服务等;然后,要求所有应用程序在使用设备时必须调用操作系统的程序来实现。通过以上三方面的工作，可以保证在多任务环境下各任务合理使用设备。

4. 中断机制

当一个任务执行输入/输出操作时，需要让出 CPU，只有等输入/输出操作完成之后，才有继续在 CPU 上执行的资格，那么系统如何知道任务 A 的输入/输出操作是否结束了呢？显然，这只能依靠设备的中断信号！有了中断机制，任务 A 的输入/输出操作完成后，设备向 CPU 发出中断信号，激活属于操作系统的中断处理程序，这实际上是通知操作系统该任务的输入/输出操作已经完成，可以恢复在 CPU 上执行了。这样，该任务才有机会被操作系统再次调度并执行。

如果没有中断机制，当 CPU 从一个任务 A 转去执行另一个任务 B 后，操作系统就没有机会获知任务 A 的执行情况。这样，当任务 A 的输入/输出已经完成，也不可能及时恢复该任务的执行。中断是基于硬件的机制，通过中断，操作系统才能及时获得 CPU 的控制权，并及时了解系统中的各种变化。没有中断机制，实现多任务要困难得多。

5. 总结

由于采用了多任务技术，CPU 的利用率得到大幅提升。事实上，内存、设备的利用率也得到大幅提升，CPU 和设备得以并行工作。多任务技术要求计算机系统硬件和操作系统功能更强大、更复杂，促进了计算机系统本身的发展。

通过对系统的资源划分，例如，将 CPU 分成不同的时间段，将内存分成不同的区域，如图 3.10 所示，各任务之间在共享资源的同时，也不会相互干扰，实现了系统资源的共享和保护。系统中运行的每个任务甚至感知不到其他任务的存在，好像系统资源全部归自己使用。

第一个多任务系统出现于 1961 年之前，是英国 J.Lyons＆Co.Ltd.公司的 LEO Ⅲ 计算机系统[12]。该系统在内存中同时保存多个任务，任务有不同的优先权，按优先权运行各个任务；系统支持具有优先级、中断屏蔽的中断机制；在硬件方面，该系统已经完全采用了半导体材料，并且使用了微程序控制技术。

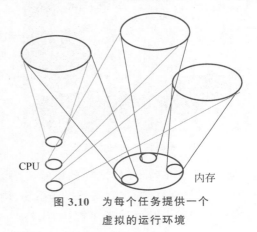

图 3.10　为每个任务提供一个虚拟的运行环境

3.3.3　分时系统

在单 CPU 系统中，多个不同的任务分享 CPU 的不同时间段，本质上是一种分时技术。采用多任务之后，CPU 不仅可以直接控制慢速的设备，而且保持高效运行。那么对于 CPU 的另一个慢速的合作伙伴——操作员，CPU 能不能做到直接和操作员交互，而且保持高效运行呢？答案是肯定的，这就是分时系统。下面将从原理、机制和策略三个层面阐述分时系统。

1. 多任务和人机交互

在多任务系统中，以 CPU 为中心来安排任务运行的，目标就是尽可能让 CPU 处于工作状态，这样导致的结果就是很多任务可能处于等待 CPU 的状态，毕竟 CPU 不再是专门为一个任务服务了,CPU忙不过来,可能会让某些任务或长或短地等待,这对于一般的计算任务并不是什么问题。然而,对于交互性任务,让任务等待CPU来处理,意味着让操作员等待,等待时间长了,人就受不了了。例如,你点了一下手机屏幕,等了几秒后结果还出不来,心情会如何呢?

所以,尽管人的操作比设备还慢,在使用多任务技术时,可以让一般的输入/输出任务等待,但不能让人等待,否则会被关机的。一般来讲,人等待机器的耐心也就几秒,而且随着技术的进步,人的耐心越来越差。玩游戏时,机器的一点点卡顿,都会带来不愉悦的感受。操作员从提交输入信息到系统回送结果的这段时间称为系统的响应时间。响应时间描述了系统响应用户需求的及时性,一个友好的系统应该将响应时间控制在用户能够接受的范围之内。如果用户提交的任务所需的处理时间很长,不能在几秒内完成怎么办呢?例如,用户要备份一组很大的文件。此时程序可以通过回送中间处理进度的方式,告诉用户工作正在进行,并没有死机。在桌面系统中经常见到的进度条就是起到了这样的作用。

总之,对于人机交互类型的任务,系统既要提高CPU利用率,给CPU准备足够多的任务,不让CPU等待,同时又不能让操作员明显感到在等待机器。

2. 交互型任务的实现机制

如果CPU一门心思地去执行某个任务,直到该任务遇到输入/输出操作,那么CPU就有可能长时间执行不到其他任务,这种执行方式对于交互型任务是不能接受的。在包含交互型任务的系统中,操作系统应该做的是定期去关照每一个交互型任务。图3.11显示了玩转盘子的杂技,演员同时转动多个盘子,他必须周期性地为每个盘子加速,如果超时,就玩砸了。演员自然有一套周期性地关照每一个盘子的办法。

图3.11 周期性地为每个盘子加速

那么CPU能在一个任务的执行过程中想到要执行其他的任务吗?显然CPU自身是做不到这一点的,只能依赖CPU之外的机制,这就是中断。一般的中断信号是没有规律的,只有时钟中断是周期性的,起到激活操作系统、调度CPU去执行其他任务的作用。每次时钟中断,操作系统的中断处理程序被执行,检验一下是否需要将CPU转去执行其他的交互任务,以保证所有的交互任务都能得到及时的处理。

假设系统中仅有n个交互型任务,交互型任务的响应时间为rt,那么CPU应该在时间rt内为每一个任务服务一次,让用户感觉到其任务正在CPU上运行。在一个rt的时间周期内,每个任务获得的CPU运行时间称为时间片。平均来说,时间片的大小为rt/n(这里忽略了上下文切换时间)。如果规定响应时间为1s,每个任务获得的时间片为20ms,那么系统可以支持50个交互型任务同时运行。

依靠时钟中断,周期性地执行交互型的任务,对用户请求能够做出及时的响应,这样的多任务操作系统称为分时系统。

3. 分时系统考虑的因素

分时系统是直接与用户交互的,所以响应时间是衡量分时系统性能的关键指标。将所有任务轮流执行一次的轮转周期可以表示为

$$T = n \times q \tag{3.1}$$

其中,n 为用户数量,q 为时间片大小。假设 CPU 的速度极快,用户提出的请求都能在一个时间片内完成,也就是在 T 内所有的用户都会得到一次响应,所以 T 也可被看作系统的响应时间。然而,当 T 限定后,n 越大,q 越小,所以当系统中任务的数量过多时,时间片有可能很小,导致 CPU 在一个时间片内不能完成某些用户提交的请求,从而延迟了对用户的响应。在桌面计算机上运行的应用程序太多时,就会出现应用程序反应迟缓的现象;某些网站被短时间内大量访问,也会没有响应,都是系统中任务太多的极端例子。

在一个轮转周期 T 内会发生 n 次任务之间的上下文切换,上下文切换也是耗费时间的,所以时间段 T 并没有全部用于执行用户任务。假设每次上下文切换时间为 cs,式(3.1)就要修改为

$$T = n \times (q + \text{cs}) \tag{3.2}$$

即 $q = T/n - \text{cs}$,注意这里响应时间和时间片不再是一种正比例关系。当用户任务很多时,系统忙于上下文切换,就剩不下多少时间执行用户任务了。可以想象,一个杂技演员可以轻松玩转 5 个盘子,10 个盘子时仅可以勉强玩转,20 个盘子时就不可能玩起来了。在一般的多任务系统中,一个任务遇到输入/输出时才会发生上下文切换,但在分时系统中,上下文切换更加频繁,系统开销显著。

4. 分时技术的意义和应用

和一般的多任务系统相比,分时系统面向人机交互型的任务,任务调度采用了定时轮流执行的方式。

一般的多任务系统是不支持像文字编辑、程序调试、游戏等大量的交互应用的,只有分时系统为这类应用提供了运行的环境。

历史上最早的分时系统是 CTSS(Compatible Time Sharing System),1961 年在麻省理工学院研制成功。CTSS 名字中"Compatible"表示兼容,指明该系统还具有批处理系统功能。在完成前台的交互型作业的请求之后,CPU 可以去执行后台的批处理作业。该系统由约翰·麦卡锡(John McCarthy,人工智能之父,见图 3.12)提出,具体在费尔南多·考巴托(Fenando Jose Corbato,见图 3.13)领导下完成。另外,考巴托还领导研制了 CTSS 之后另一个著名的操作系统 Multics。麦卡锡因在人工智能领域的贡献而在 1971 年获得计算机界的最高奖项图灵奖。考巴托因为研制分时操作系统 CTSS 和 Multics 获得 1990 年的图灵奖。在研制 CTSS 的过程中,为了保护用户信息,考巴托在系统中要求用户输入密码登录以验证身份,被广泛地认为是最早的计算机安全机制之一。

图 3.12　约翰·麦卡锡

图 3.13　费尔南多·考巴托

3.4 操作系统的概念

操作系统作为一个相对独立的软件系统已经存在 60 多年的时间,随着技术的不断更新,操作系统自身以及它的运行环境都发生了巨大的变化。本节将从时间和空间两个维度探讨操作系统的发展与变迁,阐述操作系统的本质内涵。

3.4.1 操作系统概念的形成

装入程序、监控程序都可被看作操作系统最原始的雏形,它们都是一些为应用程序提供服务的程序,只有这些软件在采用了批处理技术、多任务技术之后,它们才发展成为一个相对独立的软件,形成了操作系统的概念。下面来回顾操作系统概念的形成过程。

1. 批处理技术

在批处理系统中,监控程序实现了作业运行过程的自动控制,其主要工作就是自动地装入各种程序,包括编译程序、连接程序和用户程序,然后执行它们。这说明监控程序不同于一般的程序,像装入程序一样,是一个管理程序的程序。

监控程序需要调用装入程序,比装入程序的功能又提升了一步,是批处理系统的核心,可被看作操作系统的雏形。它代替操作员的人工操作,大大提高了操作效率,这也许是为什么后来被称为操作系统(Operating System)的原因。

历史上第一个操作系统 GM-NAA I/O 就实现了以监控程序为核心的批处理系统的功能。

2. 为用户程序提供服务

程序的运行本来是很简单的事情,不需要什么服务,就像早期人类的农耕生活,自给自足。但是,程序员们很快发现各种程序中往往包含着一些相同的功能,子程序可以简化程序设计、实现程序共享,紧接着程序库出现了。早期的程序库,就像农民自家的余粮,仅给自己人使用。程序员设计新程序时会引用自家程序库中的程序并将之连接进来,形成可执行程序,这和现在使用的私有库没有什么区别。随着软件产业的进一步发展,不同的程序员之间需要共享的代码越来越多,各种公有的程序库出现了。例如,现在的 C 语言、Java 等都有被广泛使用的程序库。这些共有的程序库都是面向特定范围的程序,如 OpenGL 面向绘图程序,C 库面向 C 程序。

在同一台计算机上编程的程序员自然都会对该计算机相关的程序库感兴趣,最典型的莫过于控制计算机设备的输入/输出程序库了。输入/输出程序涉及设备的控制方式、各种参数,以及设备的控制命令,很少有程序员会有喜欢编写这样的程序,所以才有了公共的输入/输出程序库。逐渐地,几乎所有的程序员都离不开这样的程序库了,因为没有程序既不输入也不输出。

于是,系统为用户程序服务的机会来了。操作系统 GM-NAA I/O 就包含输入/输出程序库,这可以从该系统的名字上看出来。操作系统中的输入/输出程序库享有操作系统作为管理者的特权,可以常驻内存,用户程序在运行过程中可以直接调用。就像在高速公路上旅行,可以在服务区的餐厅吃饭,也可以自带干粮,前者相当于享受操作系统提供的服务,后者则是用户程序自带的私有程序库。可见,对于应用程序而言,操作系统从一开始就是一个服务者。

3. 多任务

操作系统为应用程序提供输入/输出程序库这样的服务,是最简单的功能,接下来操作系统就利用其系统管理者的身份为应用程序提供更广泛的服务。

在多任务系统中,操作系统利用其对系统资源的管理和控制,为每个任务提供了一个运行环境,每个任务都认为自己独占系统的全部资源。多任务系统中对 CPU、内存和设备的管理真正考验了操作系统软件的功能,形成了操作系统特定的核心技术。从 GM-NAA I/O,到 LEO Ⅲ、CTSS 和 Multics,标志着操作系统技术从起步到成熟,操作系统概念的内涵逐渐形成。如果说批处理技术催生了操作系统,那么多任务技术则赋予了操作系统灵魂。

4. 操作系统的描述

操作系统(Operating System)是提高计算机资源利用率,为应用程序提供方便的运行环境,为用户提供友好操作界面的系统资源管理软件。

上述定义中说明了操作系统和计算机资源、用户、应用程序之间的关系,操作系统的核心功能是系统资源管理,所提供的最基本的服务是为应用程序的运行提供平台,为用户提供一个操作环境。上述概念很笼统,只有在读完后续三节,理解了操作系统内核和其他程序的关系之后,才能有一个清晰的认识。

3.4.2 操作系统发展的里程碑

操作系统自诞生之日起就经历了一轮又一轮技术创新的洗礼和市场上的残酷竞争,涌现出了具有里程碑意义的产品。现在来简要阐述那些在技术或市场上曾经或者正在闪亮的明星操作系统,从中或许可以感受操作系统发展的脉络。

1. GM-NAA I/O

1956 年,在 IBM 701 计算机监控程序的基础上,通用汽车和北美航空为 IBM 704 计算机开发了可以称为历史上第一个操作系统的 GM-NAA I/O 系统。GM-NAA I/O 系统实现了批处理功能,并包含访问外设的公共程序库。该系统安装在了当时大约 20 台 IBM 704 计算机上,早期的操作系统都是用户自己开发的。GM-NAA I/O 系统是一个三阶段的、磁带作为二级存储器的批处理系统。首先是输入阶段,将全部作业转换成二进制代码,记录到磁带上;然后启动计算阶段的监控程序,逐个执行每个作业的计算任务,计算结果以二进制代码的形式记录到磁带上;最后生成十进制格式的输出磁带,可以拿到主机房旁边的小型计算机上打印输出了。

2. CTSS

CTSS(Compatible Time-Sharing System),即兼容分时系统。分时是指多个用户分享使用同一台计算机。多个程序分时共享硬件和软件资源。分时操作系统是一个多用户交互式操作系统。与后期的操作系统相比,CTSS 是一个简单甚至可以说是粗糙的操作系统。尽管如此,它却拥有分时系统必须有的特征:宏观上在同一时间内能完成多个同时进行的交互任务。

3. Multics

Multics 是 1964 年由贝尔实验室、麻省理工学院及美国通用电气公司所共同参与研发的,是一套安装在大型主机上多人多任务的操作系统。Multics 的目的是想要让大型主机可以达成提供 300 个以上的终端机连线使用,后来因计划进度落后,资金短缺,宣告失败。

Multics 以 CTSS 为基础,运行在美国通用电力公司的大型机 GE-645,目的是连接 1000 部终端机,支持 300 个用户同时在线。

1969 年,因 MULTICS 计划的工作进度过于缓慢,最后终究遭到裁撤的命运,贝尔实验室退出此计划,但这并不是它的全部。

4. UNIX

UNIX 系统是一个分时系统。最早的 UNIX 系统于 1970 年问世。在 20 世纪 60 年代末,Kenneth Thompson 和 Dennis Ritchie 都曾参加过交互方式分时系统 Multics 的研制工作,而开发该系统所使用的工具是 CTSS。这两个系统在操作系统的发展过程中都产生过重大影响。在此基础上,在对当时现有的技术进行精选提炼和发展的过程中,Kenneth Thompson 于 1969 年在小型计算机上开发了 UNIX 系统,后于 1970 年投入运行。

20 世纪 60 年代,美国 AT&T 公司贝尔实验室(AT&T Bell Laboratories)的研究员肯·汤普森(Kenneth Thompson)闲来无事,手痒难耐,想玩一个他自己编的模拟在太阳系航行的电子游戏——*Space Travel*。他背着老板,找到一台空闲的小型计算机 PDP-7。但这台计算机没有操作系统,而游戏必须使用操作系统的一些功能,于是他着手为 PDP-7 开发操作系统。后来,这个操作系统被命名为 UNICS(Uniplexed Information and Computing Service),后来改名为 UNIX。我们是不是仍然可以从 UNIX 的名字中看到 Multics 系统的影子?

1969 年,美国贝尔实验室的 Kenneth Thompson,以 BCPL 为基础,设计出很简单且很接近硬件的 B 语言(取 BCPL 的首字母),并且用 B 语言编写了初版 UNIX 操作系统。

1971 年,同样酷爱 *Space Travel* 的丹尼斯·里奇为了能早点儿玩上游戏,加入汤普森的开发项目,合作开发 UNIX。他的主要工作是改造 B 语言,使其更成熟。

1972 年,美国贝尔实验室的丹尼斯·里奇在 B 语言的基础上最终设计出了一种新的语言,他取了 BCPL 的第二个字母作为这种语言的名字,这就是 C 语言。

1973 年年初,C 语言的主体完成。汤普森和丹尼斯·里奇迫不及待地开始用它完全重写了 UNIX。此时,编程的乐趣使他们已经完全忘记了那个 *Space Travel*,一门心思地投入到 UNIX 和 C 语言的开发中。随着 UNIX 的发展,C 语言自身也在不断地完善。直到 2020 年,各种版本的 UNIX 内核和周边工具仍然使用 C 语言作为最主要的开发语言,其中还有不少继承汤普森和里奇之手的代码。

在开发中,他们还考虑把 UNIX 移植到其他类型的计算机上使用。C 语言强大的移植性(Portability)在此显现。机器语言和汇编语言都不具有移植性,为 x86 开发的程序,不可能在 Alpha、SPARC 和 ARM 等机器上运行。而 C 语言程序则可以使用在任意架构的处理器上,只要哪种架构的处理器具有对应的 C 语言编译器和库,然后将 C 源代码编译、连接成目标二进制文件之后即可在哪种架构的处理器运行。

1977 年,丹尼斯·里奇发表了不依赖于具体机器系统的 C 语言编译文本《可移植的 C 语言编译程序》。

5. Alto

1973 年 4 月,第一个可操作的 Alto 计算机在 Xerox PARC 完成。Alto 是第一个把计算机所有元素结合到一起的图形界面操作系统。它使用三键鼠标、位运算显示器、图形窗口、以太网络连接。乔布斯参观了施乐的研发中心,将其图形化的界面移植到苹果计算机系统中,后来,比尔·盖茨受邀观摩了乔布斯的图形界面,又将其移植到微软的 Windows 界面中。

6. MS-DOS

MS-DOS(Microsoft Disk Operating System)主宰了 20 世纪 80 年代个人计算机操作系统市场,使微软从一个小公司一跃成为全球第一大公司,这得益于计算机巨人 IBM 采用了微软的操作系统。DOS 是一个非常简单的操作系统,仅支持单用户、单任务,主要是为了适应当时个人计算机较低的硬件配置。随着个人计算机硬件的升级和图形界面的发展,20 世纪 90 年代后,DOS 逐渐淡出市场。

7. macOS

macOS 是一套由苹果开发的运行于 Macintosh 系列计算机上的操作系统。1984 年,macOS 是首个在商用领域成功的图形用户界面操作系统。macOS 是苹果公司研制的桌面操作系统系列的最新名字,之前有过很多长相差不多的名字。macOS 目前特指苹果的桌面操作系统,与苹果公司其他智能设备上的操作系统 iOS、tvOS、watchOS 相对应。

8. Windows

微软公司从 1983 年开始研发 Windows 系统,最初的研发目标是在 MS-DOS 的基础上提供一个多任务的图形用户界面。第一个版本 Windows 1.0 于 1985 年问世,它是一个具有图形用户界面的系统软件。直到 1990 年微软推出 Windows 3.0 成为一个重要的里程碑,它以压倒性的商业成功确定了 Windows 系统在个人计算机领域的垄断地位,现今流行的 Windows 窗口界面的基本形式也是从 Windows 3.0 开始基本确定的。

9. Linux

Linux,全称为 GNU/Linux,是一套免费使用和自由传播的类 UNIX 操作系统,是一个基于 POSIX 的多用户、多任务和多 CPU 的操作系统。伴随着互联网的发展,Linux 得到了来自全世界软件爱好者、组织、公司的支持。它除了在服务器方面保持着强劲的发展势头以外,在个人计算机、嵌入式系统上都有着长足的进步。使用者不仅可以直观地获取该操作系统的实现机制,而且可以根据自身的需要来修改完善 Linux,使其最大化地适应用户的需要。

Linux 不仅系统性能稳定,而且是开源软件。其核心防火墙组件性能高效、配置简单,保证了系统的安全。在很多企业网络中,为了追求速度和安全,Linux 被网络运维人员当作服务器使用,甚至当作网络防火墙,这是 Linux 的一大亮点。

Linux 具有开放源码、自由传播、技术社区用户多等特点,开放源码使得用户可以自由裁剪、灵活性高、功能强大、成本低。尤其系统中内嵌网络协议栈,经过适当的配置就可实现路由器的功能。这些特点使得 Linux 成为开发路由交换设备的理想开发平台。

10. 安卓

安卓(Android)是一种基于 Linux 内核的自由及开放源代码的操作系统。主要应用于移动设备,如智能手机和平板电脑,由美国 Google 公司和开放手机联盟领导及开发。Android 操作系统最初由 Andy Rubin 开发,主要支持手机。2005 年 8 月由 Google 收购注资。2007 年 11 月,Google 与 84 家硬件制造商、软件开发商及电信营运商组建开放手机联盟共同研发改良 Android 系统。第一部 Android 智能手机发布于 2008 年 10 月。Android 逐渐扩展到平板电脑及其他领域上,如电视、数码相机、游戏机、智能手表等。

3.4.3 操作系统的地位

计算机系统是由相互联系、互相作用的多个子系统构成的,操作系统只是其中的一部分。只有了解操作系统和其他子系统的关系,从不同的角度认识操作系统,才能对操作系统的概念有全面而深入的认识。

1. 操作系统与硬件平台

可以从三个层次来看计算机硬件的架构:指令集架构、计算机组成和硬件(即计算机组成的实现)。其中,指令集架构在最上层,和程序设计紧密相关,是程序员能够看到并使用的软硬件界面,例如,指令的类型和功能、有哪些寄存器、机器字位数、中断机制、设备的控制方式等。所以指令集架构是操作系统赖以运行的硬件平台。也可以说,在计算机系统的层次架构中,整个硬件系统之上的第一层软件就是操作系统。

自从虚拟机技术出现以后,可以在一个硬件平台上,用软件的方法构造出多个不同架构的虚拟机,其功能完全等价于操作系统赖以运行的硬件平台,就像人们经常看到的,在同一个硬件平台上,同时运行着多个不同的操作系统。所以虚拟机也可被看作操作系统之下的指令集架构。

2. 操作系统和应用程序

操作系统是整个计算机系统的管理者,也是服务提供者,除操作系统之外的所有程序都可被看作应用程序,如数据库系统、编译系统等。所以应用程序接受操作系统的管理,也享受操作系统的服务。操作系统可以给应用程序分配或回收系统资源,这是由操作系统的管理者身份决定的。例如,在分时系统中,操作系统可以把 CPU 分配给应用程序,也可以在时间片到时收回 CPU 的使用权。应用程序通过系统调用直接请求操作系统的服务,也可以通过各种程序库(如 C 函数库,也属于应用程序)间接地请求操作系统的服务。总之,操作系统和应用程序之间的关系就是管理者和被管理者、服务者与请求者之间的关系。

3. 操作系统与运行时系统

运行时系统是伴随高级语言出现的,那时还没有操作系统。运行时也是为应用程序的运行提供服务的,这一点和操作系统一样,区别又在哪里呢?

从某种意义上讲,操作系统取代了运行时系统的一部分服务功能。例如,ALGOL 和 FORTRAN 语言都有自己的运行时系统,其中都有直接控制外部设备的驱动程序,也有子程序调用时参数传递的相关机制。操作系统出现以后,运行时系统中的某些服务功能,如驱动程序,被转移到操作系统中。这样做的理由主要有两个:其一,由操作系统控制设备,运行时系统不必自讨苦吃;其二,设备属于系统资源,必须有一个统一的管理者,不能由各个运行时系统来控制。现在举个例子来说明操作系统和运行时系统的关系。早年人们出门旅行,要带着锅碗瓢盆等这类衣食住行的各类装备,当然这些装备都是人们自己制作并准备好的;后来,商品经济有了一定的发展,有专门的机构提供旅行的所有装备,出门前人们可以购买全套的必要装备,提供旅行装备的如同运行时系统;再后来,商品经济高度发展,无论走到哪里,都有衣食住行的服务提供商,这就是操作系统做的工作。

有些个性化的服务,如程序运行过程中的垃圾回收机制、有关子程序调用的参数传递机制是和各种语言具体实现相关的问题,操作系统没必要身陷其中,仍是各种运行时系统发挥作用的地方。看看现在的 C 和 Java,有各自的运行时系统,在动态内存管理方面就采用了不同的方法。运行时系统在现代计算机系统中仍然是不可或缺的角色,例如,稻壳等各种沙箱软件,为应用程序提供有特色的运行环境,这些都属于运行时系统,它们在应用程序和操作系统之间表现了其特有的弹性。

用户程序在执行时可以调用操作系统的程序,也可以调用运行时系统的程序,但二者有本质的不同。操作系统为所有的程序(包括运行时系统)提供服务,用户程序执行还是不执行,它都在内存;而运行时系统一般是随着用户程序装入内存的,用户程序结束了,它也不会再待在那里。另外,如果应用程序使用了 C 运行时系统的某些功能,那么受到 C 语言编译系统的支持,具有较好的跨平台性;如果用户程序调用了操作系统的系统调用,那就只能在这种操作系统上运行。图 2.10 说明了用户程序、运行时系统和操作系统之间的层次关系。

◆ 3.5 操作系统内核

操作系统和应用程序都是软件,操作系统为应用程序提供运行环境,在应用程序运行过程中承担了服务者、管理者和控制者的角色,这是操作系统最核心的功能。操作系统中实现这些功能的代码就是操作系统内核,简称内核。从计算机启动到关机的整个过程中,内核要么处于应用程序的服务请求,要么处于随时待命的状态,可以说,内核从来不缺席对整个系统的控制,类似 110 警务中心,一直处于运行状态或可运行的状态。很多时候人们会把内核和操作系统等同起来。

本节将从内核和应用程序的关系开始阐述内核的概念,从总体上介绍内核提供的服务、功能和结构,为后续各章详细阐述内核机制和策略提供必要的基础。

3.5.1 内核的概念

操作系统将用户程序装入内存,然后把 CPU 控制权交给用户程序,用户程序执行结束后操作系统还要负责相应的善后工作。用户程序在执行过程中,也会调用操作系统的程序,访问计算机系统资源。所以在早期的计算机系统中,操作系统完全是一个服务者的角色。操作系统为用户程序工作,就像用户程序的一部分,作用如同仆人,操作权限与用户程序相同。事实上,早期的 CPU 就不支持内核模式。然而,没有一成不变的东西,操作系统的地位也会随着它的作用在逐渐发生改变。一般情况下,用户程序执行结束后,就会释放 CPU、内存等资源,退出系统。不同的是,操作系统不会退出,在送走一个用户程序之后,立刻会迎来下一个用户程序,继续为下一个用户程序服务。所以,操作系统成为所有用户的公共服务程序。在多任务系统中,它还需要同时为多个用户程序提供服务,并协调用户程序使用系统的公共资源,防止用户程序之间的相互干扰和破坏。也就是说,操作系统需要对所有的用户程序负责,这时,它变得更像是一个管理机构,其操作权限高于用户程序也就顺理成章了。为了支持操作系统这种身份的变化,需要在指令集架构层面上提供支持,这显示操作系统的发展反过来促进了计算机本身的改进。

权限描述了一个程序能做的事情,具体点就是:一个程序可以对哪个对象执行哪种操作。操作系统具有更高的或超级的权限,意味着操作系统可以做用户程序不能做的事情。例如,操作系统可以决定在什么时间把资源分配给用户程序,以及什么时候回收用户程序占用的资源,但是用户程序不能对操作系统做同样的事情。凭借公共服务,操作系统获得了超级权限。此时，操作系统已经从仆人的角色升级为整个计算机系统的管理和控制者了。我们把这种从机器加电到关机一直管理和控制计算机系统、具有超级权限的程序称为**操作系统内核**，简称为**内核**（Kernel），有时也特指操作系统。

为了实现内核的超级权限，硬件设计者将 CPU 的运行模式分为内核模式和用户模式。在内核模式下，可以执行 CPU 的全部功能，而在用户模式下，只能执行通常的指令，而不能执行某些关键的指令。例如，输入/输出指令对所有用户程序都要使用的外设进行操作，如果普通用户程序都可以直接操作外设，就会造成它们之间的相互干扰或破坏，所以这类指令只能在 CPU 的内核模式下运行，称为**特权指令**。显然，CPU 内核模式就是专为操作系统内核设置的，内核程序在内核模式下运行，用户程序在用户模式下运行。一般 CPU 的标志寄存器 FLAG 中会有一个 Mode 位来标识当前 CPU 所处的模式。

从原理上讲，CPU 有两种运行模式就可以保证操作系统的主导地位，但很多计算机系统中设计了更多的运行模式。例如，RISC-V 架构的计算机中，CPU 运行模式分为机器模式、监管者模式和用户模式三种。机器模式具有最高级的权限，用于管理计算机硬件，提供虚拟机，而每个虚拟机拥有监管者和用户两种运行模式。其中的监管者模式相当于内核模式，在该模式下运行的程序都属于内核。在不涉及虚拟机的情况下，本书仅针对 CPU 内核模式和用户模式进行讨论。

内核程序看上去和用户程序一样，身上并没有特殊的标签，CPU 是无法区分二者的。那么如何保证内核程序运行时 CPU 处于内核模式，或者说 CPU 处于内核模式时一定是在运行内核程序呢？这要从计算机的启动说起。当计算机加电，CPU 一开始就处于内核模式，引导程序首次装入内存运行的代码就运行在内核模式了，并从此成为 CPU 的"主人"，就像小鸡从蛋壳中出来，把看到的第一个活物当作自己的妈妈。内核程序之所以具有特权，根本原因在于它是 CPU "一睁眼"就能看到并运行的第一个程序，所以内核的特权是天生的。如果某个用户程序也想过把瘾的话，完全可以在自己的机器上这样安排，让计算机一开机就执行用户自己的程序。如果把自己的程序安排在别人的机器上并在内核态下运行，就是安全问题了！这是许多病毒喜欢做的。

当内核要将 CPU 的控制权交给用户程序时，必须先将标志寄存器的模式位改为用户模式之后才能转移，否则后果不堪设想。然而，当用户程序要返回操作系统时却不能这样做，因为在 CPU 的用户模式下是不能通过程序来直接修改标志寄存器内容的，否则，不就谁都可以进入内核模式执行了？用户程序要想转到内核程序中执行，只能通过系统调用指令完成。用户程序通过执行系统调用指令请求操作系统的服务转移到内核中，同时 CPU 也从用户模式切换到内核模式。3.5.2 节将详述该问题。

除了用户程序和内核之间主动地相互转移之外，中断事件也会导致 CPU 模式的切换。在操作系统出现之前，中断事件都是由用户程序自己来处理的。因为这些事件往往事关整个计算机系统，所以在操作系统出现之后，中断事件就交由操作系统内核处理。一旦出现中断事件，CPU 会暂停当前程序的执行，转向内核程序并将 CPU 切换至内核模式，直至处理结束后返回。这形成了中断事件、CPU、操作系统和用户程序之间一种特定的关系。

3.5.2 内核提供的服务（系统调用）

能力越强，责任越重！

内核握有特权,管理整个系统的资源,不允许应用程序随意使用系统的资源。这就要求内核为应用程序提供服务,应用程序通过请求这些服务使用系统资源。当然,内核除了提供访问系统资源的服务之外,也会提供另外一些服务,使程序设计和运行变得更简单和方便。可见,服务者是内核在计算机系统中的一个重要角色。需要注意的是,不同的操作系统内核所提供的服务并不相同,但都会满足程序设计的一般性需求。

1. 服务的分类

一般内核可以为用户程序提供如下几类服务。

(1) 程序运行过程的控制,包括程序装入(load)、执行(execute)、结束(exit)和放弃(abort)。这类服务使得一个程序可以控制自身的运行过程,也可以控制另一个程序的运行过程。

(2) 输入/输出操作,如获取某个设备的状态、从设备输入/输出数据或者对设备的某些控制操作(移动打印纸、落下绘图笔等)。应用程序通过这类服务可以操作自身不能直接访问的设备,也大大简化了程序设计的复杂性。

(3) 文件及目录操作,包括建立、删除文件和目录,读、写文件,打开、关闭文件,获取、设置文件属性等。应用程序一般是不能直接访问像磁盘、磁带这样的外部存储器的,因为它们是公共资源。内核向应用程序提供文件系统的这些服务,使应用程序对外部存储器的使用不仅容易,而且安全可靠。

(4) 分配和释放内存。尽管从程序员的角度可以访问 ISA 架构下的整个虚拟地址空间,但是自从操作系统出现之后,接管了应用程序虚拟地址空间的管理,应用程序只能访问内核授权访问的区域。应用程序各部分所在的虚拟地址范围以及程序对各个区域的访问权限,都必须经内核授权,否则就会发生越界或越权错误。如果应用程序在执行过程中需要更多的内存空间,则必须请求操作系统为其分配虚拟地址空间,用完之后还要释放。应用程序不会使用未经操作系统分配的存储空间。注意,在 C 语言中的应用程序也可以通过 malloc() 来申请内存,但申请到的只是运行时系统管理的内存。运行时系统就像一个批发商,它从内核申请一大块内存,然后根据请求分成小块给应用程序。需要注意的是:无论是虚拟地址空间还是物理地址空间,都是由操作系统管理的,应用程序的访问都受到限制。

(5) 通信服务。在多任务系统中,操作系统要保证各任务之间不会相互干扰。在此前提下可以支持不同任务之间的通信,为应用程序之间的合作带来极大的方便。计算机网络出现之后,内核进一步提供了不同计算机系统上的任务之间的通信服务。

(6) 信息维护。这类服务包括获取、设置日期和时间等系统信息,获取、设置应用程序或用户的相关信息等。

除以上各类服务之外,操作系统内核还为应用程序提供保护、安全、错误检测等各方面的服务。这些服务都是内核根据应用程序的请求而完成的相关工作,系统调用是应用程序直接向内核发出请求的唯一途径。

2. 系统调用的概念

从应用程序设计者的角度,请求内核服务就像调用子程序一样简单就好了。子程序库一旦连接入用户程序中,就成为用户程序的一部分,用户程序可以使用入口地址来调用库中的子程序,就像调用自己的子程序。然而,内核是为整个系统所有的应用程序服务的,它不可能像库程序一样连接入各个应用程序的可执行代码中。为了提高效率,内核的程序必须常驻内存,并被各个应用程序共享。另外,内核具有普通程序不具有的特权,从用户程序进入操作系统程序时,CPU 的运行模式也要发生改变,不能用跳转或子程序调用指令。内核程序被封装在受保护的空间内,用户程序压根儿不知道内核服务程序存放在什么位置。这就好比我们知道自己家里的工具放在哪里,用时可以直接去取,而使用别人家的东西则必须通过其他的方式。

为了解决应用程序调用内核服务的问题,ISA 架构设计时往往会增加一条称为**陷入指令**的特殊指令 trap n 专门用来实现应用程序调用内核的服务,其中,n 表示所调用的内核服务程序的编号。陷入指令的作用是:CPU 从应用程序转向内核系统调用服务程序的入口地址,并向其传送参数 n;同时,CPU 的运行模式从用户模式变为内核模式。trap n 指令在不同系统中的名字可能不同,如 INT n、syscall n 等,作用都是类似的。通过陷入指令实现从应用程序请求操作系统服务的操作,称为**系统调用**。不同的内核服务被赋予不同的编号,称为系统调用号。

应用程序通过陷入指令不仅传送系统调用编号,还给该系统传送调用所需要的参数。系统调用编号一般直接放在 trap n 指令本身的参数字段中或某个指定的寄存器中,系统调用参数可以放在指定寄存器,也可以间接指向一段内存缓冲区。

3. 系统调用的实现机制

内核若想依据系统调用编号就能转向相应的服务程序,最自然的安排就是将所有系统调用服务程序的入口地址按照编号顺序在内存中排成一张表,称为系统调用入口表。这样执行 trap n 指令时,系统调用入口程序被激活,查询系统调用入口表找到相应的系统调用服务程序的入口地址,转向该服务程序,如图 3.14 所示。要注意的是,系统调用入口表完全是操作系统自身的数据结构,由操作系统自行定义。作为对比,中断向量表是硬件和软件都要访问的表,其结构属于计算机架构的一部分,体现了软、硬件之间的界面。

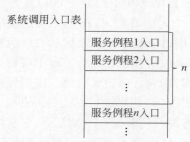

图 3.14　系统调用入口表

系统调用的处理过程可以大致概括如下。

(1) trap n 指令引发陷入异常,通过中断机制进入内核系统调用处理程序。

(2) 系统调用处理程序根据 trap n 指令传入的系统调用编号查找系统调用入口表,得到相应的系统调用服务例程入口地址。

(3) 转向系统调用服务例程。

(4) 从系统调用服务例程返回。至此,系统调用结束。

(5) 从 trap 中断处理程序返回应用程序。

同中断处理过程相比,系统调用就像是由 trap n 指令制造了一个内部中断事件,并给内核传送相关的参数,后续的处理方式与中断处理类似,所以系统调用是借用中断处理机制来实现的。要注意的是,系统往往把所有系统调用作为一种类型的中断,进入系统调用处理程序后,再通过软件的方式转向相应的内核服务例程。

4. 系统调用接口

trap 类指令是请求系统调用的唯一方式,在高级语言中不会提供这样的指令。那么高级语言程序如何请求内核的服务呢?高级语言一般提供两种方案解决此类问题。一是提供功能丰富的库函数,它们简单、好用,还具有跨平台的特性。有了这些库函数,很少有程序员还会惦记系统调用。二是提供系统调用接口,为内核的每个服务程序设计一个接口子程序,其唯一任务就是通过trapn指令直接去请求内核服务程序,这样的一组子程序专供用户程序请求内核服务之用,称为**系统调用接口**。系统调用接口也是以函数库的形式呈现在程序员面前的。C语言提供了有关文件操作的一组函数,一般情况下足以满足应用程序访问文件的需求,如fopen()、fclose()、fread()等,同时,C语言也提供了系统调用接口,如open()、close()、read()、fork()等。每个函数都是对相应系统调用简单而直接的封装。

综上所述,系统调用是用户程序请求内核服务的机制,trapn指令具体实现了从用户程序到内核的切换,庞大的内核服务程序家族都隐藏在trapn指令的背后。trapn指令就是从用户程序通向内核的一扇门,是二者之间的一条理想的分界线。图3.15说明了trapn指令、内核、应用程序和运行时系统之间的关系,由此可以看出trapn指令在系统调用机制中所发挥的核心作用。

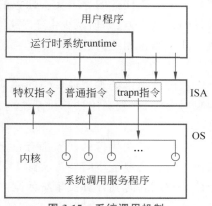

图3.15 系统调用机制

3.5.3 内核的功能

应用程序和内核都是运行在ISA架构之上的,不过,内核通过系统调用,在ISA架构基础之上提供了增值服务。之所以这样,是因为内核所具有的特权仅仅是必要的条件,关键是它对计算机系统资源进行了有效的管理,其管理功能决定了它能够提供什么样的服务。本节将分别从CPU、内存、设备的角度,概述内核是如何将一台简单的硬件机器打造成一个高效、友好的应用程序运行环境的。

1. CPU管理

在单CPU、多任务系统中,操作系统需要为每个任务提供在CPU上运行的机会,即分配CPU,使多个任务在同一个CPU上并发执行。在一个任务执行过程中,内核还需要处理系统中的中断、异常事件。所以如何管理好CPU,使它既能执行系统的管理任务又能并发地执行各个用户任务,让每一个应用程序感到CPU好像在为自己服务,相当于内核提供了多个虚拟的CPU,是内核CPU管理的目标。

即使内核将CPU分配给某个任务,执行其指令流,也不意味着CPU就完全被该任务的程序所控制。因为程序在执行过程中,会频繁地发生各种中断、异常和系统调用,这些情况都需要内核进行处理,也就是说,内核会频繁获得在CPU上运行的机会,所以内核不会缺席对CPU的控制。这就是通常所说的"中断是激活操作系统的手段"或"操作系统是由中断驱动的"。内核在获得CPU控制权后,处理完相关事件,可以继续让CPU执行被中断的任务,也可以借机暂停当前任务的执行,选择另一个任务执行,这是应用程序无法左右的。

内核在系统中所有可执行的任务中选择一个它认为最应该执行的任务,这项工作称为CPU调度,这是内核在CPU管理中的核心工作。无论在什么系统中,调度都是非常关键的,例如,十字路口的交通警察指挥交通,就是决定哪辆车先行;再如,赈灾中救灾物资的分配,谁应该首先得到物资。这些都是典型的调度工作,直接关系到系统运行的效率和成败。内核会根据系统的目标、应用程序的类型等因素采用不同的调度方法,确定 CPU 应该分配给哪个任务,此项工作是由一组内核代码完成的,一般称为调度程序或调度器(Scheduler)。

在内核选中一个将要执行的任务之后,紧跟着就要把 CPU 交给该任务,这个移交过程称为 CPU 切换,或任务的上下文切换。其主要工作是将当前任务的上下文保存起来,然后恢复出下一个任务的上下文。任务的上下文包括哪些内容、如何保存、恢复任务的上下文、保存到什么地方、如何减少上下文切换的代价等,都是内核要考虑的问题。CPU 调度和切换是两个紧密相连的过程。

2. 内存管理

在硬件提供的虚拟地址空间的基础上,内核要建立虚拟地址空间和物理地址空间之间的映射关系,高效利用计算机系统内存资源。同时,为应用程序方便、安全地使用内存提供支持。

每一个正在执行的任务都有自己的虚拟地址空间,在程序员看来,其全部数据和代码都存放在自己的地址空间中。实际上,计算机的内存空间只有一个,内核需要将不同任务的虚拟地址空间映射到计算机系统的同一个物理内存空间中不同的区域。这种映射关系建立起来之后,也就完成了物理内存空间的分配。在应用程序执行时,计算机硬件按照该映射关系将程序中的虚拟地址转换成物理地址,访问实际内存。

通过地址变换和物理内存的分配,内核可以保证不同的任务使用不同的内存区域,相互之间不干扰,这只是任务之间关系的一方面。另外,任务之间存在数据共享与合作,内核还需要为它们之间共享代码和数据提供支持。所以内核还应该应用户的请求,允许两个任务之间共享同一个内存区域。除了物理内存空间的保护和共享之外,内核也会限制应用程序对虚拟地址空间的访问,保证它们不会乱来。例如,程序设计时,程序员并不能对虚拟地址空间的任意一个存储单元进行随意的访问,这可能导致对代码进行修改、修改一个只读数据、引用一个未赋初值的数据、使用未经操作系统分配的区域等错误。

用户可以根据需要启动各种应用程序,每个应用程序也会访问到其虚拟地址空间中的大量程序和数据,那么计算机的物理内存能不能装下这些程序和数据呢?由于物理内存的大小是固定的,而系统中任务的数量和大小是可变的,大概率情况下,内存是不够用的。所以,内核需要用有限的内存空间运行尽量多的应用程序,想办法将那些临时不用的代码和数据临时置换到磁盘上,在内存中尽量保留正在使用的代码和数据,当然,这项工作对应用程序是透明的。

3. 设备管理

设备管理的目标是为应用程序提供使用设备的方便,提高输入/输出效率,并且使多个任务之间既能共享设备又不会相互干扰。

内核中各种不同的驱动程序直接控制各类设备,封装了设备的具体特性,使内核中的其他代码不必了解设备的细节,可以通过驱动程序完成对设备的操作。驱动程序形成了内核中依赖于设备的一层软件。由于驱动程序层的存在,内核中的其他软件可以独立于具体的物理设备特性,输入/输出子系统中独立于设备的软件一般包括设备的分配与回收、输入/输出过程的优化、缓冲管理、高速缓存管理等。

在多任务系统中,为了防止任务之间因竞争使用设备而导致输入/输出错误,如两个任务同时向打印机输出或同时从键盘读数据,内核需要集中管理设备。任何应用程序要使用设备必须向内核申请,内核分配之后,应用程序才能使用。通过这种分配/回收机制,内核可以有效实现多任务之间共享设备而不相互影响。

4. 文件管理

外存是计算机系统中不可或缺的设备,不同于一般的设备,内核仅向应用程序提供外存的输入/输出服务是远远不够的。外存是所有用户共享的设备,谁都需要将数据保存在外存,而且外存中的数据可以长期存放,系统和用户的数据和代码都保存在外存中。这使外存成为计算机系统中安全性和可靠性要求最高也是最脆弱的一个设备,因此内核一定不会将它直接交给应用程序直接使用,以防止应用程序有意或无意地破坏。

通常操作系统采取的方法就是在外存中建立文件系统,让应用程序以使用文件的方式享用外存空间。文件管理的核心功能是**按名访问**,应用程序使用文件名指定文件,由内核实现文件名和保存在外存中的文件数据之间的映射。这样,大大提高了外存中数据访问的安全性、可靠性和便利性。按名访问既为应用程序使用外存提供了方便,也限制了应用程序对外存带来的不安全行为。

内核需要在外存中建立各种数据结构描述文件、目录等对象,以及它们的存放形式,记录外存空间的使用情况,以满足应用程序对文件的各种操作。

内核提供一组系统调用,作为文件系统的接口,通过该接口,应用程序可以访问文件系统,例如 open()、close()、read()、write()等。

内核负责文件的保护和共享,允许不同用户之间分享文件内容,并保护文件数据不被破坏和泄露。

5. 进程管理

应用程序中的代码是直接在 CPU 上执行的,内核并不关心应用程序中的代码逻辑。但是,程序运行起来之后,会使用系统资源,会请求内核的服务,会暂停,也会重新继续执行,这些事件是程序运行过程中的关键行为和状态,涉及内核的责任,是内核所关心的。为此,**内核用进程**(Process)这个概念来描程序的运行过程,或者说是运行中的程序。所谓进程管理就是为每一个进程建立一套数据结构,描述进程运行过程,并有一组操作,管理和控制各个进程的执行,提高系统资源的利用率。

进程控制块(Process Control Block,PCB)是内核描述进程的数据结构,是内核为进程建立的档案,记录进程运行过程中当前的状态、进程使用的资源、进程之间的联系、进程所执行的程序和数据等,是内核进程管理的基础结构。内核对进程的控制操作包括进程的创建、撤销、唤醒、阻塞等,也就是说,在进程执行过程中的所有关键时刻、状态的改变,都离不开内核的管理和控制。

除了进程执行过程中一般的管理和控制之外,内核还负责进程之间的通信,因为原则上进程之间是彼此隔离的,互不干扰,如果进程之间需要交换信息,就必须通过内核。内核通常提供 send()和 receive()系统调用,服务于进程之间的数据发送和接收,并在内核中管理进程之间的公共存储区域以及在这些区域上的操作。进程之间不仅存在数据的交换,也存在执行过程中所执行操作之间的协调。例如,对于两个进程而言,它们会互斥地使用打印机,在执行某些操作时也必须遵守规定的顺序,同步执行。这些问题虽然都是和具体应用相关的,但涉及进程之间的关系,内核就得参与。

即使进程之间的同步和互斥都得到了保障,也不能保证整个系统能够顺畅运行,因为进程之间可能会因为竞争资源而发生死锁。死锁是指系统中某些进程因为彼此占用了其他进程需要的资源,而导致相互等待,最后这些进程都无法运行的情况。例如,如果 4 辆大卡车在十字路口以图 3.16 的方式相遇,那么它们都将无法前进。如果每个卡车之后都有等待的车流,那后果是可怕的。在计算机系统中运行的进程,彼此之间也会出现这种大家都运行不下去的情况,也就是死锁。在公共交通路网系统中,即使每辆车都按交通规则行驶,也难免出现大规模的堵

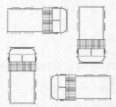

图 3.16 死锁的例子

车,这说明要保证交通的畅通,还需要整个路网的调度和疏导。计算机系统中也是这样,内核需要从整体上掌控系统中进程的推进,才能解决可能的死锁问题。

以上从 5 方面介绍了内核需要具有的基本的系统管理功能,但并不局限于此。内核的管理功能是保证向应用程序提供管理和服务的基础。

3.5.4 内核的结构

从前面两节中可以看到,内核功能复杂,为应用程序提供了强大的服务支持。自然内核的体量不会小。三十年前 Linux 0.11 版内核有一万多行的代码,而现在的 Linux 内核的代码量已经接近三千万行。其他的操作系统,如 Windows、UNIX 代码体量也都达到了相近的规模。如何构造这样的大型软件,提高操作系统软件的生产效率和质量,已经成为操作系统研发不能回避的问题。

内核结构设计至今还没有成熟的理论和方法,人们仍在苦苦探索,然而,有一些方法已经在某些系统的设计中表现出较好的效果,可以作为认识、研制操作系统内核的参考。下面将介绍这些方法的基本思想,并说明它们的优势和不足。

1. 宏内核

将内核的全部代码和数据看作一个单一的程序,置于一个统一的地址空间中,所有代码具有相同的执行权限,这样单一的程序结构称为宏内核或单体内核。为了便于系统的开发、调试和维护,在宏内核的设计中,往往会采用按功能划分模块、面向对象的设计技术和分层的设计方法。

1) 模块化方法

当人们面临复杂的系统问题时,往往因系统各部分之间关系复杂而不知如何下手。这个时候常用的是分而治之的思想,即把一个复杂系统按功能分成多个部分,称为**模块**,每一个模块又可以继续分解成更小的模块,以此类推,直到每一个模块都足够简单,可以直接转换为代码实现。这样将大问题分解成小问题,各个击破,最后把各部分的解组成整个问题的解,该方法称为**模块化**。

模块化是一种自顶向下、逐步求精的方法,通过模块划分来减小问题的复杂性。系统中的模块呈现出层次架构。这样做的前提是:一个模块划分成若干子模块后,每个子模块的复杂性要小于该模块。这就要求子模块之间相互独立,不存在关联,如果存在关联,也必须通过严格的模块间接口。然而,在总体设计阶段,由于很难把握细节,可能导致在进行详细设计时才发现底层模块之间存在复杂的耦合,最后只能重新划分顶层模块,也就是返工。所以,模块化方法简单直观,但要求设计者必须有丰富的经验。

模块化方法不仅给系统设计带来了方便,同时对系统运行也有好处。不妨假设内核由若干模块组成,依据局部性原理,内核在运行过程中的某段时间往往只有少数模块被执行,某些模块可能长时间不执行。所以,那些暂时不执行的模块就没必要装入内存,这样就会节省内存。当然,一旦用到这些模块,可以随时把它们装入内存,这样的模块称为**可装载模块**。内核中经常使用的模块是常驻内存的,也有一些模块是可装载的,这是对系统时间和存储空间开销权衡后的结果。

当系统需要升级、维护时,若仅需要修改某个模块,那是极好的。即使把整个模块替换掉,只要保持模块接口不变,对整个系统的影响就比较小。若需要改变模块的接口,就会影响其他模块,往往结果难以控制。这是模块化方法的优点,也是缺点,需要设计者趋利避害。

2) 面向对象设计方法

面向对象设计方法也可以应用在内核设计中,尽管目前主流操作系统,如 Linux、Windows 都采用面向过程的 C 语言编码,但这并不妨碍面向对象技术在内核中的应用。例如,每次更换设备时都要更新设备驱动程序,驱动程序往往是由设备生产厂家提供的,这就要求内核开发商和设备生产厂家之间关于驱动程序定义一个公共的接口,而这个设备驱动程序接口一般都是采用面向对象技术定义的。还有虚拟文件系统(VFS),也采用了面向对象技术,读者可以参阅本书在文件管理和设备管理这两章相关内容的介绍。

面向对象技术也是对系统进行的一种划分,与上面介绍的模块化方法不同,面向对象技术是按照对象来划分内核的,而上面介绍的模块化方法是按照功能来划分内核的。二者都起到了分而治之的作用。

3) 分层结构

模块化方法中自顶向下逐步求精的设计模式本身就包含分层的结构,模块之间存在包含或者说是层次关系,例如,一个模块的子模块就处于该模块的下一层。不同的是,现在要讲的分层方法不是讨论的模块之间的结构关系,而是程序执行时逻辑上的依赖关系,也就是模块之间的调用关系。从这个意义上讲,模块化方法中并没有规定模块之间的调用关系,它们之间是无序的,这种无序性会给软件的设计和开发带来不确定性。例如,返工问题:底层程序的改动可能会导致上层程序的改变。早在 20 世纪 60 年代,Dijkstra 在模块化方法的基础上提出了对模块进行分层的方法,也就是规定了模块之间在调用时应遵循的顺序。

分层方法的基本思想是按照模块之间的调用关系对内核中模块进行分层,每一层只能调用本层和更底层的模块,不能调用更高层的模块,最底层的模块之下是 ISA 架构。高层的程序无须知道底层软件的实现,所以在底层软件仅向上层软件提供封装后的接口。在每一层的模块设计好之后,进行充分的测试,没有问题之后,再设计上一层的软件。层和层之间的这种单项依赖性决定了第 n 层软件的设计和修改不会影响第 $n-1$ 层的软件。

采用分层方法设计的系统不会出现下面的情况:模块 A 调用模块 B 中的程序,模块 B 调用模块 C 中的程序,模块 C 调用模块 A 中的程序。已经决定的事情就不变了,设计者只需要做好后续的工作,没有了内卷,软件的可靠性更容易得到控制。

1968 年,Dijkstra 领导研制了 THE 实验性操作系统,该系统按照分层的方法进行设计和开发,目的在于验证分层方法的可行性。THE 系统将软件系统分成 6 个层次:第 0 层负责处理机管理,为每一个进程分配一个虚拟的 CPU;第 1 层负责内存管理,为进程的运行提供虚拟内存支持;第 2 层负责进程的人机交互;第 3 层负责 I/O 管理;第 4 层是应用程序;第

5层是系统操作员进程。可见,分层的意义在于:发现系统内各模块之间的规律性的联系,并将这种联系规范化,例如,THE关于软件层次的划分。这可被看作对模块化方法的约束,即简化。

宏内核设计方法是较为传统的内核设计方法,目前大部分内核设计都采用了这种方法。然而它的一个明显的缺点是:内核太大,运行在CPU内核模式下的代码太多,任何一段代码出现问题,都会严重影响整个系统的安全。随着内核代码规模不断扩大,系统安全性受到越来越多的挑战。

2. 微内核

宏内核中许多相对独立并且不需要超级权限的模块可以从内核中分离出来,在CPU的用户模式下运行,这样宏内核规模可以大幅缩减,留下最核心的代码在CPU内核态下运行,形成微内核。微内核是一种架构设计方法,强调内核要尽可能的小,但并没有规定哪些功能必须在微内核中,哪些必须在微内核外,也没有指定微内核的大小。内核中的很多功能都可以移到核外,但有些是必须保留在微内核中的。例如,执行CPU内核模式下特权操作的哪些代码要留在微内核,另外,微内核还要协调核外模块为应用程序提供服务。

微内核与核外的模块并不在相同的运行环境下,都有各自的虚拟地址空间,因此它们之间不存在调用或被调用的关系。核外模块以普通进程的形式运行,为微内核和用户进程提供相应的服务。当用户进程需要操作系统的服务时,向这些服务进程发送请求,它们完成任务后再向用户进程发送消息。用户进程和服务进程之间的协作是典型的客户/服务器模式(C/S)。微内核所必须做的就是在用户进程和这些服务进程之间建立通信机制。

微内核的主要优点是可靠性和安全性高、容易移植和扩展,这些都源于内核体量小。因为系统中几乎所有的服务程序,如文件服务、输入/输出服务等,都不在微内核中,而是分散在不同的服务进程中独立运行,它们中的任何一个出现错误只会影响自己,因为进程之间彼此都是隔离的,并不运行在同一执行环境中。所以,和宏内核相比,微内核大大提高了可靠性。微内核对每个服务进程都可以设置不同的访问权限,例如,负责设备驱动的进程只能访问设备的相关端口,这样不同的服务进程只能访问它们应该访问的资源。相比于宏内核,整个内核中所有的代码都拥有相同的权限,微内核在安全性方面具有明显的优势。

尽管微内核有很多优点,但其在系统效率上并不被广泛看好。微内核架构的系统中,任何两个进程之间的通信,都会引起CPU在两个进程和微内核的运行环境之间进行多次切换,这是不小的一笔开销。如上一段所述,微内核架构又非常依赖于这种进程间的通信,系统开销大、效率低也就在所难免。微内核在带来好处的同时也带来了坏处,这是在所难免的,不过,人们正在解决这方面的问题。

微内核方法体现了机制与策略相分离的设计原则,微内核与系统中的服务进程这种组织结构以及它们之间的相互关系就是一种机制,是相对稳定的一种框架,每个服务进程中具体做什么则可以根据不同的情况进行调整,而这种调整并不影响微内核的基本架构。

20世纪80年代相继出现的Mach和Minix操作系统都是微内核架构的典型实例。其中,Mach操作系统称为苹果公司系列操作系统macOS、iOS、iPadOS、tvOS的基础,Minix也出现在Intel的CPU中,都获得了重大的应用成果。

3. 外核

操作系统为应用程序提供一个虚拟的运行环境,所采用的主要方法就是抽象。抽象虽然为应用程序提供了一个更简单、更统一的接口,但也会隐藏硬件的许多特性。而且,作为面向所有类型应用程序、各种各样底层硬件的操作系统,其抽象的力度不会太小,越抽象,通用性就越强。然而,抽象带来的问题是,应用程序无法使用一些硬件特定的功能,或者特别高效的工作方式。例如,某个鼠标生产厂家在鼠标上增加了一个新的按键,应用程序是无法通过通常的操作系统来使用这种鼠标的新功能的,人们不能指望操作系统生产厂家会为一个特殊的鼠标更改输入/输出调用接口。随着泛在计算,即无缝融入物理环境、无处不在、无迹可寻的计算时代的到来,操作系统将不得不从结构单一的桌面计算机系统转向更复杂的硬件环境。因此,如何做到"抽象但不隐藏能力"[4],对传统操作系统架构提出了挑战。

在云计算提供的多租户环境中,应用程序运行在各自的虚拟机上,在每个虚拟机上为应用程序配备它所需要的操作系统。不同于物理计算机上的操作系统,需要支持各种各样的应用程序,在云计算环境下虚拟机上运行的操作系统仅针对某些具体的应用。也就是说,可以裁剪原来通用的操作系统,让它仅为单个特定的应用程序服务,于是库操作系统应运而生。库操作系统(Library Operating System,LibOS)将原本属于内核的功能以库的形式提供给应用程序,这个库可以满足应用程序个性化的需要,例如,可以暴露硬件的特性,允许应用程序直接控制底层硬件资源。库操作系统减少了对硬件的抽象,更适应泛在计算环境,尤其是嵌入式系统。

库操作系统简单封装了它所服务的应用程序感兴趣的硬件,图 3.17 显示服务于播放器的库操作系统包含 POSIX、IPC 和 VM 的服务,而 Web 服务器则需要库操作系统提供 POISX 和网络服务。系统中的硬件是所有应用程序共享的,所以必须有一种机制管理计算机硬件资源,提供对多个库操作系统之间的多路复用的支持,这是传统操作系统的核心任务,现在由外核(Exokernel)承担。外核不提供传统操作系统中进程、虚拟内存等抽象,而是专注于物理资源的隔离(保护)与共享,仅负责保护系统资源,而硬件资源的管理则委托给应用程序和库操作系统。

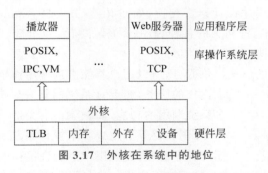

图 3.17 外核在系统中的地位

本节仅介绍了目前比较典型的三种内核结构,操作系统研发并不局限于这三种结构,完全可以是它们的混合形态,或是另外其他的结构。随着计算机应用和指令集架构的发展,内核也会出现新的结构。

3.6 操作系统用户接口

从 3.5 节可知,通过系统调用,内核可以直接为应用程序提供服务,但它并没有提供与用户(操作员)的接口,用户无法与内核直接打交道。那么操作系统是如何实现人机交互的呢?

观察一下人们使用计算机的方式就会发现,作为程序员可以通过系统调用直接与内核打交道,但作为用户确实没有直接使用内核,而是在和各种各样的应用程序进行交互,如命令解释器、字处理软件、浏览器、视频播放器等。本节将从操作系统层面上介绍针对用户提供的人机交互工具。

3.6.1 系统程序

操作系统内核是计算机系统的管理软件,它提供公共的服务,并不解决具体应用中的问题,就像警察,如果社会秩序井然,他们就会无事可做。应用程序则是解决具体应用问题的,如数据库、编译程序、办公软件、防病毒软件、中间件、容器软件、游戏等,都属于应用程序,在手机上人们称为 App。内核不能缺席计算机系统的管理与控制,所以它是常驻内存的,从启动计算机直至系统关机从不退出。而应用程序一般是在用户执行某个任务时装入内存,执行结束后就从内存退出。所以从计算机系统的角度,软件可以分为内核和应用程序两大类。

任何程序在运行之前需要设计、编辑、编译、装入、调试等,程序也要以文件的方式保存在系统中,程序的执行过程还应该允许用户进行交互或干预。所以,计算机用户需要一些通用的软件工具对计算机系统中的程序和数据进行有效的管理和控制。这些软件工具也属于应用程序,但它们的特点是提供给计算机用户,从用户的角度对系统和程序的运行进行管理和控制,例如,对操作系统运行参数的设置、安装应用软件等。几乎所有计算机系统中都预装了这类软件,人们甚至把它们作为操作系统的一部分,因而称为**系统程序**。系统程序和应用程序没有本质的区别,它们都运行在 CPU 的用户模式下。不同的是,系统程序帮助用户完成一般性的工作,具有通用性,一般可以分为如下几类:① 文件管理,用以实现文件的建立、删除、修改,以及目录的操作等;② 获取系统运行的状态信息,如日期、事件、CPU、内存、外设等的利用率等;③ 程序设计语言支持,如 C 语言、Java、Python 等编译系统,涵盖了编辑、编译、调式等和程序运行相关的各种程序;④ 程序装入和执行,允许用户选择要执行的程序以及执行程序的方式。

内核仅以系统调用的形式提供服务,所以用户不能直接使用内核,只能通过系统程序请求内核的服务,实现对系统的管理。有的系统程序仅完成某个系统调用的功能,如删除一个文件,也有的系统程序非常复杂,如浏览器等。用户要求操作系统完成的任务都可以通过系统程序实现,由于用户不能直接与内核打交道,所以在用户看来,系统程序就好像是操作系统的全部,见图 3.18。

图 3.18 计算机系统的软件架构

当我们去操作系统商家购买操作系统时,一般得到的既有内核程序又有系统程序。这说明人们还是倾向于把系统程序作为操作系统的一部分。图 3.18 说明了系统程序和用户、应用程序、内核和操作系统之间的关系。要注意的是,很多情况下,仅把内核当作操作系统。

3.6.2 命令解释器

在计算机发展初期,用户直接操作计算机,如安装/拆卸纸带、拨上/拨下控制面板上的开关,人和机器的关系相当和谐。直到批处理技术出现以后,操作系统代替了人的操作,人机关系渐渐疏远。由于当时计算机上执行的都是比较单调的工作,如大量的计算或者大量的输入/输出,所以计算机忙着干活,人们乐见其成。

当计算机系统的软硬件功能进一步提升之后,计算机可以帮助人们做更多的事情。例如,程序开发工具可以帮助程序员在计算机上编辑、编译和调试程序;人们可以把各种各样的数据以文件的形式存于计算机中,随时可以在计算机上打开或修改;管理员希望了解系统当前运行的状态;上网、玩游戏等。总之,人越来越多地依赖并需要对计算机的交互操作,越来越多的人被吸引到计算机上来,成为计算机用户。

用户是奔着计算机系统中各种各样的应用程序和数据来的,当系统中的程序和数据越来越多时,如何安装、组织、管理这些程序和数据,方便用户找到并使用它们,就成为操作系统的任务了。这些程序基本上都是以文件的方式存在文件系统中的,找到并执行这些程序文件就成为操作系统人机交互的最基本功能。

操作系统为用户提供一个命令集合,通过这些命令,用户向操作系统请求服务。操作命令是操作系统提供给用户使用计算机的最传统、最基本的形式。命令的一般格式为

命令名 [若干选项] [若干参数]

选项说明了命令的操作方式,而参数说明了命令的操作对象。借助它们,用户可以定制操作系统命令更精准的服务。由于每个命令一般以回车结束,占一行,所以这种命令形式称为命令行(Command Lines,CL)。一般情况下,系统程序的名字可以作为命令的名字,用户自己的可执行文件也可以作为命令名。

是谁读入用户输入的命令行并执行的呢?是内核吗?肯定不是,因为内核不是面向用户的,它仅为程序的执行提供服务。实际上,输入并解释执行用户命令的程序称为命令解释器,它是一个非常特殊的系统程序。当用户登录操作系统后,系统就为该用户启动命令解释器,随时准备读取并执行用户输入的命令,直到用户退出系统。图 3.19 描述了命令解释器的工作流程。

在早期的批处理系统中,用户将命令以作业控制卡的形式成批地提交给操作系统,监控程序完成了命令解释器的功能,而在后来的分时系统中,如 UNIX 系统,命令解释器 Shell 一行一行地处理并执行操作员输入的每一条命令,是一种命令行接口。对于一个新用户来说,记住这些命令的名字、选项和参数是必做的功课。图形命令接口同样采用了图 3.19 的命令解释流程,不要求用户记住命令的名字,只是在屏幕上以图形和文字的形式展现出来,增加了鼠标之类的二维定位设备,更直观方便。例如,执行一个命令时,不用键盘输入命令名,而是通过鼠标选择屏幕上表示该命令的一个图标即可。

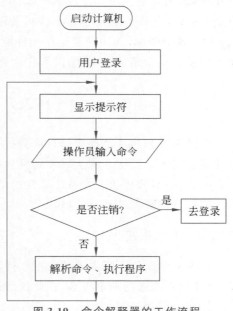

图 3.19 命令解释器的工作流程

命令解释器的功能可以进一步发挥：允许用户把一组命令写进一个文件，称为批命令文件，一起提交，命令解释器按照批命令文件中的顺序依次执行这些命令，类似于处理系统中的控制命令。这种方式减少了人机交互的很多环节，对于一些固化的命令序列特别有用。例如，要备份多个不同目录下的文件，需要执行多条命令才能完成，就可以采用这种批命令文件。进一步，命令解释器还可以允许命令文件中包含循环、条件语句和变量，俨然是一段程序。这样的程序称为脚本（Script）或脚本程序，用来书写脚本的语言称为脚本语言。UNIX 的命令解释器 Shell 就支持脚本语言，用户可以借此实现对系统的复杂的自动控制。脚本是由操作员的一组命令演化而来，将不同的命令融合进脚本之中，时下尤为流行，例如，Python、JavaScript、SQL、Perl 等都是脚本语言。脚本程序是解释执行的。

3.6.3 图形接口

在计算机图形显示器、鼠标被发明之后，1973 年，第一个图形用户界面出现在 Xerox Alto 计算机上，其中包含窗口、菜单、单选按钮和复选框等，现代通用的图形用户接口都可以溯源到这个系统。1984 年，苹果公司发布了 Apple Lisa 计算机，其图形界面风格引领了个人计算机操作界面的潮流。从桌面计算机的鼠标，到手机的触摸屏，图形用户界面已经被广泛接受。

图形用户接口体现了"所见即所得"的人机交互理念，易学易用，界面美观，对计算机的普及起到了很大的作用。显然，图形接口的实现需要消耗更多的计算资源，这对于目前的桌面计算机来说，已经不是什么大问题了。同命令行接口相比，图形用户接口不要求用户记住各种各样的命令名及其选项，在友好性方面远胜命令行接口。但是，命令行并没有退出人机交互领域，尤其是在很多计算机专业技术人员那里仍有很大的市场。例如，当我们要执行命令 cp /a/b/c/f.dat /x/y/z/g.dat 时，若用图形用户接口，需要用鼠标一层层打开 a、b、c 和 x、y 和 z 各个图标，而用户若记住文件所在的目录名及目标路径名，操作速度远胜过图形界面。二者只是应用场合不同，没有优劣之分。

◆ 3.7 操作系统研发

操作系统和芯片是构成信息社会技术的大脑和神经系统，然而，它们也是我国至今未掌握的核心技术。操作系统从研发到投放市场运行，会经历很多阶段，每个阶段都有特定的问题需要解决，本节将从操作系统研发的角度，阐述操作系统的设计、实现、生存和发展问题，描绘操作系统研发及运行的概貌。

3.7.1 操作系统设计

作为复杂而且不断发展的大型软件，操作系统的设计影响操作系统后续研发的各个阶段，设计中要考虑的因素很多，在此仅就设计中的几个典型问题展开讨论。

1. 设计目标

首先要确定设计目标，这是一切系统开发的第一步。在最宏观的方面是要确定系统应该面向的应用领域，以及一些宏观的特征。例如，是面向密集型计算的批处理系统还是面向普通用户的桌面系统；是安装在移动设备上还是大型主机上；是单用户还是多用户；是否支持实时任务,等等。

可以把系统所有要达到的目标分为两类:用户目标和系统目标。用户目标主要关心的是用户使用系统的要求,如易学、易用、方便、快捷、友好、可靠性、可用性、安全性等,这些目标会体现在系统设计的各方面,很难用一个模块来实现。而且它们没有严格的指标,目标实现得如何完全依赖设计者的理解和用户的体验。

除了满足用户的需求之外,操作系统还应该满足软件产品的一些基本要求,即所谓的系统目标。例如,在开发阶段,要有更低的开发成本、更好的结构、兼容性;在维护阶段,要有更好的扩展性、移植性、可维护性;系统具有较好的性价比、较高的工作效率、较低的管理代价;从整个计算机系统的角度看,操作系统承担提高系统资源利用率的任务,等等。

系统目标和用户目标往往是相互矛盾的,例如,桌面操作系统为了提高人机交互的感受,达到所见即所得的效果,广泛采用了图形界面,提高了操作的直观性,同时也消耗了大量的计算资源,降低了系统效率。然而,随着计算能力的大幅提高,人们越来越愿意付出这种代价。

2. 影响操作系统设计的因素

技术进步和社会需求是促进操作系统发展的两个关键的因素。技术进步对操作系统的改变也是立竿见影的,如摩尔定律所反映的芯片技术的快速发展,为操作系统提供了新的、更加强大的运行环境,促使操作系统新产品和新版本不断涌现,而社会需求则需要系统设计者进行深入的探索,如手机上的操作系统、各种嵌入式操作系统以及云计算环境下的操作系统等。

亚马逊的创始人贝索斯几年前曾提出一个理念,即用户永远是不满足的,已经满足了的需求永远有更好的满足方法。例如,在手机硬件平台都处于同一个水平的情况下,苹果公司首先在手机上安装了一个功能齐全、如台式计算机的操作系统,并开创了移动 App 的时代。历史上,CTSS 也是首先实现了分时系统,满足用户潜在的需求。

操作系统几乎总是在跟着硬件的发展而变得更强大。例如,多任务受益于 CPU 强大的计算能力、多核和多 CPU 技术的发展;桌面计算机 CPU 从 4 位、8 位到 64 位,每一次处理能力的提高,都需要操作系统更新换代。所以,为了提高硬件资源的利用率,操作系统总是要充分发挥每一项硬件的新功能。

3. 机制与策略分离原则

作为软件,操作系统的设计遵从程序设计方法和软件工程的一般原则。由于规模庞大、结构复杂、不断变化,以及受市场等各方面因素的影响,人们尚未探索出针对操作系统的一般性设计原则和方法。不过,在长期的研发过程中,人们认识并掌握了一些行之有效的经验和方法,可以用于操作系统的设计中。

机制与策略分离原则目前广泛应用于操作系统的设计中。**策略**是指做什么,反映了系统要实现的目标,策略定下来之后,就是如何实现策略,这就是**机制**,它关注如何做的问题。例如,一个软件要完成的任务就是策略,软件代码则是机制。人们的需求是经常变化的,今天我们希望用软件来对一组整型数排序,明天可能需要对一组浮点数排序。但代码编写的代价是很大的,软件的产出永远跟不上人们需求的变化。因此,当用户需求发生变化的时候,软件本身无须变化或很少改变,就可以适应新的需求,就成为软件设计追求的目标。也就是说,策略和机制不能完全捆绑在一起,当策略改变时,机制即使不变,仍能发挥作用,这就是**策略和机制分离原则**。

机制与策略分离是一种指导性的原则,具有相对性,一方面,软件要适应用户需求的变化;另一方面,不是任何软件都能适应所有需求的改变。策略与机制的分离,可以尽可能延长软件的生存周期。很多程序设计方法已经支持机制与策略分离原则。例如,子程序机制就可以将变化的需求表示为参数,当需求变化时,子程序不用改变。动态可装载模块也是一种有效的机制,它可以根据需求,装入所需的程序模块,保持整个系统变化最小。例如,在Solaris(UNIX)系统中,CPU调度在一个可装入模块中实现,如果系统不想采用分时策略,可以换一个CPU调度模块实现实时调度策略。微内核架构也支持机制与策略分离原则,当操作系统的某一部分功能已经不再适应新的需求时,可以更新某个模块而整个系统架构不变。另外,什么是策略,什么是机制,并不是绝对的。例如,某种结构可以适应多种不同的应用,该结构可以认为是机制,但当我们考虑要解决更广泛的应用问题时,又存在多种替代该结构的其他结构,此时这些结构可以被看作策略。

需要注意的是,采用机制与策略相分离的原则将使代码具有更大的灵活性,但也会增加代码的复杂性,从而降低完成任务的效率。Windows 和 macOS 操作系统在界面设计中将机制与策略较为紧密地捆绑在一起,在用户体验方面也很成功。

4. 操作系统框架

3.4 节阐述了操作系统的概念,在一个很抽象的层面上说明它为应用程序的执行提供服务、控制和管理。事实上,能够做这些事情的软件太多了,是不是都属于操作系统呢?显然不是,这会泛化操作系统的概念。在 3.5 节,通过引入内核的概念,将操作系统和所有其他的程序严格区分开来。然而,操作系统是现实中广泛应用的软件,而且在不断发展变化,不同的人、不同的时代从不同的视角赋予了它不同内涵。例如,在社会层面上,人们认为操作系统应该包括一般商用操作系统自带的那些软件,最典型的是系统程序,人们会更接受 3.6 节中所给出的内核和系统程序共同构成了操作系统这样的定义。遗憾的是,系统程序并没有严格的定义。20 世纪末,网景公司起诉微软在 Windows 操作系统中预装 IE 浏览器为捆绑销售,以市场垄断的方式排挤网景公司的 Netscape 浏览器,而微软则辩称 IE 是操作系统的一部分。双方各执一词,在美国最高法院的法庭上,两家一流的软件公司争论的就是操作系统概念的内涵。

计算机软件仍在蓬勃发展,操作系统内涵的演化并没有停止。例如,人们公认安卓是一个操作系统,尽管其内核采用了 Linux,然而其内容远远超出了内核,还包含安卓应用框架、安卓库、安卓运行时系统和硬件抽象层,如图 3.20 所示[14]。这种结构的变化有多方面的原因,都是为了适应技术的进步和社会需求的发展。

图 3.20 Android 系统架构

安卓系统中内核以外的内容主要是为了应用程序的开发和运行而增加的，称为安卓框架。一般来说，框架是一个面向各种应用的软件架构，具体规定了和应用程序相关的整个软件架构的内部结构和控制流程，一般都包含公用的构件库。随着计算机应用需求越来越广泛、深入，应用程序开发的复杂度和难度越来越高，仅靠内核已经难以满足各种应用程序的开发，迫切需要在内核之上有一个功能更强大的框架来支持应用程序的开发和运行。这样的框架已经成为现代操作系统的重要部分，称为**操作系统框架**。

目前市场上有众多的操作系统，如 Ubuntu、安卓、EularOS 等，它们都有一个共同的 Linux 内核，所不同的是有各自的操作系统框架。所以，从构成上看，操作系统完全可以理解为内核和框架。

3.7.2 操作系统的实现

操作系统是结构复杂、规模庞大的软件系统，其开发周期中系统设计和实现是两个独立的阶段，前者规划系统的结构和功能，后者要结合具体的硬件环境，生产可运行的软件，也就是编程，比前者更为具体。

1. 编写操作系统的语言

操作系统的实现包括编码、调试和维护。从程序设计的角度看，操作系统程序更多地涉及计算机硬件，如端口、地址等，包含更多二进制数据的操作，而且操作系统程序被频繁地调用，更看重执行效率。所以直观上看，操作系统程序应该由汇编语言编写。

然而，汇编语言不直观，编程和阅读都很困难，这导致其在操作系统编码方面逐渐被高级语言所替代。高级语言程序虽然不能像汇编语言程序那样将 CPU 指令的功能发挥到极致，展现程序员的编程技巧，但却克服了汇编语言的上述缺点。而且，高级语言程序跨平台移植要容易得多，随着编译技术的不断发展，高级语言程序的效率也在稳步提升，现在很难说汇编语言程序的效率更高。

1961 年，历史上第一个采用高级语言编写的操作系统是 MCP，使用的是类 ALGOL。著名的 Multics 操作系统也是用高级语言编写的，使用的是 PL/1 语言。

1972 年，丹尼斯·里奇发明了 C 语言，其目的就是编写 UNIX 操作系统。C 语言吸收了汇编语言对底层硬件操作的很多功能，尤其适合编写操作系统。目前主流操作系统 Windows、Linux、安卓、iOS 等都是用 C 语言编写的。需要注意的是，在这些操作系统中，一些最底层的代码仍然是用汇编语言编写的，但代码量并不大。

C 语言尽管在操作系统实现领域有广泛的应用，但其安全性也饱受质疑。最近几年 Rust 语言兴起，被称为系统编程语言。它具备内存安全、高性能、跨平台、可靠性和可维护性等特性，并拥有一个活跃的社区和丰富的生态系统。

2. 调试与维护

编码之后，操作系统就需要调试了。操作系统运行过程包含程序的并发执行，需要处理系统中许多随机发生的事件。这注定操作系统的调试工作要比普通的程序更困难。

调试普通的应用程序一般采用 gdb 这样的调试工具，可以在程序中设置断点、观察程序运行的各种状态，各种调试工具能够完成这样的功能是因为得到操作系统的支持，显然调试操作系统就不能这么做了。一种自然的解决方法就是采用虚拟机，完全模拟硬件的运行环境，在虚拟机上运行调试工具，然后启动操作系统。事实上，最早的虚拟机就是用于操作系统的开发，人们总不能等到新计算机生产出来之后再为其配备操作系统。

在虚拟机上调试完成之后，还不能说操作系统就没有问题了，必须接受实践的检验，毕竟系统实际运行时会出现各种意想不到的情况。由于并发执行，很多错误难以重现，运行过程中任何故障都为发现操作系统中的错误提供了机会，所以，系统运行时需要不断记录运行的状态信息，形成日志文件，一旦系统出错，就可以事后分析日志文件，跟踪系统的运行轨迹，找出错误的原因。另外，当系统崩溃时，操作系统会紧急将内存中的全部信息记录到一个称为 crash dump 的文件中，系统维护人员可以据此找出系统崩溃的原因。在应用程序运行时也有相应的机制，不过，它仅记录应用程序自身的内存映像，称为 core dump 文件。

编码和调试是系统开发的两个阶段，但却密切关联。基础不牢，地动山摇。如果编码的质量不高，就不能期待系统开发的成功。调试可以使好的代码更好，但不会使差的代码变好。所以编写高质量的代码是后续开发的关键。著名程序设计专家、*The C Programming Language* 一书的作者（另一位是丹尼斯·里奇）Kernighan 曾经总结出如下的 Kernighan 定律：代码调试的难度是写代码的 2 倍。另外，该定律也隐含地告诫我们：代码要尽量简单、直白。如果在编码时用尽了我们的智慧，那么就难以有足够的智慧进行代码调试了。

3.7.3 我国操作系统发展之路

1. 操作系统发展历史与现状

我国操作系统在过去 20 年的发展中，曾诞生出 20 多个不同的系统，并多以 UNIX/Linux 为基础二次开发为主。蓝点 Blue Point、红旗 Red Flag、深度 Deepin、中标麒麟 Neokylin、银河麒麟 Kylin、鸿蒙、OpenEular 等都被人所熟知。然而，由于各种原因，本土化操作系统在市场中幸存下来的并不多。

（1）COSIX。COSIX 是中国计算机软件与技术服务总公司（常被称作中软）研发的 UNIX 操作系统，于 1989 年开始开发，基于不同版本的其他 UNIX 发行版源码改造，多次被权威部门鉴定为在技术上达到 20 世纪 90 年代初期、初中期国际先进水平，被中国媒体称作"中国人自己研发的操作系统"。然而，COSIX 并没有对市场产生什么影响，在 21 世纪初淡出人们的视线。

（2）红旗 Linux。20 世纪 80 年代末，出于国家安全考虑，中国科学院软件研究所开始研制基于自由软件 Linux 的自主操作系统，并于 1999 年 8 月发布了红旗 Linux 1.0 版。最初主要用于关系国家安全的重要政府部门。2000 年 6 月，中国科学院软件研究所和上海联创投资管理有限公司共同组建了北京中科红旗软件技术有限公司。红旗 Linux 是中国较大、较成熟的 Linux 发行版之一，也算是国产制造最出名的操作系统。它有完善的中文支持，拥有与 Windows 相似的用户界面。但由于各方面原因，该公司现已解散。

（3）中标麒麟。中标麒麟 Linux 桌面软件是上海中标软件有限公司发布的面向桌面应用的操作系统产品。在 Linux 内核的基础上，中标麒麟开发了与 Windows 操作系统非常接近的图形化桌面。中标麒麟作为国产操作系统的引领者，针对 x86 及龙芯、申威、众志、飞腾等国产 CPU 平台进行自主开发，率先实现了对 x86 及国产 CPU 平台的支持。目前在国产操作系统领域市场占有率稳居第一。

（4）深度（Deepin）。Deepin 系统是一个致力于为全球用户提供美观易用、安全稳定服务的 Linux 发行版，同时也一直是排名最高的来自中国团队研发的 Linux 发行版。统一桌面版操作系统(UOS)是统信软件发行的美观易用、安全稳定的国产操作系统,该系统可支持 x86、龙芯、申威、鲲鹏、飞腾、兆芯等国产 CPU 平台,能够满足不同用户的办公、生活、娱乐需求。UOS 是 Linux 在中国的商业发行版,主要开发工作由 Deepin 团队完成。Deepin 是社区版,而 UOS 只用于商业用途,UOS 基于 Deepin 系统。

(5) openEuler。openEuler 是一个开源、自由的 Linux 发行平台,具备高安全性、高可扩展性、高性能、开放的企业级系统平台,能够满足客户从传统 IT 基础设施到云计算服务的需求。openEular 支持包括 ARM、x86、RISK-V、LoongArch 在内的主流计算架构,力图打造完善的从芯片到应用的一体化生态系统。openEuler 20.09 版本在国内操作系统发展史上是一个里程碑式的版本,主要是在于它是中国开源操作系统历史上,首次由不同厂商、不同机构甚至包括个人参与,共同协作完成,纯社区化运作开发出来的大型操作系统。openEuler 20.09 来自华为以外的贡献比例接近 40%,这在国内是首次。

(6) 鸿蒙。华为鸿蒙系统是一款全新的面向全场景的分布式操作系统,创造一个超级虚拟终端互联的世界,将人、设备、场景有机地联系在一起,将消费者在全场景生活中接触的多种智能终端,实现极速发现、极速连接、硬件互助、资源共享,用合适的设备提供场景体验。

2. 操作系统的版权

在阐述我国操作系统的研发之前,先介绍相关的几个概念,因为其中的基本思想是我们研发操作系统所无法回避的。

(1) 自由软件。一个软件如果是自由软件,这意味着用户可以自由地运行、复制、分发、学习、修改,乃至销售该软件。其英文为 Free Software,这里的 Free 不是**免费**,而是自由。自由软件不一定是免费的,为避免混淆,英文中也会借用 Libre Software 来指自由软件。有了这些自由,软件用户可以掌控所运行的软件,并决定这些程序如何为自己服务。如果一个软件令用户失去了这种控制权,它就是非自由的。与自由软件相反,非自由软件会操控它的用户,而软件的开发者则掌控着软件。只要不违背上述核心思想——自由,也可以额外限制软件的分发步骤。例如,copyleft 就是常见的一种限制,它要求软件的修改版必须同样以自由软件的形式发布。自由软件对于软件基础薄弱的国家来说,意义非常重大,它使我们可以摆脱某些先发版权的限制,在一个更高层次上开发和共享软件,当然,这仅是从实用主义的角度来讲。

所有的自由软件都是开放源码的,1998 年,自由软件阵营中的部分成员分裂出来,提出开源软件的概念。开放源码软件是可以任意获取的,其版权持有人在某种软件协议的规定之下保留一部分权利并允许用户学习、修改以及以任何目的向任何人分发该软件。形成对比的是,自由软件是受 GPL 等许可证的限制的,例如,它要求基于它开发的软件必须也是自由软件,当然,这个限制是限制商家而不是用户的。开放源码软件通常是有版权的,保护它的开放源码状态、著者身份的公告,或者开发的控制。自由软件和开源软件在保护用户的权益方面并没有太大的区别,前者更注重自由的内涵,更纯粹;而后者则更注重其形式和可行性。Richard Stallman 的原话是:"自由与开源基本上指的是同一范围的程序。然而,出于不同的价值观,它们对这些程序的看法大相径庭。自由软件运动为用户的计算自由而战斗;这是一个为自由和公正而战的运动。相反,开源理念重视的是实用优势而不是原则利害。我们因此不赞同开源运动,也不使用开源这个词"。

自主知识产权要求知识产权人的创造性行为蕴含于知识产品中,包括开拓性的发明创造，也包括在原有技术基础上的改进、组合，并且还要取得国家认定。对于软件来说，一般情况下只有自己编写的代码才拥有自主知识产权。如果一个软件中有大量别人的代码，即使这些代码属于自由软件，也不能认定软件开发商具有完全的自主知识产权。

从自由软件的定义来看，如果生产的软件中包含自由软件，那么就完全可以做到自主可控。但是，如果生产的软件中包含开源软件，那么"自主可控"就会打一定的折扣。

（2）Linux发行版。正像前面介绍的关于内核的概念，内核不是直接提供给用户使用的，它仅为应用程序提供运行的支持服务。在用户和内核之间需要大量的系统程序和应用程序，一个包含内核和一批有用的程序的一个集合体，就是Linux发行版。虽然内核都是一样的，但添加的系统程序和应用程序各不相同，这就构成了不同的发行版本，其中，Debian、Red Hat就是Linux不同的发行版。

（3）Linux衍生发行版。一个衍生发行版是在已有发行版的基础上进一步开发、形成的一个新的发行版。衍生发行版具有自己的独特标识、目标和受众，并且由独立于已有发行版的实体创建。衍生发行版会修改现有发行版来实现自己设定的目标。Linux发行版组织一般会欢迎并鼓励想要基于他们的发行版来开发新发行版的组织。Debian是Linux的发行版，而Ubuntu是Debian的一个衍生发行版，也就是Linux的衍生发行版。

所谓根社区指的是不依赖上游发行版，基于Linux内核和其他开源组件而构建的社区。2022年，统信、openEuler、openKylin建立了我国首批面向全球的操作系统根社区，可以解决以往国产操作系统无法获取社区主导权的问题。根社区的建立在某种程度上会成为操作系统厂商重要的护城河。一个优秀的根社区还需要被全球范围内的开发者广泛认可，并拥有完善的社区运行机制和正向的社区回馈能力，从而基于其衍生出不同分支发行版或下游社区。

国产软件是一个很宽泛的概念，只要是国内厂家生产的软件都应该算是国产软件。就像汽车，不论是国内厂家、国外独资、还是合资，哪怕是组装，只要是国内出品，都算是国产。一个国内公司即使简单地将两个国外软件组合一下，给一个新的名字，当然也可以称为国产软件，这样的国产软件不具有自主知识产权，也谈不上自主可控。所以当我们在发展自己的操作系统产品时，首先看重的应该是其中的自主知识产权有多少，其次是能否自主可控。

3. 操作系统生态

我国操作系统产业落后的原因有很多，要想发展操作系统产品，面临教育、技术、商业、生态等诸方面的挑战。下面简单介绍其中的关键因素，帮助读者认识到：要让我国的操作系统产品赶上世界一流水平，操作系统生态建设是不可或缺的。

在生物学中，生态是指生物在一定的自然环境下生存和发展的状态，**操作系统生态**则是指操作系统在信息产业领域生存和发展的状态。操作系统要想健康发展，首先要为其提供良好的生存环境，这包括硬件平台、用户群、应用软件、市场发展空间等。

硬件平台包括CPU、内存、设备、网络，是操作系统设计、运行、功能实现的基础。几十年来，硬件的更新换代基本上决定了操作系统的技术进步；各种不同硬件平台也造就了形式多样的操作系统，如桌面计算机、嵌入式系统、云计算、移动计算等都会导致相应的操作系统发展起来。

用户群和应用软件是操作系统生存和发展的基础，操作系统作为所有软件的运行平台，用户数量越多，就会吸引越多的应用软件开发商；反之亦然。就像网红圈粉，操作系统必须吸引足够多的用户才能生存,因为其研发需要大量的投入。目前,桌面、服务器和移动设备市场已经基本被 Windows、安卓、iOS、Ubuntu 等瓜分,国产操作系统要想建立自己的用户群和应用软件生态环境面临巨大的挑战。

4. 总结

我国操作系统的研发起步于 20 世纪 80 年代末,那个时候国外的操作系统软件技术已经相当成熟,UNIX、DOS、Windows、macOS 已经瓜分完操作系统软件的市场。长期以来,我国在操作系统研发领域的人才、技术、资金、市场方面同国外先进水平相比,都存在很大的差距。

然而,自由软件理念的传播、开源软件的兴起,尤其是 Linux 操作系统的出现,为我国操作系统事业赶上世界先进水平提供了非常好的机会。从上述我国目前在研和进入市场的操作系统产品来看,它们基本上都是基于 Linux 技术开发的。大多是目前主流 Linux 发行版的衍生发行版。不过,目前我国软件行业也在进一步摆脱对 Linux 发行版和衍生版的依赖。例如,2015 年之后,深度社区放弃 Ubuntu,转向基于 Debian 作为研发的上游社区。最近,深度社区再次从 Debian 脱离而出,基于 Linux Kernel、其他开源项目和自研项目组件,建立首个中国桌面操作系统根社区。这种转移标志着国产操作系统企业具有更强的自主性和研发能力。

操作系统是目前计算机软件领域最核心的技术,能否占据操作系统研发的制高点受到各方面的影响,不仅是操作系统自身的事情。其中,操作系统生态成为人们关注的重点。操作系统研发是关键的,但为操作系统提供一个成长的环境同样重要,操作系统生态实际上就是其朋友圈,包括底层的计算机硬件、操作系统的开发体系和在操作系统之上运行的所有应用,任何一个方面出了问题,操作系统都难以生存和发展。

◆ 小　　结

操作系统是现代计算机系统中不可或缺的存在,广泛分布于各种类型的计算机系统、各行各业的应用中。由于其复杂性和广泛性,使人们在理解操作系统概念时,很难对操作系统有一个抽象的、全面的、严谨的定义,也难以通过现实中的实例来展示操作系统的全部内涵。本章采用的方法是从计算机的早期没有操作系统的年代开始,讲述计算机系统的发展历程,从中可以看到操作系统从无到有的过程。在早期简单的构造中,操作系统的最本质特征就会呈现出来,这是我们从纷乱的现象中理解操作系统的历史视角。希望读者能从技术发展的过程中一个个里程碑式的技术进步,理解现在和未来的操作系统。

本章涉及操作系统的基本功能、架构、设计、研发、生存和发展,但都是比较笼统、概括的描述。从第 4 章开始,将详细阐述操作系统的基本原理和方法,期待读者能够对操作系统有深入而具体的理解。

◆ 练　　习

1. 在多道程序分时环境中,几个用户同时共享系统。这种情况会导致多种安全问题。
(1) 举出两种可能的安全问题。

(2) 我们可否确保分时机器可以与专用机器具有相同的安全等级?并解释你的答案。

2. 中断的目的是什么?陷阱和中断的区别是什么?陷阱能否由用户程序主动触发?如果可以,目的是什么?异常与以上二者的区别是什么?

3. 操作系统提供的服务和功能可以分为两类。请简要描述这两类,并说说它们的区别。

4. 采用相同的系统调用接口处理文件和设备的优点和缺点各是什么?

5. 什么是机制?什么是策略?为什么策略和机制的分离是必要的?请使用社会生活中的具体实例说明。

6. 设计操作系统时采用的内核结构和外核结构分别是什么?它们之间有什么区别?

7. 分时系统是不是多任务系统?相比于多任务系统,其特点是什么?

8. 试综述我国国产操作系统目前的发展现状。

9. 举例说明:现代操作系统的研发需要哪些硬件支持。

10. 操作系统的体系架构分为哪些类型?它们各自的特点是什么?

11. 请和同学们讨论:谈一谈你了解的操作系统最新的发展技术。

12. 作为软件,操作系统和其他软件的最大区别是什么?

13. 目前人们关于操作系统的概念有哪些不同的认知?谈一谈它们之间的区别。

第 4 章 CPU 管理

CPU 是计算机系统中最重要的部件,充分利用 CPU、为应用程序提供计算平台是操作系统 CPU 管理的目标。简单起见,本章主要阐述单 CPU 的管理,也会作为对比,介绍多 CPU 管理的特点。

为了能够为各种各样的应用程序分配 CPU 运行时间并进行有效的管理,内核需要抽象应用程序的运行过程,并为之建立统一的模型。操作系统中用进程和线程的概念,建立相应的数据结构描述程序的执行过程,通过 CPU 管理来控制进程/线程的执行,协调它们之间的关系。这是本章前三节的主要内容。

内核也是程序,并和所有的应用程序共享一个 CPU。内核如何选择要执行的程序,并在不同的程序之间自由地切换,是本章最后两节讨论的问题。

4.1 程序运行过程的描述

程序是完成某个任务的指令的有序集合,它本身是一个静态的概念,不运行时存放在文件中;运行时会形成一个或多个指令流(多线程)。程序运行时会和操作系统产生互动,所以操作系统看到并管理的是一个动态运行中的程序。

4.1.1 程序的顺序执行和并发执行

操作系统管理的是运行中的程序,也就是程序的执行过程。程序和其执行过程不是一回事。在程序中,看不出程序执行时的快慢,也看不出程序是暂停还是正在执行,无从知晓条件语句会执行哪一个分支;同样,在程序的执行过程中,系统也看不出程序中的逻辑,例如,分支语句的另一半在程序的执行过程中就看不出来。操作系统要随时控制应用程序的执行并为其提供服务,关心的必然是程序的执行过程。

程序的执行过程存在两种不同的模式:顺序执行和并发执行。下面将分别讨论它们的特点。

1. 顺序执行

首先考虑两条指令的顺序执行。CPU 完全执行完一条指令之后,再执行另一条指令,看作指令的顺序执行。对于两个程序来说,也是这个道理,CPU 执行完一个程序的最后一条指令之后,再执行另一个程序,称这两个程序是顺序执行的。这种执行模式实际上是互斥的,即不是并发的。

显然，在单任务计算环境下，程序的执行过程是典型的顺序执行模式。程序在执行时，其他程序都不能执行，它独占计算机系统的全部资源，在一个封闭的环境中运行，不会受到干扰。在顺序执行模式下，一个程序无论运行多少次，只要输入数据相同，其运行结果和过程都是完全相同的，可以说，程序和程序的执行过程是一一对应的。早期的计算机系统都是单任务的，往往把程序和程序的执行过程当成一回事，并不区分。

2. 并发执行

如果两个操作（两条指令或两个程序）所执行的时间段没有任何约束，即它们可以任意重叠，以任意的速度推进，那么称这两个操作是可以**并行**执行的。例如，如果两个程序毫不相干，那么它们可以同时运行在两个不同的 CPU 上，就像是两辆汽车可以并行地行驶在两个不同的车道上，任何一辆车速度的快慢甚至停止，都不影响另一辆车的行驶。

两个操作在并行执行时，各自的推进速度可以是任意的，彼此之间没有任何的限制，例如，两个操作均可以在任意时间点暂停一段时间，或运行速度时快时慢。在只有一个 CPU 的系统中，CPU 可以在执行一个程序的过程中停下来，然后去执行另一个程序，一段时间后，再回来执行前一个程序，相当于用一个 CPU 模拟两个 CPU 并行地执行两个程序，这种程序的运行方式称为**并发**。3.3 节中介绍的分时技术是典型的并发运行方式。

可见，并发与并行都表示两个操作在执行顺序和速度上彼此没有任何约束，在逻辑上这两个概念是等价的，只是在实现上存在不同。宏观上，并发的执行方式和并行是一样的，微观上，并发是交替执行，与并行是不同的。

多个程序并发执行时，CPU 暂停一个程序而执行另一个程序，会不会导致后者破坏前者的运行环境呢？这完全是有可能的。3.3 节从原理上分为 CPU、内存和设备三方面解释了操作系统如何通过时空两方面来分离不同程序的运行环境，以保护一个程序的运行不受另一个程序的影响。

在多任务环境下，CPU 随时可以从一个程序转到另一个程序上执行，这样，一个程序在何时暂停、暂停多长时间，都是由系统决定的，是程序自身无法控制的。也就是说，程序的执行过程和程序不再一一对应。操作系统需要一个新的概念、新的结构来描述并管理程序的执行过程，这就是 4.1.2 节将要讲的线程。

4.1.2 线程

程序的一次执行过程，或者说执行中的程序，称为**线程**（Thread）。线程不同于程序，线程是一个动态的过程，有开始和结束，而程序没有。程序只是存于文件中的指令的序列，是静态的，只有当它执行时，才在系统中拥有了线程的身份，访问内存和外设，并在执行过程中与操作系统进行互动。

依据线程和 CPU 的关系，线程的状态通常可以分为 5 种：新建、就绪、运行、阻塞和结束。"新建"表示线程创建后、还未获得可运行资格的状态。"就绪"状态表示线程已经具备执行的条件，一旦被调度程序选中即可进入运行状态。创建线程是系统应程序的请求而进行的，一般内核不会让刚创建的线程自动进入就绪状态。有的系统需要经过内核的许可，借此系统可以总体上控制系统中运行线程的个数。在 Java 中则需要由创建者执行 start() 方法，以掌握线程进入就绪状态的时机。"运行"状态表示线程正在使用 CPU。运行过程中，线程可能因 I/O 请求而进入阻塞状态，也可能因时间片到而重回就绪状态。"阻塞"状态表示线程因等待 I/O 完成或某些事件而不能在 CPU 上执行,此时 CPU 需要转到别的线程上运行。"结束"状态表示线程已经完成运行,等待善后处理。图 4.1 描绘了线程的各种状态及其相互之间的转换关系。

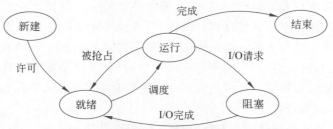

图 4.1 线程的各种状态及其相互间的转换

为管理线程,操作系统需要一个数据结构描述线程的各种属性,如线程的标识、状态、上下文、优先级、运行栈位置等,这个数据结构称为**线程控制块**(Thread Control Block,TCB)。每个线程都有一个线程控制块,相当于线程的档案,为方便管理,操作系统往往把相同类型线程的控制块放在一个队列中,如就绪线程队列、等待打印机的线程队列等。

系统中的不同模块都需要对线程进行各种管理操作,从面向对象的观点,我们可以将关于线程的操作提炼出来,形成统一的方法,如线程的创建、撤销、唤醒、阻塞、分派 CPU 等,所有这些操作,都是面向线程控制块的。表 4.1 列出了操作系统针对线程所做的各项操作的详细内容。

表 4.1 线程操作的具体内容

线程操作	具体内容
创建	建立并初始化线程控制块,为线程分配运行栈空间等
撤销	释放线程占用的所有资源
唤醒	置线程的状态为就绪,将线程控制块放入就绪队列
阻塞	置线程的状态为阻塞,将线程控制块放入阻塞队列
线程调度	从就绪队列中选中一个线程
分派 CPU	恢复线程的上下文

对线程可以进行什么样的操作或将线程分为哪些状态并不是绝对的,是由内核的设计者根据需求决定的。例如,有的系统对线程会有**挂起**(Suspend)操作和**激活**(Activate)操作,挂起操作是线程之外的因素强行暂时禁止线程的执行,直到再次对线程施加激活操作。就绪状态的线程被挂起后变为就绪挂起状态,阻塞状态的线程被挂起后变为阻塞挂起状态,激活操作可以解除对线程的挂起。一个线程被挂起后,在被激活之前不会被 CPU 调度程序选中,没有运行的机会,但仍然可以从阻塞挂起状态被唤醒后转变为就绪挂起状态。例如,一个线程在等待输入/输出操作时处于阻塞状态,被挂起后变成阻塞挂起状态,当其输入/输出完成后,又会被置为就绪挂起状态。程序调试过程中经常使用挂起和激活操作,线程执行到达断点处,断点陷入指令就会进入内核,将线程挂起。另外,系统负荷太重时,内核也会挂起某些线程。

线程用以描述程序的运行过程,与程序存在天然的联系,同时也有明确的区别。线程是和时间相关的、动态的对象,是一个有始有终的过程,在任一时刻它都有一个状态,而这些属性,程序都没有。同一个程序每执行一次,都会产生一个线程,所以一个程序可以对应多个线程,甚至这些线程可以并发运行。例如,在服务器上的一个数据库查询程序,可能同时被多个客户端调用,产生多个并发的线程。例如,广播体操定义了一组动作的序列,它本身是静态的,相当于程序。任何人做一遍广播体操,都产生一个动态的过程,相当于线程。

应用程序不运行时,一般作为文件存于外存中,只有当程序要运行时,内核才会为之创建线程,并提供相应的服务,所以,内核管理并服务的对象是线程而不是程序,线程成为操作系统中非常重要的基本概念。

线程机制为内核实现程序的并发运行提供了基础,然而,系统中同时存在着多个并发执行的线程,它们如何共享系统资源、如何防止相互干扰,是内核接下来要解决的问题。

4.1.3 进程

从系统的角度看,程序的并发执行可以大大提高 CPU 的利用率;从应用程序的角度看,并发执行也为程序提供了一种新的设计方法:采用多个线程合作的形式,共同完成一个复杂的任务。例如,播放网络视频可以由两个线程合作完成,一个线程负责从网络下载视频数据;另一个线程负责视频播放。可见,有些线程之间没有任何合作,而有些线程之间合作紧密,需要共享各种资源。也就是说,线程机制仅是描述了程序的执行过程,并没有规定线程之间是否能够共享资源的问题,线程之间的这种关系需要在另一个层面来解决——它们是否拥有共同的运行环境。

操作系统为每个线程的运行都提供了虚拟运行环境,如果为两个线程提供不同的运行环境,并且这些运行环境之间是相互隔离的,那么它们就不会产生相互干扰的问题;如果为两个线程提供同一个运行环境,那么它们就可以共享运行环境中的全部资源,线程之间就可以相互合作。这样,通过运行环境的设置,就可以实现线程之间是否可以共享资源。

操作系统提供的虚拟运行环境以及在其中运行的所有线程称为**进程**(Process)。进程构成了一个完整的虚拟运行环境,包括虚拟 CPU、虚拟地址空间和虚拟设备,由操作系统负责为虚拟 CPU 在物理 CPU 上分配运行时间,将虚拟地址空间映射到物理内存,建立虚拟设备和物理设备之间的关系,参见 3.3.2 节中的多任务的实现机制。进程的概念也是非常具体的,在 Windows 系统中双击一个可执行文件时,系统就会创建一个进程,建立进程的虚拟地址空间,为程序的执行提供一个运行环境。程序执行完,进程也就结束了,所以,进程也具有动态属性。

创建进程的目的是运行程序,所以,一个进程中至少有一个线程,当然,也可以包含若干个线程。包含多个线程的进程称为**多线程进程**;若一个进程仅包含一个线程,则称为**单线程进程**。进程这个名词最早是 1960 年在 MIT 的 MULTICS 系统和 IBM 公司的 TSS/360 系统中提出的,直到目前对进程的定义和名称也没统一。关于进程这个概念,不同的系统中往往采用不同的术语,例如,MIT 称为进程,IBM 公司称为任务(Task),Univac 公司称为活动(Active)。早期的进程都是单线程进程,进程和线程是一一对应的,二者在概念上不加区分,那时还没有线程的概念。只是有了多线程进程以后,线程的概念才独立出来。请注意,有些书中在讨论进程的状态、进程调度时,一般是针对单线程进程而言的,确切点,是针对进程中那个唯一的线程。

总之,线程的概念及实现模型着眼于解决程序的并发执行问题,而进程的概念及其实现模型则着眼于解决并发执行程序之间的保护和共享问题。

4.2 多线程进程

随着并发程序设计技术的深入发展,各种应用中的并发需求大量涌现出来,例如,一个服务器每秒可能会响应成千上万个客户请求,需要程序的高度并发;即使是简单的字处理软件,如果将文字编辑和拼写检查并发执行,也会获得更好的效果。另外,多 CPU、多核技术的发展,也为程序的并发执行提供了硬件上的支持,不支持并发执行的程序很难充分利用这些并行的计算平台。这里所说的支持并发的程序是指那些运行起来会在进程内创建多个线程,或与其他进程中的线程相互合作的程序。

针对这些广泛的、高度的并发操作,操作系统可以有两种方法:一是创建更多的进程;二是在每个进程中创建更多个线程。至于采用哪种方法,首先要看需要解决什么样的问题,然后还要考虑解决问题的代价。对于两个不相关的任务,一般需要不相关的应用程序来解决,此时操作系统需要创建两个不同的进程。如果两个任务密切相关,彼此之间共享大部分的资源,则适合采用进程内多线程的方式。本节将进一步探讨进程和线程的内涵,以及它们彼此之间的区别与联系。

4.2.1 多线程进程的概念

操作系统为每一个进程都提供一个虚拟的运行环境,保护并发执行的程序彼此不相互干扰,尽管这样的环境可以构造多个,但每一个都需要操作系统建立相应的数据结构并执行复杂的管理操作,如为进程建立虚拟地址空间,装载数据段、代码段,分配各类资源等,付出较大的开销。另外,进程之间是相互隔离的,共享资源的代价也很高。在多任务操作系统发展的早期阶段,进程和线程并没有区分,要想实现并发,就得创建进程,然而,由于代价原因,操作系统难以创建太多的进程来支持高度的并发,于是多线程进程出现了。最早提出线程概念的是 Victor A. Vyssotsky[1],1967 年,它第一次出现在 IBM OS/360 系统中。线程概念的提出,意味着线程从进程的概念中分离出来,拥有特定的内涵。进程和线程之间也不再是一对一的关系,一个进程可以包含多个线程。多线程进程机制允许在同一个虚拟运行环境下(进程),多个线程可以并发运行,共享进程的资源。这样,既实现了高度的并发,又减少了进程管理的代价,多线程进程和单线程进程的不同可以通过图 4.2 形象地表示出来。

从图 4.2 左图可以看到,进程描述了一个虚拟计算环境,包括代码、数据、文件等,而线程是这个计算环境下程序的执行过程。线程执行时,CPU 中寄存器内容、程序运行栈的内容会随着线程的执行变化,且描述了线程的运行状态,所以这属于每个线程私有的数据。如图 4.2 右图所示,每个线程都记录了自己的上下文和栈,它们是线程之间不能共享的。当 CPU 从一个线程切换到另一个线程执行时,前者运行时的 CPU 状态信息要被保存到线程控制块中,以备以后恢复运行时还原 CPU 的执行环境。进程中的每个线程有自己的栈,它们都存放在进程的地址空间中,所以不像 CPU 寄存器,线程栈的内容不能由于线程切换而被破坏。同属一个进程的线程之间没有意愿破坏彼此栈的内容,这是程序员负责的;分属不

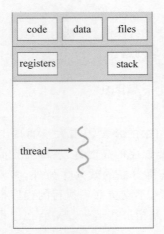 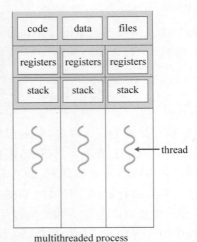

图 4.2 单线程和多线程示意图

同进程的线程之间没有能力破坏彼此栈的内容,这是操作系统负责的。同一进程内的线程共享进程的虚拟地址空间、使用的设备、打开的文件资源。不同进程的线程处于不同的虚拟运行环境中,因而是相互隔离的,它们之间的关系是两个进程之间的关系。

内核每建立一个新线程,它使用当前进程现有的虚拟地址空间,进程的代码段、数据段、堆段等信息,以及进程中各种各样的设备和文件,仅需要为线程建立线程控制块,分配一个运行栈。对系统来说,建立线程的代价要小得多。若把进程比作社会中的一个家庭,那么线程就是家庭成员。对一个社会来说,增加一个家庭成员的代价显然要比成立一个家庭小得多。

另外,进程切换的代价要比线程切换大得多,CPU 中的 Cache、TLB 甚至内存中的程序和数据,都会随着进程的切换而更新,对于同一个进程中的多个线程来说,这些程序和数据都是共享的,它们不会因为线程切换而必须更新。所以,从建立和上下文切换来说,线程都是比进程代价更低的选择,因此系统建立更多的线程,可以实现更高程度的并发。从并发程序之间合作的角度看,同一个进程的线程之间,资源都是可以共享的,线程合作没有障碍,唯一需要注意的是程序员自身需要保证线程之间不相互干扰;而进程之间,或者说不同进程的线程之间,要想进行数据交换,就必须通过操作系统提供的进程通信机制,这将付出额外的代价。

建立一个新的进程时,操作系统一定会为这个进程建立第一个线程,该线程称为主线程。主线程与其他线程的区别是:它是进程创建时就有的,不需要应用程序主动来创建,而其他线程则可以在程序执行过程中,通过系统调用或调用线程库来创建。主线程和其他线程之间的关系是平等的,但要注意主线程的退出机制。在 C 语言中,主线程结束,意味着 main() 函数返回,而 mian() 函数返回后会执行进程退出的系统调用 exit(),这将迫使进程的所有线程退出。为保证 main() 返回前所有线程都执行结束,主线程一般要在结束前等待所有线程结束,例如,pthread 线程库中的 pthread_join() 就用于该目的。

4.2.2 内核级线程和用户级线程

在 4.1.1 节和 3.3 节中均介绍了程序并发执行的实现,不过都是从内核的角度来说明并发的实现手段。事实上,从应用程序的角度,也可以让多个程序并发执行起来。也就是说,应用程序和内核都可以创建线程,只是应用程序和内核的能力不一样,导致线程的实现方式和效果也不一样。依据线程创建者的不同,可以把线程分为内核级线程和用户级线程两类:由操作系统创建的线程,也会由操作系统负责撤销、分配CPU等管理操作,这类线程称为内核级线程。反之,由应用程序负责创建的线程,也会由应用程序负责撤销、分配CPU等管理操作,这类线程称为用户级线程。

当一个内核级线程阻塞时,同属于一个进程的其他线程或许有处于就绪状态的,仍然可能被操作系统调度程序选中执行,所以进程内一个线程的阻塞并不代表整个进程都没有执行的机会。现代计算机中多CPU、多核技术已经非常普遍,这些并行的计算资源都是由操作系统直接管理的,内核级线程都有机会被直接分配到这些计算单元上。所以说,内核级线程是操作系统进行CPU分配的独立单位,操作系统直接管理内核级线程。一个进程的主线程是由内核创建的,属于内核级线程。可见,一个进程中至少有一个内核级线程。

应用程序自己也可以创建并管理线程,在不支持多线程进程的操作系统中,应用程序就是以此实现进程内的并发操作的。其实,在日常生活中,经常需要管理多个并发的活动,如边打扫房间卫生边做饭、边走路边聊天,等等。这里的打扫卫生和做饭就属于用户级线程。然而,建立并管理线程需要一组复杂的程序,如线程的建立、撤销、调度、切换等,这些工作往往由专门的线程库来做,如pthread。线程库是运行在CPU用户模式的,本质上仍属普通的应用程序,需要和应用程序连接在一起方可运行。

用户级线程是操作系统看不见的,所以内核也不会对线程管理提供什么支持,完全靠线程库实现线程的管理。线程库本身运行在CPU用户模式下,例如,不能接管时钟、设备中断等随机事件,很难像内核那样实现线程之间抢占CPU的操作,所以用户级线程之间要实现轮流执行,一般靠线程主动让出CPU,例如执行yield()(该函数的作用就是调用者放弃CPU,让CPU去执行另一个线程)。如果一个线程不主动放弃CPU,进程内的其他线程就没有执行机会。尽管如此,用户级线程和内核级线程一样,也是并发执行的。从逻辑上看,线程之间的操作顺序完全是随机的。

用户级线程的这种并发运行方式不用陷入内核中,无须内核的干预,减少了线程之间的切换频率,线程管理的开销相对较小,因而也称为绿色线程。用户级线程之间的切换,操作系统是不知情的,切换前后线程所使用的CPU时间都是操作系统分配给进程中内核级线程的,注意,每个进程至少有一个内核级线程。

当进程中的某个用户级线程阻塞时,例如执行输出操作,CPU控制权会返回操作系统。操作系统并不知道是哪个用户级线程阻塞了,仅知道该用户级线程所属的进程阻塞了,确切点,是进程中的某个内核级线程阻塞了。所以一个用户级线程的阻塞,不会给所属进程内的其他用户级线程带来运行的机会,往往是整个进程的阻塞。当然,如果进程内还有其他内核级线程,这些内核级线程还是有机会被调度到的。4.2.3节将进一步阐述在同一个进程中用户级线程和内核级线程之间的关系。

上述介绍的内核级线程和用户级线程都是为完成用户进程的目标,为某个用户进程而建立,属于用户进程,可以称为用户线程。所以说,一个内核级线程是用户线程并不矛盾。相对来说,还有一类线程,是为完成操作系统任务而建立的,并不属于某个用户进程,它们仅属于操作系统,因而称为内核线程,显然内核线程都是内核级线程。例如,内核中有些线程从系统启动就建立了,周期性地检测系统的运行信息,直到关机,它们属于内核线程。

4.2.3 多线程模式

内核级线程和用户级线程各有优势和不足,进程中完全可以同时包含这两类线程。程序执行过程中既可以使用系统调用建立内核级线程(在支持内核多线程的操作系统中),也可以使用线程库建立用户级线程。内核级线程是由内核分配 CPU 的,那用户级线程是由谁分配 CPU 的呢?实际上,CPU 的分配权完全控制在内核手中,用户级线程使用的 CPU 时间都是内核分配给某个内核级线程的,然后由内核级线程将自己的 CPU 时间转让给用户级线程。内核级线程中执行的是应用程序,内核级线程可以和用户级线程一样,创建新的用户级线程。可见,所有用户级线程在使用 CPU 时都是依附于某个内核级线程的,这就需要说明用户级线程是怎样和内核级线程建立联系的。

图 4.3 显示了用户级与内核级线程之间的三种关系模型:多对一模型、多对多模型和一对一模型。这些模型解释了内核级线程的 CPU 时间是如何转给用户级线程使用的,其具体内涵如下。

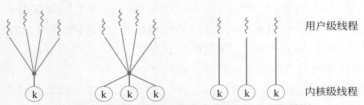

图 4.3 用户级与内核级线程之间的三种关系模型

(1) **多对一模型**,如图 4.3 中的左图所示。多个用户级线程共享一个内核级线程的 CPU 时间。在不支持多线程的内核中,每个进程只有唯一一个内核级线程,应用程序使用线程库创建的所有线程共享内核分给该进程(或该进程的主线程)的 CPU 时间。主线程每次获得 CPU 使用权,就去运行线程库的调度程序,选中一个用户级线程并执行。这样内核分配给主线程的 CPU 时间就分摊给了线程内的多个用户级线程。

(2) **多对多模型**,如图 4.3 中的中图所示。如果内核支持多线程进程,并且应用程序有线程库可用,那么应用程序既能创建内核级线程,又能创建用户级线程。这样,进程中就可能有多个内核级线程和多个用户级线程,故称为多对多模型。在这种情况下,内核分配给内核级线程的 CPU 又是如何分配给用户级线程的呢?不妨假设进程中有 m 个用户级线程共享 n 个内核级线程的 CPU 时间,那么每个内核级线程都去执行线程库的调度程序,选择并执行某个用户级线程,这样就把分配给内核级线程的 CPU 时间用于执行用户级线程了。

(3) **一对一模型**,如图 4.3 中的右图所示。每个用户级线程和内核级线程一一对应,每个用户级线程都绑定在一个内核级线程上,称为一对一模型。例如,在支持内核级多线程的系统中,线程库的创建程序会调用内核的线程创建程序而不用辛苦自己,这是用户级线程库偷懒的一种做法。例如,在支持多线程进程的操作系统平台上,Java 虚拟机就会把创建用户级线程请求转给操作系统,创建一个内核级线程。

除了以上三种典型的线程模型外,用户级线程与内核级线程的关系也可以是三种模型的混合形式。

4.3 进程的创建与撤销

操作系统为应用程序提供了运行环境,具体地讲,就是为应用程序的执行建立了进程这个实体。本节通过进程的创建和撤销,进一步说明进程在操作系统中具体的呈现形式和操作方式。进程不仅是一个抽象的概念,也是一个有结构、有操作的实体。

4.3.1 进程的创建

进程创建的主要任务就是创建进程控制块、地址空间,为进程分配必要的资源,创建进程的主线程,并进行相关的初始化。

1. 进程控制块

进程控制块(Process Control Block,PCB)是内核的一个数据结构,用以描述进程的各种属性,并在进程执行过程中随时记录进程的变化情况。进程控制块就像内核为进程建立的档案,内核通过设置或读取进程控制块中的数据实现对进程的管理。为访问方便,内核往往把系统中所有进程的控制块以线性表的方式组织起来,每个进程控制块用一个整型数作为唯一标识,称为**进程标识符**(Process IDentification,PID),内核和应用程序一般使用进程标识符指称进程。进程控制块一般主要包含的内容如下。

- 线程表。记录该进程内所有线程的线程控制块。
- 虚拟地址空间布局。描述进程各部分在虚拟地址空间中的位置,如代码段、数据段、堆、共享代码区、内核映射区等在虚拟内存中的分布情况。
- 地址变换信息。存放描述地址变换的相关结构,如进程在物理内存中的上限和下限、页表、段表等。
- 输入/输出设备信息。记录从系统获得使用权的设备、设备的状态、缓冲区等。
- 使用文件系统的有关信息。当前工作目录、进程打开文件表、进程的权限等。
- 消息队列指针。记录进程收到的其他进程发来的消息。

……

不同操作系统中进程控制块的具体内容各不相同。在不支持多线程的内核中,进程和线程的概念是无须区分的,因而进程控制块中自然包含进程中主线程的属性,如线程的状态、线程的 CPU 状态信息、运行栈等,并把它们作为进程的属性。

2. 进程的创建

进程创建的主要工作都是围绕进程控制块进行的,首先要申请一个空闲的进程控制块,然后填充进程控制块中的内容,其中包含的主要工作如下。

(1) 创建进程的主线程。建立主线程的线程控制块,为主线程分配栈空间,指定主线程的程序入口地址等。

(2) 构建进程的虚拟地址空间。进程的创建者需要指定进程执行的程序所在的可执行文件,内核的装入程序分析可执行文件,例如 ELF 格式的文件,按可执行文件中指定的位置在虚拟地址空间中安排进程的代码段、数据段等的位置。要注意的是,虚拟地址空间并不是真实的物理内存,这里所谓的安排这些段的位置,实际上是建立一个数据结构描述各个段在虚拟地址空间中的位置,仅此而已。然后,为进程分配物理内存空间,将程序的代码段、数据段等读到内存,并且建立虚拟地址空间到物理地址空间的映射关系。还要注意的是,现代操作系统创建进程时并不一定为进程分配物理内存空间,即不一定将代码和数据读入物理内存,这项工作和地址映射关系的建立可能会延迟到进程运行过程中进行,在虚拟内存管理部分会详细介绍相关的内容。

(3) 建立设备相关的数据结构,用以描述进程所使用的设备。建立描述进程打开文件的相关数据结构,如进程打开文件表。例如,在 UNIX 系统中,将设备作为特殊的文件,创建每个进程时,都会为该进程打开三个文件:标准输入、标准输出和标准错误输出,分别对应键盘、显示器。所以应用程序可以直接使用这三个设备而无须向操作系统申请。注意,这里所说的标准设备实际上都是虚拟设备。例如,每个终端上可以运行多个进程,每个进程都有这三个标准设备。

(4) 各种数据结构的初始化,如进程收到消息的队列、进程的父子关系等。

总之,进程创建需要涉及进程的几乎所有方面,要为每个程序的执行构造一个虚拟的运行环境。

4.3.2 进程创建实例

前面介绍了内核为进程创建所做的工作,现在来说明应用程序怎样使用内核创建进程的功能实现程序的并发执行。Windows 和 Linux 操作系统分别提供了进程创建的应用程序接口,下面将通过具体的程序实例来演示进程的创建和使用方式。

1. Windows 进程创建

在 Windows 中可以使用 Win32 API 来创建一个新的进程。CreateProcess()的函数说明如下:

```
BOOL CreateProcess (
    LPCTSTR lpApplicationName,
    LPTSTR lpCommandLine,
    LPSECURITY_ATTRIBUTES lpProcessAttributes,
    LPSECURITY_ATTRIBUTES lpThreadAttributes,
    BOOL bInheritHandles,
    DWORD dwCreationFlags,
    LPVOID lpEnvironment,
    LPCTSTR lpCurrentDirectory,
    LPSTARTUPINFO lpStartupInfo,
    LPPROCESS_INFORMATION lpProcessInformation
);
```

其中各项参数的含义为:lpApplicationName 是进程要执行的可执行文件的名字;lpCommandLine 是进程要执行的命令行。这两个参数都可以指定要执行的程序所在的文件,但第二个参数可以给程序传递命令行参数。为了创建一个新的进程,系统必须创建新进程内核对象和其主线程的线程内核对象,lpProcessAttributes 和 lpThreadAttributes 用来指定这两个内核对象的安全描述符,说明它们的权限,为空时使用默认的安全描述符。bInheritHandles 指示新进程是否从调用进程处继承了句柄。如果参数的值为真,调用进程中的每一个可继承的打开句柄都将被子进程继承。dwCreationFlags 指定附加的、用来控制优先类和进程创建的标志。lpEnvironment 指向一个新进程的环境块。如果此参数为空,新进程使用调用进程的环境。lpCurrentDirectory 指向一个以 NULL 结尾的字符串,这个字符串用来指定子进程的工作路径。lpStartupInfo 指向一个用于决定新进程的主窗体如何显示的 STARTUPINFO 结构体。lpProcessInformation 指向一个 PROCESS_INFORMATION 结构体,以接收来自新进程的有关信息。从以上内容可见,为创建新进程,应用程序需要告诉系统许多信息。下面列出了使用 CreateProcess() 来创建新进程的 C 语言代码。

```c
#include <stdio.h>
#include <windows.h>
int main()
{
  STARTUPINFO si;
  PROCESS INFORMATION pi;
  /* allocate memory */
  ZeroMemory(&si, sizeof(si));
  si.cb = sizeof(si);
  ZeroMemory(π, sizeof(pi));
  /* create child process */
  if (!CreateProcess(NULL, /* use command line */
    "C:\\WINDOWS\\system32\\mspaint.exe", /* command */
    NULL, /* don't inherit process handle */
    NULL, /* don't inherit thread handle */
    FALSE, /* disable handle inheritance */
    0, /* no creation flags */
    NULL, /* use parent's environment block */
    NULL, /* use parent's existing directory */
    &si, π)) {
    fprintf(stderr, "Create Process Failed");
    return -1;
  }
  printf("Child process has been created!\n");
  /* parent will wait for the child to complete */
  WaitForSingleObject(pi.hProcess, INFINITE);
  printf("Child Complete\n");
  /* close handles */
  CloseHandle(pi.hProcess);
  CloseHandle(pi.hThread);
}
```

简单起见,代码中尽量使用了该函数参数中的默认选项。执行 CreateProcess() 后,当前进程就创建了一个子进程来执行 mspaint.exe。进程创建完成后,父进程和子进程之间就是并发执行的关系,例如,父进程中代码"printf("Child process has been created!");"和子线程执行的 mspaint.exe 代码就是并发执行的。在本段代码中,父进程在成功创建完子进程之后,还执行了 WaitForSingleObject() 函数,进入该函数后,父进程就一直处于等待状态,直到收到来自子进程的执行完成的信号,父进程被唤醒,继续在 WaitForSingleObject() 中执行,撤销子进程和子进程中的主线程。上述程序不仅说明了如何创建子线程,并发执行,还演示了父进程和子进程之间的一种执行顺序关系。

2. UNIX 进程创建

在一个进程的执行过程中经常会有执行另一个程序的需求。在早期的 UNIX 操作系统中有一个简单的处理方法就是继续使用当前进程的运行环境,而将新程序的代码和数据直接覆盖掉当前进程中的程序,这就是经典的 exec 类系统调用,其参数一般说明要执行的可执行文件的路径名、参数等。但对于命令解释器这样的程序来说,它需要根据用户输入的命令,执行其他的程序,但却希望执行完之后,仍能够返回命令解释器,exec 显然做不到这一点。

因此,系统就在执行 exec 之前,先复制当前进程的运行环境,在复制后的运行环境中调用 exec,去执行另一个程序。被 exec 覆盖的是那个复制品,而当前进程并没有被覆盖。当新进程执行完后,通知当前进程,当前进程还可以执行创建另一个进程,这种方式就完全可以胜任命令解释器的工作了。UNIX 中进程的复制是通过系统调用 fork 来完成的,fork 和 exec 两个系统调用相配合就实现了进程的创建。Linux 继承了 UNIX 的这种进程创建机制。

使用 fork 和 exec 创建进程的过程如下。

```
#include <sys/types.h>
#include <stdio.h>
#include <unistd.h>
int main()
{
   pid t pid;
   //fork a child process
   pid = fork();
   if (pid < 0) {             error occurred
      fprintf(stderr, "Fork Failed");
      return 1;
   }
   else if (pid == 0)         //child process
         execlp("/bin/ls","ls",NULL);
      else {                  //parent process
         printf("Child process has been created!\n");
         wait(NULL);          //parent will wait for the child to complete
         printf("Child Complete");
      }
   return 0;
}
```

执行系统调用 fork()后,系统就复制了当前进程(父进程),形成子进程,这两个进程除了进程标识不一样,其他都一样。例如,父进程的进程控制块 PCB 中的内容、打开的文件、当前执行的上下文等,都复制给了子进程。也就是说,系统中出现了两个执行上述程序的进程,而且当前的断点都在 fork()之后的 if 语句。那么当 fork()执行完后,要给每个进程一个返回值,这两个进程就都可以从断点处继续执行了。"调用一次,返回两次"是 fork()这个系统调用奇葩的发明。由于 fork()返回时这两个进程执行的程序是相同的,程序不知道自己是在哪个进程的环境中执行的,为此,fork()通过返回值对两个进程做了区分:给当前进程的返回值为子进程的进程号；给子进程的返回值为 0。这样，程序只要判断一下 fork() 的返回值就知道自己是运行在哪个进程了。若 fork() 执行失败，则给父进程的返回值为 −1；否则，父进程和子进程都去判断 fork() 的返回值，子进程执行 execlp()，装载一个新程序，覆盖其地址空间。父进程则执行 wait()，等待子进程结束，在这里父进程等待子进程结束和 Windows 中的道理是一样的。这段程序简单模拟了命令解释器执行一个用户命令的过程，命令解释器 Shell 是父进程，每次用户输入命令，它就创建一个子进程，执行相应的程序，Shell 则等待子进程的结束，以执行下一个命令。

fork() 复制完进程之后，紧接着就用另外一个程序把它覆盖了，看上去复制的操作白做了。事实上，UNIX 并没有做无用功，这里的复制并没有真正地实施，只是把子进程的代码段、数据段等指针指向了父进程的相关内容，也就是父子进程共享全部资源，这是子进程创建后的默认状态。当子进程要执行自己的程序，装入新的代码，需要覆盖父子进程共享的代码和数据时，系统再为子线程分配另外的内存空间，装入新的代码，这种技术称为**写时复制**(Copy On Write，COW)。

COW 的应用体现了操作系统的一个典型的特点，就是"懒"。操作系统常常把工作推迟到最后不得不做的时候才去做，因为它担心情况有变会导致事先做好的工作白干了。当然这也不是绝对的，以后会看到，操作系统也有勤快的时候。与"懒"相反，它会提前做好某些工作以备将来需要。

Windows 和 UNIX 提供的进程创建的系统调用风格不一样。CreateProcess() 直观，容易理解，但带了 10 个参数，理解并填写这 10 个参数不是一件简单的事情；而 fork() 不带任何参数，接口简单，可以说是一种极简设计。调用时的简单性也给 fork() 的实现过程带来不确定性和复杂性，毕竟欠的债总是要还的。另外，对于新手来说，理解 fork() 的"一次调用，两次返回"特性，也不容易。fork＋exec 将进程创建分成两个阶段，是技术演进的自然结果，有利也有弊。这种方式已经有 50 年的历史，被广泛接受，但目前也遇到新的挑战，例如，如果父进程有多个线程，那么 fork() 会复制单个线程还是全部线程？这导致 fork() 衍生出不同的版本。

4.3.3 进程间的联系

创建子进程后，创建者和被创建者就有了父子关系，这种关系自然成为操作系统进行进程管理需要考虑的因素。

1. 进程的组织

操作系统启动后，从进程的抽象定义来说，一个进程就产生了，它执行的是内核程序，但这不是操作系统自身所创建的进程实体，还需要为该进程建立进程控制块，并设置必要的运行环境信息，使其在操作系统内拥有合法的身份，这样，系统中的第一个进程就建立起来了。在 Linux 系统中这个进程被称为 0 号进程。该进程以第一个进程的身份继续工作，创建出其他的进程，例如，负责内外存交换的页置换进程，负责所有用户进程的 init 进程。init 进程为每个终端创建一个进程负责该终端的登录、用户交互以及由此产生的其他用户进程。这样，系统中的全部进程就形成了一棵进程树，如图 4.4 所示，Linux 系统中就采用了这种进程树的结构。

进程树体现了 UNIX 系统中进程之间的层次关系，但在 Windows 中，并不存在这样的

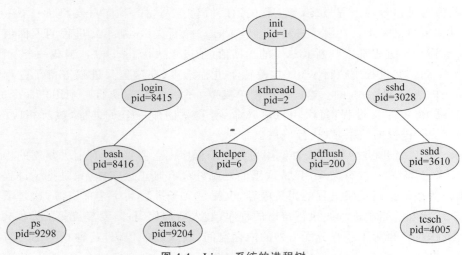

图 4.4　Linux 系统的进程树

层次关系,所有进程之间是平等的。进程之间的父子关系体现在进程创建的时候,父进程拥有子进程的句柄,可以控制子进程,如果别的进程获得句柄,也可以控制子进程。

为了方便对一组进程进行管理,操作系统可以提供进程组的组织方式。例如,若程序想给很多进程发信号,不用一个一个地发,可以将这些进程组成一个组,可以调用一个系统调用向这个进程组发信号,那么进程组中的所有进程都会收到该信号。操作系统提供系统调用允许进程自己创建一个新的进程组或选择加入某个进程组。刚创建的进程初始情况下属于父进程所在的进程组。

会话(Session)是组织进程的另一种形式,一般由一个或多个进程组组成,每次用户登录,系统就会在创建 Shell 进程的同时创建一个会话,用户操作过程中的所有进程都属于这个会话。会话描述了用户登录系统后所做的全部工作。一个会话中一般包含一个 Shell、一个前台进程组和若干后台进程组。会话可以有效组织进程,例如,用户的所有终端输入都送给了前台进程组,按 Ctrl+C 组合键,就会停止所有前台进程的运行;撤销 Shell 进程,则会撤销会话内的所有进程。

2. 并发关系

父子进程之间的关系是明确的,地位不同。原则上,一旦创建了子进程,父、子进程之间就是并发执行的关系。但是,如果父进程愿意,也可以通过执行像 wait() 这样的系统调用,等待子进程的结束。在有的系统中,wait() 的作用不仅是等待,还负责子进程资源的回收。当子进程退出时,也会通知父进程,父进程通常有责任了解子进程的执行情况,但这也不是必需的。

3. 资源关系

父进程和子进程之间可以共享全部资源、部分资源,也可以无资源共享,这依赖于系统的实现和程序的设置。创建新进程的系统调用 fork() 的接口过于简单,不能精细地表达子进程和父进程在资源共享方面的关系,只能在进程创建后通过其他的系统调用做进一步的设置。另外,Linux 借鉴了贝尔实验室的 rfork 的设计,提出了 fork 的带参数的版本 clone(int (*fn)(void *), void * stack, int flags, void * arg, …)。第一个参数指定了子进程要执行的程序(函数),第四个参数及后续参数说明了函数接收的参数列表。可见,clone()

完成了 fork＋exec 的两个阶段功能。另外，flags 参数允许程序指定父进程不需要复制的部分，也就是父子进程共享的部分。例如，通过设置 flags，程序可以指定子进程与父进程是否共享虚拟地址空间、打开文件，以及其他进程发来的信号等。

4. Linux 中的进程与线程共用的创建机制

过去，承袭 UNIX 传统的 Linux 是不支持线程的，然而，多线程技术已经成为并发程序设计的主流。虽然 Posix 的 pthread 库可以支持多线程，但毕竟它并非内核的一部分，仅能创建用户级线程而已。为此，早期的 Linux 试图在当时 clone() 的基础上实现多线程技术，至少，clone() 可以实现两个进程共享地址空间、文件和设备，这样两个进程看起来就像两个线程。但是 clone() 创建的仍是进程，它们有不同的进程标识符 PID，不过它们有相同的进程组标识符 PGID。这样，不妨把进程组看作一个进程，而其中的进程就可被看作线程了。2003 年，Red Hat 发布 Linux 9，其中包含 Native Posix Thread Library(NPTL)，并修改了内核，使其真正支持内核级线程。直到 Linux 2.6 版，引入了 Red Hat 的 NPTL，使得 clone() 能够直接支持线程，线程才被内核正式支持。

clone() 采用了更加灵活的、包容的线程创建机制，其中的参数 flags 包含如下信息：子进程与父进程运行于相同的内存空间(CLONE_VM)；子进程与父进程共享相同的文件系统(CLONE_FS)；子进程与父进程共享相同的文件描述符(CLONE_FILES)；子进程与父进程共享相同的信号处理(CLONE_SIGHAND)；标志(CLONE_THREAD)指定创建的是线程等。当进程和其他的进程可以共享原则上只有线程之间才能共享的资源时，那么这两个进程之间的关系就已经成为线程间的关系。Linux 并没有为线程建立线程控制块这样单独的结构，而是用进程控制块既描述进程又描述线程，通过进程组标志来标记同属一个进程中的各个线程。改进后的 clone() 中，Linux 仍然试图把进程和线程尽量在一个统一的框架下描述和管理，线程就是一种轻型的进程。

4.3.4 进程的终止

程序执行结束、出现不可恢复的错误或其他外部的原因都会导致进程的终止，进程终止时需要归还系统分配给它的资源，同时还要处理好和系统中其他实体之间的关系。

1. 进程的主动结束

正常情况下，一个进程中的所有线程都执行结束后，进程就该结束了。进程执行结束后要将 CPU 控制权返回给操作系统，该操作一般通过执行系统调用 exit() 实现，这说明进程主动结束。如果在程序执行过程中想结束进程，只要调用 exit() 即可。一般情况下，编译程序会在主程序执行返回语句之后加入对 exit() 的调用。这样，主线程结束就会导致整个进程的结束，若有其他尚未执行完的线程，则会强行终止。所以，为了能执行完进程中的其他线程，主线程结束前，往往会等待其他线程的结束。

进程的主动结束，说明进程的任务已经完成了，但操作系统还需要回收分配给进程的资源。从进程的角度，资源用完了就应该尽早释放，如果资源没有释放，可能导致意想不到的后果。例如，如果程序使用文件后，没有关闭就结束了，那么有可能导致文件的某些修改不能保存到磁盘。操作系统会在进程结束后强行回收分配给进程的资源，这包括用户进程自己不可能释放的资源，例如，进程控制块、代码段、数据段占用的内存都是操作系统主动分配给进程使用的，用户进程自己不可能释放。所以，用户进程在执行 exit() 时不可能完全地自己了断自己,这就像一个人不能在生前就注销掉自己的户口一样。

如何才能彻底释放进程的全部资源呢？这件事一般交给进程的父进程,毕竟它是进程的创建者。所以,父进程通常不能直接结束自己,而是在结束前等待所有的子进程执行结束,然后释放子进程的全部资源。相应地,子进程在结束前执行 exit()时会向父进程发送信号,通知父进程自己的结束,父进程则等待该信号并释放子进程的资源,Windows 系统中的 WaitForSingleObject()和 Linux 中的 wait()都起到了这样的作用。

如果子进程结束了,但父进程并没有释放子进程还占用的剩余资源,在 Linux 系统中称这样的进程为僵尸进程。僵尸进程已经结束了,但还占用系统的资源,应该由其父进程释放,如果父进程没能释放,最后会由 inti 进程释放。

总之,进程结束时要考虑两个问题：进程中所有的线程是否结束了；该进程的所有子进程是否已经结束了,它们的资源是否全部释放了。

2. 进程被动结束

进程也可能会因意外的事件而无法继续执行,提前结束。例如,父进程有时可能会意识到安排给子进程的任务已经没必要再做下去了,此时父进程可以给子进程发送一个信号要求子进程结束执行。另外,子进程也可能在执行过程中产生了致命错误,如越权、越界等而导致子进程不得不退出。一般来说,一个进程只能结束自己或子进程,当然,关键还要看是否具有结束某个进程的权限。

另外,当一个进程结束时,它的子进程往往也没有存在的必要,所以系统可以在撤销一个进程的时候,递归地撤销它所有的子进程。当然,也可以保留子进程,但这些进程就与祖先进程断了联系,成为孤儿进程。所以,在 Linux 系统中,撤销一个进程后,如果不想撤销它的子进程,那么一般会将其子进程挂接在进程 init 下,由 init 负责以后这些子进程的管理。

4.4 CPU 调度与切换

前面三节介绍了进程和线程的概念,探讨了它们的结构和实现。由此可以看出,操作系统管理进程和线程的机制是如何为程序建立在 CPU 上运行时的模型。这样,操作系统就可以采用统一的方式运行一个线程,或暂停一个线程,控制各个线程的运行过程。接下来要说明的是在多任务系统中,什么样的线程应该优先获得运行的机会,以及怎样把 CPU 分配给线程。

4.4.1 CPU 调度

CPU 调度就是从系统中所有的就绪线程中按照某种调度算法选出最合适到 CPU 上运行的线程,以达到系统和用户的目标。CPU 调度也称为线程调度,在仅支持单线程进程的系统中,也直接称为进程调度。

1. 调度程序

完成 CPU 调度功能的内核程序称为**调度程序**,每当 CPU 空闲时内核就会执行 CPU 调度程序,选择一个要执行的线程。CPU 调度程序实现了操作系统分配 CPU 给线程的功能。在实现用户级线程的线程库中,也需要一个调度程序,将当前 CPU 时间分配给某个用户级线程。

在下列几种情况下，内核都有可能会执行调度程序。

（1）当前线程执行结束。

（2）当前线程阻塞。

（3）就绪队列中加入一个新线程，或某些线程的优先级发生改变。

（4）时间片用完。

前两种情况中，当前线程已经不再需要 CPU 了，内核为 CPU 去寻找下一个线程是自然的事情。后两种情况的出现对于当前线程来说是随机的、不可预知的，这时去执行调度程序就有可能抢走当前线程的 CPU。对于某些系统，后两种情况必须得到及时处理，甚至转去执行别的线程，抢走当前线程的 CPU 也是合理的。例如，在实时系统中，为了保证紧急的事件得到及时处理，一旦有高优先级的线程进入就绪队列，必须立即执行；在分时系统中，为保证所有任务都能公平地获得 CPU 时间，一个线程的时间片用完之后，需要将 CPU 强行转到其他线程上执行。如果内核在以上 4 种情况下都执行调度程序，则称调度模式为**抢占式调度**，如果内核仅在前两种情况下才执行调度程序，则称调度模式为**非抢占式调度**。

显然，采用抢占式调度模式，系统中调度的频次会更高，能够及时地处理线程的运行需求。例如，分时系统中就依赖于时钟中断，定期地执行 CPU 调度程序，从而能够及时响应交互用户的请求；而实时系统中可以依据上述第三种情况，保证高优先级的线程首先运行。非抢占式调度虽然不具备上述优点，但由于调度频次低而减少了线程之间的上下文切换次数，降低了系统开销。

2．闲逛线程

如果调度程序找不到处于就绪状态的线程，那 CPU 干什么呢？实际上，好多系统内核在启动时就准备好了一个线程，只要 CPU 无事可做，就去执行它，这个线程称为闲逛线程。闲逛线程在系统初始化时建立，直到关机，一直处于可运行的状态，是一个典型的**守护线程**。这类线程总是处于随时待命状态，一旦发现某类事件就进行处理。除了闲逛线程之外，服务器上的服务程序也会以守护线程的形式运行。显然，只要系统中有线程需要运行，CPU 就应该立即暂停闲逛线程，转去执行就绪线程。为此，闲逛线程的程序非常简单，会尽量减少 CPU 消耗，程序代码如下。

```
do {
    yield();
} while (true);
```

yield()程序的唯一作用是出让 CPU，即执行调度程序。如果调度程序仍然找不到可执行的线程，会继续执行闲逛线程，否则就去执行就绪的线程。当系统暂时没有可执行的线程时，操作系统让 CPU 在闲逛线程和调度程序之间不停地切换，保持随时准备执行任务的状态。

yield()方法提供了多线程之间并发执行的新的运行方式：执行线程主动出让 CPU，即使没有抢占式调度，只要各线程的工作不太紧急时，执行 yield()，也能保证线程之间的并发执行，这样的并发执行称为**协作式多任务**，这里的"协作"与"抢占"相对，意思是不要以自我为中心。

3. 调度算法

调度程序、闲置线程、线程的就绪队列等结构和程序都是实现 CPU 调度的机制。另一个关键问题是选择什么样的线程在 CPU 上运行，这就是调度算法要解决的问题。内核可以根据系统目标，如提高吞吐量或 CPU 利用率，尽快完成实时任务等，选择不同的调度算法，更换调度算法仅需要替换某些子程序，而内核中 CPU 的调度机制无须改变，这体现了机制与策略的分离原则。机制与策略分离原则是操作系统设计都会考虑到的问题，4.5 节将单独探讨各种不同的调度算法。

CPU 调度决定线程执行的先后次序。在并发环境下，从逻辑上讲，线程之间的推进次序是随机的，对系统没有什么约束，所以，内核有多种选项进行调度，这成为提高系统性能的重要手段。至于后面介绍的同步与互斥关系，依靠程序自身的限制，并不在 CPU 调度考虑之中。

4. 内存调度

调度实际上就是选择一个最合适的线程，除了 CPU 调度外，内存和设备也是进程竞争的资源，进程在竞争这些资源时自然也存在调度的问题。

计算机内存是系统中典型的紧缺资源，内存大小一般是固定的。如果系统中运行的进程数量很多，不得不将部分进程或某些进程的部分内容保存在硬盘中。那么哪些进程应该装入内存就需要内核做出慎重选择，以保证优先运行的进程保留在内存中，达到提升系统性能的目标。操作系统内存调度的任务就是选择那些应该留在内存中的代码和数据。一般地，操作系统会把那些优先级高、交互的进程，以及马上要用到的代码和数据留在内存。

一般情况下，CPU 调度程序仅对内存中的就绪线程分配 CPU，一个进程中的线程要想运行，必须首先被内存调度程序调入内存。

如果系统中的进程数量太多，难以保证重要的进程获得足够的内存，那么内核会采取挂起某些进程的方法，实际上就是挂起该进程中的所有线程，同时将进程的代码和数据从内存移到外存。反之，内核会在适当的时候，再将这些被挂起的进程激活，同时移入内存。要注意的是，CPU 调度程序不会从被挂起的就绪线程中选择要执行的线程，但是，处于被挂起的阻塞状态的线程仍然可以被唤醒，即从阻塞挂起状态变为阻塞就绪状态。

5. 作业调度

如果说 CPU 调度决定 CPU 执行谁，内存调度决定内存装入谁，那么作业调度就决定了操作系统接纳谁。操作系统管理的计算机资源数量是有限的，它所能为之提供运行服务的程序的数量也应当受到限制，不是越多越好，就像内存调度限制内存中的线程数量一样。所以，作业调度的任务就是根据系统的处理能力选择哪些作业可以享受到操作系统提供的服务。这就像公园在节假日需要控制进入公园的总的游客数量一样。

除了控制进入系统的作业的数量之外，作业调度还会控制作业的类型。有些作业在执行过程中大量使用 CPU，很少使用外设，如解大规模方程组，这类作业称为**计算密集型**的。相反，有些作业在执行过程中大量使用设备，很少使用 CPU，如表格打印程序，这类作业称为 **I/O 密集型**的。作业调度程序在选择作业时会尽量让这两类作业搭配着进入系统，这样 CPU 和设备都可以得到充分的利用。同样的道理，批处理类型的也会和交互型的作业搭配进入系统。

一个应用程序作业调度被选中进入系统后，它可能多次被内存调度程序调入调出内存；

当它在内存中时,有可能多次被 CPU 调度程序选中到 CPU 上运行;而在该程序的运行过程中只需要被作业调度程序选中一次就可以了。所以,作业调度相比于内存调度或 CPU 调度,频次较低,也被称为**长期调度**,内存调度称为**中期调度**,CPU 调度就被称为**短期调度**。

6. 设备调度

设备也经常是进程争抢的资源,掌握资源分配权的操作系统同样可以在申请设备的进程中进行调度,选择应该优先获得设备使用权的进程,以达到提升系统性能和效率的目标。由于许多设备包含机械部件,很多操作往往涉及空间的位置关系,操作之间的先后关系对完成操作花费的时间有很大的影响。例如,在绘图机上绘制图形时,如果所绘制的各个图形元素不按照一定的空间顺序,那么绘图笔走过的距离可能会很长,花费更多的时间。如果对绘图操作进行一定的排序和优化,就可以让绘图笔移动更短的距离。读写硬盘也是一样,操作系统可以对访问硬盘的进程进行调度,优化访问顺序,就可以减少磁头的移动距离,提高磁盘访问效率。在本书第 6 章输入/输出管理将介绍硬盘调度的相关内容。

所以,调度是操作系统在各部分所面临的共性问题。

4.4.2 线程上下文

线程是指令流的执行过程,其中每一条指令都是基于以前指令的执行结果而进行操作的。对于一条指令来说,它能够访问到的所有信息构成了这条指令的操作环境,也就是它的上下文。例如,上一条指令留在某些 CPU 寄存器中的值可能就是下一条指令执行时必需的数据。对于一个线程来说,在任何一个时刻,例如执行到某条指令,其后续指令所需要用到的所有信息就构成了线程在该时刻的上下文,这包括程序可见的 CPU 中所有寄存器的内容。在线程执行过程中,如果其上下文信息被破坏,则后续指令不能正常执行,会发生不可想象的后果。2.5.1 节从指令流的角度阐述了上下文,与本段从线程的角度解释上下文,含义是一样的。

在顺序执行环境下,系统中仅有一个线程在执行,只有线程自己访问其上下文信息,不会受到外界的影响,所以不用担心线程上下文受到破坏。然而,在并发环境下,当 CPU 从一个线程 A 转去执行另一个线程 B 时,线程 B 可能会破坏线程 A 的上下文,例如,那些留在 CPU 寄存器中的数据。所以,当 CPU 从一个线程切换到另一个线程之前,一定要保存前一个线程的上下文。同理,当 CPU 回到一个线程重新执行时,则需要在当前运行环境中恢复该线程保存的上下文。

由此可见,上下文概念的提出就是为了保存和恢复线程的运行环境,保证线程的运行环境不会被破坏。原则上,线程的运行环境包含 CPU、内存及外设。当线程切换时,如果新线程与当前线程不属于同一个进程,那么当前线程所使用的内存和外设也会受到保护。不过,内存和外设的保护将分别在内存管理设备管理中介绍。可见线程上下文是线程运行环境的一部分,线程的上下文一般仅包括 CPU 中寄存器的内容。要注意的是,CPU 的保护和内存的保护在方法上是不同的,因为 CPU 是分时段共享的,而内存是分区域共享的,两个线程可以同时位于内存中,但不能同时位于 CPU 上。

CPU 中的寄存器有很多,有些是 CPU 内部专供硬件使用的,软件无法访问,CPU 切换时自然无须保存;有些寄存器是和整个系统有关的,所有线程运行时都会用到,如中断向量表起始地址寄存器,线程切换时其内容也不会改变,CPU 切换时也不需要保存;有些寄存器是和进程相关的,如地址变换时需要使用的重定位寄存器、页表起始地址寄存器等,同一个进程中的线程切换时可以不保存;CPU 中那些能够反映当前线程运行状态的寄存器会随着线程的运行不断变化,如通用寄存器、程序状态字、栈指针寄存器、栈基址寄存器、程序计数器等,在 CPU 切换时必须保存,属于线程上下文。

中断屏蔽寄存器尽管不属于 CPU,但它也是所有线程运行时必须用到的,而且系统只有一个,因此,CPU 切换时,当前线程设置的中断屏蔽寄存器中的内容也必须保存起来,并恢复将要运行线程的相关内容。

线程所用的存储空间,如各种变量,也是不允许其他线程破坏的。不属于同一进程的线程之间一般情况下是不能相互访问彼此存储空间的,这是由内核的内存管理来实现的;属于同一进程的线程之间一般情况下是共享存储空间的。实现同一进程内线程之间的内存共享,不破坏彼此的运行是应用程序自己的责任。所以,同一进程内的线程切换,线程的存储空间是不需要保存的。同样,线程所使用的外存空间、设备状态等在 CPU 切换时也不需要保存。事实上,CPU 切换主要是保存线程上下文。

总之,线程上下文(Context)包含 CPU 切换时需要为线程保护的运行状态信息,主要包括 CPU 中与线程运行相关的寄存器以及中断屏蔽寄存器的内容。

4.4.3　上下文切换

CPU 调度程序选中要执行的线程后,就要准备把 CPU 移交给选中的线程。这个移交过程包括保存当前线程的上下文和恢复被选中的线程的上下文,称为**上下文切换**(Context Switch)。上下文切换程序涉及线程的上下文,与指令集架构 ISA 紧密相关,往往使用汇编语言编写,机器的硬件特性封装在相对独立的上下文切换程序中。CPU 调度与上下文切换程序是逻辑上相关而又不同的程序模块,如图 4.5 所示。

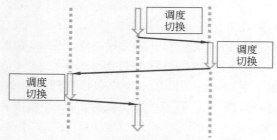

图 4.5　CPU 在不同线程之间切换

线程切换是线程在 CPU 上的切换,切换的内容是线程上下文。暂停运行的线程的上下文需要保存起来,以备下次运行时用于恢复运行环境,将要运行的线程上下文需要复制到 CPU 中。

线程上下文是和线程相关的信息,一般存放在线程控制块中,实际上是线程控制块中的主要内容。内核级线程和用户级线程的线程控制块分别存放在内核和线程库管理的内存区域中。系统通过线程标识或指针就可以找到线程控制块。

线程切换可以是线程主动放弃或由系统中的事件引起的,但具体的切换过程都是内核或线程库中的程序完成的。从程序设计的角度看,线程切换的过程对应用程序来说是透明的。4.4.4 节将通过实例说明具体的切换过程。

内核级线程和用户级线程的切换机制基本一样，不过前者运行在内核模式下，后者在用户模式下完成。有些指令集架构会在 CPU 内核模式或用户模式提供效率更高的方式保护上下文，如批量保存所有寄存器等，以减少切换开销。

4.4.4 CPU 调度与线程切换过程实例

线程运行过程中，很多操作都有可能引起 CPU 调度与分配，如 C 语言中执行输入/输出的函数 scanf()、printf() 等，执行系统调用的函数 read()、write() 等。除此之外，系统中的某些事件，如时钟等设备中断，也可能导致 CPU 调度与分配。只要 CPU 调度选中了一个不同于当前线程的线程，就会产生线程的切换。图 4.6 描述了一个线程 t1 执行 read() 系统调用时引发 CPU 调度和切换，然后 CPU 执行线程 t2，经过一段时间又回到线程 t1 的过程。

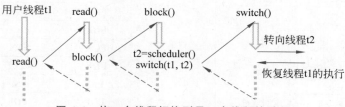

图 4.6 从一个线程切换到另一个线程的过程

图 4.6 显示线程自身运行而不是外部事件引起的上下文切换。从 read() 到 switch() 的调用链包含很多的函数，图中只是列出了与线程切换相关的函数。read() 无论是读设备还是文件(硬盘操作)，当前线程都要等待设备操作完成，进入阻塞状态而不能继续执行，所以会调用到阻塞操作 block()。当然，如果线程要读的数据已经由上一个操作提前读入缓冲区，就没有后续的 block() 等操作，而是直接返回当前用户线程了，此时没有阻塞、没有线程切换。还应当要注意的是，从 read() 开始，CPU 开始执行内核代码，运行在内核模式，可以认为此时 CPU 上运行的仍然是线程 t1，只是体现该线程访问权限的域发生了改变。

这里的阻塞操作主要工作是将当前线程的线程控制块插入线程阻塞队列，并将线程设置为阻塞状态。阻塞操作之后，线程名义上是阻塞了，用户线程的工作也暂停了，但此时执行的是内核代码，还要继续完成内核的工作，就是去执行 CPU 调度程序，选择下一个要执行的线程。

CPU 调度程序按照某种调度算法从就绪队列中选择最该执行的线程。当前的情形中调度程序的执行结果可能有两种：一是选中了一个线程，然后去执行线程切换；二是就绪队列中没有可运行的线程，则切换到系统的闲逛线程。

一旦发生线程切换，当前线程的运行就暂停了，从 read() 到 switch() 的调用链就终止了，CPU 从此去执行另一个线程了。如图 4.6 中"转向线程 t2"所示，函数调用链到最后是断开的，这是一条"不归之路"，与普通的函数调用过程有明显的不同。不过由于在 switch() 中保存了当前线程上下文，所以，当 CPU 再次执行该线程时，只要恢复上下文，该线程就可以继续运行了。线程上下文是与时间点相关的，保存的是哪个时间点的上下文，再次运行时就从哪里开始继续运行。所以，当线程 t1 被再次执行时，应该是在内核程序中的 switch() 之后的第一条指令，不是用户程序中 read() 之后的下一条语句。

4.4.5 线程切换实例

为了能够从代码层次上理解 CPU 切换的过程,下面给出了用 32 位的 x86 汇编语言编写的 switch() 程序的实例。switch(thread * t1, thread * t2) 带有两个指针类型的参数,分别是指向当前线程 T1 和新选中线程 T2 的线程控制块。在执行 switch() 的第一条指令之前,已经将这两个参数和返回地址分别压入栈中,如图 4.7 所示,当前栈指针 esp 指向栈顶,存放着返回地址,esp+4 指向的单元中存放着指向 T1 的线程控制块的指针 t1,esp+8 指向的单元中存放着指向线程 T2 的线程控制块的指针 t2。图 4.8 显示了线程控制块中保存的线程的 CPU 状态信息,存放在线程控制块开始的区域,左侧一列说明各寄存器相对于线程控制块起始地址的偏移量。

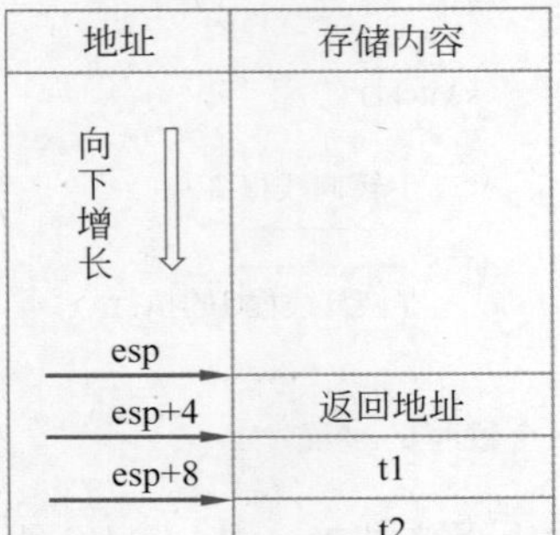

地址	存储内容
向下增长	
esp	返回地址
esp+4	t1
esp+8	t2

图 4.7 线程控制块中的上下文

偏移地址	存储内容
_EAX	EAX
_EBX	EBX
_ECX	ECX
_EDX	EDX
_ESI	ESI
_EDI	EDI
_EBP	EBP
_ESP	ESP

图 4.8 线程控制块中的上下文

现在给出实现线程切换的汇编语言程序 switch() 如下,其中,第一列为行号,第二列为汇编指令。

```
100 .comm _eax_save,4
101 _SWITCH:
102 movl %eax,_eax_save          #临时保存 eax 寄存器的内容
103 movl 4(%esp),%eax             #T1 线程控制块首地址 t1 送给 eax,作为基址寄存器
104 movl %ebx,_EBX(%eax)          #后续指令保存所有寄存器内容到线程控制块
105 movl %ecx,_ECX(%eax)
106 movl %edx,_EDX(%eax)
107 movl %esi,_ESI(%eax)
108 movl %edi,_EDI(%eax)
109 movl %ebp,_EBP(%eax)
110 movl %esp,_ESP(%eax)
111 movl _eax_save,%ebx
112 movl %ebx,_EAX(%eax)
113 movl 0(%esp),%ebx             #从栈中得到返回地址送给 ebx
114 movl %ebx,_PC(%eax)           #将返回地址送到存放 PC 的单元中
115 movl 8(%esp),%eax             #将 t2 保存到 eax 中
116 movl _EAX(%eax),%ebx
117 movl %ebx,_eax_save           #保存 eax 内容
118 movl _EBX(%eax),%ebx          #用 eax 作为基址寄存器,恢复所有寄存器内容
119 movl _ECX(%eax),%ecx
```

```
120 movl _EDX(%eax),%edx
121 movl _ESI(%eax),%esi
122 movl _EDI(%eax),%edi
123 movl _EBP(%eax),%ebp
124 movl _ESP(%eax),%esp          #恢复栈指针
125 movl _PC(%eax),%eax           #返回地址送给 eax
126 movl %eax,4(%esp)             #将 eax 中内容(即返回地址)送到栈中
127 movl _eax_save,%eax
128 ret                           #利用栈中的返回地址进入新线程
```

在上面的汇编程序中,第 100 行定义了一个 4 字节的变量_eax_save,用于临时保存程序中的寄存器 eax 中的内容。第 101 行定义了 switch()函数的入口地址,也就是第一条指令 movl 的地址。程序中每行中符号"#"之后的内容为注释。保存上下文的过程需要使用 eax,所以 102 行先要将 eax 的内容临时保存到_eax_save 中,这样后面就可以将 eax 用作基址寄存器使用了。103 行将当前线程控制块的起始地址 t1 送给 eax,104 行则将 ebx 内容保存起来。104～110 行中,eax 作为基址寄存器,用于依次保存除 eax 自身之外的所有寄存器的内容。111、112 行,再把 eax 的内容从_eax_save 中取出来,保存到线程控制块中。113 行从栈中取出返回地址,保存到线程控制块的_PC 处。也就是说,当 CPU 在此返回线程 t1 时,从 switch()的返回处,即 switch()的下一条语句,开始继续执行。

保存完 T1 的上下文后,开始恢复线程 T2 的上下文。T2 线程控制块的起始地址 t2 存放在 esp+8 指向的存储单元,115 行先取出 t2 的内容。上下文的恢复过程和保存过程正好相反,但方法一样,不再赘述。要注意的是,T2 的断点存放在其栈中的返回地址处,利用 ret 指令,就可以取出返回地址,从断点处开始执行了。保存上下文和恢复上下文是两个相反的过程,t2 中要恢复的上下文正是按保存 t1 上下文的方法保存的,可以对比研读下面的代码。

以 switch()为例理解切换过程,需要注意 4 点:①CPU 从 t1 切换到 t2,具体的时间点是执行完 128 行的 ret 指令,ret 包含取返回地址和跳转到返回地址两个操作,这两个操作在一条指令中完成,实际上是一个原子操作。②ret 指令之前都是在当前线程 t1 中做的准备工作,ret 指令之后就以线程 t2 的身份运行了。③对于内核级线程的切换来说,切换是在内核中完成的。从应用程序调用 read()起,CPU 就转入了内核模式,直到返回 t2,所以在返回 t2 时 CPU 运行模式要从内核模式转为用户模式。④简单起见,上述 switch()的例子中,采用的是用户级线程切换的实现方式,并没有涉及 CPU 运行模式转换的细节。更详细的内容可参考 nachos 的相关内容。

CPU 调度和上下文切换机制给了系统可以暂停一个线程的执行、选择另一个线程执行的能力,但应该谨慎使用这种操作,因为系统会因此付出较大的开销。

通过上述分析可以看到,系统至少要完成阻塞、调度、切换的各项功能,每项功能都要耗费 CPU 的执行时间,这仅仅是从程序中看到的结果。

事实上,还有很多开销是这个过程中体现不出来的,例如,CPU 从执行应用程序到执行调度、切换程序,会导致 CPU 高速缓存、TLB 的更新。同样,再从调度、切换程序转去执行用户程序也会导致类似的代价。如果线程的调度、切换是内核完成的,那么上述代价就会更大。在多任务系统中 CPU 切换的频度可能是以次/毫秒的数量级来计算的,切换开销的增

减会因为切换的高频度而放大,所以减少 CPU 切换的代价一直是系统设计者的关注点。

基于以上分析,可以得出下面的结论:内核级线程之间的切换需要内核的参与,所以,内核级线程的切换代价要比用户级线程之间的切换代价更高;同一进程内的线程之间共享地址空间,所以它们之间的切换代价要低于不同线程之间线程的切换。这就好比完成一个任务需要执行若干操作,如果这些操作是一个人完成的,操作之间的协调代价几乎为零;如果是家庭成员合作完成的,可能需要付出人情,不存在经济行为;如果是社会成员合作完成的,可能涉及经济、法律问题,协调代价相应升高。

4.5 CPU 调度算法

4.4 节阐述了 CPU 调度和切换机制,说明了多任务系统中线程是如何并发执行的,现在仍留有一个问题未解决,即当就绪队列中有多个线程时,应该如何从就绪队列中选出下一个要执行的线程,这就是所谓的调度算法要完成的工作。相对于调度和切换机制,调度算法属于 CPU 调度的策略层面,是与前者紧密相关但又可以独立设计的部分。同一套调度和切换机制,完全可以针对不同的场景采用不同的调度算法。在详细讨论各种调度算法之前,有必要说明与调度算法相关的一些概念和调度算法所希望达到的各项指标。

4.5.1 影响调度算法的因素

操作系统在选用调度策略时,需要权衡各种因素,例如,线程自身的特性、各种通常的指标,以获得一个最佳的方案。

1. 线程特性

线程运行在操作系统构建的虚拟运行环境下,单从线程本身的角度看,线程要么在 CPU 上执行计算操作,要么在执行输入/输出操作。线程连续执行计算操作的时间段称为一个 **CPU 执行期**,而连续执行 I/O 操作的时间段称为一个 **I/O 执行期**。显然,CPU 执行期和 I/O 执行期是交替出现的。当然,从系统的角度看,线程还有可能处于等待获得 CPU 或等待获得 I/O 设备的过程中,不过这段时间与线程自身没有任何关系,是线程自身感觉不到的,不包含在 CPU 执行期或 I/O 执行期中。图 4.9 描述了 CPU 执行期和 I/O 执行期共同构成了线程的执行过程。

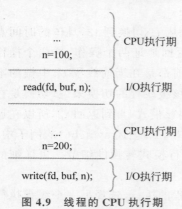

图 4.9 线程的 CPU 执行期和 I/O 执行期

调度程序关注的是处于就绪状态的线程,其中每一个线程都面临下一个 CPU 执行期。CPU 执行期长,说明线程长时间集中使用 CPU,反之则说明线程很快就要使用设备。线程下一次执行的 CPU 执行期是多少,无疑是 CPU 调度算法选择线程的一个重要因素。

除了考察线程当前的一个 CPU 执行期,还可以从宏观上考察线程整个运行过程中 CPU 执行期大小分布情况,并由此决定采用什么样的调度算法。例如,根据线程中输入/输出操作和计算操作所占的比例,可以将线程分为 **I/O 密集型和计算密集型线程**:前者用大部分进行输入/输出,而后者用大部分时间进行计算。例如,电子游戏由于频繁和用户对话,大量使用各种交互设备,属于输入/输出型线程;而解高次方程的线程大部分时间在进行高强度计算,属于计算型线程。

另外,根据对执行时间的要求,可以将线程分为实时的和非实时的两种,**实时线程**一般对线程的执行时间有特定的要求,例如,要求在某个时间之前完成,或在某个时间之前启动,或周期性地执行。这对调度程序提出了特定的要求。支持实时线程的操作系统称为**实时操作系统**,而非实时线程则没有这种要求。

操作系统需要根据线程的类型决定采用调度的策略,例如,可以让计算密集型线程和I/O密集型线程搭配运行,以获得更高的资源利用率;保证实时线程优先使用 CPU 等。

优先数也是线程的一个关键属性,一般用一个整数表示,它描述了线程相对于其他线程的优先程度。在线程运行前就确定、运行过程中不再改变的优先数称为**静态优先数**;反之,线程执行过程中可以修改的优先数称为**动态优先数**。系统和应用程序都可以根据需求或运行状况修改线程优先数,但系统会考虑各种因素,生成一个权衡后的结果。线程优先数是 CPU 调度考虑的重要因素。

2. 调度指标

CPU 是计算机系统中最重要的资源,从操作系统的角度看,**CPU 利用率**可以理解为:CPU 工作时间/(CPU 工作时间+CPU 空闲时间)。从 CPU 利用率很容易延伸出系统资源利用率的概念,例如内存、设备,都存在提高利用率的问题。在计算机发展早期,CPU 的制造费用占用整个系统的大部分,所以其利用率自然成为调度算法考虑的首选目标,然而,随着计算机元器件的不断更新换代,整个计算机系统中各部件成本所占比例也在变化,CPU 调度算法事关整个系统,所以在算法设计时不仅要考虑 CPU 的利用率,还会考虑整个系统资源的利用率。例如,如果系统安装了一台特别贵的打印机,调度时自然要优先考虑这台打印机的利用率。

完成线程的一个 CPU 执行期需要两部分时间:一是线程在就绪队列中等待的时间,这部分时间是线程自身感觉不到的(因为线程没有执行);二是线程在 CPU 上的实际执行时间。这两部分时间之和称为线程完成本次 CPU 执行期的**周转时间**。要注意的是,线程可能需要多次进入就绪队列,或被调度多次,才能完成一个 CPU 执行期。例如,分时系统中,一个线程的某个 CPU 执行期是 60ms,而时间片是 10ms,那么线程需要使用 6 个时间片才能完成这个 CPU 执行期,其中经历了 6 次 CPU 调度。对于线程的每一个 CPU 执行期来说,显然,周转时间越短越好,这是调度程序追求的目标之一。

周转时间的概念可以进一步扩展,例如,完成线程、进程或作业所需要的周转时间,内涵与上面所讲的类似。线程的周转时间可以定义为

$$T = 线程的结束时间 - 线程的开始时间$$

进程和作业的周转时间概念可以以此类推。不过,CPU 调度程序仅考虑为线程的当前 CPU 执行期分配 CPU,即仅考虑完成一个 CPU 执行期所需要的周转时间。在讨论调度算法时,为了叙述简单,不妨假定一个线程仅有一个 CPU 执行期。

减少某个线程的周转时间不是最终目标,调度算法是要尽量减少所有线程的周转时间。为此,引入平均周转时间的概念。假设 n 个线程周转时间分别为 $T_1, T_2, \cdots, T_n$,那么它们的**平均周转时间**为 $T = (T_1 + T_2 + \cdots + T_n)/n$,这是调度算法考虑要降低的指标。

调度算法需要应用于各种各样的线程,而周转时间和平均周转时间都和线程的 CPU

执行期长短有关,所以二者都不能作为衡量不同批次线程的调度算法好坏的指标。例如,对于一组执行时间长的线程的平均周转时间肯定要大于一组执行时间短的线程,不能说使用的调度算法就不好。为此,引入带权周转时间的概念。定义带权周转时间:

$$t = 周转时间\ T/CPU\ 执行期$$

则平均带权周转时间:

$$\tau = (t_1+t_2+\cdots+t_n)/n$$

其中,$t_1,t_2,\cdots,t_n$ 分别是就绪队列中各线程的带权周转时间,n 为线程个数。平均带权周转时间可以针对不同的就绪队列,比较各种调度算法的好坏。

另外,还有一些其他的指标,如吞吐量描述了系统在单位时间内处理线程的个数;等待时间是指线程为获得一次运行机会而在就绪队列中等待的时间,还有人机交互过程中的响应时间。这些都和 CPU 调度算法相关,是算法设计时需要考虑的因素。

基于以上因素,本节将详细介绍各种基本的、常用的调度算法。这些调度算法属于策略,系统可以根据应用领域采用不同的调度算法。

4.5.2 先来先服务

哪个线程先进入就绪队列,就先选择哪个线程执行,这样的调度算法称为先来先服务(First Come First Service,FCFS)。图 4.10 说明了就绪队列中两个线程的到达时间和 CPU 执行期。假如当前时间 $t=5$ 时开始执行调度程序,那么按照先来先服务的调度算法,T2 应该先于 T1 执行,线程运行的甘特图如图 4.11 所示。T1 的等待时间为 6,T2 的等待时间为 4;T1 和 T2 的周转时间都是 8。两个线程的平均等待时间为 5,平均周转时间为 8。

线程	到达时间	CPU执行期
T1	3	2
T2	1	4

图 4.10 就绪队列中的线程

时间	1	2	3	4	5	6	7	8	9	10
线程						T2	T2	T2	T1	T1

图 4.11 线程运行的甘特图 1

FCFS 算法的特点是简单、公平、符合人的行为习惯。我们平时登机、超市结账都需要排队,没有人觉得不妥,就是遵从了先来先服务的原则。另外,该算法借助于队列,新来的线程放在队尾,调度程序总是从队首选择线程,不需要其他的计算,算法复杂度是 $O(1)$。

4.5.3 短作业优先

如果把图 4.10 中两个线程的执行顺序颠倒一下,让 T1 先执行,这样两个线程执行的甘特图如图 4.12 所示。此时 T1 的等待时间为 2,T2 的等待时间为 6;T1 的周转时间为 4,T2 的周转时间为 10,如图 4.13 所示。两个线程的平均等待时间为 4,平均周转时间为 7。显然,采用这样的调度算法,线程的平均等待时间和平均周转时间都比 FCFS 算法更优。

时间	1	2	3	4	5	6	7	8	9	10
线程				T1	T1	T2	T2	T2	T2	

图 4.12 线程运行的甘特图 2

线程	等待时间	周转时间
T1	2	4
T2	6	10

图 4.13 等待时间和周转时间

这种调度策略的基本思想是让 CPU 执行期短的线程先执行,这样的调度算法称为短作业优先(Shortest Job First,SJF)。注意,这里"作业"的长短具体含义就是"CPU 执行期"。短作业优先调度算法源于作业调度,该算法应用于 CPU 调度效果也很好,但算法的名字并没有变而是沿用下来,此时不妨把线程视为作业。短作业优先调度算法可以达到最小的平均等待时间和平均周转时间,这能够很容易在数学上证明。

日常生活中,除了排队之外,我们也会采用短作业优先的方法。例如,甲、乙两人去开水房打水,一般情况下,谁在前谁先打水。然而,如果甲提水桶排在前,乙端水杯排在后,那么此时甲很大概率上会让乙先打,这是不是更合理?这种合理性可以用短作业优先算法来解释:这使得大家平均的等待时间最短。假如接一杯水需要 5s,接一桶水需要 100s,如果甲先接水,则甲、乙平均等待时间为(0+100)=50s;若让乙先接水,则甲、乙平均等待时间为(5+0)=2.5s。

采用先来先服务策略时,后来的线程永远插在就绪队列的队尾,不会出现插队现象。而采用短作业优先策略时,后来的较短作业会插到就绪队列中已有的较长作业的前面。在上述打水的例子中,如果乙后面还有丙、丁、…,源源不断地端着空水杯而来,采用短作业优先算法的结果是:甲永远打不上水。一般来说,如果一个线程为了使用某种资源,需要等待更优先的一组线程先使用,而且这组线程的数量可能会无限制地增加,那么该线程永远没有机会获得资源,这种现象称为饥饿。短作业优先策略会导致饥饿现象,相比之下,先来先服务策略不会导致饥饿现象。

综上所述,短作业优先策略有一定的合理性,但是如果不受限制地使用,也是有问题的。计算机系统与现实世界一样,也不是仅靠一种策略就可以管理好的,往往需要在多种策略之间进行权衡。

当一个线程运行时,如果就绪队列中出现一个更短的线程,SJF 算法会如何处理呢?有两种方案:一是继续执行当前线程,直至当前 CPU 执行期结束,再执行调度程序;二是让新的短作业抢占当前线程的 CPU。前者称为非抢占式短作业优先算法,后者称为抢占式短作业优先算法。显然,抢占式 SJF 更加体现了短作业优先的思想,然而,会导致 CPU 切换更频繁,系统开销就更大。

采用抢占式调度时,一个线程可能会被抢占,需要多次进入就绪队列才能执行完一个 CPU 执行期。每次进入就绪队列,其剩余的 CPU 执行期会越来越短。

4.5.4 响应比高者优先

先来先服务考虑的是每个用户(线程)的感受,而短作业优先则追求系统的指标——平均周转时间最低。将二者结合起来,就可以形成一个新的调度策略。

一个线程的响应比定义为:周转时间/CPU 执行期=(CPU 执行期+等待时间)/CPU 执行期=1+等待时间/CPU 执行期。响应比高者优先调度策略首先计算就绪队列中每个线程的响应比,选择响应比最高的线程运行。显然,从响应比的定义看,线程的等待时间越长,响应比就越高,说明该算法照顾了先来的线程;另外,线程的 CPU 执行期越短,其响应比越高,说明该策略照顾了短作业,这实际上是前两个算法的折中。一个线程的 CPU 执行期无论怎么大,只要等待的时间足够长,其响应比就会足够大,所以肯定有机会运行。由于考虑了线程的等待时间,该算法显然不会导致饥饿现象。

4.5.5 基于优先数的调度策略

基于优先数的调度算法本身非常简单,只要对所有线程按优先数进行排序,每次都选优先数最高或最低(注意,有的系统中优先数越小越优先运行)的线程运行即可。但真正的挑战在于如何定义优先数。

如果线程的优先数在线程运行前就已经被设定好,在运行过程中保持不变,这样的优先数称为**静态优先数**。这种优先数方法的好处是总能保证重要的线程得到更多的运行机会,谁的优先数最高,谁就总能抢到 CPU,除非自身阻塞了。这样的调度策略应用在很多实时系统中,当 CPU 负荷太重时,总是首先保证执行最重要的任务,次要的任务可能就被系统放弃了。显然,这种策略的缺点是可能引起饥饿现象。马路上行驶的车辆中,消防车、救护车和警车的路权总是高于普通车辆,采用的就是静态优先数的调度策略。

静态优先数不能动态反映线程当前的运行过程中各个线程的特征,而调度策略是需要根据线程的这些运行特征来进行调度的。目前基于**动态优先数**的调度算法更为普遍,系统为每个线程赋予一个初始的优先数,体现线程最初的优先权,在运行过程中,系统会根据情况调整线程的优先数。例如,线程运行过程中,优先数会逐渐降低,而就绪线程的优先数会随着等待时间的延长而逐渐提高。这样,就不会出现有的线程优先数总是高,有的线程优先数总是低的情况,也就不会有饥饿现象了。在 Linux 2.6 之前,就采用了基于动态优先数的调度算法,每次调度时计算每个线程的动态优先数,并选其中优先权最高的线程,所以调度程序的时间复杂性为 $O(n)$。在 Linux 2.6 之后,继续沿用动态优先数方法,采用了固定数量的优先级队列结构,优先数相同的线程放在同一个就绪队列中,调度时选择非空且优先数最高的队列中的第一个线程。这样,线程的查找次数变为常数,使算法复杂度降为 $O(1)$。

Linux 是典型的分时系统,可见除了 4.5.6 节介绍的轮转法之外,采用动态优先数的方法一样可以实现分时系统,而且每个线程得到的 CPU 运行时间可以更灵活地控制。

如果把动态优先数设置成 CPU 执行期的倒数,那么短作业具有较高的优先数,优先数调度可以实现短作业优先;若把线程的等待时间设置为优先数,则优先数调度方法就是先来先服务策略。响应比高者优先本身就是一种特殊的优先数调度策略,所以前面介绍的三种调度算法都可被看作动态优先数方法的特例。

4.5.6 轮转

关于分时系统及其历史,请参阅 3.3.3 节。**轮转**(Round-Robin)调度策略是为实现分时系统而设计的,所有线程轮流执行,每个线程执行一个时间片。一般交互型作业中每次用户提交的任务计算量不大,例如编辑文件时,用户的每次按键,系统只要显示并保存输入内容即可,在一个时间片内即可完成。所以系统的响应时间不会大于所有作业轮流执行一个时间片的时间。

还是使用图 4.10 中的例子,从 $t=5$ 时刻开始进行调度,假设时间片为 1,则表示两个线程执行过程的甘特图如图 4.14 所示。执行结束时,其各自的等待时间分别为 4 和 6,周转时间分别为 6 和 10,如图 4.15 所示,平均等待时间为 5,平均周转时间为 8,均不低于 FCFS 和 SJF 算法。

时间	1	2	3	4	5	6	7	8	9	10
线程					T2	T1	T2	T1	T2	T2

图 4.14　线程运行甘特图 3

线程	等待时间	周转时间
T1	4	6
T2	6	10

图 4.15　轮转法调度的线程

然而，在分时系统中更关心的是响应时间，因为交互线程关联着坐在计算机前的一个用户。在上述例子中，每轮执行下来所需时间是 2，即在 2 个时间单位内所有线程都能执行一次。简单起见，不妨假设分时系统中的交互用户提交的请求都非常简单，线程在获得 CPU 后能立即响应，那么上述每个用户的响应时间至多为 2，这是 FCFS 和 SJF 算法都做不到的。

可以选用更大的时间片，大小为 2，那么每个用户的响应时间可能延长为 4，平均等待时间和平均周转时间指标会好看一点。当时间片足够大，轮转法就退化为先来先服务了。要注意的是，时间片越小，线程调度和切换频率就越高，系统开销就越大。

4.5.7　多级队列

随着计算能力的增强，系统能够同时执行更多的线程，线程的种类也多样化。例如，有的线程是完成实时任务的，有的是完成交互型任务的，还有不需要交互的大规模计算任务，等等。这样，系统很难也没必要将它们放在一个就绪队列中，采用同一种策略进行调度，于是多级队列调度策略随之出现。其基本思想是将线程按类型分成不同的队列，每个队列采用适合自身的调度策略，系统还要考虑 CPU 先去执行哪一个队列中的线程，也就是队列之间的调度策略。在最早的分时系统 CTSS 中，就有一个采用 FCFS 调度策略的批处理作业队列和一个采用轮转法调度的交互型作业队列。

多级队列的调度策略将线程按照某种特征分成多个队列，并假定线程的该特征终生不变。然而，事实上并非如此，线程的属性是会随着线程的运行而发生变化的。例如，有的线程在开始阶段集中进行计算，属于计算密集型线程；而到了后期，则密集地执行输入/输出操作，属于输入/输出密集型线程。还有的时候，操作系统一开始搞不清楚线程的特征，必须等线程执行一段时间之后，才能摸清线程的运行规律。所以，调度策略应该能够体现线程自身的变化并允许操作系统改进对它们的描述。在多级队列调度策略的基础上，**多级反馈队列**调度策略强调线程的特征并不是固定不变的，可能会随着线程的执行发生变化，这样，就会允许线程从一个队列迁移到另一个队列。此处"反馈"的意思是线程自身的行为会反过来影响系统对线程的调度决策。

例如，某系统中设置了三个线程的就绪队列：第一和第二队列采用时间片轮转调度，第一队列的时间片为 8ms，第二队列的时间片为 16ms，第三队列采用 FCFS 的调度策略，如图 4.16 所示。队列之间的调度策略为：只有当第一队列为空时才会选择第二队列中的线程；只有当第二队列为空时，才会执行第三队列中的线程。当一个线程变为就绪态时，首先进入第一队列；第一队列中的线程执行一个时间片后，随即转入第二队列；第二队列中的线程执行一个时间片后随即转入第三

图 4.16　多级反馈队列实例

队列；第三队列采用先来先服务的调度策略，依次执行完每个线程。该调度策略的初衷是：假定新线程的 CPU 执行期都是短的，所以首先放在第一队列，若在一个时间片后仍没执行完，说明该线程不是很短，于是进入第二队列，给它分配一个较大的时间片，以避免过多的上下文切换。如果第二个时间片后，线程仍未结束，就认为线程的 CPU 执行期很长，因而放入第三队列，采用 FCFS 算法调度，进一步减少上下文切换时间。可见，系统是通过试探的方法得到线程的特征，并最终决定将线程放入哪个队列。

4.5.8 份额公平调度

前面介绍的调度算法的目标都是选择一个当前最适合运行的线程，最典型的做法是基于优先数的调度算法，将系统的效率和用户的公平体现在优先数的计算中，最后决定谁先执行，谁后执行，这种调度策略解决的就是一个"先后"的次序问题。然而公平总是相对的，在一方面实现了公平，在另一方面可能就破坏了公平。例如，小红和小明花了相同的钱在某系统中建立各自的账号，运行程序时，小红创建了三个线程，而小明只有一个。如果采用轮转法的调度策略，尽管轮转法对所有的线程是公平的，但对小明可就不公平了：每一轮下来，他的程序仅执行一次，而小红的执行了三次。如果采用基于优先数的调度策略，考虑到小明只有一个线程，其优先数应该设置得高一点。小红的三个线程同小明的线程相比，优先数都低，如果小明的线程长时间占用 CPU，那么小红的三个线程又都没机会运行了。优先数使线程之间的排序决定了一切，而且优先数的差距在调度上体现不出来。只要一个线程的优先权高，那么它总是优先的，即使优先数高出一点点。总之，优先数的设定是难以把握的。

份额公平的调度策略可以解决上述公平性问题，它并不太在乎当前 CPU 应该分配给谁，而是整体上考虑各个分配对象占用的 CPU 时间应当公平。例如，上例中既然小明和小红付了相同的钱，那么他们分得的 CPU 时间应当是大体相等的，至于哪一次调度谁先执行，并不在份额公平的考虑中。可见，份额公平强调的是份额，而不是次序。

操作系统调度的是线程，但要保证小明和小红之间的公平，操作系统就应该建立一种结构，把小红的三个线程合成一组来考虑。当然，若干个线程组还可以组成新的组织，操作系统将 CPU 在这些组织之间进行份额公平的分配，被称为份额公平的层级化。

大家知道，彩票买得越多，中奖的概率就越大，彩票调度算法正是利用了这一原理实现配额公平的调度。每张彩票等同一个数字，所有彩票就是这些数字的集合。彩票调度（Lottery Scheduling）策略将彩票按一定配额比例分配给就绪的线程，如果希望线程获得更多的运行机会，就多给它分配彩票，这样，每个线程都拥有一组彩票。调度时生成一个随机数，映射到某张彩票，这张彩票属于哪个线程，哪个线程就被选中执行。从统计意义上讲，每个线程被选中的次数符合其所分配的份额。线程获得的彩票越多，运行的机会就越大。

4.5.9 实时任务调度

总有一些任务是时间敏感的，要求系统必须立即、及时，或者说在规定时间内做出处理（如开始执行或结束执行），这样的任务称为**实时任务**。支持实时任务运行的操作系统称为**实时系统**。一个操作系统可以同时支持批处理、分时和实时的任务。

尽管执行时都有时间的要求，但不同的实时任务对时间要求的程度是不一样的，总体上分为两类：一类是**硬实时**，要求必须在规定的时间内处理，否则任务就算失败。例如，汽车在自动驾驶过程中,以 30m/s 的速度前进,刹车距离为 90m,若前方道路上 100m 处有一物体,系统必须在 0.33s 内判断是否需要刹车,否则任务就失败了,该任务显然是一个典型的硬实时任务。另一类实时任务是软实时,对该类任务的处理虽然有时间的要求,但如果不能在规定的时间内完成处理,任务也不至于失败,只是完成的质量会打折扣。例如,在计算机上播放电影就是软实时任务,其时间限制是每秒至少播放 24 幅图像。如果达不到这项指标,电影也能看,只是播放质量比较差。

在实时系统中,可以按照所处理事件的特点,将任务分为周期性的和非周期性的,如定期检测河水的水质,是周期性任务,而紧急刹车则是非周期性任务。对于周期性任务,系统可以预先估计能否处理所有的任务。假设有 n 个周期事件,事件 i 的执行周期是 T_i,所需的处理时间是 C_i,那么实时系统能够处理完所有任务的条件是

$$\sum_{i=1}^{n} \frac{C_i}{T_i} \leqslant 1$$

对于仅处理周期性任务的实时系统来说,如果所有的任务满足上述条件,称这些任务是可调度的。

由于实时任务对时间要求的限制,系统的计算能力是有限的,可能无法完成所有的任务,调度策略需要优先保证完成最重要的任务,可能会延缓甚至放弃某些任务的执行,这种情况称为过载防护。临到期末考试,当复习时间不够用时,学生们也会采取类似的策略,重点关注必修课程。

◆ 4.6 进程通信

将一个大任务分解成多个子任务,分别作为不同的线程运行,可以大大加速任务完成的进度。要注意的是,这些线程之间往往需要共享数据,或者需要进行数据传送。如果这些子任务之间的联系非常紧密,甚至就是由一个大程序中的不同模块来完成,那么这些线程可以安排在同一个进程内执行,它们之间可以共享同一个地址空间,数据共享或传送不会受到限制。例如,在同一个进程内的多个线程之间可以共享彼此定义的全程变量或静态变量。

在很多情况下,这些子任务的功能差异很大,面临的应用场景也不同,往往由不同的应用程序实现,而这些应用程序甚至来自不同的生产厂家。这样的子任务一般运行在不同的进程中,它们有自己独立的运行环境,并受到操作系统的保护。因此,进程之间的数据共享、数据或控制信号的传送都受到限制,没有操作系统的支持是难以完成的。这就产生了一种新的机制,由操作系统向进程提供服务,以实现进程之间数据共享、数据或控制信号的传送,称为进程通信(Inter-Process Communication,IPC)。

总之,同一个进程内的线程之间的数据传送是不需要操作系统费心的,而不同进程之间的通信才是操作系统需要考虑的问题。下面分别介绍 4 种在目前的操作系统中通常支持的进程通信机制,它们的使用方式不同,用于解决不同类型的问题。

4.6.1 共享内存

原则上讲,每个进程都有自己的虚拟地址空间,彼此井水不犯河水,一个进程不能访问另一个进程的存储空间。然而,进程存储空间的保护都是操作系统设计并实现的。若操作

系统允许这些进程能够访问同一个内存区域,则是完全可以实现的。在 1.4.2 节中,曾经说明,是操作系统将程序的虚拟地址空间映射到物理内存的。由此可知,只要操作系统将两个进程各自的存储区域 m_1 和 m_2 均映射到物理内存的同一块区域,那么这两个进程就实现了共享内存。本书 5.3.3 节也将详细介绍在分页系统中实现内存共享的方法。

从应用程序的角度来说,为了实现进程 A 和 B 之间共享内存,一般按照如下的步骤进行操作:首先,进程 A 创建一个内存共享对象,并为之起一个名字,例如 pc;其次,进程 B 打开这个对象,这样 pc 就成了这两个进程都可以访问的内存对象;最后,进程 A 和 B 都可以对内存共享对象进行读写操作,从而实现了内存共享。本书 5.5.5 节中的一段程序描述了在 Windows 系统中如何实现两个进程之间的内存共享。注意,共享内存对象的名字(例如上面所说的 pc)是进程之间事先约定好的,两个进程之间就是用它来建立共享内存关系的。

不同进程(中的线程)访问同一个内存区域,需要不同进程之间按照一定的规则来使用,就像多个人共享同一间宿舍,不然就会相互干扰,甚至彼此之间破坏了对方的环境。这项工作一般是应用程序之间的事情,由应用程序之间确定共享区的使用规则,操作系统并不干预,最多只是提供必要的工具,为应用程序之间按规则使用共享内存服务。事实上,同一个进程内不同线程之间共享数据也存在同样的问题。本书将在第 8 章详细讨论如何保证线程之间按照一定的规则使用数据,不会因为并发运行而发生逻辑上的错误。

事实上,基于共享内存的进程通信是一种很低级的通信方式,操作系统仅提供进程间交换数据的场所,共享内存区域的使用方式、数据如何存取、每次传送数据的多少、发送与接收进程间的协调方式都是应用程序自己负责。为了减轻应用程序的负担,针对某些通常的应用场景,操作系统还会提供一些特定的、更方便应用程序的通信方式,即高级的通信方式。

4.6.2 消息通信

相比于共享内存机制,可以为进程之间提供更简单、快捷、方便的通信手段,适合于少量、多次、间断性的进程间通信。消息通信着眼于把一组数据从一个进程发送到另一个进程,而不是多个进程共同操作一组数据,所以操作系统无须建立进程间的共享内存区域。

一个消息一般包含一组数据、发送者、接收者、消息的长度等信息,由发送进程构建消息对象,然后执行系统调用 send(P,m),将消息 m 发送给进程 P,接收消息的进程则执行系统调用 receive(Q,m) 接收来自进程 Q 的消息 m。

按照通信进程之间联系的紧密程度,可以把消息通信分为两种方式:直接通信和间接通信,操作系统可以支持某一类或二者都支持。采用直接通信方式时,每个进程都有一个消息队列,存放其他进程发送来的消息,消息队列的首指针一般存放在接收进程的进程控制块中。发送进程通过 send(⋯)把消息直接挂接在接收进程的消息队列中,等待接收者执行 receive(⋯)操作,从中取出消息。

采用间接通信方式时,进程之间通过信箱进行通信。系统调用 send(M,m),将消息 m 发送到信箱 M 中,receive(M,m)则从信箱 M 中取出一个消息 m。当一个进程 P 向信箱 M 发送了一个消息之后,任何一个有权限从信箱 M 中取消息的进程都可以得到该消息。

采用直接通信方式时,要求发送和接收进程必须都在线,即已经启动且还未结束,否则通信就不会成功,这种通信方式称为瞬时通信。而间接通信使用信箱存储消息,即使通信双方有一方不在线,也不会影响另一方的通信操作,这种通信方式称为持久通信。例如,当一个进程把消息发送到邮箱之后,即使它结束了,也不影响另一个进程到邮箱取消息。

总之,使用共享内存时,应用程序直接将数据写入共享内存区域,需要写入方和读出方协调好数据的写入和读出操作,以免发生读写过程中出现数据的不一致性。而使用消息通信时,操作系统提供了数据的发送和接收服务,数据的写入和读出操作的一致性由操作系统控制,应用程序不必操心。

4.6.3 管道通信

进程之间最通常的例子是生产者-消费者问题:生产者进程每产生一个数据,就发送给消费者,消费者每获得一个数据,就去使用这个数据,生产者和消费者不断重复这个过程。生产者发送给消费者的数据一个接着一个,就像流经一个管道的数据流,管道的一头是生产者的输入端,另一个头是消费者的输出端,这种通信方式称为管道(Pipe)。显然,管道只能以顺序读、顺序写的方式来使用。

对于程序员来说,管道通信看上去非常简单、直观。生产者进程用写入文件的方式将数据写入管道的输入端;消费者进程则用读文件的方式将数据从管道的输出端读出。对于操作系统来说,也可以基于文件操作的实现,为应用程序提供管道的建立、关闭、读、写操作,实现起来也很容易。在 20 世纪 70 年代初的 UNIX 早期版本中,就已经使用了管道机制。

基于上述关于管道的基本概念,随着技术和应用的发展,管道的实现在后来的系统中在如下 4 方面都有了新的发展。

(1) 双向管道。在管道的两端都可以进行读写操作,相当于两条管道,这样的管道称为双向管道,而之前的管道可以称为单向管道。

(2) 双工管道。对于双向管道,如果允许数据流可以同时双向流动,则称为双工的,否则为单工的。

(3) 命名管道。也就是说,管道是有名字的,可以使用一个名字来建立管道,任意两个进程通过使用相同的名字打开同一个管道,从而建立通信联系。相对来说,没有名字的管道只能在父子进程之间使用,因为它们有默认的指称形式。

(4) 网络管道。分别位于两台联网的计算机上的进程之间也可以建立管道,并通过管道进行通信。尽管通过网络实现管道要复杂得多,但这些实现细节对于应用程序来说是透明的。

像消息通信一样,管道也是操作系统提供的一种高级通信方式。如何往管道中写入数据,如何从管道中读出数据,应用程序不用操心,只要执行系统调用即可,这是不同于共享内存的。

4.6.4 信号

当系统中出现某些事件需要处理,一般是以中断或异常的形式通知 CPU,然后由操作系统进行中断处理。事实上,应用程序在运行时,也经常出现和应用程序相关的一些事件,需要应用程序进行处理。例如,如果某个进程已经没有继续运行的必要了,那么用户会按 Ctrl+C 键终止进程;如果希望暂停一个进程的运行,则可以按 Ctrl+S 键挂起该进程。要注意的是,一般情况下进程不能使用中断机制来处理和进程有关的这些事件,因为中断是和整个系统相关的事件,处理中断是操作系统的工作,用户进程没有权限处理中断。

为此,操作系统引入了信号机制,目的是让用户进程处理用户层面的各种事件。

操作系统会为进程定义一组特定的事件,如浮点异常、程序中止、暂停执行、非法指令等,让应用程序自己来处理这些事件,这类事件称为信号(Signal)。显然,不同于前面 3 种数据传输,信号是进程之间传递的一种控制信息。在默认情况下,操作系统会为这些信号安排相应的信号处理程序,当这些信号到达时,就去执行与之相应的程序。当然,操作系统也允许应用程序自己提供信号的处理程序,代替默认的信号处理程序,这也是信号机制的初衷。

为了实现进程对信号的处理,每个进程都有一个信号处理程序表,记录信号和相应的处理程序之间的对应关系,类似于中断向量表。另外,每个进程有一个信号队列,以记录该进程收到的信号。当信号到达时,操作系统将信号插入进程的信号队列。要注意的是,信号可能在进程没有运行时到达,此时进程并不一定会马上处理该信号。当进程获得 CPU 使用权后,会立即处理已经收到的所有信号。

除了以上介绍的进程间通信方式外,还有很多其他的进程通信方式,如在网络上采用客户/服务器模式的 socket 通信、远程过程调用等,在此不再一一介绍。

小 结

线程和进程是操作系统中的重要概念,线程用于描述程序的运行过程,进程用于描述线程和运行环境之间的关系。二者都是操作系统程序中的具体对象,每个进程和线程都存在相应的数据结构,以及一组相关的操作。

CPU 调度是线程管理的核心功能,涉及操作系统的各方面,是操作系统内核的关键模块。要从代码层次上理解 CPU 切换的过程,是理解线程并发的基础。

练 习

1. 如何理解"同属一个进程的线程之间没有意愿破坏彼此栈的内容,分属不同进程的线程之间没有能力破坏彼此栈的内容"?
2. 进程控制块中是否包含用户级线程的相关信息?为什么?
3. 根据 4.4.4 节描述的内核级线程的 CPU 调度与分派的过程,描述用户级线程的 CPU 调度与分派的过程,说明这两个过程有什么不同。
4. 在 4.4.4 节中介绍了调度程序执行后,有可能继续执行当前线程而不发生线程切换。请给出这种情形下的一个具体实例。
5. 有人说:执行子程序后,需要保存调用者的返回信息;从一个线程切换到另一个线程需要保存前者的返回信息。试比较这两种信息保存的内容是否一样,说明理由。
6. 有人说:同一个进程中的线程进行切换与不同进程的线程进行切换相比较,二者保存的上下文内容是不同的,对吗?为什么?
7. 线程切换时,要保存线程上下文,你认为应该保存哪个时间点的上下文?
8. 试比较线程控制块和进程控制块的内容,说明它们之间的关联和区别。
9. 关于 CPU 调度算法,谈一谈你对"公平"概念的理解。

10. 针对你熟悉的某种 CPU 架构,在代码层面上描述线程切换的具体过程。
11. 什么是 CPU 调度?什么是 CPU 切换?说明二者之间的区别与联系。
12. 两个线程之间进行数据传送一般会有哪些方式?
13. 创建进程主要完成哪些工作?线程呢?
14. 进程运行过程中每时每刻的状态和行为都是内核掌控的吗?什么情况下,CPU 会暂停执行应用程序而转去执行内核代码?在什么情况下,内核会改变进程的执行状态?
15. 撤销进程主要完成哪些工作?线程呢?
16. 进程中会不会仅有用户级线程?为什么?

第 5 章　内 存 管 理

计算机中的程序和数据存放于内存，CPU 执行的每一条指令都要到内存中取，这凸显了内存的重要地位，其存取速度和容量是整个计算机系统性能的关键指标。内存管理成为操作系统的核心内容，其目标就是要提高内存的利用率，为应用程序访问内存提供更方便的方式。

本章讲述连续分配、分段和分页三种典型的内存管理方法，并重点阐述当前广泛应用的分页系统的实现方法。最后介绍虚拟存储器的原理和实现技术。

◆ 5.1　连续分配内存管理

连续分配是物理内存的一种管理方法，它将应用程序装入物理内存中的一段连续区域中。当内存中存在多个应用程序时，如何高效使用内存空间、保护应用程序是本节讨论的核心内容。

5.1.1　连续分配

虚拟地址空间说明了从程序员的视角看程序和数据在一个线性的地址序列中是如何安排的。进程运行时，虚拟地址空间中所描述的程序和数据必须装入物理内存，程序中的指令才能装入 CPU 执行，所以操作系统必须在物理内存中为进程分配属于它自己的内存区域。如果操作系统给每个进程分配一个地址连续的内存区域，那么这样的分配方式称为**连续分配**，如图 5.1 所示。否则，虚拟地址空间映射到若干段彼此不相邻的内存区域，则称这样的内存管理方式为非连续分配，如图 5.2 所示。可以用基地址和长度来描述进程所占用的连续内存区域，而且该内存区域和虚拟地址空间都是连续的线性空间，地址映射和内存管理都非常简单。相比之下，非连续分配就复杂得多。

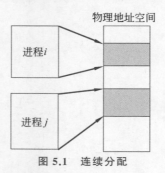

图 5.1　连续分配

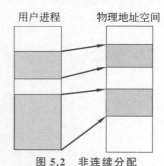

图 5.2　非连续分配

为了能够在内存中同时装下多个作业,操作系统将内存划分成大小不等或大小均等的分区,以达到不同的管理目标。日常生活中我们也这样做,如教学楼里的教室大小不等,数量各不相同,以留给不同大小的教学班,排课的时候需要花些工夫把大班分到大教室。即使人的体积各不相同,教室里所有的椅子大小也都是相等的,目的是减少管理上的代价。不管分区的大小是否相同,在装入用户作业前已经划分好了。这样的内存分区方式称为固定分区,固定的意思是分区的大小不会随作业大小而改变。当装入作业时,操作系统总是在比作业大的分区中找一个分区装入作业。一般情况下,装入作业后,每个分区都会留下一部分区域不能被利用,这些区域称为内碎片。这些内碎片不能被另外的进程使用,基于管理需求,一个分区只能存放一个进程。这降低了内存利用率,是操作系统努力避免的。

固定分区的缺点就是不能根据作业的大小动态调整分区大小,这会使一些小的作业可能占用了大分区,导致大的作业找不到足够大的分区。因此,一个自然的想法就是事先不对内存进行划分,而是当作业到来时根据作业大小动态(临时)分配一个分区给作业,这样每个作业得到的内存分区大小和作业一样,这样的分区称为动态分区。显然,动态分区的方法是不会存在内碎片的,图 5.3 显示了多个进程在内存中的分配情况。然而,新的情况出现了,当进程 P2 退出后,它原先所在的区域 B 成为空闲区。当一个新的进程 P5 到来时,系统会找一个比进程 P5 大的空闲区装入 P5,如找到了空闲分区 B。然后将 B 分成 B1 和 B2,B1 大小与 P5 相同,装入 P5,B2 仍作为空闲区。不过 B2 可能会很小,以至于很难再装下一个进程了,这种不能被利用的空闲区称为外碎片。外碎片和内碎片统称为碎片,其特点是不能被分配,降低了内存的利用率,还需要内核去管理,增加系统开销。

经过多轮作业的进进出出,内存也经历了多次的分配和回收,其中包含两类分区,一类是已使用的,另一类是空闲的,它们相间分布,大的空闲区可以被再次分配,小的就成为碎片。碎片并不是永恒的,当一个进程结束后,操作系统回收其空间,若其前面的或后面的分区也是空闲的,则可以将它们合并成一个大的空闲区。这样碎片会被吸收掉,其数量不会超过作业分区的数量。

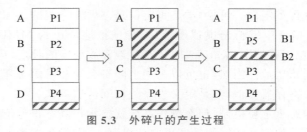

图 5.3 外碎片的产生过程

当一个作业到来时,如果内存中有多个空闲区都能装下该作业,那么应该选择哪个空闲区呢?最常用的策略有以下三种。

(1) 首次适配:所有空闲区一般按地址大小排序,分配内存时,在空闲区从头顺序检索,第一个能装下该作业的空闲区被选中,该方法简单。

(2) 最佳适配:在所有能装下该作业的空闲区中,最小的被选中,该方法尽量留下了大的空闲区,但容易产生碎片。

(3) 最差适配:在所有空闲区中,最大的被选中,该方法最不容易产生碎片,但会破坏大的空闲区。

以上空闲内存的分配策略各有所长,能在不同的应用中发挥作用。存储空间中的碎片是计算机系统中的一个一般性问题,与物理内存的分配一样,在 C/C++ 等高级语言中用 malloc()实现动态内存分配,分配的是虚拟地址空间中的内存区域,文件系统写文件时分配的是磁盘空间。这些分配方法应对的共同问题是:所分配的空间是连续的,需要尽可能留下大的空闲区,提高分配效率,减少碎片。

5.1.2 内存保护

保护是一种机制,用于控制程序、进程或用户对系统中资源的访问,该机制需要说明对访问进行什么样的控制,以及怎样实现这些控制。对于内存访问来说,所谓内存保护就是要做到:用户进程只能以它被允许的方式访问指定的内存区域。需要注意的是,系统不仅要限制进程访问系统或其他用户的内存区域,而且会限制进程访问自己的内存区域。例如,进程对代码区域的写操作就会被限制。

关于保护,制定一套原则贯穿系统的设计和使用,对于维护整个系统的一致性是非常重要的。最低权限原则就是一个经过时间检验的关键原则,其宗旨是:程序仅被授予完成任务所必需的权限,不能有多余的权限。

连续分配的内存保护非常简单,因为进程能访问的内存区域仅在一个分区内,所以只要用上限和下限两个值就可以描述进程的内存资源。一般情况下,CPU 中会有一对上、下限寄存器,分别记录当前运行在 CPU 上的进程在内存中分区的最高和最低地址。在访问内存时,如果地址超出了上、下限寄存器规定的范围,系统就会产生地址越界异常。由于采用连续分配的系统一般都是早期或小型系统,内存操作的种类往往简单地分为"允许"和"禁止"。

关于地址变换的实现,可以参阅 1.4.2 节的内容,如图 1.12 所示,应用程序使用的是虚拟地址(也称逻辑地址),而访问物理内存时需要使用物理地址,所以在程序运行前,需要将程序中的虚拟地址全部转换为物理地址。在计算机系统发展早期,在程序运行之前通过软件方法实现重定位,称为静态重定位。与静态重定位不同,**动态重定位**并不在程序运行之前修改程序中的地址,而是采用处理器中的内存管理器(Memory Management Unit,MMU),在指令执行过程中进行重定位。可见,动态重定位是由硬件完成的。图 1.14 显示了动态重定位的过程,CPU 从指令中解析出虚拟地址后,将虚拟地址送给 MMU。MMU 中有限长寄存器 limit 和重定位寄存器 relocation,限长寄存器存放程序的长度,重定位寄存器存放程序在物理内存中的起始地址。当然,也可以采用上限寄存器和下限寄存器,其所起的作用与限长寄存器和重定位寄存器类似,都是定义程序的访问区域。

如果系统采用静态重定位机制,那么操作系统就要承担静态重定位的功能,具体操作应该是装入程序完成的。如果系统采用动态重定位机制,重定位是在指令执行过程中完成的,那么重定位操作就是由硬件的 MMU 完成的而不是软件完成的。不过,操作系统仍然从两方面掌控动态重定位的过程:一是重定位寄存器和限长寄存器的值是由操作系统在程序运行前就设置好的,它们在重定位过程中发挥关键作用;二是动态重定位过程中一旦出现地址越界异常,CPU 的控制权就会转向操作系统,由操作系统处理越界异常。

5.1.3 交换

内存容量是有限的,很容易就被进程占满了,尤其是在多任务系统中。当运行一个新的进程时,系统可能发现已经没有内存可用了,最直接的方法就是将当前不执行的任务暂时从内存中换出到磁盘上,以后执行该进程时,再把它换回内存,这种机制称为交换。

交换是以进程为单位的,即进程整个地换进/换出。交换实际上就是第 4 章 CPU 调度部分介绍的内存调度(中期调度),它决定了哪些进程应该在内存,哪些进程应该去外存。与交换不同但又非常类似的是虚拟存储技术,以进程的部分存储空间为单位换进/换出,进程执行到哪一部分再把哪一部分装入内存,提供了更加灵活的换进/换出机制。尽管都采用了内外存交换技术,然而,前者是计算机系统早期的内存管理技术,着眼于为所运行的进程腾出内存空间,后者的目标是建立一种存储机制,以透明的方式为系统提供高速、大容量的虚拟存储器。

交换需要将内存的大量数据写入磁盘,为了降低磁盘读写时间,会在磁盘中开辟专门的存储空间存放换出去的进程。即使这样,每次进程换进/换出的时间是以毫秒为单位的,所以,系统应当尽量减少交换,尤其是要杜绝那些刚换出去的进程很快又要执行的情况。例如,如果一个进程执行 I/O 而阻塞,被换出内存,结果很快用户就完成输入,又得执行该进程,这样的交换就是折腾。为了较少交换,操作系统仅把那些很有把握长时间不再运行的进程换出去,例如,在 Windows 3.1 中,仅当一个程序长期没有用户交互时,如 Word 窗口长期未激活,才会被系统换出内存。

目前,纯粹的交换技术已经很少在现代操作系统中使用,但交换的思想和改进已经融合进现代虚拟存储技术中来。

在采用连续内存分配的系统中,进程的程序和数据在物理内存空间中是连续存放的,地址变换过程和内存保护都很容易做到。然而,该方法的缺点是不能实现进程间内存共享,也不能在该方法的基础上实现虚拟存储器,这也要归因于其连续性。

5.2 分段内存管理

采用连续分配方法时,假定应用程序占用一段连续的虚拟地址空间,所以装入内存时也会寻找一段连续的物理内存空间。事实上,尽管程序的语句或指令是按线性顺序排列的,但其宏观的逻辑结构并不是线性连续的,而是模块化的,例如,子程序之间、目标模块之间并没有顺序之分,也不要求彼此之间是连续存放的。内存单元是按顺序排列的,所以采用机器级语言编程序时,程序员会把程序模块安排到一个统一的连续的线性地址空间中;采用高级语言编程时,则由编译程序安排程序模块在地址空间中的位置。图 5.4 显示了程序的各个模块在一维地址空间中的存储映像,而图 5.5 显示了程序的逻辑视图。如果允许程序员把程序模块挂在树上,他是不会把程序模块连续地排成一行的。强行把程序模块连续地存放在内存,不仅没必要,而且会限制程序的运行,例如,程序中栈模块和堆模块都是动态增长的,其相邻的模块会阻碍它们的增长。相对而言,树结构允许每一根树枝都可以自由生长。

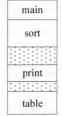

图 5.4 线性空间中的程序

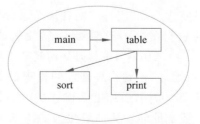

图 5.5 程序员视角下程序的结构

另外，内存连续分配管理机制已经为我们提供了管理内存中多个不相邻分区的方案，所以，把应用程序中的不同模块装入内存的不同分区，也就是这些模块在物理内存中不必相邻，就成为一种自然的选择。这样，操作系统对进程管理的粒度就细化到进程内的各个模块，操作系统可以为某个模块分配单独的分区，甚至单独装入某个模块。

5.2.1 分段的基本方法

段(Segment)是应用程序中具有逻辑意义并作为内核管理进程地址空间的一个独立单元，它可以是一个目标模块、程序库、一组数据、栈或堆。段内的代码或数据形成线性存储空间，按地址访问。每个段有一个段号，作为段的标识。用高级语言编程时，程序员可以通过［段名，变量名］访问内存，经过编译后，在机器语言中以［段号，段内偏移量］访问内存，可见程序中的逻辑地址是二维的。在 C 语言中，仅使用变量名就可以访问全局变量，并没有使用段名，那是因为 C 语言不允许全局变量重名，编译程序完全可以根据变量名确定它在哪个段中定义；同样在很多汇编语言中也可以不使用段号，而是使用段寄存器，段寄存器和段号的作用是一样的，都可以作为段的标识，这都是一种变通。分段是以段为单位进行内存分配和管理的内存管理模式，不同的是，连续分配模式则把全部应用程序看作一个整体进行内存分配。

程序运行前，内核依次将应用程序的所有段装入内存，同时，还会建立一个表格，记录每个段在内存的位置，该表称为**段表**。段表如图 5.6(a)所示，它描述了如图 5.6(b)所示程序中各段在内存中的位置。每个进程都有一个段表，不同的进程，其段的数量不一样，段表的长度也不同。一般段表都是放在内存中的。

段号	段基址	段长
0	10000	3000
1	5000	1600
2	20000	5000
3	16000	4000

(a) 段表　　　　(b) 各段在物理内存中的分布

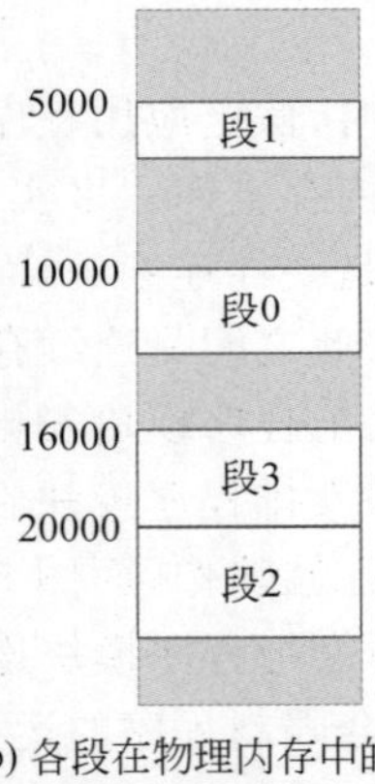

图 5.6　应用程序中各段在内存中的存储映像

采用分段模式后，应用程序的各段分散在内存的不同位置，CPU 在执行程序时是如何找到要访问的数据的呢？这就要依靠段表来进行地址变换了。假如要执行的指令是"LOAD R,＜2＞|[2100]"，也就是要访问第 2 段偏移地址为 2100 的内存单元。这里"＜2＞|[2100]"是逻辑地址，得到物理地址的过程如下：用段号 2 去查段表，得到第 2 段在物理内存的起始地址 20000，然后加上偏移量 2100，得到物理地址 22100。

可以把上述地址的计算一般化为如图 5.7 所示的地址变换过程。CPU 从指令中解析出逻辑地址 s|d，其中，s 为段号，d 为段内位移，然后将逻辑地址交给内存管理单元

(MMU)，由 MMU 实现逻辑地址到物理地址的变换。MMU 需要用到两个寄存器：段表基地址寄存器指向段表的起始地址；段表长度寄存器记录段表的长度。MMU 的地址变换过程主要包含 4 个操作：①比较段号 s 和段表长度寄存器，判断段号 s 是否超出了段长，若是，则产生异常；②通过段表基地址寄存器，用段号 s 查段表得到段基址和段长；③判断指令中给出的段内偏移量 d 是否小于段长，若不小于，则引发异常；④将段基址和偏移量相加，得到物理地址。需要注意的是，地址变换过程是指令周期的一部分，是由硬件实现的。在这个过程中，段表具有核心的地位，操作系统通过建立段表，在地址变换模式中起到了主导作用，但它并没有直接参与每一次的地址变换。分段机制的地址变换方法是基于动态重定位方法的，所不同的是，分段机制中每个应用程序都有若干分区，但是系统中并没有多个重定位寄存器，所以，段表就起到了一组重定位寄存器的作用，每个表项相当于一个重定位寄存器。

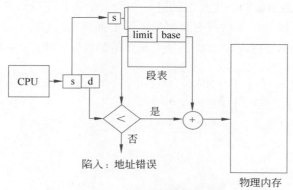

图 5.7　分段地址变换过程

采用分段模式后，操作系统的内存管理功能可以细化到应用程序的各个模块，从而可以实现对进程存储空间更精确的管理和控制，进一步实现用户进程之间的共享和保护；同时由于应用程序没必要占用连续的内存区域，也就没必要一次性装入内存，为实现虚拟存储器奠定了基础。与连续内存管理模式一样，系统会建立空闲分区表，记录内存中的可利用区域。当装入程序时，系统根据某种适配策略依次为每个段分配内存；不同的是，一个分区仅存放进程的一个段，而不是整个进程。段占用的空间比作业更小，原先不能被利用的内存碎片，也可以利用起来了，然而这也使得内存碎片变得更小、更多，分段并没有从根本上解决碎片问题。

5.2.2　段的共享

由于系统中的进程都在同一个物理内存中，操作系统一方面要限制进程对内存的访问，防止进程访问其权限之外的存储空间，这在前面已有介绍；另一方面操作系统还要为进程之间共享内存空间提供支持，例如，多个进程可以使用内存中同一份数据，调用同一组子程序，这将大大提高内存资源的利用率。

进程之间要共享的内容一般是一个数组、一个子程序、一个模块等，这些都是程序的逻辑单元，在程序中都可以段的形式存在。所以，进程之间的内存共享可以理解为进程之间段的共享。进程中的段，有的可以被其他进程分享，有的不能；有的只能读，有的则可以读写。操作系统必须对访问这些段的用户验证其所具有的权限。分段正好满足了这一要求，段作为操作系统管理的应用程序的基本单位,每个段有独立的访问权限,可以分别处理。系统一般在段表中增加另外的字段,描述对段操作的读写权限,例如,是否可读、是否可写等。回顾一下,连续内存分配将整个进程作为一个不可分割的整体,不能对各部分分别管理,因而不可能支持共享。

假如用户要打开两个 Word 文件 A 和 B,双击第一个文件 A 后,Word 程序和文件 A 都会装入内存,同时创建进程 1,进程 1 的段表以及各段在物理内存的位置如图 5.8 所示,0 号段是 Word 代码段,1 号段是存放文件 A 的数据段。如果此时再同时打开另一个文件 B,那么文件 B 也将装入内存,系统又会创建进程 2。由于进程 2 用到的 Word 程序已经在进程 1 运行时装入内存,系统没有必要在内存中再次装入 Word 代码,进程 2 可以和进程 1 共享 Word 代码。共享的实现非常简单,假设 Word 代码段在进程 2 中的段号为 1,只要将进程 1 的段表中代码段的起始地址和长度复制给进程 2 段表中的代码段即可,当然,进程 2 的数据段仍需新建,如图 5.8 所示。依据前面介绍的地址变换规则,进程 1 访问代码段 0 和进程 2 访问代码段 1,访问的都是内存中 20000 号单元开始的 Word 代码,从而实现了代码共享。

图 5.8 两个进程共享代码

如果两个进程 A 和 B 要共享的代码自身带有数据部分,那么这些数据显然也是两个进程需要共享的。例如,进程 A 和 B 要共享的代码 S 有一个计数器变量 count,初始化为 0,进程 A 在执行 S 时已经将 count 的值累加到 3 后暂停,CPU 又去执行进程 B。进程 B 将 count 重新初始化,显然,当进程 A 继续执行 S 时就会出错。出错的原因在于:进程 A 和 B 在执行共享代码 S(包含数据部分)时都要对 S 进行修改,导致两个进程相互干扰。所以,一段代码要想被多个进程共享,它自身就不允许包含被修改的部分,这样的代码称为可重入代码。一般代码是不能被修改的,如果一段程序自身不包含数据部分,则称为纯码。显然,纯码是可重入代码,是可以被共享的。

共享代码在执行时修改寄存器、局部变量,不会在进程之间造成相互干扰,因为这些数据都会保存在进程控制块或进程自身的栈中。共享代码若修改进程地址空间中非共享的数据部分,也不会造成进程之间的相互干扰。如果共享代码一定要修改进程之间可共享的数据,那么需要在编码时充分考虑进程之间的同步和互斥关系,这将在第 8 章中介绍。

共享和保护是不可分割的,内存共享包括读、写、执行等,需要限定操作的权限,分段模式下的保护的实现方法与分页模式类似,将在 5.3 节中详细介绍。

5.2.3 内存共享的程序实例

5.2.2 节介绍了进程之间共享代码或数据在内核层面的实现原理,现在来说明在应用程序层面需要做的工作,以相互印证。

要做到共享代码,系统需要知道共享什么样的代码,例如,5.2.2 节中的编辑程序 Word,这实际上是在应用程序编译、连接时就确定了的。共享程序往往以共享库的形式存在,所以一个应用程序调用共享代码时,编译、连接阶段就会加入共享库,如 Windows 系统中的动态连接库 DLL。当应用程序调用共享库代码时,必定请求操作系统装入共享库,所以系统由此知道哪些进程之间共享哪些代码。

同样,数据共享也需要应用程序告诉操作系统哪些进程之间共享哪些数据。下面的例子将说明这一点。

在 UNIX 操作系统中,两个进程要共享内存,需要先由一个进程建立一个共享内存对象,并赋予一个名字,然后另一个进程用同一个名字打开这个内存对象,就可实现二者之间对该内存对象的共享了。注意,建立和打开共享内存对象都是用 shm_open(),只是所给的参数不一样。由于进程只能直接访问自己地址空间的存储单元,所以进程在访问共享内存对象之前需要先将它映射到各自的虚拟地址空间中,这由 mmap() 完成。使用完共享内存之后,要使用 shm_unlink() 删除之,以断开两个进程之间的联系。

建立并将数据写入共享内存的程序如下。

```
#include <stdio.h>
#include <stlib.h>
#include <string.h>
#include <fcntl.h>
#include <sys/shm.h>
#include <sys/stat.h>
int main()
{
  const int SIZE 4096;                                      //共享内存区的大小
  const char * name = "shm_example";                        //共享内存区的名字
  const char * message = "Hello World!";
  int shm_fd;                                               //共享内存区文件描述符
  void * ptr;                                               //指向共享内存区的指针
  shm_fd = shm_open(name, O_CREAT | O_RDRW, 0666);          //建立共享内存
  ftruncate(shm_fd, SIZE);                                  //设定共享内存的大小
  ptr = mmap(0, SIZE, PROT_WRITE, MAP_SHARED, shm_fd, 0);   //映射到地址空间中
  sprintf(ptr,"%s",message);                                //将 Hello World!写入共享内存
  return 0;
}
```

打开共享内存对象并显示其中数据的程序如下。

```
#include <stdio.h>
#include <stlib.h>
#include <fcntl.h>
#include <sys/shm.h>
```

```c
#include <sys/stat.h>
int main()
{
    const int SIZE 4096;
    const char * name = "shm_example";
    int shm_fd;
    void * ptr;
    shm_fd = shm_open(name, O_RDONLY, 0666);              //打开共享内存对象
    ptr = mmap(0, SIZE, PROT_READ, MAP_SHARED, shm_fd, 0); //映射到地址空间中
    printf("%s",(char *)ptr);                              //显示共享内存中的数据
    shm_unlink(name);                                      //断开共享内存对象
    return 0;
}
```

为节省篇幅，上述程序并未对所调用的函数返回值进行判断，只是演示了关键函数调用的逻辑关系。完整的程序可参考 Linux 手册中关于 shm_open() 的示例程序。

5.3 分页内存管理

分段内存管理机制中，尽管段之间可以不连续存放，但段存储区域的分配仍然采用了连续内存分配的管理方法，系统中仍然有内存管理的碎片问题。碎片是容易理解但并不容易处理的，在日常生活中也普遍存在，例如，散装货轮不停地装货、卸货。卸货之后空出的船舱会被再次利用，但难以保证会被全部利用，因为新装载的货物不一定正好占满上批货物腾出的空间，所以也会出现"碎片"。最典型的解决之道是采用集装箱，将船舱设计成标准的集装箱箱位，而货物都装入标准大小的集装箱，这样，船舱中的所有空间都是可利用的。分页内存管理模式正是借鉴了上述思想。

5.3.1 基本方法

1. 分页

分页内存管理模式于 1959 年首次提出，并在 1962 年首先应用于曼彻斯特大学研发的 Atlas 计算机上。在分页管理系统中，内存物理地址空间和应用程序的虚拟地址空间按照同一尺度，例如 1KB，进行划分，在物理地址空间中划分出来的每个区域称为页框，而虚拟地址空间中划分出来的每个区域称为页，一个页正好可以装入一个页框。

内核将应用程序中的页装入内存时，需要先为这些页分配空闲页框，并不要求这些页框必须是位置上连续的。同时，还会为每个进程建立一个页表，记录每个页装到了哪个页框中，如图 5.9 所示。虚拟地址空间中相邻页在物理地址空间中并不一定相邻，所以需要通过页表记住每个页在内存中所对应的页框号。页表和段表的作用是类似的，都是实现虚拟地址空间到物理地址空间的映射。不过，页表和段表中的内容还是不同的，要注意它们之间的相似和不同。

页表需要为每一个页建立到页框的映射关系，所以页表的大小是由虚拟地址空间的大小决定的。而地址空间的大小是由内存地址的所占位数决定的，例如，在 Intel x86 32 位系统中，用 32 位二进制表示地址，假如页的大小为 4KB，页内偏移量占 12 位，那么虚拟地址空

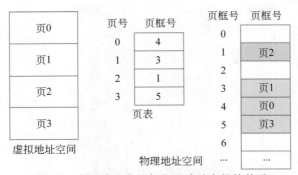

图 5.9 虚拟地址空间与物理地址空间的关系

间中页的数量(页表的长度)就是 1M。系统的虚拟地址空间很大,是应用程序理论上能访问的最大范围,事实上,它比应用程序本身大得多,绝大部分是空洞,没有必要将这些区域映射到物理内存中。这样,为了节省页表开销,在有的系统中页表仅用于记录那些应用程序所在的页对应的页框,在这种情况下,页表的大小实际上是由应用程序的大小决定的。在这样的系统中,可以采用一个页表长度寄存器,专门记录当前程序在虚拟地址空间所占的页数,即页表的长度。除此之外,后面还会介绍多级页表的方法来减少页表的开销。

页表中所存放的映射关系,无论是关于整个虚拟地址空间的,还是仅关于其中的非空洞部分(程序和数据),其所占的存储空间都不会小,只能存放在内存中。在 CPU 中有一个专门的寄存器,记录页表存放在内存中的起始位置,称为页表基地址寄存器(PTBR)。每个进程都有自己的页表,所以在 CPU 切换时,如果当前线程与新线程不属于同一进程,那么需要更新页表基地址寄存器的内容。

2. 地址变换

在分页模式下,虚拟地址是一维的、线性的,不像分段模式,程序中的地址并不会直接体现页号和页内地址。事实上,CPU 是可以依据虚拟地址直接计算出页号和页内地址的。假设页的大小为 2^n B,那么虚拟地址对应的页号 $p=$ 虚拟地址$/2^n$,页内地址 $d=$ 虚拟地址 $\bmod 2^n$。由于虚拟地址是以二进制形式表示的,上述计算只是说明页号和页内偏移的意义,除法运算和模运算都无须做,页号就是虚拟地址中第 n 位及其左侧部分,而页内地址就是虚拟地址中的 $0\sim n-1$ 位。当然,这也要求在系统设计时页的大小一定要求必须是 2 的整数次幂才行。

如何把虚拟地址转换为物理地址是所有内存管理模式要解决的核心问题。图 5.10 说明了分页模式的地址变换过程,这是由内存管理单元(MMU)(虚线框内)完成的,其中包含 4 个关键的操作:①从虚拟地址中分离出页号 p 和内页地址 d;②根据页表基址寄存器的内容,得到页表在内存中的起始地址;③页表起始地址加上页号 p,就可定位到页表的第 p 个页表项,并从中得到页框号;④由于页和页框大小相同,虚拟地址在页内的偏移量和相应物理地址在页框内的偏移量是相同的,所以,直接将页框号和页内地址拼装成物理地址。由此可见,分页模式的地址变换过程与分段非常相似。需要强调的是,尽管地址变换过程是由 MMU 硬件完成的,但页表的内容是操作系统来填写的,即映射关系是内核确定的。

在地址变换过程中,MMU 会使用页表基址寄存器 PBR 访问页表,PBR 中存放的页表基址属于物理地址,不能再进行地址变换了,而是直接送到地址总线上,这一点,MMU 是不

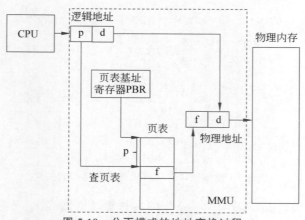

图 5.10 分页模式的地址变换过程

会搞错的。然而,操作系统也会访问页表,一种方式是访问虚拟地址空间中的某个区域,并通过 MMU 映射到页表在物理空间的位置;另一种方式则是禁止 MMU 的地址变换,直接使用 PBR 中的地址进行访问。

3. 内存分配

在分页模式下,物理内存被划分成相同大小的页框,由于分配是以页框为单位的,所以不存在分配不出去的内存区域(碎片),从系统管理的角度说,所有内存区域都是可利用的。分页模式下的内存分配既简单,又充分利用了内存空间。不过,内存的分配单位为页,这也导致进程可能无法用完最后一个页,平均下来,每个进程会有 0.5 个页不能被利用。另外,应用程序中的某些数据类型或结构要求从页的边界开始存放,也会使应用程序的虚拟地址空间内存在很多页内碎片,会有更多的页框不能被完全利用。事实上,数据类型在内存中存放时需要对齐方式,内存中的小的碎片是普遍现象。由于页框本身不大,页内碎片更小,这种不能被利用的空间不会对空间利用率产生大的影响,一般被系统忽略。

内核中有一个页框表记录内存中的每个页框的使用情况,例如,使用过的页框标记为 0,未使用的标记为 1。从页框表就可知道系统中有哪些内存可用,整个系统一张页框表。每次分配内存,就从页框表中寻找标记为 1 的页框分配出去。

5.3.2 地址变换时间开销

地址变换发生在每条访存指令的执行过程中,至少一次,可见其执行的频率之高。地址变换过程中任何时空上的开销对系统性能都会产生重要的影响。

在 5.3.1 节介绍的地址变换过程中,第①②④项操作都仅需要访问寄存器,只有第③项操作需要访问内存中的页表,由于寄存器的访问时间和内存不在一个数量级上,所以地址变换所需要的时间主要由第③项中访问内存的时间决定。也就是说,MMU 的地址变换使得所有访问内存的指令都增加了一次访问内存的时间,会使 CPU 访存指令的执行时间几乎延长一倍,这显然是系统不能接受的。

解决上述问题的直观想法就是把页表放在更快的存储器中,例如,在 MMU 中设置一个专用的高速缓存。但是,应用程序的页表往往很大,CPU 中的这个高速缓存装不下,只能装下页表的一部分,当地址变换中用到不在高速缓存中的页表项时,再从内存的页表中调入。事实上,能装下页表的一部分也可以了,因为程序运行符合局部性原理,绝大部分访问页表的操作都可以在这个高速缓存中解决。MMU 中存放部分页表的这个高速缓存称为**变换旁视缓冲区**(Translation Look aside Buffer,TLB),意思是在常规的地址变换过程中,先检测 MMU 中的这个 TLB,看看其中有没有所需的页表项,有的话直接取出页框号而无须访问内存中的页表,没有的话再访问内存中的页表,如图 5.11 所示。

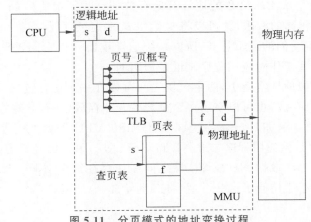

图 5.11 分页模式的地址变换过程

系统当然希望 TLB 中存放的都是将要使用的页表项,但谁又能知道应用程序将要访问哪个页呢!所以,系统会采用某种置换算法,尽力将以后要用到的页表项留在 TLB 中。这项工作可以由 MMU 的硬件完成,也可以由操作系统软件完成。如果是硬件来完成 TLB 页表项的置换,一般需要访问 1 或 2 次内存;如果是软件的话,还需要执行一段程序,花费的时间就多了去了。所以,无论是硬件还是软件来实现,都基于一点,即 TLB 中的页表项缺失率应该很低才行。为此,从系统的角度,要提高 TLB 的命中率;从程序的角度,则要具有更好的局部性。否则,地址变换的代价是不可接受的。

TLB 中只能存下页表的一小部分,而且是最近使用的页表项。显然,这些页表项的页号不可能是连续的,所以不能像页表那样用页表基址+页号直接访问。若顺序查找 TLB 中页表项的话,无疑将大大增加地址变换时间。事实上,TLB 采用的是并行查找技术,要查找关键字(页号)时,将页号同时与每个表项进行比较,因而一次比较,就能找到页框号,这导致 TLB 的造价昂贵。一般情况下,其容量为 8~4k 个表项,访问时间在一个时钟以内。TLB 不命中时需要访问内存中的页表,花费 10~30 个时钟周期。通常 TLB 命中率在 97% 以上。

5.3.3 分页模式下的内存保护与共享

分页和分段都是非连续的内存管理模式,可以以页为单位进行管理,能对不同的页赋予不同的保护权限。并且也能像分段模式一样,实现不同进程之间页的保护与共享,共享的设计思想是一样的,只是在具体实现时,分页和分段还是有细微的差别。

1. 页对齐

在分段模式下,共享内存对象可以定义为一个段,因为段的长度可变,本身就具有逻辑意义。但是,在分页模式下,页的大小固定,只是存储空间的一个物理单位,一个页中可能包含两个不同的程序模块或数据对象,而进程对它们的访问权限可能不同。由于页是内核进行内存管理的基本单元,内核不能区分同一个页中不同对象的访问权限。所以,程序中不同访问权限的对象不能放在同一页中。例如,程序中 A、B 是两个权限不同但相邻的两个对象,在地址空间中存放完 A 之后不能紧跟着安排 B,而是在下一页的起始位置开始存放 B,这就是所谓的页对齐,此时对象 A 所在的最后一页显然是存在页内碎片的。这种对齐的做法在内存中存放各种类型的数据时也是经常采用的,例如,在以字节编址的计算机中,一个占 4B 的整型数一般是从 4 的倍数的地址开始存放的。为了节省空间,如果程序中有另一个对象 C 和 A 具有相同的权限,就可以将 C 紧跟着 A 连续存放。对象 A、B、C 在地址空间的顺序一般不会影响它们的逻辑意义,所以系统这样重新安排它们,统一管理,不会影响程序的运行。不过,这些工作对应用程序来说是透明的。

由此可见,在虚拟地址空间中,两个模块之间可以在一页之内连续存放,在前一个模块最后一个页的下一页存放,也可以空出多个页之后开始存放,甚至某些特定的模块要从某个指定的位置开始存放。例如,Linux 系统在 32 位 Intel CPU 平台上进程代码部分的起始地址为 0x08048000,这是由应用程序二进制接口规范(ABI)事先已经规定好了的。所以,进程虚拟地址空间中的代码、数据、堆、栈等区域之间往往存在很多空洞。程序对这些空洞的访问毫无意义,如果不小心访问了这些区域,将产生异常(地址越界)。

2. 页的保护

程序对页的操作权限可以简单分为三类——读、写和执行,所以系统在页表中增加了三个字段——可读、可写和可执行。例如,包含栈或一般数据的页可以设置成"可读"和"可写";包含常量的页可以设置成"可读";代码页则可以设置成"可读"和"可执行"。另外,一般情况下,页表中还会有一个字段"有效位",以说明该页是否分配给了进程,否的话说明该页为空洞,任何情况下,程序对属于空洞区域的页的访问都是错误的,硬件会立即引发地址异常。增加了保护字段的页表结构,如图 5.12 所示。

页号	页框号	可读	可写	可执行	有效位

图 5.12 页表结构

每当 CPU 访问内存时,MMU 就会将当前的操作与操作数据所在页的保护字段进行比对,相符的话就继续执行,否则产生相应的越权异常。像地址变换一样,保护的功能也是由操作系统和 MMU 合作完成的,操作系统设置页表的内容,而 MMU 则在指令执行过程中进行检测。

3. 页的共享

页的共享和段的共享是非常相似的,主要是通过将不同进程虚拟地址空间中的区域映射到物理地址空间中相同的区域来实现的。页的保护机制将进程对共享内存的访问限定于执行什么样的操作,而页的共享机制则允许进程能够访问公用的代码和数据区域,二者不同而相互补充,实现进程之间的共享与保护。

图 5.13 显示三个进程共享内存的例子,非常类似于 5.2.2 节中的段的共享。三个进程都用到一个编辑软件,该软件占用两个页,由第一个使用该软件的进程装入内存,以后其他进程再使用该软件时就不需要再装入了。该软件在三个进程的虚拟地址空间中占有第 0、1 页,三个进程的页表中第 0、1 页同时指向页框 5 和 7。这两个页框就是三个进程共享的内存。另外,进程 1 和进程 2 不仅共享同一个软件,它们还共享了数据 data1,该数据页在内存

的第 1 个页框中。

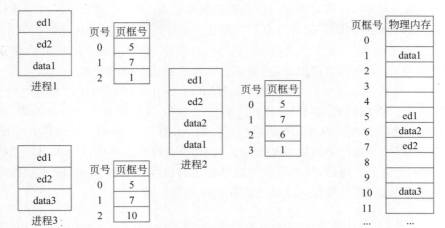

图 5.13　多个进程之间共享内存

4. 共享代码的页号应该相同

在上述三个进程共享内存的例子中,三个进程都共享了代码页 ed1 和 ed2,进程 1 和进程 2 还共享了数据 data1。data1 在进程 1 中的页号为 2,在进程 2 中的页号为 3,然而通过它们各自的页表都指向了页框号 1。这说明同一个数据,在两个进程中的虚拟地址范围不同,但物理地址范围相同,不会妨碍被两个进程共享。

然而,代码页的共享,情况就不一样了,被共享的代码必须安排在各进程中虚拟地址空间中相同的位置,即页号相同,下面来说明理由。当把共享代码装入进程的虚拟地址空间时需要与进程的地址空间保持一致,即代码应该放在它们认为自己应该在的地方。例如,如果把共享代码装入进程 A 中 10000 号单元开始的位置,那么共享代码中的内存访问地址都要加上 10000;如果把共享代码装入进程 B 中 20000 号单元开始的位置,那么共享代码中的内存访问地址都要加上 20000。这样,进程 A 和进程 B 中的共享代码就变得不一样了,怎么还能共享呢?所以,两个进程如果要共享同一段代码,需要将它们装入虚拟地址空间中相同的位置上。共享数据在装入进程地址空间时对自己的位置并没有什么要求,自然无须要求它们的页号必须相同。

如果一段代码放在地址空间中的任何位置都可以正常运行,这样的代码被称为**位置无关代码**(Position-Independent Code,PIC)。显然,如果被共享的代码是位置无关的,在装入地址空间时就无须进行修改,因而可以放在地址空间的任何位置,也就不必要求它们在各调用进程的相同页号中了。

5.3.4　段页式存储管理

同页相比,段是程序的逻辑单位,能够反映程序自身的逻辑结构以及运行时的特性,可以为内核提供有关程序的许多特性,如段更能体现程序运行的局部性原理,这对于内核的存储管理具有重要的价值。同段相比,页大小相同,内核不必为碎片费心,更容易管理。能否将分段模式和分页模式结合起来,发挥它们各自的优点,形成一套更好的内存管理模式呢?

段页模式就是将段和页结合起来,它把应用程序划分成不同的段,然后再将每个段划分成不同的页。这样,内核既能从宏观上掌握进程的逻辑结构,并且还可以将段分割成页,以非连续的方式装入内存,内核对物理内存的管理仍然以页为单位,解决了段占用连续内存而产生的碎片问题。段页模式在拥有分段和分页优点的同时,也要忍受额外的代价。例如,每个进程除了有一个段表外,每个段还要有一个页表;另外,虚拟地址要经过分段和分页两个阶段的地址变换,才能得到物理地址,这也无疑增加了地址变换的开销。

20 世纪 60 年代的 GE 645[1] 计算机上, Multics[2] 操作系统首次在该硬件平台上实现,就是采用了段页式管理模式,虚拟地址由 18 位的段号和 16 位的段内偏移量构成,段长最大能达到 64K 字,为减少内存碎片又对段进行了分页,如图 5.14 所示。段页模式中段在内存中非连续存放,已经不能简单地用段基址和长度来表示,段在内存中的分布用该段的页表来表示,每个段一个页表。所以,原来段表中段基址字段已经没有意义了,被页表基址字段代替。有了一个段的页表,就能找到该段在内存中的存放位置。

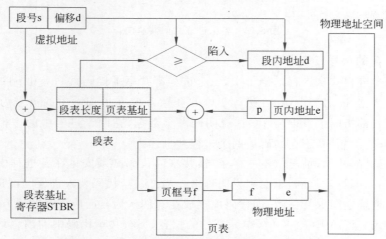

图 5.14 Multics 系统段页式模式的地址变换过程

段页模式的地址变换过程如下:①依据段号和段表基址寄存器查段表,得到该段的页表基址;②判断段内地址 d 是否超出段长,若超出,产生地址异常,陷入内核处理,否则从 d 中分离出页号 p 和页内地址 e;③依据页表基址和页号查页表,得到页框号;④页框号和页内地址 e 拼成物理地址。另外,由于段号由 18 位组成,可知其段的数量非常多,段表自然很大,为了不让段表占用太大的连续空间,该计算机系统还对段表进行了分页管理。

20 世纪 90 年代,Intel 公司的 Pentium 也提供了段页式的内存管理机制,如图 5.15 所示。虽然 Pentium 与 Multics 都对进程进行了分段和分页,但在具体实现时二者有明显的不同。Pentium 中的分段和单纯的分段模式是一样的,段表结构也基本类似,包含段基址和长度字段,但它并没有对段直接进行分页,而是将所有的段都映射到同一个称为线性地址空间的一维空间中,各段占据不同的区域,这个线性地址空间看起来就像分段模式中的物理地址空间。不同的是,线性地址空间并不是地址变换的终点,系统再对整个线性地址空间进行分页,然后将程序按页装入物理地址空间。可见,分页不是对单个段逐一进行的,而是对包含所有段的线性地址空间进行的,所以整个进程只有一个页表。相比之下,GE 645 & Multics 系统中每个段都有一个页表,这是两个段页式系统不一样的地方。

需要说明的是,分段模式中,虚拟地址是由段号和段内地址组成的,但在 Pentium 架构

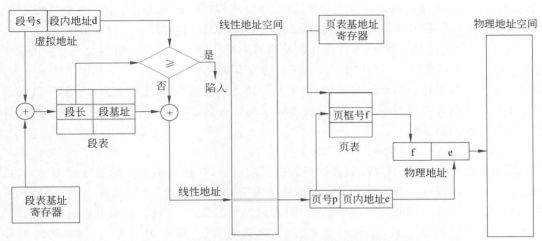

图 5.15 Pentium 系统段页式模式的地址变换过程

中,段号是存放在 6 个段寄存器中,如代码段寄存器、数据段寄存器等。指令的语义指定了该指令访问内存时应该使用哪一个段寄存器,这要求程序员编程时应该根据程序的执行情况,事先将某些段寄存器的内容赋值。所以,段号是存在的,只是没有明确地给出。另外,每个段寄存器都关联一个微程序寄存器,它存放相应段的段表项,其内容随段寄存器的内容而改变。这样,有了微程序寄存器中段表项的内容,指令执行时无须访问段表即可实现地址变换,除非改变段寄存器的内容。

图 5.15 中的 Intel 处理器的页表以线性表的形式出现,仅仅是为了在此简化地址变换过程的描述,5.4 节将描述 Intel 处理器能够支持的更为复杂的、广泛应用的页表机制。

段页模式下,操作系统能够感知用户程序的逻辑架构,同时又避免了分段的碎片问题。但是,地址变换过程就更复杂了。看上去段页式模式地址变换有两次访问内存,是分页或分段的两倍,不过有 TLB 助力,实际访问页表和段表的概率很低,只要尽量避免访问内存中的段表和页表,访问内存的性能损失就不会太大。

◆ 5.4 页表的实现

页表记录了页和页框之间的映射关系,是分页模式下地址变换过程的核心数据结构,决定了地址变换的时间和空间开销。计算机硬件定义了页表的结构,该结构是 ISA 架构的一部分,计算机软件(操作系统)只是在此基础上管理和使用页表,包括初始化和维护页表内容。本节将介绍系统架构所支持的多种结构的页表,并讨论它们的优缺点。

5.4.1 多级页表

页表用于存放虚拟地址空间到物理地址空间的映射关系,其大小理论上取决于进程虚拟地址空间和页的大小。若虚拟地址和物理地址均占 32 位,每个页的大小为 4KB,那么,虚拟地址空间中页表项的数量最多为 1M。页表项中不可或缺的字段是页框号,若页框号字段所占的位数为 20,再加上页表中的访问控制字段所占位数,每个页表项用 4B 来表示已经基本足够了,x86 的 IA32 就是这样安排的。所以,每个进程页表的大小占 4MB 的存储空间，而且，从 MMU 访问页表的方式来看，页表在物理内存中必须连续存放。每个进程 4MB 的内存空间是不小的开销，而且其连续性要求会给内核的内存管理带来较大的麻烦。

另外，虚拟地址空间很大，进程往往仅使用其中很小的一部分，例如，假设一个应用程序总共占几百 KB 的空间，也就使用 100 个左右的页表项，没必要为其分配 4MB 的页表空间。如果为每个进程都建立这么大的页表，其中大部分空间是无用的，无疑会造成存储空间的浪费。如何减少页表占用的存储空间，并且不要求其所占存储空间的连续性，是页表结构设计要考虑的关键问题。

1. 二级页表

如果允许页表不连续存放，就要用链表或者索引表，将这些不连续的部分连接起来，从而组装页表的各部分。考虑到时间开销，采用索引表会更合适，这样就形成了二级页表。图 5.16 显示了二级页表的基本结构，左边的表称为外部页表、一级页表或页目录，中间多了一个相互之间不相邻的表，称为内部页表、二级页表，或直接称为页表，右侧是物理地址空间。

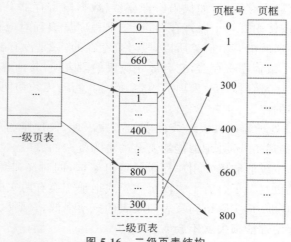

图 5.16 二级页表结构

在 Intel 的 32 位体系架构 IA32 中，内存地址占 32 位，页的大小为 4KB，采用二级页表结构，图 5.17 也适用于描述 IA32 的页表结构，虚拟地址由三部分构成：页目录号、页号和页内位移。外部页表放在一页中，称为页目录表，每个页目录表项占 4B，共 1K 个页目录表项。每个页目录表项指向一个页表。所以每个进程最多有 1K 个页表。每个页表存放在一个页内，页表项占 4B，所以每个页表中有 1K 个页表项。从整个页目录、页表结构来看，进程地址空间最大可以达到 1K×1K 个页，即 4GB。尽管从原则上说，页目录大小和页表大小不必一定是 4KB(页的大小)，但把它们正好定义成页的大小有利于内核对页目录和页表的管理，因为内核对内存的分配和管理是以页为单位的。

IA32 架构将 32 位地址空间中的页按地址顺序划分成 1024 组，每组包含 1024 个页，每个页表负责一组页的地址映射，而页目录就是所有页表的索引。按照这种结构，32 位地址中，右 12 位是虚拟地址的页内位移，中间 10 位是该地址所属页在其页表中的位移，左侧 10 位表示该地址所属页在哪一个组中，即在页目录中的索引号或位移，如图 5.17 所示。

页号		页内地址
p1	p2	d
10位	10位	12位

图 5.17　IA-32 的地址结构

2. 多级页表

目前的计算机大多采用 64 位地址,地址空间大小增加了 4G 倍。但实际机器的物理内存空间并没有像虚拟地址空间这样大幅度地增加。不妨假设页的大小仍为 4KB,那么在 IA32 架构下,一个页内还是仅能容下 1K 个页表项。这样,在虚拟地址空间中二级页表的个数就达到 2^{42} 个,如图 5.18 所示,页目录会变成一个非常大的占据连续存储空间的表。显然系统不可能存放这么大的表。

一种改进措施是将页目录再划分成两级页表:外页表 1 和外页表 2,分别包含 2^{32} 和 2^{10} 个页表项,形成如图 5.19 所示的地址结构。2^{32} 仍然是一个很大的数字。当然,还可以将外页表 1 再划分成两层页表。页表层数越多,地址变换中的复杂性就会越高,开销越大。所以,页表分层是一把双刃剑,它在解决存储空间问题的同时,也会引起时间问题。可以说,对于 64 位的计算机而言,页表分层的多与少,需要考虑各方面因素以得到综合的平衡。

页目录	页表	页内地址
p1	p2	d
42位	10位	12位

图 5.18　64 位地址的结构

外页表1	外页表2	页表	页内地址
p1	p2	p3	d
32位	10位	10位	12位

图 5.19　64 位地址的结构

若采用 n 级页表,那么地址变换所花的时间就相当于访问 n 次内存。对于一条访存指令来说,这看上去是不能接受的。事实上,由于采用了 TLB 技术,地址变换过程中一般都在 TLB 中获得页框号,实际访问页表的概率非常小。当然,一旦 TLB 缺失,多级页表的代价会很高。总体上讲,多级页表不会对地址变换造成太大的性能损失。

页表的结构是硬件设计决定的,操作系统只能基于硬件的页表进行内存的管理,但这不是说操作系统的设计就一定捆绑在硬件架构上。例如,IA32 架构使用两层页表,但 Linux 操作系统却将页表看作三层结构。这是因为市面上还有很多 64 位的计算机,那些 64 位的计算机都使用了三层的页表结构,所以,Linux 并没有将设计锁定在二级页表上。不过 Linux 支持灵活的页表结构,允许重新定义每一级页表的大小,当某一级页表大小为 0 时,三级页表就塌陷为二级页表,从而使 Linux 可以用三级页表轻松适应 IA32 架构。

5.4.2　哈希页表

随着计算机系统的虚拟地址空间越来越大,页表占据的连续内存已经非常可观,多级页表方法虽然可以使页表不必连续存放,但当虚拟地址空间达到 2^{64}B 时,页表层数太多,大大降低了地址变换的速度。

为了解决上述问题,采用哈希方法构建的页表,称为哈希页表,特别适合描述超过 32 位地址空间的地址变换。哈希页表方法包含如下几个关键点:①构造一个哈希函数,将页号映射为哈希页表的某个页表项上;②每个页表项包含一个冲突链表的首指针;③冲突链表记录所有具有相同哈希函数值的页号,并存放这些页号及其对应的页框号,如图 5.20 所示。

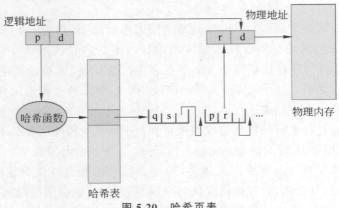

图 5.20 哈希页表

若采用单级页表的结构,页表的长度和虚拟地址空间的大小成正比,当虚拟地址空间中空洞的区域比较大时,将浪费页表资源,哈希页表可以有效地避免这一点。当然,哈希页表也面临解决哈希函数值冲突的问题,需要检索冲突页表项的链表,增加地址变换开销。为此,需要 TLB 能够承担绝大部分的页号检索,较少情况下才会用到哈希页表。另外,若采用哈希页表,系统的 TLB 缺失将由操作系统处理,毕竟,查找页表项的冲突链表不是 MMU 擅长的工作。

哈希页表要比单级页表小得多,看上去会有非常严重的冲突,但实际上,冲突要少得多。虚拟地址空间是进程所能访问的最大范围,一般进程所访问的区域仅是虚拟地址空间中很小的一部分。只要构造的哈希函数合理,冲突的可能性就会减少。

5.4.3 反置页表

多级页表和哈希页表都是为了减少页表的空间开销,但它们都是基于一点,即每个进程一张页表。这看上去没有什么不对的,因为页表是对虚拟地址空间的描述,而每个进程都有自己的虚拟地址空间。问题是地址空间往往太大,导致页表可能会占用太多的存储空间,前面介绍的多级页表已经给出了一种解决方案,而反置页表提供了另一种更为节省的方案。

反置页表不是从虚拟地址空间的角度,而是从物理地址空间的角度来看页和页框的映射关系。事实上,一个页仅能映射到一个页框上,一个页框在某一时刻也仅能存放一个页。既然所有进程的页都映射到同一个物理地址空间,那就用一种映射关系来描述所有进程的虚拟地址空间到物理地址空间的映射。反置页表的序号是物理地址空间中的页框号,每个表项中存放该页框中所存放的某个进程的某个页,这就是被称为"反置页表"的原因。

由于每个进程的地址空间可能会非常大,而且并不是进程的所有页都会装到某一个页框中,事实上,临时不用的页可能根本就不在页框中。系统不可能建立每个页框到页号的映射关系,确切地说,只能建立页框和页框中所包含的页之间的映射关系。所以反置页表的实现最好是采用类似 5.4.2 节中的哈希方法，与 5.4.2 节方法的不同之处是所有进程共用一个哈希页表，需要设计解决冲突的方法，而且哈希函数的参数中多了一个进程号。这种映射关系可以描述为

M：(pid, p)==>f(pid 表示进程号，p 表示页号，f 是页框号)

作为对比，前述的映射关系可描述为

m_{pid}：p==>f（pid 表示进程号，说明不同的进程，映射关系也不同）

可见，在反置页表方式下，所有进程采用统一的映射关系 M，而 5.4.2 节介绍的页表结构则是每个进程都有自己的映射关系 m_{pid}。

图 5.21 描述了采用反置页表的 MMU 中地址变换的过程。

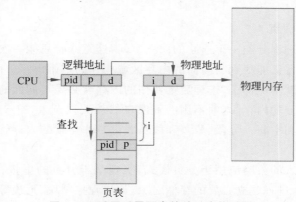

图 5.21　采用反置页表的地址变换过程

反置页表及其变种已经在多个平台上实现，例如 PowerPC、UltraSPARC 和 IA64 等指令集架构。另外，Mach 操作系统也使用反置页表。

如果要实现进程之间的内存共享，就要让来自不同进程的页号映射到相同的物理页框上。显然，不能指望哈希函数做到这一点。操作系统需要另外的机制，进一步充实反置页表的功能，以实现内存共享。

5.5　虚拟存储器

将程序和数据全部装入内存后，再运行程序，这是存储程序计算机的基本工作模式。当程序比较小的时候，这样做没有什么问题，然而当程序很大时，这样做就有待商榷了，因为内存资源的增长速度远跟不上应用程序的需求。事实上，程序是一段一段地运行的，在某段时间内，进程可能仅需要某几个模块，用不到其他模块，甚至某些模块在整个进程运行过程中就没有执行到，例如，一些错误处理模块在程序正常运行时不会执行到。将这些模块装进内存且不被利用，是对内存空间的浪费，也增加了装入时间。

只有应用程序需要某些程序和数据时，操作系统才将它们从磁盘调入内存，长期不用的程序和数据可以临时送回磁盘。采用这种需要时调入的思想，操作系统可以用有限的内存运行几乎任意大小的程序。这就像在一张小桌子上可以写出一部巨著。无论是调入内存还是调出内存，进程自身都感觉不到，这是操作系统以透明的方式完成的。其结果是：进程运行时所看到的代码和数据永远都在内存，所以从程序的角度看，可以访问程序的任何部分，

好像计算机的内存无限大。操作系统为应用程序提供的这种存储空间称为**虚拟存储器**(Virtual Memory)。本节将以分页模式为背景介绍虚拟存储器的实现技术。

实现虚拟存储器的基础是程序运行的局部性原理。**局部性原理反映的是程序运行的一般规律，通常体现在两方面：时间局部性和空间局部性。时间局部性的含义是：程序中被访问过一次的存储单元很可能在不远的将来被再次访问；空间局部性的含义是：程序中的某个存储单元如果被访问了一次，那么很可能在不远的将来其附近的存储单元也会被访问。** 有局部性原理作为依据，进程所执行的程序可以部分地、多次地调入内存，而不是一次性地全部调入内存。

5.5.1 按需调页

1. 为什么要按需调页

连续分配为每个进程分配一个连续的内存空间，这意味着只能一次性为进程分配内存，因为下一次分配不敢保证能找到与前面的内存区域相邻的空闲内存。而采用非连续内存分配模式的分段和分页就不一样了，进程后续使用的内存没必要与前面的内存区域相邻，因而可以根据进程的需求分配内存，当前不用的程序自然就无须调入，符合内核的"懒"的特性，这会为系统省下时间和空间。分段、分页和段页式都是非连续的内存管理模式，均可以采用需要时再调入的策略。

现在将需要时调入的策略应用于分页模式，实现基于分页的虚拟存储器。当操作系统执行一个进程前，仅为进程建立必要的存储对象，如进程控制块、页表等最基本的数据结构，并做相应的初始化工作，无须将进程执行的程序调入内存。程序执行时，如果访问到的存储单元还没有调入内存，就将其所在的页读入内存，然后继续执行，这样的分页模式称为按需调页(Demand Paging)。按需调页要解决以下关键问题：如何发现要访问的页不在内存？谁来调入？从哪里调入所需的页？调入的页放在哪里？内存中没有空闲的页框怎么办？这些问题需要以下一些关键的操作来解决。

2. 缺页异常

既然程序不必全部在内存中，那么进程运行程序时一旦访问到不在内存中的那一部分程序，会发生什么呢？这个问题是在指令执行过程中产生的，自然是由硬件发现并首先处置的。为了发现指令是否正访问不在内存的页，需要在页表中增加一个字段"存在位"，以标记该页是否在内存中。1 表示在内存中，0 表示不在内存中。增加该字段是对页表结构的修改，属于 ISA 设计应该考虑的问题。当操作系统为应用程序建立虚拟地址空间时，页表中所有字段的存在位初始化为 0。当内核将某页调入内存时，会同时置其存在位为 1。当指令访问内存时，MMU 会在地址变换过程中访问页表或 TLB，检验所访问的页是否在内存，由 MMU 决定是否产生该页不在内存的信号，该信号称为**缺页异常或页故障**(Page Fault)。

3. 缺页异常处理过程

缺页异常的产生及处理过程如图 5.22 所示，关键步骤如下。

(1) 执行指令时访问了一个不在内存的页，CPU 内部产生缺页异常，通过中断机制进入内核的缺页异常处理程序。

(2) 内核设法获取一个可用的页框以调入该页。内核有一个页框表，记录内存中每个页框当前是否空闲，根据进程的页表，内核也会知道每个进程使用了哪些页框。按照内存的

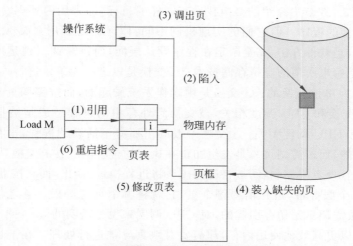

图 5.22 缺页异常的产生及处理过程

管理策略和进程使用内存的情况,内核决定是为进程找一个空闲的页框,还是从该进程已经占用的页框中选择一个,将该页淘汰出内存,以获得一个可用的页框。如果是后者,称为**页置换**。页置换需要依据好的算法,找出最应该置换的页,这样的算法称为置换算法。

（3）写回换出页。如果被淘汰的页已经在内存中被修改过,还需要写回硬盘,否则就可以省掉一次写回硬盘的操作。为此,页表中需要设置一个脏位字段,以指示某一页是否修改过。像存在位一样,该字段也是在硬件设计时考虑的。

（4）从外存读入所需页。

（5）修改页表。设置进程页表中有关该页的页框号、存在位、脏位等字段。

（6）内核缺页异常处理结束,重新执行引起缺页的指令。要注意的是,一般中断处理后,CPU 总是执行被中断程序的下一条指令。但是,由于引起缺页的指令并没有被执行,CPU 从缺页异常处理返回后,需要重新执行引起缺页的指令。

在上述过程中,需要使用到页表的脏位,脏位是在对内存写操作时,相应的页表项中的脏位被置位。该操作是对内存进行写操作前,地址变换过程中由 MMU 将其置位的。要注意的是,置位前相应的页表项一定已经装入 TLB 中,MMU 仅需要修改 TLB 中的页表项即可,无须访问内存,否则其代价也是不可接受的。这会导致 TLB 与页表中的相关数据可能不同。不过,只要 TLB 中存在某页表项,系统就不会到页表中去找,一旦该页表项要从 TLB 中淘汰,其内容也会写入页表中,所以不会出现数据不一致问题。

4. 关于按需调页机制的讨论

按需调页在分页模式的基础上,需要对 CPU 和操作系统两方面进行改进：MMU 能够产生缺页异常;页表中增加存在位和脏位等设计;操作系统中则需要增加缺页异常处理程序、页置换程序、页表字段的管理、页的换进/换出,以及在磁盘上管理换出页空间的程序等。另外,操作系统需要在外存中建立一个**对换区**,专门存放内存中临时不用的程序和数据。从内存淘汰出来的页也可以以文件的形式存在外存中,但是考虑到文件系统是在外存中保存数据的通用机制,需要考虑空间利用率、安全等各方面的因素,而按需调页机制重点考虑的是时间开销,所以一般会建立单独的对换区而不用文件系统这种通用机制。以上这些是在分页模式的基础上按需调页机制在软硬件方面需要做出的关键改进。

按需调页和 5.1.3 节中介绍的交换技术有同样的目标,即采用内外存交换的方法,用少量的内存运行更多的程序。但它们的实现机制不同,体现在以下几方面:①交换是计算机系统早期的技术,是软件方法,完全限定在程序设计层面,而按需调页则是由硬件和操作系统合作完成的,是后来所谓的虚拟存储技术;②交换是以进程为单位进行内外存交换的,而按需调页是以页为单位交换的;③交换是由操作系统发起的,而按需调页是由进程的访存操作引起的;④交换和 CPU 调度相关,被交换到外存中的进程一般是被挂起而不被调度的,但按需调页和 CPU 调度无关;⑤交换一般调出那些不活动的进程,正在执行的进程是不会被交换出去的,而按需调页总是发生在正在执行的进程上。在有交换功能的系统中,操作系统像是一个管理者或控制者,按自己的想法将进程换进/换出,而在按需调页的系统中,操作系统更像一个服务者,进程需要哪个页,它就将哪个页送进来。总之,交换与 CPU 调度直接相关,而按需调页是访存引起的,对 CPU 调度来说是透明的。

按需调页可以更高效地使用内存,却需要对缺页异常进行处理。在上述缺页异常处理的 6 个关键操作中,最花时间的是页的换进/换出,主要是执行硬盘 I/O 操作,大概是毫秒级的,其他的像修改页表、CPU 切换、调度等操作,尽管比较复杂,但都是访问内存的操作,远小于硬盘操作的时间,甚至可以忽略不计。不妨假定一条访存指令的执行时间是 1ns,页的换进/换出时间是 1ms,那么一条产生页故障的指令的执行时间大于 1ms。如果进程的每条指令都产生缺页异常,那么 CPU 的访存时间就从 1ns 降为 1ms,这无论如何都是不能接受的,而且这种极端情况也是不可能的,同样不产生缺页也是不可能的。后面会在虚拟存储器性能评价中对访存时间做定量的分析。

5.5.2 分配内存

有了按需调页的机制,进程无须装入全部程序即可开始运行。随着程序的执行,越来越多的页会被调入内存。系统中所有进程都在竞争内存资源,必将导致系统没有内存可用。为此,内核会限制每个进程使用内存的数量,如果超过限度,则将进程临时不用的程序和数据换到外存中,为将要执行的程序腾出空间。从进程的角度,当然是希望获得的内存数量能装下自身所有程序和数据,以使缺页异常次数越少越好。但这种需求显然是受到限制的,即进程分得的内存数量存在上限,因为内存总量是固定的,操作系统需要均衡所有进程的存储需求。另外,从系统的角度,希望进程使用的内存越少越好,显然,这也存在一个下限。内核就是要在上限和下限之间找到为每个进程分配内存数量的最佳值。

1. 进程需要内存的下限

按需调页模式下进程对内存的需求下限是什么呢?理论上的下限是进程执行一条指令所需页框的数量。假定不考虑指令本身占用的空间,简单的指令仅需要占用 1B,例如,访问内存中的一字节,那也得分配一个页框,因为内核是以页框为单位管理内存的。复杂的指令可能需要使用多个页框,例如,指令 LOAD R,[10000] * 间接访问 10000 号单元,10000 号单元中的地址是 20000,那么执行该指令需要将指令、10000 号单元、20000 号单元所在的页都调入内存。如果有的存储单元跨越两个页,则需要调入更多的页。甚至像 Intel x86 中 REP MOVS 类指令需要访问一段连续的内存区域。可见,一条指令需要的页框数量与计算机的体系架构相关,操作系统必须考虑最坏的情况,即使用页框数量最多的指令,这是操作系统分配给进程的页框数量的下限。当然,实际分配时操作系统会大方得多。

2. 内存分配策略

在满足进程所需的最少页框数量之后,内核就需要考虑按照什么样的规则给进程分配另外的内存以获得更好的效益。最简单的分配策略是将内存平均分配给所有进程。假设进程数量为 n,内存页框数为 m,则每个进程分得的页框数量就是 m/n。这种方法简单,至少看上去是公平的,但并没有考虑进程的自身情况。

另一种看上去更合理的方法是按比例分配,也就是说,大的进程应该占更多的内存。假设每个进程 P_i 的大小用其所包含的页的数量 s_i 表示,内存页框数为 m,则进程 P_i 分得的页框数量为 $a_i = (s_i / \sum s_i) \times m$。将进程全部装入内存的时候,进程的大小才能说明其所需内存的多少。而从虚拟存储的角度,进程是没必要全部装入内存的,其所需要的内存是由局部模型决定的。一个进程占用的页框的数量多,并不说明其某一时间段内访问的局部空间就大。如果要为一只藏羚羊和奶牛分别分配活动空间,显然,按它们的体积大小来分配并不是合理的选择。

一般说来,进程得到的页框数越多,缺页率就越低,执行过程中因缺页而阻塞的时间就越短,所以为高优先权的进程分配更多的页框也是一种合理的选择。问题是:优先权往往表示为优先数,优先数只能区分进程之间的排序,很难说明一个进程比另一个进程优先的程度。优先权低的进程不是不应该得到内存,只是少一点而已,少的程度就很难用优先数表示了。

3. 动态分配

以上页框分配方法用于平衡进程之间如何分享全部内存,依据的都是进程的、整体的静态特征,如优先权和大小,并没有考虑进程运行过程中动态的、阶段性的特征,我们称上述分配策略为固定分配。事实上,我们需要的空间的大小会随着时间改变的,例如,一个人睡觉时需要一张床的空间,工作时需要一张书桌的空间,跑步时需要一个运动场的空间。如果在进程运行过程中,系统可以调整分配给进程的内存数量,这样的分配策略称为动态分配或可变分配。

动态分配可以通过页置换实现。当进程出现缺页时,如果进程自身没有空闲的页框,依据置换算法选择最符合条件的页换出以腾出空间。置换算法选择页的范围有两种策略:一是在当前进程自己的页中选择,二是在所有进程的页中选择。前者仍然不会改变系统分配给一个进程的页框数量,称为**局部置换**;后者有可能会依照置换算法抢占其他进程的页框,称为**全局置换**。采用全局置换策略后,某些进程占用的页框会被其他进程抢走,也有可能抢来其他进程的页,这就改变了系统分配给进程的页框数量,因而属于动态分配。

采用全局的页置换策略一般是以降低缺页率为目标的,可以根据进程对内存的需求变化调整分配给进程的内存数量,结果是缺页次数少的进程的内存补充给了缺页次数高的进程。这会产生两种可能:一是前者的缺页次数没有明显升高,而后者的缺页次数降了下来;二是前者的缺页次数升高了,而后者的缺页次数还是没有降下来。第一种情况是系统所希望的,第二种情况是要避免的。可见,全局置换策略是一把双刃剑。

增加页框数量,以便能装下进程当前所需要的代码和数据,是降低缺页率的最直接方法;另外还要确保分配给进程的页框都用来存放进程所需。前者是页框分配的工作,而后者是页置换算法的任务。

4. 实例

页框的分配需要综合考虑系统中各方面的因素，才能形成有效的分配方法，下面以 Windows XP 为例说明一个具体的页框分配方法。具体采用的措施如下。①每次缺页异常，内核不仅调入发生异常的页，同时调入该页相邻的若干个页，这若干个页称为页簇。根据局部性原理，内核认为一个页一旦被用到，其相邻的页很可能会用到，一起调入会节省磁盘访问次数。同按需调入正好相反，这种调入策略称为预调入。②为每个进程设定内核为其分配页框数量的下限和上限，例如 50 和 345，分别称为最小工作集和最大工作集。这一般是由系统的内存数量、进程数量和经验综合给定的。③内核必须掌握一定数量的空闲页框，就像每个人手中必须有一定数量的存款。不妨设 n 为记录空闲页框数量的一个阈值，当空闲页框数量大于或等于 n 时，内核感到比较宽裕，对于进程的内存申请会采取一种策略，否则会采取另一种策略。例如，空闲页框数量大于或等于 n 时，只要进程申请的内存数量不超出其上限，内核就会分配，比较大方；但当空闲页框数量小于 n 时，内核就会从各进程手中收回页框，直到各进程的页框数量达到其下限。这项工作往往由内核中一个专门的守护线程来完成。④系统采用局部置换策略。这保证即使一个进程的内存资源很紧张，如频繁地换进/换出，也不会去抢占另一个进程的内存资源。

5.5.3 颠簸

按需调页机制使用少量的内存就能够运行大程序，虽然节省了空间，却付出了内外存交换时间上的代价。内外存交换需要访问外存，所花时间以毫秒计，相比于指令的执行时间来说太长了。如果产生缺页异常的频率过于频繁，那么系统将把时间消耗在内外存之间的输入/输出上，虚拟存储器就没有什么意义了。

页在内外存之间频繁换进/换出的现象称为颠簸，频繁到什么程度算是颠簸，精确的定义并没有多大的意义，有人说进程执行过程中一半的时间用于换进/换出就算颠簸了。颠簸可以仅发生在一个进程的范围内，也可以发生在整个系统的范围内。

1. 颠簸是如何产生的

通常情况下，如果把计算机系统的资源提供给一个进程使用，那是绰绰有余的。为了提高资源利用率，引入了多任务技术，当 CPU 不能充分利用时，最直接的办法是增加系统中进程的个数，以保持 CPU 处于忙的状态。系统中进程数量的增加导致每个进程所获得的内存数量变少，结果使得有些进程缺页异常次数增加，导致页的换进/换出时间增多。当一个进程的页在换进/换出时，进程是处于挂起状态的。这又使系统中可运行的进程数量减少，进一步减少 CPU 利用率。结果是硬盘忙于内外存交换，而 CPU 无事可做。

从以上的具体实例可知，增加系统中进程的数量，初衷是提高 CPU 利用率，可能的结果反而是降低了 CPU 利用率。一味地增加进程数量，将导致系统进入 CPU 利用率不断降低的恶性循环，使系统的大部分时间用于处理页在内外存之间的交换。此时，颠簸就产生了，颠簸将导致系统资源的极大浪费，是操作系统尽力设法避免的。

在一段时间内，CPU 产生的缺页次数除以 CPU 执行的指令条数，称为 CPU 在这段时间之内的缺页率。缺页率是对内外存之间换进/换出频率的一种定量的描述。

计算机系统启动后，随着系统中进程数量的增加，CPU 利用率会逐渐增加，如图 5.23 所示。但当进程数量增加到一定程度时，CPU 利用率就会陡然下降，见图 5.23 中曲线的尾部。这就像公路,当车的数量从一辆增加到一定数量时,公路的利用率一直在增加,但达到饱和后,车辆越多,利用率越低。

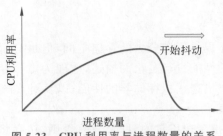

图 5.23　CPU 利用率与进程数量的关系

2. 局部模型

上文从宏观上陈述了进程数量和颠簸之间的关系,现在将从微观上说明颠簸产生的直接原因。从局部性原理可以很自然地得出下面的结论:程序在一段时间内访问的存储空间局限在某个局部的范围,在分页模式下该范围就是指页的一个集合,我们称该范围为进程在该时间段的局部。这很符合人们平时的编程经验,程序总是集中在一个模块内运行,当前模块就是进程运行的一个局部。局部的概念是相对的,有时一个局部可能包含若干小的局部。例如,一个大模块包含若干小模块。

在任一时刻,进程总处于某一局部中,有时也可能同时处于两个局部之中。例如,程序可能同时访问两个数据块,从一个数据块中读出数据,写到另一个数据块中。进程运行过程中,一般是在一个模块内运行一段时间后,再转移到另一个模块运行。所以进程会从一个局部或多个局部迁移到另一个局部或多个局部,这就是所谓的程序运行的局部模型。

3. 局部模型与颠簸

当进程的局部全部调入内存后,执行过程中很少产生缺页异常,极少换进/换出,虚拟存储器实现效率高。但是,在进程从一个局部转移到另一个局部时,需要调入新的页,这时缺页次数增加,进程被频繁挂起,系统换进/换出开销增加。一旦新的局部全部调入内存,进程又可以流畅地运行。图 5.24 显示了进程执行过程中,从一个局部迁移到另一个局部的情况。图 5.24 中横坐标表示时间,纵坐标表示缺页率。图中有三个明显的波峰,中间两条虚线之间的曲线描述了进程进入一个局部运行时缺页率的变化情况。当时间来到第一条虚线的时间点时,进程进入一个新的局部,需要调入未访问过的页,此时缺页率明显升高,当进程的局部集合基本调入内存后,缺页率大幅下降,并以极低的缺页率运行。当时间走过第二条虚线时,进程又进入了下一个局部……

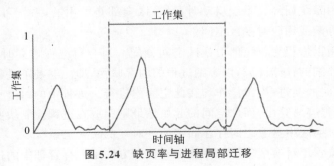

图 5.24　缺页率与进程局部迁移

如果系统分配给进程的内存空间不能装下进程当前的局部,那么缺页就可能频繁地发生,这是导致颠簸的直接原因。

5.5.4 虚拟存储器的性能

虚拟存储器为应用程序提供了充分大的存储空间,但也会付出内外存之间交换的时间代价。只有对虚拟存储器的性能进行定量的描述,才能为虚拟存储器的实现提供可靠的根据。本节阐述如何从整体上描述虚拟存储器的性能,以及对其产生影响的那些因素。

1. 指令的期望执行时间

如果不产生缺页异常,指令按正常的时间访存,否则,访存将延迟上百万倍。假设程序执行过程中的缺页率为 p,访问内存的时间为 mt,一次缺页处理完整过程所需时间为 dt,那么,采用虚拟存储技术后,平均(期望)访存时间为

$$et = (1-p) \times mt + p \times dt$$

因为内存访问时间是纳秒级的,而硬盘的访问时间是毫秒级的,差距极大,缺页率大小对指令的平均执行时间就有非常明显的影响。假设内存访问时间 mt=100ns,硬盘访问时间 dt=10ms=10^7ns,为了使平均执行时间 et 控制在正常访存时间 mt 的 1.2 倍之内,令

$$(1-p) \times mt + p \times dt < 1.2 \times mt$$

代入 mt 和 dt,

$$(1-p) \times 100 + p \times 10^7 < 1.2 \times 100$$
$$p < 0.0000002$$

可见,为使平均访存时间控制在可以接受的范围内,缺页率必须非常低。

2. 对换区管理

按需调页方式中页的换进/换出占据了缺页异常的绝大部分时间,加快硬盘读写过程显然是重点考虑的问题。从内存换出到硬盘上的页的存放位置可以有两种选择:一种是以文件的形式存放在硬盘中,另一种是在硬盘上建立单独的分区来存放。前者利用现有的文件系统,免去了硬盘分区管理的代价,然而,文件系统是面向一般数据的存储机制,例如,它关心按名存取、目录、权限、空间利用率等,并不会特别关照虚拟存储器的特别需求:虚拟存储器要求要"快",不会考虑人机交互的需求,而文件系统关心的那些事情需要建立复杂的访问机制,这会迟滞硬盘读写的时间。为此,大部分操作系统更乐于选择在硬盘上建立专门的分区,采用专门的管理方法来存放内存中换出的页,这样的硬盘存储区域称为**对换区**。对换区就像是内存中的页在磁盘中存放的一个快捷区域,一般是一个单独的磁盘分区。

对换区的管理包括为运行中的进程分配或回收对换区的空间,实现换进/换出操作等,具体的管理方式因系统而异。系统启动时,对换区全部是可用的,系统可以以进程为单位,或以盘块为单位分配或回收对换区空间。

系统可以采用以进程为单位的对换区空间分配。当有新进程建立时,内核为进程在对换区内分配一段连续的存储区域,以容纳进程的内存映像,即能够装下进程所需要的全部内存空间,进程执行时的换进/换出操作均在此空间内进行。进程中的每个页在此空间内都有固定的位置,可以很容易算出,而此空间的起始地址则存放在进程控制块中。进程内存映像中的页和进程在对换区中盘块之间存在固定的一对一的映射关系。

以进程为单位管理对换区采用的存储空间管理方法是内存管理中的连续分配方法。如

果进程的内存映像在执行过程中发生变化,如栈空间或堆空间可能增长,那么该方法就不适合了。可以把进程的内存映像以模块为单位存入对换区,像代码段和数据段的长度是固定的,而栈段和堆段的长度不固定,可以允许其有多个存储分区。

系统也可以采用以页为单位的对换区空间分配。当进程的某一页需要换出时,系统先从对换区中获得一空闲盘块,换出该页。这样,进程换出来的页会非连续地分散在对换区中,因此,要求系统在为每个进程记住内存中的页换到对换区的哪个盘块上。

对换区的管理方法是依赖于虚拟存储器的总体实现机制的,例如,计算机发展早期的交换技术采用以进程为单位的管理方法,并且进程也是整体换进/换出的,而现在的需求调页模式则会使用以页(或页簇)为单位的管理技术。

3. 预取

需求调页的本意是程序访问到哪一页再去将哪一页调入内存。这种理念本身是很有道理的,但具体实现起来效率并不一定高。这就好像一个人学习某类技术,并不是用到什么学什么,而是一口气学习很多相关的技术,因为这样做效率更高。当进程访问某一页时,操作系统有理由认为进程会以极大的概率访问这一页的后续页,因为两个连续的页很可能属于同一个函数或同一个数组,用到其中一个,很快就会用到另一个。因此操作系统会在调入一页的时候,同时调入该页的后续若干页,这就是**预取**,其依据是局部性原理。

预取的依据来源于输入/输出设备的特性。读写硬盘上数据的时间不仅取决于数据量,而且与输入/输出的次数相关。读同样多的数据,显然一次读出来和分两次读所花费的时间是大不一样的。就像你在教室自习时发现几本书落在了宿舍,用到一本就回宿舍取一本和一次把这几本书都取回来,所花费的代价是不一样的。所以预取能够降低内存对换的输入/输出开销,当然,也有预先读到内存中的程序并没有用到的情况,造成额外的系统开销。所以,如何实现预取,扬长避短,还需要在系统设计时进行多方面的权衡。

4. 页缓冲队列

和预取技术形成对比的是缓冲技术,前者面向将要使用到的页,后者则是面向被淘汰的页,它们有异曲同工之妙。缓冲技术的想法是:如果一个页被选中淘汰,不要立即覆盖该页所在的页框,也不要立即将其内容写回硬盘中,而是让该页在内存中多待一会儿。所有暂时未输出的页组成了一个页缓冲队列。如果某页被淘汰后,还在页缓冲队列中,并且又被使用,则直接将该页从页缓冲队列中取出还给进程,节省了输入/输出时间。页缓冲队列的另一个好处是:等队列中的页凑足了一起输出,减少输入/输出次数,提高输入/输出效率。

在 VAX 计算机的 VMS 操作系统中,采用了页缓冲队列的技术。被淘汰的页分成两类:未修改过的(干净)和修改过的(脏)的,分别存放在两个表中。干净页所在的页框可以作为空闲页框分配,但总是从表首取页,而新淘汰的页总是放在表尾,这样能够保证新淘汰的页总能在表中待一段时间。脏页凑足一定数量就写回到硬盘,相应的页框变成干净的,并加入干净页框的表尾。

5. 降低缺页率

缺页率是决定平均访存时间的一个关键因素,只有当缺页率极低的情况下,虚拟存储器的实现才具有可行性。

根据前面介绍的程序运行的局部性原理和局部模型,只有分配给进程的内存数量大于程序当前局部时,缺页率才有可能保持在一个较低的水平,这是降低缺页率的基本前提。由于系统中内存的总量是固定的,每个进程获得的内存多少和进程数量紧密相关,所以操作系统需要限制系统中的进程数量。

另外,在分配给进程足够内存的情况下,还应该设法把进程将要用到的页留在内存,如果在页的置换时把将要用到的页换出去,而留下了一些无用的页,即使内存足够,缺页率也降不下来。如何预估哪些页将会用到,是一个非常有挑战性的问题,在 5.6 节的置换算法中将做深入的讨论。

5.5.5 内存映像文件

内存映像文件是虚拟存储器技术带来的重要应用。文件是存在外设中的,应用程序不能直接操作设备,所以对文件的所有操作都是通过系统调用完成的。在使用文件之前,必须首先调用 open() 打开文件,得到文件标识符,建立和外存中文件的联系,然后调用 read()、write() 等系统调用对文件进行操作,之后再用 close() 系统调用关闭文件。这是一种传统的使用文件的方式,也是操作系统按照系统内部的结构和操作流程强加给程序员的一种方式,程序员要想使用这种方式,需要对文件系统、文件、内存、外存、缓冲区等系统的概念有一定的理解。如果程序仅是对文件中的数据感兴趣,这并不是一种最简单的文件使用方式。在虚拟存储技术的加持下,现代操作系统完全可以提供更方便的方式。

在一个提供了虚拟存储器的系统中,进程原则上可以访问整个地址空间而不用考虑机器实际内存的大小。一般来说,虚拟地址空间足够大,而且文件和虚拟地址空间一样,都是线性的地址空间,可以将整个文件映射到虚拟地址空间中,访问文件就像访问内存一样。这种使用文件的方式称为内存映像文件。传统的文件使用方式,需要程序指定要对文件的哪一部分进行操作、文件中的数据读到内存的什么位置,程序会明显地感觉到输入/输出操作。而内存映像文件为进程访问文件系统提供了更方便的接口。

内存映像文件是虚拟地址空间中的一部分,和其他的区域一样可以在进程之间共享。内存映像文件将文件映射到虚拟地址空间,通过内存共享,也实现了文件的共享。

在 Windows 系统中可以非常容易地使用内存映像文件,下面是一段建立内存映像文件并写入数据的程序。假设当前进程为 P,使用 CreateFile() 建立一个名字为 temp.txt 的文件,CreateFileMapping() 将这个文件映射到进程 P 的虚拟地址空间,建立了一个名为 pc 的内存映像文件。MapViewOfFile() 得到内存映像文件 pc 在地址空间中的起始地址。sprintf() 从该地址开始写入一个字符串。后面就是撤销该共享文件的一组操作,是和建立文件对称的,不再赘述。

```
//建立内存映像文件
#include <windows.h>
#include <stdio.h>
int main(int argc, char * argv[])
{
  HANDLE hFile, hMapFile;
  LPVOID lpMapAddress;
  hFile = CreateFile("temp.txt", GENERIC_READ | GENERIC_WRITE, 0, NULL, OPEN_ALWAYS,
      FILE_ATTRIBUTE_NORMAL, NULL);
  hMapFile = CreateFileMapping(hFile, NULL, PAGE_READWRITE, 0, 0, TEXT("PC"));
  lpMapAddress = MapViewOfFile(hMapFile, FILE_MAP_ALL_ACCESS, 0, 0, 0);
```

```
        sprintf(lpMapAddress,"Shared memory message");
        UnmapViewOfFile(lpMapAddress);
        CloseHandle(hFile);
        CloseHandle(hMapFile);
    }
```

现在来看进程 C 如何共享进程 P 已经创建了的内存共享文件。OpenFileMapping()使用对象名 pc，即上述程序段中已经建立的那个共享文件对象，打开共享文件 pc。同上，进程 C 也是先用 MapViewOfFile()将 pc 映射到自己的虚拟地址空间。然后从内存中读出进程 P 写入的字符串并显示。最后两条语句是关闭内存映射文件。进程 C 所执行的代码如下。

```
//共享已经创建的内存映像文件
#include <windows.h>
#include <stdio.h>
int main(int argc, char * argv[])
{
    HANDLE hMapFile;
    LPVOID lpMapAddress;
    hMapFile = OpenFileMapping(FILE_MAP_ALL_ACCESS, FALSE, TEXT("pc"));
    lpMapAddress = MapViewOfFile(hMapFile, FILE_MAP_ALL_ACCESS, 0, 0, 0);
    printf("Read message %s", lpMapAddress);
    UnmapViewOfFile(lpMapAddress);
    CloseHandle(hMapFile);
}
```

5.6 置换策略

5.5 节全面介绍了基于分页模式的虚拟存储器的实现机制，并探讨了影响虚拟存储器性能的诸多因素，其中缺页率是关注的焦点。本节的目标就是要讨论如何降低缺页率，包括各种置换策略以及它们对缺页率的影响。

进程的局部模型表明：进程当前的局部应该全部装入内存，才能保证进程在一段时间内缺页率不会太高。所以置换策略的目标就是尽量保留进程当前局部中的页，换出那些局部之外的页。然而问题是，没有人告诉内核进程的局部包含哪些页，那内核就只能靠猜了，估算的方法不一样，就形成了各种不同的置换策略。

在介绍这些置换策略之前，先描述进程访问内存的一个抽象模型，所以特做如下假设：假设系统分配给进程的页框数量为一个定值 n；进程访问内存的行为可以用页号的序列表示，如 3,5,0,1,…，表示进程依次访问第 3,5,0,1 等页，以说明进程访问内存的位置和次序；如果一个进程连续多次访问一页，页号不会在这个序列中重复；系统可以记录已经访问的页，但不会知道进程将要访问哪些页；进程开始执行时所有页均未调入内存，当使用到某页时才会将其调入。

5.6.1 最优置换

最优置换策略的基本思想是淘汰将来最久不用的页，当然包括那些以后不会用到的页。

假设内存中的 n 个页 $p_0,p_1,\cdots,p_{n-1}$ 将分别在今后的 $t_0,t_1,\cdots,t_{n-1}$ 时刻被首次访问到,若一个页不再使用,则其对应的访问时间可被看作无穷大,若 $t_i=\max(t_0,t_1,\cdots,t_{n-1})$,其中,$0\leqslant i\leqslant n-1$,那么应该淘汰的页为 p_i。上述策略称为**最优页置换**。

假设分配给进程的页框数量为 3,进程访问内存的序列为 0,1,2,3,0,1,4,0,1,2,3,4,那么采用最优置换策略时进程页的调入和置换过程如表 5.1 所示。其中,第一行中的各项表示对某一页的访问是否产生异常,"×"表示产生异常,"√"表示命中;第二行描述的是进程执行过程中依次访问的页序列;第三行描述的是当前页框 1 中存放的页;第四行描述的是当前页框 2 中存放的页;第五行描述的是当前页框 3 中存放的页。从第一行可见,表 5.1 描述的页访问序列共产生的缺页次数为 7 次,命中次数为 5 次。用同样的方法可以算出,当分配给进程的页框数量为 4 时,缺页次数为 6 次,命中次数为 6 次。直观上看,页框数量越多,缺页次数就越低。

表 5.1　三个页框时最优页置换过程

命中/故障	×	×	×	×	√	√	×	√	√	×	×	√
页序列	0	1	2	3	0	1	4	0	1	2	3	4
页框 1	0	0	0	0	0	0	0	0	0	2	3	3
页框 2		1	1	1	1	1	1	1	1	1	1	1
页框 3			2	3	3	3	4	4	4	4	4	4

采用最优置换策略能够保证其缺页次数不会高于任何其他的置换算法,因而是最优的。然而,最优置换策略在实际运行时是行不通的,因为它假定已经知道了整个进程的页的访问序列,而内核实际上仅知道已经发生的内存页的访问序列,并不知道还未发生的事情。那该策略还有什么意义吗?有!该策略可以在事后衡量其他置换策略的优劣。最优置换策略的缺页率是最低的,其他策略的缺页率越接近于此,策略就越好。

5.6.2　先进先出

先进先出(First In First Out,FIFO)置换策略最直观,总是置换在内存中待的时间最长的页。该策略看上去公平,而且实现简单,只要将内存中的页排成一个队列,新进入内存的页放在队尾,每次要淘汰的页直接从队首取出即可。针对前面例子中的页访问序列,类似表 5.1,可以描述三个页框时 FIFO 置换策略的页置换过程,如表 5.2 所示,缺页次数为 9,命中次数为 3。显然,FIFO 算法的缺页次数多于最优置换算法。

表 5.2　三个页框时 FIFO 页置换过程

命中/故障	×	×	×	×	×	×	×	√	√	×	×	√
页序列	0	1	2	3	0	1	4	0	1	2	3	4
页框 1	0	0	0	3	3	3	4	4	4	4	4	4
页框 2		1	1	1	0	0	0	0	0	2	2	2
页框 3			2	2	2	1	1	1	1	1	3	3

不幸的是,当分配给进程的页框数量为 4 时,缺页次数为 10,命中次数为 2,如表 5.3 所示。在这种情况下,随着分给进程页框数量的增加,缺页次数不降反升。FIFO 置换策略的这种现象有悖于常理,称为 **Belady 异常**。通过实际计算表 5.3 的置换过程可以看到,这个页的访问序列很特殊,明显是凑出来的,也就是说,Belady 异常仅出现在某些特殊的情况下。实际上,对于大部分的访问序列来说,FIFO 置换算法并不会产生 Belady 异常。但是,Belady 异常至少说明 FIFO 并不是一个很靠谱的置换策略。

表 5.3 四个页框时 FIFO 页置换过程

命中/故障	×	×	×	×	√	√	×	×	×	×	×	×
页序列	0	1	2	3	0	1	4	0	1	2	3	4
页框 1	0	0	0	0	0	0	4	4	4	4	3	3
页框 2		1	1	1	1	1	1	0	0	0	0	4
页框 3			2	2	2	2	2	2	1	1	1	1
页框 4				3	3	3	3	3	3	2	2	2

5.6.3 最久未用

最优置换策略是不可行的,是因为我们不知道将来会发生什么,但我们可以预测。FIFO 就是基于一种预测:它假设先用到的页会先释放,但是这对于程序执行来说不具有普遍的意义。例如,尽管运行栈、堆、很多静态变量、很多子程序,以及主程序等在进程开始执行时就进入了内存,但是它们经常被访问,直到结束。

有没有更好的预测方法呢?有!例如,天气预报,就是根据过去和现在来预测未来,我们可以根据今天、昨天、前天甚至更早的天气资料预测明天的天气。其中,今天的天气资料对明天影响最大,昨天的次之,前天的影响更小,以此类推。程序的局部性原理认为,如果进程正在使用一个页,那么在近期还会用到它。所以如果要淘汰页的话,应该保留最近使用过的页,淘汰内存中最长时间没有使用的页,这就是**最久未用**(Least Recently Used,LRU)置换算法。其中,"least recently"表示"最不近",即"最久",中文中"最久使用"和"最久未用"的含义是一样的。

假设分配给进程的页框的数量为 n 时,内存中页的集合为 S_n,分配给进程的页框的数量为 $n+1$ 时,内存中页的集合为 S_{n+1},那么,若采用最久未用算法,S_n 肯定是 S_{n+1} 的子集,这说明最久未用算法不会产生 Belady 异常。同理,最优算法也不会产生 Belady 异常。

最久未用策略和最优策略相似而不同之处在于:前者淘汰过去最久未用的,而后者淘汰将来最久未用的,图 5.25 说明了它们之间是一种对称关系。而且,最久未用策略能够得到它所需要的数据而最优策略不能。

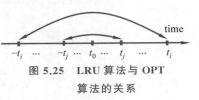

图 5.25 LRU 算法与 OPT 算法的关系

表 5.4 和表 5.5 分别说明了给进程分配三个页框和四个页框时 LRU 算法的置换过程。三个页框时进程在内存中页的集合总是包含于四个页框时的页的集合;三个页框时故障次数是 10,四个页框时故障次数是 8。

表 5.4　三个页框时 LRU 页置换过程

命中/故障	×	×	×	×	×	×	×	✓	✓	×	×	×
页序列	0	1	2	3	0	1	4	0	1	2	3	4
页框 1	0	0	0	3	3	3	4	4	4	2	2	2
页框 2		1	1	1	0	0	0	0	0	0	3	3
页框 3			2	2	2	1	1	1	1	1	1	4

表 5.5　四个页框时 LRU 页置换过程

命中/故障	×	×	×	×	✓	✓	×	✓	✓	×	×	×
页序列	0	1	2	3	0	1	4	0	1	2	3	4
页框 1	0	0	0	0	0	0	0	0	0	0	0	4
页框 2		1	1	1	1	1	1	1	1	1	1	1
页框 3			2	2	2	2	4	4	4	4	3	3
页框 4				3	3	3	3	3	3	2	2	2

最久未用算法的思想很简单,但实现起来并不那么容易。需要记录内存中所有页的最后一次使用的时间,当要淘汰页时需遍历它们,找出最久未用的页,这项工作的时间开销是 $O(n)$。硬件设计者为了简化这一操作,一般只是在页表中添加一个引用位,初值为 0,每次访问一页,就将该页的引用位置 1,以表示该页被访问过。为了区分一页是否为最近访问过的页,硬件上可以设计成每隔一段时间将所有页的引用位复位。这样,如果某页的引用位为 0,说明该页在最近一段时间内(自上次复位之后)没有被访问过,为 1 则说明访问过。该方法把页分成引用过的和未引用过的两类,淘汰页时总是选择未访问过的页,显然,这是最久未用策略的一种近似表示。读者也许会问:修改页表的操作需要单独访问一次内存,一般访存指令能够承受吗?事实上,这个操作是在地址变换的过程中由 MMU 来完成的,MMU 修改的仅是 TLB 中的内容,当某页的页表项从 TLB 中淘汰时才会将其写回到页表中。

基于上面的有关引用位的硬件设计,在 MULTICS 操作系统[16]中首先使用了一种称为 CLOCK 的页置换方法。系统将内存中的页组成一个环形链表,每个页表项的引用位初始设置为 0。当需要淘汰一个页时,顺序扫描该链表,遇到引用位为 1 的页,将其引用位复位,放过该页,继续检测下一页;遇到引用位为 0 的页,即可淘汰该页。图 5.26 形象地说明了这些页组成的一个环形链表和当前指针,就像一个钟表(CLOCK)。在这个环形链表中的每个页表项都包含一个引用位字段 R,表示最近是否被引用过。CLOCK 方法第一次遇到一个访问过的页时不会淘汰它,暂时放过,如果在下次遇到之前,它没被置 1,就不会客气了。遇到引用位为 1 的页表项时,程序将其复位,省下了硬件的引用位清 0

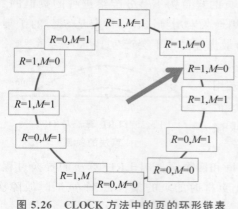

图 5.26　CLOCK 方法中的页的环形链表

操作。CLOCK方法给一个访问的页暂时留在内存的机会,所以有时也称为二次(Second-Chance)机会法。

当淘汰一个页时,如果该页没有修改过,说明它和磁盘上的副本是完全相同的,那么就没有必要写回磁盘;否则需要写回磁盘,这使置换过程多付出一次写磁盘的代价。如果有两个页最近都被访问过,一个被修改过,一个没有被修改过,在淘汰页时操作系统总是先淘汰那个没有被修改过的页,这样更简单、更快。为此,硬件设计者在页表中增加一个修改位字段M,一个页被装入后,M初始设置为0,一旦被修改,则置为1。这样,一个进程在内存中页的状态(R,M)就有4种情况:$(0,0)$,$(0,1)$,$(1,0)$,$(1,1)$。这种顺序也是页置换优先选择的顺序。这种方法称为改进型CLOCK方法或改进型二次机会法。

5.6.4 工作集

进程的运行遵循局部性原理,微观上看,往往在一段时间内仅访问某个局部模型定义的空间;宏观上看,会从一个局部模型迁移到另一个局部模型。所以,操作系统应该在内存中保留进程的局部,这样才能获得较低的缺页率。

1. 工作集

进程当前的局部和过去、未来访问的内存相关,然而,操作系统并不了解程序将会访问哪些内存区域,事实上,应用程序自身也不知道。不过,操作系统可以知道进程过去都访问了哪些页,因为这些页都是操作系统调入内存的。所以,内核面临的挑战是如何基于有关进程的以往的访存记录,估算进程将要用到哪些内存页。

为此,1968年,Denning提出了**工作集**的概念:进程在某个时刻t之前Δ次内存访问中所访问的页的集合,记为$WS(t,\Delta)$,其中,Δ称为工作集的窗口[17]。这说明工作集是时间t和访问内存次数Δ这两个变量的函数。也有文献将Δ定义为一段时间[18],对应上述访存次数的时间段,其内涵是一样的。在图5.27中,窗口为8时,t_1时刻的工作集为$\{0,1,3,4\}$,t_2时刻的工作集为$\{7,8\}$。在时刻t,可以调整工作集窗口的大小,窗口越大,工作集包含的页的数量就越多,缺页率就越低,如图5.28所示。当缺页率低到一定程度时,说明内存中的页已经足够支持进程正常地运行了,也就可以认为工作集已经包含进程的局部。通过这种方法,对进程在时刻t之前的访问内存情况进行分析,就能估算出时刻t之前进程的局部。依据局部性原理,进程在t之前的局部与t之后的局部变化不大,可以作为进程在时刻t之后局部的预估值,即进程在t时刻之前的工作集可以近似地看作进程在该时刻的局部。

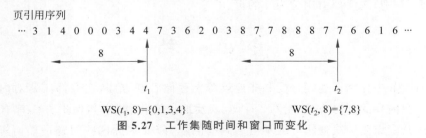

图5.27 工作集随时间和窗口而变化

工作集和缺页率、置换策略都有关系,当缺页率较高时,说明工作集并没有体现进程的局部,应该扩充;当缺页率较低时,说明工作集已经足够大,包含进程的局部。不是工作集越大越好,工作集太大,就意味着内存利用率不高。所以,还需要采用置换策略淘汰掉工作集

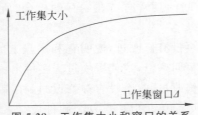

图 5.28 工作集大小和窗口的关系

中临时不用的页。这样就形成了基于缺页率的置换策略 PFF(Page Fault Frequency)。

2. 置换策略

PFF 的基本思想是：若进程的缺页率低于某个最小阈值，则可以在保证缺页率不太高的情况下减少分配给进程的内存数量；若进程的缺页率高于某个最大阈值，则可以在系统接受的前提下，增加分配给进程的内存数量。图 5.29 显示了工作集中的页数量与缺页率之间的关系，当页数量小于 2 时，缺页率太高，必须增加工作集大小；当页数量大于 5 时，再增加工作集大小没有什么意义，2 和 5 界定了工作集应该具有的大小。这样，根据缺页率所处的、由这两个阈值界定的三个区域，来决定增加、保持不变还是减少分配给进程的内存数量。

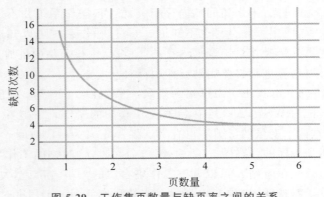

图 5.29 工作集页数量与缺页率之间的关系

针对 PPF 策略的一种简化方法是仅使用一个时间阈值 F，用以衡量两次缺页异常的间隔时间。每次处理缺页异常时，将所有页的引用位复位，并计算两次缺页异常之间的时间，若小于 F，则说明缺页率过高，就将产生异常的页调入内存，不淘汰其他页，相当于多分配给进程一个页；否则，淘汰掉引用位为 0 的页。

◆ 小　结

在前面 4 节中介绍了连续分配和非连续分配存储管理方法，它们都需要对内存划分后进行管理。在内存的划分方法、分配、回收，以及地址变化、共享与保护方面都有显著的不同。非连续分配需要解决连续分配不会遇到的问题，需要掌握这些问题是如何解决的。请读者区分它们之间的不同，理解这些不同对实现虚拟存储器的影响，以及为什么后者成为现代操作系统普遍采用的技术。

分段与分页是目前广泛采用的内存管理技术，段和页在概念上的不同，导致了它们在实现技术上的差异。比较这些差异是掌握这两种方法的关键。

最后两节从机制和策略两方面阐述了虚拟存储器的实现技术,这些技术包含硬件方面和软件方面,是二者结合的产物,搞清楚它们之间如何相互配合,为什么有些方法要用硬件实现有些方法要用软件实现是深入理解虚拟存储器的基础。5.5 节主要介绍了虚拟存储器实现机制,而 5.6 节则着重于策略问题。前者提供了虚拟存储器实现的基本原理和框架,后者在此基础上提供了解决各种问题的灵活手段。

◆ 练 习

1. 页的大小为什么必须是 2 的整数次方?
2. 交换需要将内存的大量数据写入磁盘,为了降低磁盘读写时间,会在磁盘中开辟专门的存储空间存放换出去的进程。专门开辟的空间为什么能降低读写时间?
3. 选择淘汰页时,修改过的后淘汰,是不是并没有节省时间?因为内核终究要将其写回。
4. 证明最优置换算法没有 Belady 异常。
5. 证明最久未用算法没有 Belady 异常。
6. 证明最优置换算法的缺页率。
7. 应该怎样计算一个进程的局部?
8. 分析缺页异常处理过程中每个阶段所需时间。在什么情况下所需时间最少或最多?
9. 地址变换过程在什么情况下需要内核的参与?
10. 两个 C 程序 Program1 和 Program2 都对数组 int data[128,128] 进行初始化,数组的每行存储在一页内,它们的代码分别如下。

```
Program 1
    for (j = 0; j < 128; j++)
        for (i = 0; i < 128; i++)
            data[i,j] = 0;
Program 2
    for (i = 0; i < 128; i++)
        for (j = 0; j < 128; j++)
            data[i,j] = 0;
```

试分析这两个程序的局部性如何,哪一个程序的性能会更好?

11. 什么是进程的局部?什么是工作集?二者有什么区别?
12. 什么是颠簸?请用局部性原理解释颠簸产生的原因。
13. 在连续分配的三种适配算法中,哪一种最不容易产生碎片?哪一种算法开销最小?哪一个能为大作业留出空间?
14. 段式内存管理方法和页式内存管理方法有什么相同点和不同点?
15. 采用二级页表是不是比一级页表在地址变换时多访问一次内存?

第 6 章 输入/输出管理

计算机外部设备承担了系统输入与输出的全部工作，是所有程序都要使用的系统资源。外部设备种类繁多，工作方式各不相同，直接访问和控制外部设备是非常烦琐的工作。历史上最早的操作系统 GM-NAA I/O 的核心设计目的之一就是为应用程序提供输入/输出程序库。可见，输入/输出管理在操作系统中具有基础性的地位。

本章在输入/输出系统的概述之后，首先介绍了硬盘和时钟这两个设备，它们对理解操作系统至关重要，读者也可以通过它们对硬件设备有初步的了解；然后阐述操作系统对设备进行管理和控制的机制，其中包括驱动程序、中断处理程序和内核 I/O 设备独立软件，并强调它们之间的关系；最后综合概述输入/输出系统中各模块之间的接口。本章以概念和原理作为基础，说明系统中具有的功能模块，它们之间应有的关系，重点阐述系统的实现机制。

◆ 6.1 输入/输出概述

输入/输出是 CPU 与外设之间的数据交换过程。可以从两方面来理解这个过程：一是在硬件层建立物理的数据通路，能够传送独立于设备的各种信号；二是通过软件建立一个逻辑的架构，以满足不同应用程序对各种设备的操作需求。本节将从这两方面阐述输入/输出系统的整体框架，为读者理解后续深入讨论的内容打好基础。

6.1.1 输入/输出设备

本节介绍和输入/输出设备相关的概念以及典型的设备。

1. 相关概念

从计算机系统的角度看，CPU 负责信息的处理，而所有与 CPU 相连的设备，都起到了信息输入/输出的作用，称为输入/输出设备（Input/Output Device），例如，键盘、鼠标是输入设备，打印机和显示器是输出设备，硬盘既是输入设备又是输出设备。从广义上讲，各种与计算机连接的设备都可被看作计算机系统的输入/输出设备，如数控机床、汽车的刹车系统、门禁等。由于输入/输出设备的种类繁杂，数据传输的速度、格式及控制方式各不相同，所以 CPU 如果与这些设备直接相连，会使设计过于复杂。一般情况下，CPU 通过公共的、标准的总线和接口与这些设备连接,所以输入/输出设备也被称为外部设备,简称设备。

为了对设备进行有效的管理,需要对设备进行分类,从不同的角度可以有不同的分类方法。按照数据的流向,可以将设备分为输入设备和输出设备;按照设备的数据传输速度,可以将设备分为高速设备和低速设备;也可以按照数据传输的单位或访问方式对设备进行分类。

有的设备,例如键盘或打印机,从设备输入/输出的数据是一种字符的流式序列,只能顺序读取/写出;而另一种情况,如访问硬盘这样的设备时,可以按照操作者的意愿选择要访问的数据,这就需要指定数据的地址。总之,若访问设备数据前,无须也不能给出数据的地址,只能按照数据本身的顺序依次读或写,这种访问设备数据的方式称为**顺序访问**。若访问设备数据前,需要给出数据的地址,或者说想访问哪个数据就访问哪个数据,这种访问设备数据的方式称为**随机访问**。由于设备的多样性,很难给设备一个实用的、完美的分类,不同的系统可以在各种应用场景中按管理需求对设备进行分类。

2. 块设备与字符设备

外存一般有较高的传输速率,系统往往以一组数据作为传输单位,这组数据称为块,块的大小一般为 2^n B,如 512B、4096B。所以外部存储设备也称为**块设备**,如磁盘、磁带、CD-ROM、U 盘、固态硬盘等,而且外存中的数据也是以块为单位来存放的。每个数据块都有地址,可以按地址单独访问,也就是说,块设备都是可以随机访问的。

有些设备是以字符为单位进行数据传输的,如打印机、键盘、鼠标等,而且字符在设备中并没有地址,存取设备是以字符流的方式进行的,程序自然无法选择要读入的数据。例如,CPU 从键盘上读数据时,面对的是用户输入的字符流,字符之间的逻辑关系与字符之间的顺序相关,必须从流中逐个读出字符,这样的设备称为**字符设备**。所以,字符设备只能顺序访问,不能随机访问。

大部分的设备可以归类为块设备或字符设备,但有些设备并不能简单地归为二者之一。例如,虽然网卡看上去像是字符设备,采用流式数据传输,但它速度快、传输以帧为单位、使用 DMA 控制方式,又像是块设备。所以有些系统会把它作为单独的一类设备进行管理。

由于字符设备和块设备在访问方式方面的差异,内核往往采用字符设备与块设备的分类方式,形成两套不同的数据结构和管理程序,分别对块设备和字符设备进行管理。另外,内核和网络设备间的通信完全不同于字符与块设备,所以操作系统往往单独管理网络设备。

3. 终端

在早期的计算机系统中,**电传打字机**包括键盘和打印机,直接与主机相连,开机时自动打开,用以显示系统信息,称为**控制台**。控制台的键盘用于输入,打印机用于输出和回显,后来被显示器取代,是典型的字符设备,它们承担了早期计算机系统中人机交互的任务。为了支持多用户,出现了计算机**终端**,它像控制台一样,也包括输入和输出两种设备。终端的输出设备是显示器,输入设备是键盘,它们一般通过标准串口连接到计算机。多用户的计算机系统可以有多个终端,终端也是典型的字符设备。

为了方便,操作系统会在建立一个新进程时,默认地为之分配通常都会用到的设备,其中包括**标准输入设备**、**标准输出设备**和**标准错误输出设备**。标准输入设备是键盘,标准输出设备用于显示程序的输出结果,标准错误输出设备专用于输出程序的报错信息,如"除以零异常""地址越界"等,一般与标准输出共用一个显示器。一般情况下,应用程序的所有默认的输入/输出都绑定在标准输入和标准输出设备上,例如,编程时调用 printf() 默认通过显示器输出,调用 scanf() 默认从键盘输入。以上这些标准设备是每个进程自创建之后就被系统分配的,无须在输入/输出时向操作系统申请。

6.1.2 进程与设备的关系

在 1.5 节设备的访问中,从硬件方面介绍了 CPU 与设备之间的关系,说明了控制、数据和状态信号如何在 CPU 与设备之间传输。本节将从软件的角度,说明程序员所看到的设备,以及操作系统如何包装硬件设备,呈现给程序员什么样的设备接口。

程序通常是通过设备的端口访问物理设备的,端口是 ISA 对设备(接口)的抽象,程序是看不到接口的。指令中的端口号通过总线直接选中对应的接口,并进一步连接相关的设备,建立起应用程序与设备之间的通路。所以从程序员的角度看,端口号就是程序中指称设备的标识,这种从程序中通过端口号直接操纵的设备称为物理设备。然而,自从有了操作系统,内核就担负起了设备管理和控制的责任,系统设备为所有的进程提供服务,任何一个进程都不能直接访问外设,所以系统会禁止应用程序直接访问端口。一般由操作系统提供访问设备的方法,应用程序只能通过系统调用访问设备。

操作系统为应用程序提供了一种更抽象的设备访问方法,即通过设备名来指称设备。例如,UNIX 系统中,每个设备都被当作一个文件来对待,并且几乎所有的硬件设备都在 /dev 目录下有一个文件与之对应,文件名可以作为设备的标识。事实上,用户或程序可以通过文件名指称系统中的几乎所有设备,甚至包括 CPU、内存等,这种理念被称为"一切皆文件",是 UNIX 系统中对象的一种高度抽象的形式。

图 6.1 进程使用设备的过程

在命令行或程序中直接使用设备名(例如文件名)指称设备,这个设备名代表了进程能够看到的设备,称为逻辑设备。操作系统必须建立逻辑设备与物理设备的连接,这样应用程序对逻辑设备的访问最终才能落实到物理设备上。在使用逻辑设备之前,进程需要向操作系统申请设备,操作系统分配设备后,进程得到该设备的句柄,方能使用设备。进程通过提交文件名,从内核获得句柄,体现了设备申请和分配。使用完设备后,还要释放设备。这非常类似使用文件的过程:打开、读/写、关闭。操作系统为进程分配了设备之后,就建立了逻辑设备和物理设备之间的映射关系。图 6.1 说明了设备操作前后应用程序和操作系统必须完成的工作。

进程为什么要先申请设备,然后再去操作设备呢?这涉及进程之间的设备共享问题。原则上,系统中的所有设备都是可以被进程使用的,但要受到一定的限制,这种限制一般源自设备本身的特性。有的设备,例如打印机,在一个进程使用完后,另一个进程才能使用,这种共享方式称为互斥共享。有的设备,如硬盘,一个进程没用完,另一个进程也可以使用,这种共享方式称为并发共享。下面来看两个进程并发访问硬盘的例子:进程 P1 请求访问 36 号和 38 号磁盘块,进程 P2 请求访问 37 号和 39 号磁盘块,磁头完全可以在访问 36 号块和 38 号块的过程中访问 37 号块,最终实际的访问顺序可以是 36、37、38、39。可见,P1 和 P2 是可以按并发方式访问硬盘的。

进程能够以并发方式共享硬盘,主要是因为硬盘的两个特性:首先,硬盘是可寻址的,进程因此可分清各自的数据;另外,硬盘的寻址时间很快,从一个进程的盘块转到另一个进程的盘块所花费的时间是可以接受的。磁带也是可寻址的设备,但两个进程并发共享磁带就是难以接受的,因为对于磁带来说,从一个数据块转向另一个所付出的代价是巨大的。读者可以设想一个进程访问磁带的头部一组数据块,另一个进程访问磁带的尾部一组数据块,这两个进程如果非要并发共享磁带,那么磁带就会从头到尾来回空转。

对于互斥共享的设备,进程必须先申请到设备,也就是占用设备,保证其他进程不能使用该设备,直到自己使用完毕。进程使用完设备后,通过释放操作通知操作系统,然后由操作系统将设备置为空闲状态(回收)。

6.1.3 输入/输出系统架构

从应用程序发出输入/输出请求到物理设备上的实际操作是一个复杂的过程,可以按照该过程中的各个阶段将系统划分成不同的处理模块:应用程序、输入/输出接口、内核I/O子系统、设备驱动程序、中断处理程序和外部设备,这些模块之间构成了层次关系,是输入/输出系统实现的一般机制,如图6.2所示。

图6.2 输入/输出系统架构

从硬件的角度上说,设备和接口之间的数据传输称为输入/输出,该过程是由接口电路控制的。CPU通过端口向接口发送命令或检测其状态,而此时CPU执行的是驱动程序,图6.2中设备驱动程序与外部设备之间的双向箭头反映了它们之间的信息流向。驱动程序可以通过端口向设备发送命令、向设备传送数据或从设备读取数据或状态信息,这就是为什么驱动程序和外部设备之间在图6.2中是双向箭头。也就是说,驱动程序是直接控制设备的程序。设备与驱动程序的关系中,设备处于完全被动的地位。显然,驱动程序是一组与设备特性紧密相关的程序,事实上,它封装了外设的具体特性,为内核的其他模块提供使用设备的接口。驱动程序是一个概念,也是输入/输出系统实现的一种机制,它在系统中是一个相对独立的模块,它的存在使系统的其他程序不必与设备的具体特性相关联。

除了驱动程序之外,另一个和硬件关系密切的是中断处理程序。当设备向CPU发送中断信号时,可以激活设备中断处理程序,图6.2中外部设备到中断处理程序的箭头代表了中断信号。在中断处理程序和设备的关系中,设备是主动的,而中断处理程序属于被动方。中断处理程序仅仅是处理中断事件的一系列程序的入口,它将事件分配给专门的程序去处理。和设备相关的事件还得去调用相应的驱动程序去解决,图6.2中从中断处理程序到驱动程序的箭头说明了这种调用关系。所以设备驱动程序和设备中断处理程序需要通力合作,才能完成对设备的有效控制,它们都是与硬件紧密相关的。

在硬件、驱动程序和中断处理机制软件层之上是内核I/O子系统,它为应用程序的输入/输出提供方便、安全和高效的各种服务,这些服务以系统调用的形式提供给应用程序,构成了内核与应用程序之间的输入/输出接口。为了支撑上述提供的服务,内核I/O子系统必须具备对进程、设备、内存在输入/输出过程进行管理和控制的能力,如缓冲管理、高速缓存、设备的分配、回收和保护、虚拟设备的实现、错误处理等。与驱动程序不同,内核I/O子系统不会涉及设备的具体特性,因此,它与驱动程序之间有严格的界限,通过标准化的驱动程序接口进行连接。一般内核厂家会公开驱动程序接口,允许设备生产厂家根据该接口编写驱动程序,这样就可以在更换设备时,装载设备的驱动程序。由于内核 I/O 子系统不依赖于设备的特性,所以往往被称为**内核设备独立软件**。

输入/输出系统的最上层是应用程序,应用程序层也可以进一步分层,例如,C 语言程序一般依赖于 C 库中的输入/输出 API,如 printf()、scanf()等库函数。各种数据库系统、中间件等构建了众多的用户模式下的程序运行环境,都会为应用程序提供输入/输出的各种 API。

至此,我们对输入/输出系统中的设备、进程和系统架构三方面做了总体的阐述,说明了设备、进程和内核在输入/输出过程中所承担的角色。在以后的各节中,再就其中的关键问题展开深入讨论。

◆ 6.2 外部存储器

外存(外部存储器)是特殊的外部设备。与内存相比,外存价格便宜、容量大、速度慢,能够长久地保存数据。同其他设备相比,外存除了简单的读写操作之外,还应该考虑数据的存放位置,需要极为复杂的存储空间的管理,是典型的块设备。

计算机系统为应用程序提供虚拟地址空间,将进程对虚拟地址空间的访问映射到物理内存中,然而,程序访问外存采取了完全不同的方式。一般情况下,系统并不会向应用程序提供直接访问外存空间的能力,而是统一管理外存空间,并在外存中建立文件系统,以按名访问的形式为应用程序提供数据访问服务。只有一些特殊需求的程序,如数据库系统,才会从操作系统获得授权,自己管理外存的存储空间。

本节以目前广泛使用的机械硬盘和固态硬盘为例,介绍外存的物理特性以及操作系统关于硬盘的一些基本的管理方法,作为设备管理的一个实例,同时也为后续的文件系统建立学习的基础。

6.2.1 机械硬盘

1956 年,IBM 研制了世界上第一个硬盘系统 IBM 350 RAMAC,其盘片直径为 24 英寸,硬盘中有 50 个盘片,重量达上百千克,体积相当于两个冰箱,储存容量为 5MB,如图 6.3 所示。由于 RAMAC 体积过于庞大、性能低效等缺点,IBM 公司于 1968 年提出了"温切斯特"(Winchester)技术,并于 1973 年研制成功了一种新型的硬盘 IBM 3340,如图 6.4 所示。这种硬盘拥有几个同轴的金属盘片,盘片上涂着磁性材料,它们和可移动的磁头共同密封在一个盒子里面,磁头能从旋转的盘片上读出磁信号的变化,这就是人们今天使用的硬盘的祖先——IBM 把它叫作温切斯特(Winchester)硬盘,也称温盘。这种硬盘的技术特点是:密封、固定在计算机内部,内含高速旋转的镀磁盘片,磁头沿盘片径向移动,磁头悬浮在高速转动的盘片上方,而不与盘片直接接触,这也是现代绝大多数硬盘的原型,往往直接称为硬盘。温盘的出现,奠定了现代硬盘的

图 6.3 世界上第一台硬盘系统 **IBM 350 RAMAC**

技术和结构基础。

硬盘被广泛应用在计算机系统中。同软盘相比，硬盘的盘片是封装在驱动器中的，不能取出来，所以英文中用 hard 和 fixed 来描述硬盘。同完全由电子部件构成的固态硬盘（SSD）相比，硬盘中包含机械控制部分，所以也称为机械硬盘。

1. 硬盘的结构

硬盘包括盘片、主轴及控制电机、磁头及磁头控制装置、数据转换器、接口、缓存等几部分，如图 6.5 所示。

图 6.4　温切斯特硬盘的内部构造

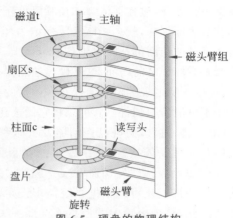

图 6.5　硬盘的物理结构

盘片上覆盖磁性介质用以存储数据，每个盘片分为两个盘面。数据在盘面上必须按规则在指定的位置存放。一般将每个盘面划分成若干个同心圆，数据沿同心圆存放，这样的圆称为磁道。磁道之间存在足够的间隙以保证相邻磁道上的数据不相互干扰。每个磁道上划分出相等大小的区域，称为扇区，扇区是主机访问磁盘的基本单位。扇区之间也要有足够的间隙，每个扇区开始部分是一段前导码，包括一串特殊字符，标识一个扇区的开始，另外还包括扇区的位置等信息。扇区的中间存放数据，一般包含 $2^n(n \geqslant 8)$ 字节，扇区的末尾部分是校验位。一个硬盘往往包含若干个盘片，所有盘片上具有相同半径的磁道形成一个柱面。

在磁盘的主轴上，固定了所有的盘片，主轴下方有一个电机带动主轴旋转，所有的盘片都会随主轴转动，转速完全相同。

每个盘片上/下方都有一个磁头，磁头可以沿半径方向移动，根据需要可以停留在该盘片的任一个磁道上，当盘片旋转时，磁道上的扇区依次经过磁头，磁头就可以读写扇区中的数据。在磁盘臂上固定了所有的磁头，它们离主轴的距离是相等的，即永远处于相同的柱面上。当磁盘臂沿半径方向移动时，所有磁头一起沿半径方向移动。一旦磁盘臂将磁头移动到某一个柱面上，其每一个磁道上都有一个磁头（当前柱面的磁道号和磁头号是一样的），所以，如果读写同一个柱面上的不同磁道，磁盘臂是无须移动的。

扇区是磁盘与主机数据传输的基本单位，自然也是软件访问磁盘上数据的基本单元。磁盘上每个扇区都有一个地址，由三部分组成：柱面号说明数据所在的柱面，一个柱面中仍然包含多个磁道；磁头号说明使用哪个磁头来读写，从而进一步确定了数据所在的磁道；扇区号则用于指定该磁道内的某个要访问的扇区。

2. 物理格式化

磁盘生产出来以后，一般在出厂之前需要标记出扇区在盘片上的位置，对磁盘进行初始化，这项工作称为**物理格式化**，具体包括以下几方面的操作：① 定义盘面上磁道、扇区的位置，以确定在盘面上哪些地方存储数据，哪些地方是数据之间的间隔区域；② 初始化盘面上数据区域的内容，例如，每个扇区的前导码、扇区中存放数据的数据区清零、填充扇区校验码等；③ 检测并标记出盘面上有缺陷的区域，以防止再被使用；④ 记录磁盘的参数及管理数据，如柱面数、扇区大小、坏扇区表等。物理格式化可以修复坏扇区，例如，有的扇区仅仅是校验码和扇区内数据不一致，经过数据清零和校验码重新计算后，该扇区又可以重新使用了。如果是扇区所在的磁盘表面损坏，就会将该扇区标记为坏扇区，不再使用，并用一个备用扇区代替。以后程序对坏扇区的访问都被映射到备用扇区上。所以硬盘控制器自己有一个坏扇区映射表，专门负责所有对坏扇区的访问，这是硬盘控制器负责的，对软件是透明的。物理格式化后新的硬盘参数、坏扇区映射表等信息会保存在硬盘的某个特定位置。这些信息是硬盘驱动器专用的，一般程序不可能访问到，例如，可以将它们放在磁盘上 0 磁道之前的某个地方。

CPU 通过接口向硬盘控制器发送命令，完成对硬盘的各种操作。硬盘控制器中包含嵌入式的微处理具体执行 CPU 发来的命令。所以整个物理格式化过程是由在 CPU 上运行的程序向硬盘控制器发送命令来完成的。应用程序可以通过系统调用完成对硬盘的物理格式化。物理格式化可以根据系统需求设定磁盘的参数，如柱面数、扇区大小等。一旦被进行物理格式化，整个磁盘中的信息将全部丢失，该操作应慎之又慎。硬盘的物理格式化是硬盘出厂时由厂家做的，以后很少重做。

磁盘中扇区的物理地址是由柱面号 i、磁头号 j、扇区号 k 构成的三元组 (i,j,k)，是一个三维的地址空间。不过，一般程序更希望使用线性地址存储空间，这只要做一个简单的转换即可。假设每个柱面包含的磁道数是 m，每个磁道的扇区数是 n，那么，可以很容易将磁盘的三维地址变换到线性地址空间中：三维地址 (i,j,k) 对应的线性地址为 $(i\times m+j)\times n+k$。也就是说，磁盘可被看作一个线性的存储空间。要注意的是，上述地址变换是在假定无论是磁盘的内圈磁道还是外圈磁道，都具有同样数量扇区的情况下实现的。在早期的硬盘中，为了管理简单，一般都是这么做的。

现在磁盘中的数据密度越来越大，如果仍然保持内外圈磁道拥有相同的扇区数，那么外圈磁道中不能被利用的存储空间就太大了。为此，在外圈磁道上划出更多的扇区，这将导致从三维到一维地址的变换更为复杂。不过，具体的变换由硬盘控制器去实现，程序设计时仍然把磁盘看作一维的存储空间。

3. 分区

既然磁盘可被看作线性的地址空间，那么一段线性的地址空间也可被看作一个硬盘。**分区**是指将硬盘的整体存储空间划分成多个区域，每个区域是逻辑上独立的存储空间，都可以安装操作系统、文件系统，或由特定的应用程序（如数据库）使用。这样，不同的分区可以由不同的系统采用不同的方法进行管理。事实上，分区还可以根据用户的需求再划分成更小的分区。

分区是磁盘在逻辑上的宏观结构，任何程序只要访问磁盘，就必须首先了解磁盘是如何分区的。磁盘分区的描述信息一般放在磁盘存储空间开始的地方。分区的划分和描述必须遵从公认的格式，目前桌面系统上主要有两种磁盘分区格式：一是比较传统的 MBR 格式，二是较新的 GPT 格式。

MBR(Master Boot Record,主引导记录)是 IBM 公司为配合其 ROM BIOS 中的引导程序而提出的,所以形成了 BIOS+MBR 的固定搭配。MBR 存在于磁盘第一个扇区中,这个扇区包含磁盘分区表和磁盘引导程序,如图 6.6 所示。分区表中记录每个分区的起始位置和长度,以及分区的类型和状态。正如图 6.6 显示的那样,分区表中的分区均可以安装操作系统,称为**主分区**,一个硬盘最多可以划分出 1~4 个主分区。分出主分区后,其余的部分可以分成扩展分区,一般是剩下的部分全部作为扩展分区,扩展分区占用分区表中的 4 个表项之一。扩展分区可以继续进行切割分出多个**逻辑分区**,每个逻辑分区在 Windows 系统中用一个盘符表示。如果硬盘还有剩余,仍被视为扩展分区。

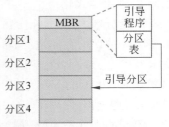

图 6.6 磁盘引导记录 MBR

MBR 的磁盘分区表中除了记录主分区的位置之外,还记录分区的状态,标明是否为活动分区,在这 4 个分区中,最多只能有一个分区是活动的,这样,引导程序就知道从哪个分区引导操作系统。

由于 MBR 最多包含 4 个分区,分区的扇区号用 4B 表示,能表示的最大存储空间为 2TB(4G 个扇区×512B),现在来看,显得有点小了。MBR 是基于 ROM BIOS 的磁盘引导方案,随着 BIOS 逐渐被更新的**统一可扩展固件接口**(Unified Extensible Firmware Interface,UEFI)所取代,GPT 格式的系统引导方案也逐渐流行起来。像 BIOS 一样,UEFI 是一种个人计算机系统规格,用来定义操作系统与系统固件之间的界面。作为 BIOS 的替代方案,UEFI 负责加电自检(POST)、联系操作系统以及提供连接操作系统与硬件的接口。

GPT 的意思是**全局唯一标识磁盘分区表**(GUID Partition Table),是 UEFI 规范的一部分。相对于 MBR,它可以支持更大容量的外存空间和更好的可扩展性,更先进、更有发展潜力,目前苹果的 Mac 系统全部使用 GPT 分区。图 6.7 描述了 GPT 的基本结构,PMBR(0 号扇区)是用于保护 GPT 磁盘的 MBR,其中仅存放一个 MBR 无效分区,防止使用 MBR 磁盘的软件对 GPT 磁盘进行操作。GPT 头(1 号扇区)主要定义了分区表中表项数量、每个表项的大小、分区表的位置等,全部分区所占用的磁盘空间区域,分区表备份、表头备份所在的块号位置等信息。GPT 分区表(2~33 号扇区)存放分区表,能够容纳 128 个分区表项。可见,GPT 的分区数量远远大于 MBR 的 4 个。从 34 号扇区开始按照分区表的安排存放各分区的内容,在硬盘的最后存放分区表和 GPT 头的备份。

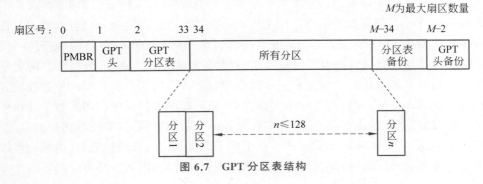

图 6.7 GPT 分区表结构

同 MBR 格式相比，逻辑块号 LBA 用 64 位表示，分区的数量以及每个分区的大小大大提高，可表示的磁盘容量几乎不受限制。由于具有分区表和 GPT 头的备份，磁盘的可靠性进一步提高。总之，GPT 是 MBR 的一个功能更强大的替代品。

4. 逻辑格式化

磁盘分区之后，每个分区被视为一个线性的存储空间，可以安装文件系统了。文件系统需要管理分区的存储空间、定义目录、文件等对象的描述信息、建立根目录、初始化各种表格等。在一个分区上建立文件系统各项数据结构并进行初始化的工作称为**逻辑格式化**。逻辑格式化时，用户可以选择是否在分区内安装操作系统的代码和引导程序，安装之后该分区就可以作为启动盘使用了。

不同的文件系统管理磁盘的方法不同，对目录、文件的描述和操作也不相同，因此，逻辑格式化是依赖于文件系统的。一个操作系统不能读另一个操作系统格式化的磁盘，并没有什么奇怪的，因为它可能压根儿就不知道那个磁盘是如何被格式化的。当然，目前很多操作系统是可以对其他格式的磁盘进行操作的，这体现了现代操作系统越来越强的包容性。

扇区是主机和磁盘之间进行数据传输的基本单位，有些操作系统为了加快数据传输速度，尽量减少磁盘输入/输出次数，采用的方法就是将多个相邻的扇区绑成一组，一起输入/输出，这样的一组扇区称为**簇**或**盘块**。对文件系统而言，磁盘输入/输出的基本单元就是簇。这样可以通过减少输入/输出次数来提高磁盘的工作效率。

物理格式化是在盘面上划分出能够存储数据的区域，一般是由磁盘生产商来做的，与操作系统无关。然后，在物理格式化的基础上可以进行磁盘分区并安装多个操作系统或文件系统。逻辑格式化是基于分区来建立文件系统，是操作系统的行为。因此，物理格式化也称为低级格式化，而逻辑格式化也称为高级格式化。它们的共同点是为后续的应用建立一种使用磁盘的规范或格式。

5. 磁盘访问时间

访问一次磁盘的时间由三部分组成：寻道时间、旋转延迟时间和传输时间。寻道时间是指将磁头从当前磁道移动到数据所在的磁道所用的时间，也称为磁头定位时间，包括磁头臂的启动、移动和停稳，其值依赖于磁头移动的距离，一般是毫秒级的。旋转延迟时间是指磁头移动到目标磁道后，等待目标扇区旋转到磁头下的时间，平均是磁盘转半圈的时间，是由磁盘的转速决定的。传输时间是从磁盘表面读取数据的时间，即数据扇区经过磁头的时间。由于寻道时间涉及机械运动，在访问时间中占比是最大的。

可以通过各种方法优化磁盘的访问过程，以减少磁盘访问时间。一般有如下几种方法可以考虑。①在磁盘驱动器内设置磁盘高速缓存。凡是从磁盘读出的数据，都会临时保存在磁盘高速缓存中。如果该数据在不久之后被再次访问，则无须读磁盘扇区，可以从磁盘高速缓存中直接调出，大大节省了时间。磁盘高速缓存一般是磁盘控制器硬件管理下的存储器。②减少磁盘访问次数。磁盘是系统中可同时共享的设备，每次访问往往都需要重新定位磁头，所以，减少磁盘访问次数就相当于减少磁盘的寻道时间。文件系统中往往将相邻的多个扇区组织为一个簇，并以簇为单位传输数据，就可以减少磁盘的访问次数。③操作系统为了减少磁盘的输入/输出时间，也会在内存中开辟专门的区域，作为磁盘访问的高速缓存。与①中不同的是，它是由内核来管理的。在了解了磁盘访问时间的构成后，内核也可以采用其他的方式来降低访问时间，如按某种特定的方式存放数据，以减少寻道时间等。

6. 磁盘调度

磁盘是系统中各种线程都经常访问的设备,所有的访问都要通过内核才能完成。由于磁盘毕竟属于外设,速度相对较慢,访问磁盘的请求排队等待的现象经常出现,甚至是常态。作为内核,可以选择优先为哪一个磁盘请求服务,以提高磁盘输入/输出的效率,这项工作称为**磁盘调度**。不同的调度策略可能导致完成所有磁盘请求的总时间不同,这就像小鸡啄食散落在地上的大米,小鸡的初始位置以及进食米粒的顺序会影响它的用餐总时间。响应不同的磁盘请求需要移动磁头,尽管移动的距离很短,但相对于磁盘数据传输来说,还是非常大的时间开销。所以,提高磁盘效率的目标可以通过减少磁头的移动距离来实现,就像聪明的小鸡总能移动最少的步数就吃完所有的米粒。

最简单的磁盘调度策略是先来先服务(FCFS),即总是为先到的磁盘请求服务。现在通过一个例子来分析先来先服务调度策略的时间开销。假设磁盘的柱面数为100,柱面编号为0~99,当前磁头位于50号柱面,当前内核收到的访问请求按到达的先后分别位于90、10、80、20号柱面上。那么按照先来先服务调度策略,磁头从50号柱面依次移动到90、10、80、20号柱面,如图6.8所示,总的移动距离为250。简单起见,一般假定磁头的移动距离正比于磁头的定位时间,那么磁头移动距离越大,完成所有请求的时间就越长。

如果把响应请求的顺序改为80、90、20、10,如图6.9所示,则磁头总的移动距离为120,显然小于先来先服务调度策略。这种调度策略总是响应离当前磁头所在柱面最近的请求,称为**最短寻道时间优先**(Shortest Seek Time First,SSTF)调度策略。SSTF看上去明显好于FCFS,当然,这只是从效率方面来说。另外,SSTF可能会导致饥饿现象:若调度策略仅考虑磁头周边的请求,那么当周边不停有请求到来时,离磁头远的请求可能一直得不到响应。相反,FCFS永远不会导致饥饿现象,这使得系统不得不在公平和效率之间进行平衡。

图6.8　先来先服务磁盘调度策略　　　　图6.9　SSTF磁盘调度策略

一种减少饥饿现象的方法是扫描,即磁头总是从最内侧柱面移动到最外侧柱面,然后再从最外侧移向最内侧,像是在扫描所有的磁盘柱面。每到一个柱面,磁盘会处理完该柱面上的请求,然后继续扫描。这种扫描策略也被称为**电梯调度策略**,就像电梯扫描每一层楼。扫描策略基本上避免了SSTF那样可能会频发的饥饿现象,但也并没有完全根除饥饿问题。例如,当磁头到达某个柱面后,如果不断有该柱面上的磁盘请求到达,导致总是无法完成该柱面上的请求,从而离不开该柱面,这种情况称为**柱面黏着**。显然这也属于饥饿现象。要彻底解决饥饿问题,可以将FCFS方法与扫描方法相结合,在宏观上采用FCFS方法,微观上采用扫描方法。具体做法是:建立多个磁盘请求队列,扫描策略仅针对当前请求队列中的磁盘请求进行调度,在调度过程中到达的新的磁盘请求存入下一个队列。只有当前队列中的所有请求都处理完之后,系统才去处理下一个队列的请求。这样,就不会出现柱面黏着的现象。

基于扫描策略,可以将磁盘的所有柱面看成一个循环序列,当磁头到达最外侧柱面后立即移动到最内侧柱面,磁头从外往内的移动过程中不响应任何磁盘输入/输出请求,该调度策略称为循环扫描(Circular SCAN,CSCAN)。相比于扫描策略,循环扫描看上去具有更好的一致性,例如,所有请求的等待时间更均衡。

基于扫描策略的另一个改进是:磁头并不一定要移动到最外侧或最内侧柱面再折回,而是到达最外侧或最内侧的请求就停下来,毕竟再往下走也没有意义了,更像是电梯的策略。这种策略和 SCAN 策略结合称为 LOOK 调度策略,与 CSCAN 结合称为 C-LOOK 调度策略。

同磁盘需要调度一样,许多输入/输出设备都存在一个请求队列,对于这些请求也需要进行调度。例如平板绘图机,应用程序会向绘图机发送很多的图形元素(如线段、点、圆弧等)请求,这些请求会形成一个请求队列。绘图机按照不同的顺序绘制图形,绘图笔所走过的距离是不一样的,导致完成任务的时间也不一样,所以需要一个好的调度方案。

6.2.2 固态硬盘

固态硬盘是继机械硬盘之后的最近几十年发展起来的外存设备,随着其存储容量、价格越来越具有竞争力,与机械硬盘一样,几乎成为现代计算机系统的基本构成部分。

1. 固态硬盘的概念

固态硬盘(Solid State Disk 或 Solid State Drive,SSD),又称固态驱动器,是用芯片制成的存储装置。固态硬盘在接口的规范和定义、功能及使用方法上与普通硬盘的完全相同,也能够长期保存数据,许多产品在外形和尺寸上也和普通硬盘相似,所以就被看作硬盘了,而"固态"则说明其不像普通硬盘那样包含机械部件。

2. 分类

固态硬盘的存储介质分为两种,一种是采用闪存芯片作为存储介质,另外一种是采用 DRAM 作为存储介质。还有英特尔最新的 XPoint 颗粒技术。目前主流的固态硬盘采用的是闪存,闪存又分为 NAND 型闪存 NOR 型闪存,都具有非易失性。

NAND Flash 一般共用地址线和数据线,对读写速度有一定影响,而 NOR Flash 闪存数据线和地址线分开,所以相对而言 NOR 型读写速度快一些;NOR 芯片操作以"字"为基本单位,而 NAND 以"块"为单位,前者适合少量数据传输,后者适合大量数据传输;相对来说,NOR 容量小、价格贵,应用程序可以直接在其中运行,更像 RAM 内存,而 NAND 则反之,更像硬盘。鉴于以上差异,NOR 型闪存主要在手机中作固态硬盘使用,或在 PC 中在主板上用于存放 BIOS。而 NAND 主要应用在 PC 的固态硬盘、移动硬盘、U 盘以及广泛的便携式存储卡中。

NAND 和 NOR 芯片的共性表现在向芯片中写数据必须先将芯片中对应的内容清空,然后再写入,即"先擦后写"。其次,NOR 和 NAND 的存储空间都使用多级存储体系,访问 NOR 存储空间时使用逻辑块号和块内地址,访问 NAND 存储空间时使用块号和页号。另外,闪存擦写的次数都是有限的,所以,闪存的读写操作必须应用算法来均衡使用存储介质。

3. 磨损均衡

闪存芯片一般允许几万次的写入/擦除操作,读写次数多了就会不稳定或损坏,因此,SSD 主控要合理调配数据在各个闪存芯片上的存取,让所有的闪存颗粒都能够在比较均衡的负荷下工作,协调和维护不同区块颗粒的协作,这就是所谓的**磨损均衡**(Wear Leveling,WL)。WL 技术依赖于逻辑块地址(Logical Block Address,LBA)到物理块地址(Physical

Block Address,PBA)的转换,也就是说,每次主机上应用程序请求相同的逻辑页地址时,闪存控制器动态地映射逻辑页地址到另一个不同的物理页地址,并把这个映射的指向存放在一个特定的"映射表"里。而之前过期的物理页地址就被标记为"无效"并等待随后的擦除操作。这样一来,所有的物理块就能被控制在一个相同磨损范围,并同时"老化"。

4. 垃圾回收

一块固态硬盘中的闪存可以被分为许多块,每个块又可以分成页。数据可以直接以页面为单位写入,但是要想删除数据却需要以块为单位。因此要删除无用的数据,固态硬盘首先需要把一个块内包含有用的数据先复制粘贴到全新的块中的页内,这样,原来块中的数据整体清除,以后才能写入新数据。可见,从一个块中移走有用的数据,然后清空整个块,这一块便可重新被使用,这个过程称为垃圾回收。

5. 结构

基于闪存的固态硬盘内部构造十分简单,主体是一块 PCB,其中基本配件是控制芯片、缓存芯片和用于存储数据的闪存芯片,共三部分。控制芯片的主要作用是通过硬盘接口与主机进行数据通信,并对各个闪存芯片进行读取或写入操作。磨损均衡、垃圾回收等功能都是运行主控芯片中的程序完成的。固态硬盘本身构成了一个嵌入式系统。

总之,同电子机械硬盘相比,固态硬盘具有防震抗摔、重量轻、无噪声、散热快等特点,是外存发展的重要方向。

6. 与电子机械硬盘的对比

尽管固态硬盘的存储原理和构造与电子机械硬盘非常不同,但由于固态硬盘和电子机械硬盘都能长期保存数据,并且从应用程序设计的角度看二者使用方法完全相同,所以,固态硬盘的兴起,并没有给程序设计带来多大的冲击。很少有应用程序会关心其数据是存储在哪一种盘上。

操作系统需要根据固态硬盘的特点安排代码和数据的存放,例如,定义数据块的大小,哪些代码和数据应该放在 NOR 闪存或是 NAND 闪存上。Windows 中有对硬盘进行碎片整理的功能,目标是将文件数据连续地存储在硬盘空间中,这需要大量的硬盘读写操作,给数据"搬家"。这样做的好处是减少文件访问时磁头的定位次数和时间,提高文件系统的时间性能。然而,由于固态硬盘不包含机械部件,访问过程中没有磁头移动这样的操作,所以也就省去了碎片整理功能。但固态硬盘增加了垃圾回收和磨损均衡功能,不过这些操作一般在固态硬盘的控制器中完成,对应用程序和操作系统是透明的。

6.3 时　　钟

为了保证系统中所有的操作能够按照逻辑顺序执行,一个统一的时间是不可缺少的。一方面,系统中所有的软件、硬件对象都可以按照时间安排它们的操作,以保证先后的顺序,所以系统中必须有一个钟表供各类对象读取时间。例如,操作系统建一个进程时需要读取时间,记录进程的建立时刻。另一方面,系统中的时钟也可以是主动的,即以闹钟的形式唤醒系统中的各类对象。例如,每隔一段固定的时间,系统硬件就会产生时钟中断,激活操作系统;应用程序中也经常使用 sleep()函数,暂停一段时间后,被唤醒继续执行。实现以上时间功能,需要计算机软硬件系统的合作来完成,本节将阐述这些时间机制。

6.3.1 可编程计时器

时间是物质运动、变化的持续性、顺序性的表现。日常生活中，日、月、钟表等的运动具有相对稳定的频率，可以作为测量物质运动、变化的时间尺度。在计算机系统中也需要有一种可以描述所有操作过程、对象变化的时间尺度。例如，晶体振荡器可以产生稳定的频率信号。有了稳定的频率信号，就可以构建计算机系统中的时间了。

石英晶体在接收一定电压后，可以产生频率高度稳定的信号，这样的电子装置称为晶体振荡器。晶体振荡器每产生一个信号，都送到一个计数器中，使计数器的值加 1 或减 1。如果设置计数器的初值为 0，且计数器收到信号后做加 1 运算，那么计数器中的值就记录了晶体振荡器产生的信号的数量。由于信号的频率是恒定的，所以计数器就可以起到计时的作用。图 6.10 中的虚线框内包含晶体振荡器和计数器，二者构成了一个计时器。

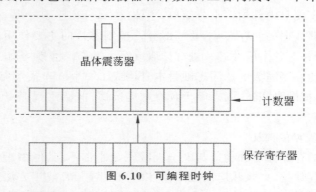

图 6.10　可编程时钟

晶体振荡器信号的频率一般为兆赫级别的，通过各种电路可以提供更高或更低频率的信号，以提供给系统中各种不同的部件使用。对于操作系统这样的软件来说，这个信号的频率太高了，就好像让人的心脏每秒跳 1 万次。一般情况下，激活操作系统的时钟中断的间隔时间是以毫秒计的。假设晶体振荡器信号的频率是 1MHz，那么要想时钟中断的间隔时间为 10ms，需要计时器接收 10 000 次晶振信号才产生一次时钟中断。为此，计时器的初值设置为 10 000，每接收一次晶振信号就减 1，计数器减为 0 时发出中断信号，称为**时钟中断**，也叫时钟滴答。然后计数器的值重新被设置成 10 000，进入下一轮的递减过程。计数器的初值（如 10 000）保存在一个名为保存寄存器的地方，如图 6.10 下方所示。保存寄存器中的值决定了时钟中断发生的频率。时钟中断激活操作系统，以处理各种与时间相关的工作，也可以作为操作系统一种计时的手段。

如果系统允许用软件的方法修改保存寄存器中的值，那么操作系统就可以调整时钟中断发生的频率，这样的计时器称为**可编程计时器**。时钟中断的频率太高会增加系统开销，太低会导致某些事件不能得到及时处理，所以调整时钟中断的频率具有重要的意义。

可编程计时器是计算机系统中的重要设备，软件可以通过访问接口的方式实现对其的操作和控制。当然，它像其他的设备一样，属于整个系统的资源，需要内核的特权才能访问。

6.3.2 系统时钟

可编程计时器提供了一种计时的方法，使得操作系统随时获取当前的时间，用于给各种操作或事件设置时间戳，如进程的创建或撤销时间，这个时间称为系统时钟。系统时钟一般保存在一个内存变量中,存取非常方便,每次时钟中断发生时,操作系统都要将系统时钟的值加1,所以可编程计时器维持了系统时钟的正常运行。在 UNIX 操作系统中,系统时钟记录了从1970年1月1日上午12时(UTC)以来的时钟滴答数。显然32位二进制数难以表达系统时钟,一般得用64位。

系统时钟的值存放在内存中,关机后可编程计数器不工作了,系统时钟也不存在了。所以开机后系统时钟需要一个初值。操作系统可以有多种方式获得系统时钟的初值。

最简单的是由系统管理员手工输入当前时间,作为系统时钟的初值。当然,这也是修改系统时钟的一种方式。

大多数计算机都提供了一个由电池供电的时钟,就像一个电子表,依靠电池,即使系统已经关机,这个时钟依然不停。这个时钟是计算机的一个外设,程序可以通过接口访问。这样,每当系统启动时,就会从该时钟读取当前时间。一般情况下,系统启动后,有了系统时钟,很少会再使用这个时钟,所以也被称为备份时钟、实时时钟(Real Time Clocks,RTC)。有时会遇到主板上电池耗尽的情况,这时只能采用人工输入的时间了。

接入网络的计算机系统在启动后也可以通过网络从标准授时中心获取系统时钟的初值。例如,国家授时中心提供精确时间信号,维护国家时间尺度,同步全球时间。用户可以通过互联网、短波广播、卫星等多种形式获取授时中心精准的时间服务。

要注意的是,以上三种获取时间的方式都要通过读取外部设备来完成,仅用于给系统时钟赋初值,系统运行起来后,所有操作和对象的时间属性几乎完全依靠系统时钟。

系统正常运行时,电池供电的时钟和系统时钟同时前进,难免出现有快有慢的情况。如果二者时间不一致,应该以谁为准呢?例如,假定系统时钟比电池时钟快了 50s,在系统时间 $t=100s$ 时刻,系统打开了文件 F,10s 之后关闭文件 F。若在 $t=105s$ 时刻,将系统时间以电池时钟为准进行调整,则关闭文件时系统时间为 $t=60s$。这显然导致了逻辑上的错误:在 $t=100s$ 打开文件,而在 $t=60s$ 关闭文件。所以,系统中发生的所有事件基本上是以系统时钟为准的。修改系统时钟可能意味着与以往的事件发生逻辑上的冲突,系统时钟不能轻易修改。一般情况下,在调整系统时间时,往后调不会出什么大的问题,往前调则有可能出现逻辑的错误。

6.3.3 时钟中断处理

中断是激活操作系统的手段,只要中断事件出现,操作系统就获得 CPU 的控制权并执行系统管理的任务。所有中断事件中,时钟中断是发生频率高且周而复始地稳定出现的事件,所以操作系统的很多例行的、需要定期处理的工作都是由时钟中断引发的。下面介绍操作系统通常在时钟中断处理中做的主要工作。

1. 维护系统时钟

系统时钟的主要作用是记录当前的时间。如前所述,系统时钟可以是一个 64 位的长整型数。此时如果想得到当前的年月日时等信息,就要进行相应的换算。当然,也可以把系统时间表示为一个包含年月日的结构类型,每次时钟滴答都需要对相应的时间分量进行修改,这样日期和时间用起来就不用转换,方便多了。至于系统时钟采取哪一种结构,完全依赖于各个系统的实现。

2. CPU 调度

在分时系统中,若采用轮转法调度,在每轮调度中每个线程获得一个时间片的运行时间,时间片的大小一般是时钟中断间隔时间的倍数。每个线程的控制块中有一整型字段记录线程在 CPU 上尚需运行的时间,初值为时间片的大小,每产生一次时钟中断,该值减 1。当减为 0 时,说明线程的时间片已用完,调度程序就选择另一个线程运行。可见,时钟中断是实现分时系统的基础。

3. 记账、统计

用户进程使用系统资源是要付费的,或许你在使用个人计算机时没有意识到这一点,那是因为在买计算机时已经一次性地付清了。目前的云计算、云存储服务都要依据客户使用资源的多少以及占用的时间来收费。操作系统作为资源的管理者,显然要具备记录系统资源使用情况的功能。

记账当然是越精确越好,但为此付出的开销也会越大,操作系统必须在精确和开销之间做出权衡。时钟中断可以提供一种采样的方法,记录进程使用资源的情况。例如,在进程的控制块中有一个字段记录进程已经使用的 CPU 时间,每当时钟中断发生时,内核就将被中断的进程的该字段加 1。当进程结束时,该字段的值与时钟中断间隔的乘积就可以作为进程使用 CPU 的时间。这种计算方法并不精确,例如,中断处理时间也算在了用户进程的头上。用户进程使用内存等其他资源的多少与时长也可以通过这种方法计算。

利用时钟中断进行记账的方法也可以用在系统资源或操作的统计上,以便于操作系统进行更有效的资源配置和管理。例如,在 Windows 中任务管理器会实时显示 CPU 和内存的利用率。同样,上述统计方法也可以用于统计程序的行为,例如,程序在某段时间内访问了哪些内存区域。

4. 虚拟计时器

像可编程计时器这样的设备,不仅可用于实现系统时钟等功能,应用程序也会经常用到。例如,在 Linux 系统中提供了 unsigned int alarm(unsigned int s)系统调用,在 s 秒之后系统会向调用进程发送一个 SIGALRM 信号,调用进程可以事先安排好一个回调函数专门处理这个信号。在 C 语言的库函数中提供了 unsigned int sleep(unsigned int s),使调用进程休息 s 秒,然后继续执行。从原理上讲,alarm()和 sleep()都需要基于可编程计时器这样的设备来实现。然而,系统为每一个进程都提供一个这样的计时器,既没必要也不可能,事实上,这样的功能完全可以借助时钟中断处理程序来完成。

由于 sleep()的功能可借助 alarm()来完成,在此仅介绍 alarm()的实现。内核为每一个调用 alarm()的进程建立一个虚拟计时器(和系统时钟一样,实际上是一个内存变量),记录向该进程发出 SIGALRM 信号后的剩余时间,其值表示为时钟中断间隔的数量,初值依据 alarm()的参数计算。所有调用了 alarm()的进程的虚拟计时器组成一个队列,进程每次调用 alarm(),内核都将其虚拟计时器插入该队列中或替换掉其原有的虚拟计时器(如果有的话)。每次处理时钟中断时,内核就将所有虚拟计时器的剩余时间减 1,然后向所有减为 0 的虚拟计时器对应的进程发送 SIGALRM 信号,并从队列中移出该虚拟计时器。进程可以设置 SIGALRM 信号的处理函数,也可以采用系统提供的默认处理方式。

可见,基于一个可编程计时器可以实现多个虚拟的计时器。显然,这些虚拟计时器的时间的分辨率要低于物理的可编程计时器。

像 alarm() 和 sleep() 这样的功能，内核中的很多程序也需要调用。这里需要注意的是，从实现方式的角度来看，在用户进程中调用像 alarm() 这样的程序，不同于在内核中调用。前者通过内核的信号机制来实现，而后者则比较灵活。

5. 时钟中断处理程序与其他程序之间的关系

综上所述，从维护系统时钟到建立虚拟时钟，时钟中断处理过程需要做许多重要的工作。然而其中的某些工作从逻辑上已经超出了时钟中断处理程序的范畴，如 CPU 调度，并不属于时钟中断处理程序，只是可能会由时钟中断触发而已。借此需要强调的是，内核模块之间的调用关系不等于包含关系，前者描述的是时序关系，而后者描述的是从属关系。例如，可以说时钟中断处理程序会调用 CPU 调度程序，引起 CPU 调度，但要说在时钟中断处理程序中进行 CPU 调度就不恰当。由于时钟中断的频率很高，如果做的事情太多，无疑将大大增加系统的开销，为此，时钟中断会触发哪些操作，也需要权衡利弊。

6.3.4 软定时器

时钟中断的间隔时间是毫秒级的，也就是说，每隔几毫秒操作系统都会被激活一次，处理必要的工作，包括定时唤醒某些用户进程，这对于大多数应用已经足够了。然而，有些特定的应用，毫秒级的响应时间还是太长了。例如，在高速网络上需要每隔 $10\mu s$ 就要发送一个数据包，显然，靠时钟中断是不能及时唤醒这样的进程的。

如前所述，可编程定时器是可以调整时钟中断间隔时间的，这样虽然可以满足上述需求，但由于中断频次太高而导致系统开销过大，为了某项具体的应用而做这样的调整是得不偿失的。从应用程序的角度来解决上述问题，采用忙式等待的方式进行网络通信，表面上看是可行的，好像应用程序一直在准备随时发送数据，实际上，任何进程都不可能一直占用 CPU，当 CPU 去执行其他进程时，通信进程就有可能错失发送数据的机会。

一种可行的方法是实现软定时器，其基本思想可以用下面的例子来说明。某森林公园本来雇佣一批人员巡视火情，由于经费有限，雇佣的人员仅能做到每小时巡视一次火情，这显然不能做到及时处理。为此，该公园决定请游客帮忙，任何人发现火情都能向管理方报告。由于游客人数众多，所有景点几乎随时都在人们的视线之内，完全可以及时发现火情。这个例子提醒我们，虽然不能再提高时钟中断的频率，但唤醒用户进程的任务没必要一定由时钟中断来做，事实上，内核的某些程序可以为此做出贡献，前提就是该程序被执行到的频率一定要非常高。除了中断信号外，系统调用也会导致 CPU 执行内核代码，而且系统调用被执行的频率是非常高的，是完全可以高于微秒级的。有些系统调用是应用程序直接调用的，有些是通过库程序间接调用的。系统中的系统调用一般有统一的入口和出口，这样，每次从系统调用返回时，内核就会在系统调用出口处就判断是否到了该唤醒那个网络通信进程的时间，若到了就唤醒。通过这种方式实现定时功能的机制，称为软定时器。

系统调用发生的频次虽然很高，但也仅仅是概率意义上的，不能保证在某段时间内一定会有一次系统调用发生，这是使用软定时器时一定要注意的。因此，软定时器也往往与前面介绍的虚拟定时器配合使用，虚拟定时器虽然时间分辨率低，但可靠性高，在一定程度上弥补了软定时器的不足。

6.4 驱动程序

作为与外设紧密相关的程序,驱动程序的概念甚至在日常生活中已经被广泛地使用:在计算机上添加设备,都会涉及驱动程序的安装。本节将从输入/输出系统的范围内讨论驱动程序,阐述其本质的内涵。

6.4.1 驱动程序的概念

在计算机系统发展的早期,访问外部设备时,是程序员自己编写设备的操作代码,这需要程序员知道设备对应的端口号、端口中每个寄存器的作用甚至每一位代表的含义、设备所接受的控制命令的格式、功能以及设备状态的含义等。与这些设备特性相关的程序无疑是用户程序的一部分,程序员需要知道所有的这些设备特性。如果系统更换了设备,程序员必须重写那部分与设备相关的程序,例如,打印机由惠普的换成了爱普生的,送给打印机的命令和数据格式都会发生变化,程序就需要做相应的改动。显然,把用户的程序移植到一台不同的机器上更是一件非常麻烦的事情。

后来,人们不愿再困扰于上述麻烦,把设备相关的那部分程序,例如,读、写设备的程序,包括在打印机上输出一个字符串、在键盘上输入一个整型数等这样的程序,形成一个单独的模块,以输入/输出库程序的方式提供给程序员。再后来,操作系统出现后,这些程序并入了操作系统,但它们仍然保持着相对独立的特性,以单独模块的形式存在,称为**设备驱动程序**,简称为**驱动程序**。

将驱动程序从系统中的其他程序分离出来的好处是,仅有驱动程序是与设备的具体特性相关的,即随着设备的更换而更换,驱动程序的这一特性称为**设备依赖性**,也称为**设备相关性**。由于所有和设备相关的代码都封装在了驱动程序中,这样,使系统中的其他程序与设备的具体特性无关。即使更换设备,代码也无须改变,代码这样的特性称为**设备独立性**,也称为**设备无关性**。

由于驱动程序是设备依赖的,也就成全了内核 I/O 子系统中的其他程序,使得它们都可以成为设备独立的软件。图 6.11 表示了驱动程序在内核输入/输出系统中的地位。内核 I/O 子系统中的设备独立软件通过调用驱动程序启动对外设的操作,中断处理程序在收到外设发出的中断信号后也会调用驱动程序从外设读入数据或向外设输出。

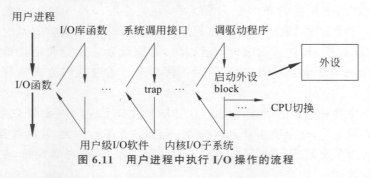

图 6.11 用户进程中执行 I/O 操作的流程

通常情况下,驱动程序是内核的一部分,在 CPU 内核模式下运行。但在有的微内核系统中,如Minix,也会将驱动程序放在用户模式下运行。当然,需要对外设进行的特权操作,这种驱动程序还得请求内核来完成。

图6.11描述了在输入/输出过程中,用户程序中的输入/输出请求,经过输入/输出库函数、系统调用接口、系统调用,最后到达驱动程序,由驱动程序直接控制外设,完成输入/输出。一般情况下,驱动程序启动外设后,就会调用block()阻塞当前线程,进而去调用CPU调度程序,保留下断点并实现进程切换。当输入/输出完成、进程被唤醒并被再次执行时,应该回到上次离开进程时的断点继续执行。

驱动程序是设备依赖的,每当新设备出来后,都要编写相应的驱动程序,往往是由设备生产厂家提供。买来一台新打印机后,需要安装上厂家提供的驱动程序,就是这个道理。这样,在添加或更换设备的时候,操作系统不需要改动,只要安装新的驱动程序即可。要注意的是,新安装的驱动程序是在内核模式下运行的,这样做也会带来问题:万一驱动程序中存在有意或无意的安全隐患,将成为整个系统的漏洞。所以,在安装驱动程序时一般都要求有系统管理员的权限,系统管理员承担了保证驱动程序安全的责任。系统的安全性问题也是微内核结构的操作系统Minix将驱动程序置于内核之外的原因之一。

6.4.2 统一的驱动程序接口

作为输入/输出系统中一个功能上相对独立的模块,驱动程序在结构上既要保持相对的独立,又要方便地与系统中的其他模块进行互连,这正是驱动程序接口的意义。

1. 驱动程序接口

操作系统的内核I/O子系统需要通过驱动程序接口调用驱动程序实现对设备的读、写、初始化等操作。中断处理程序也需要通过驱动程序接口调用驱动程序的相关功能来处理设备的中断信号。除此之外,驱动程序也会根据输入/输出情况调用内核的功能。例如,启动设备的读或写操作后驱动程序就会调用内核函数block()阻塞当前线程,申请或释放内核内存空间,以及请求内核建立定时器等。所以,驱动程序接口既要包含完备的输入/输出功能,也要为驱动程序提供一组访问内核的函数调用。

2. 统一的驱动程序接口

由于计算机系统已经非常普及,其挂接的外设也种类繁多,操作系统不可能事先为各种设备准备好驱动程序。当新的设备接入系统时,操作系统就面临安装驱动程序的问题。并且,驱动程序的生产厂家往往不是操作系统的厂家,甚至彼此并无来往。因此,操作系统内核和驱动程序之间必须定义严格的接口规范,才能保证驱动程序能够正确地安装并完成输入/输出任务。一般情况下,操作系统在市场上占有强势的地位,设备生产厂商会遵从操作系统定义的驱动程序接口规范。

不同类型设备的控制方式、传输速率、传输单位等各不相同,为不同类型的设备提供不同的驱动程序接口看上去是很自然的。例如,SCSI硬盘驱动程序使用一类接口,IDE硬盘驱动程序使用另一类接口。然而,随着新类型设备的出现,这样将导致操作系统定义新的驱动程序接口,即新的数据结构和函数集合,势必引起内核设备独立软件的相应改动。内核的设计者不希望这样,因为这会损害内核的设备独立性。因此,对各种设备的驱动程序接口进行高度的抽象,建立各种设备都采用的统一的驱动程序接口,就成为一种明智的选择。图6.12形象地说明了每个驱动程序和内核都有一个独自的接口,图6.13则说明了采用统一的驱动程序接口，即使增加新的设备驱动程序，内核的设备独立软件的接口也不会改变。采用统一的设备驱动程序接口后，所有设备驱动程序的接口有相同的数据结构和函数定义，驱动程序的不同仅体现在接口对象的数据值和程序代码上。可见，接口定义了一种机制，而各种不同的驱动程序则是系统应对各种问题的策略。

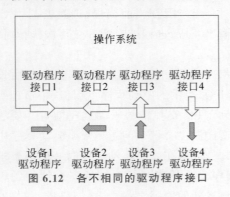

图 6.12　各不相同的驱动程序接口

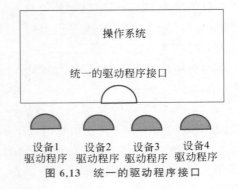

图 6.13　统一的驱动程序接口

有了操作系统和设备之间的统一接口，就可以实现设备的热拔插，意思是添加设备不需要关闭系统，也不需要人工装入驱动程序。这样做的前提是操作系统能够自动识别设备并获取设备的各种属性，然后找到事先已经存在的相应的设备驱动程序并安装。

驱动程序统一接口规范的想法虽然好，但也难以做到包罗万象，毕竟并不是所有的设备都能用一种模式来描述。Linux 操作系统中为所有的字符设备的驱动程序定义统一的接口，然而，由于块设备和字符设备差距太大，例如，块设备有缓存，一般都安装有文件系统，所以并没有和字符设备使用相同的驱动程序接口，单独定义了块设备驱动程序接口。另外，网络设备也是采用单独的接口形式。所以 Linux 操作系统的设备驱动程序有字符设备、块设备和网络设备三种类型的驱动程序接口。6.4.3 节将以字符设备为例说明驱动程序接口是如何定义的。

6.4.3　Linux 系统字符设备驱动程序接口

定义了设备驱动程序的统一接口之后，新设备的研发、驱动程序的编写和更新就简单、规范得多了。在 Linux 系统中字符设备驱动程序接口是三种驱动程序接口中最简单的，介绍其数据结构及安装方法，以管窥驱动程序的基本结构，具有重要价值。下面介绍 Linux 系统 I/O 模块的早期版本中有关字符设备驱动程序接口的最基本架构，因为它比较简单。

Linux 把设备看作特殊的文件，所以每个设备都有一个文件名和索引节点。在索引节点中标记出它是设备而非普通文件，当系统根据文件名找到相应的索引节点时，就知道它实际上是设备而需要进行特殊的处理了。

1. 字符设备驱动程序结构

每个字符设备驱动程序都由一组操作（函数）和数据结构组成，如打开 open()、读 read()、写 write() 等，实现对设备的所有操作。这些函数的入口地址存放在一个结构类型 file_operations 中，称为设备的操作集，并让内核的指针变量 fops 指向该集合（表）。这些函数说明定义了一个统一的驱动程序接口，对于不同的字符设备驱动程序来说，函数都遵从这个统一的接口定义，只是函数体不一样而已。

Linux 用一个 32 位的二进制数 dev_t 唯一地标识一个设备,前 12 位称为主设备号,后 20 位称为次设备号。主设备号用来查找该设备所使用的驱动程序,与设备的类型相关;次设备号用于进一步确定该类型设备中的哪一个设备。例如,系统中有多台型号相同的打印机,它们完全可以共享同一个字符设备驱动程序和同一个主设备号。系统用次设备号来区分同一类设备中不同的设备个体,次设备号一般是作为参数传递给驱动程序的。

结构类型 cdev 用于描述类型相同,并且操作集也完全相同的一组字符设备,指向操作集的指针 fops 是 cdev 中的一个属性变量,根据 cdev 结构就可以找到对应设备的所有操作函数。

Linux 中结构 char_device_struct 用以记录具有同一驱动程序的那些设备,该结构中包含指向 cdev 的指针,如下。

```
static struct char_device_struct {
  struct char_device_struct * next;      //结构体指针
  unsigned int major;                    //主设备号
  unsigned int baseminor;                //次设备起始号
  int minorct;                           //次备号个数
  char name[64];
  struct cdev * cdev;
} * chrdevs[256];
```

所有主设备号相同的 char_device_struct 对象形成一个单向队列。队首指针存放在一个索引数组 chrdevs 中的第 i 个元素中,其中,i 为主设备号。

2. 查找驱动程序的过程

内核要想找主设备号为 i,子设备号为 j 设备的驱动程序时,首先用主设备号 i 查找数组 chrdevs,找到该类设备驱动程序链的链首 chrdevs[i],链中有多个驱动程序分别对应多个不同的 cdev。根据次设备号 j 可以确定设备属于哪一个 cdev,从 cdev 中即可找到相应的 file_operations 操作集。

驱动程序的安装是为了以后使用驱动程序,安装过程要做的主要工作是构建并初始化查找过程中用到的相关的数据结构,其中包括建立设备的 file_operations 操作集、cdev 对象、char_device_struct 结构对象等。

◆ 6.5 外部中断处理程序

中断是指中断 CPU 当前正在执行的指令流而转去执行另一个指令流。中断的概念是紧随着计算机的发明而产生的,早在 1951 年的 UNIAC-1 计算机中就出现了中断机制。一旦 CPU 的算术运算产生溢出,即异常(内部中断),该计算机就自动去执行一段仅有两条指令的程序(但它可以转到更复杂的程序)。后来,在 1954 年,当时号称可移动的计算机 DYSEAC(仅需 20t 的载货卡车就能移动)可以暂停当前指令流,去处理来自外部设备的中断信号,及外部中断。

随着操作系统的出现并承担了整个系统的管理和控制,中断处理的责任也从应用程序一方转移到操作系统手中,并且中断成为激活操作系统的手段。

中断处理机制可以处理广义的中断，包括异常、外部中断和陷入（包括系统调用），本节仅讨论和设备相关的外部中断的处理。

6.5.1 外部中断处理

1. 外部中断的意义

在单任务环境下，中断事件都是与当前执行的程序相关的，自然可以由当前程序来处理。但在多任务环境下，中断事件可能和其他的任务相关，因而必须由操作系统统一处理，所以操作系统承担了中断处理的任务，中断处理程序成为操作系统的一部分。

外部中断处理程序和被中断的程序完全是两个不同的指令流，它们之间没有逻辑上的必然联系。从中断处理程序可以转向任何一个其他的线程去执行，从而实现多任务。由于中断事件对于程序的执行一般都是随机的，例如时钟中断，所以通过中断实现的线程之间的切换充分体现了线程运行过程中的异步性。也就是说，从程序员的角度来看，CPU 什么时候从一个线程切换到另一个线程不需要任何前提条件。这也使得线程之间的并发和并行在逻辑上是完全等价的。相比之下，通过用户级线程实现的并发，由于是依赖程序主动出让 CPU，因而无法做到并发线程之间操作顺序的随机性。

由于中断处理程序是操作系统的一部分，所以每当中断出现，可以认为操作系统都会获得 CPU 的控制权，在处理中断之外，还可以趁机对系统进行各方面的监测和管理。所以说，中断是激活操作系统的手段，操作系统不会缺席系统中的各种重要事件。

中断还是输入/输出控制的重要方式之一，正是因为有了中断机制，输入/输出的线程在启动设备之后才可以不再采用忙式等待的方式检测设备状态，而是放心地睡眠，因为它相信设备完成操作后会发出中断信号，内核会将它唤醒。

2. 中断处理程序的概念

每个中断事件都有相应的程序来处理，这种处理中断事件的程序称为**中断处理程序**。中断处理是一个复杂的过程，例如时钟中断，要做很多的工作，调用很多内核的程序，所以系统中的许多功能模块都是由中断处理程序调用的，因而中断处理程序可被看作设备和内核之间的纽带。尽管中断处理程序和内核之间存在紧密的联系，这种联系体现在程序执行流程和功能上，例如，在中断处理的流程中内核会唤醒一个线程，可以认为唤醒操作是在中断处理的时候做的，但唤醒操作程序并不属于中断处理程序。从概念上说，把中断处理程序和内核中的其他程序分开来是必要的。

从结构上讲，中断处理程序构成操作系统内核中相对独立的模块。它和机器的 ISA 架构紧密相关，所以当内核从一个机器移植到另一个机器时，相对于内核的其他部分，中断处理程序需要做较大的改动。例如，中断向量表的结构、中断的类型等，都是指令集架构定义的内容，随机器而不同。因此，内核中公用的功能一般不会由中断处理程序完成，中断处理程序模块中所包含的功能仅限于中断处理。也就是说，中断处理程序仅包含各种事件都需要做的一些通常的处理，和事件相关的个性化的处理需要调用其他程序完成。从调用关系上，中断处理程序可以调用内核的其他程序，而内核的其他程序不会调用中断处理程序，中断处理程序只能由各种事件通过硬件机制激活。

3. 中断处理程序的运行环境

中断处理程序是不同于被中断线程的指令流，在逻辑上二者没有任何关系，所以中断处理程序无须使用也不能修改当前线程的上下文。为了能够返回被中断的线程,中断处理程序必须保护被中断线程的上下文,这个上下文应该保存在被中断线程的线程控制块中。

执行中断处理程序之前,在中断响应阶段,CPU 就已经被置为内核模式,所以中断处理程序有权限访问内核的程序和数据等资源,也需要动态申请、释放内存,这些都需要按照内核程序的要求来编写程序。中断处理程序也需要栈来支持子程序的调用和返回,该栈可以直接使用被中断线程的内核栈,也可以单独使用一段专用的内存区域,无论哪种选择都需要考虑中断的嵌套和栈溢出的问题。与普通程序不一样的是,作为内核的一部分,中断处理程序不能使用各种各样的 API 函数库,例如,C 语言中常用的 printf() 等,因为这些代码并没有装入内核空间的。

执行每一个中断处理程序都会形成一个新的指令流,当允许外部中断嵌套时,这些指令流之间就是并发运行的。即使没有外部中断的嵌套,当一个线程在执行系统调用时也可能被中断,此时也说明内核程序是在并发环境下运行的。所以在设计中断处理程序时,必须考虑程序并发执行时可能遇到的同步和互斥问题,这将在第 8 章中进行深入的讨论。

4. 中断处理的时间开销

通过中断事件,系统能够及时处理和控制各种事件,但付出的代价也是不可小觑的。与不采用中断技术相比,除了硬件检测和中断响应所花费的时间之外,操作系统的开销主要包括如下几方面:①保护和恢复被中断指令流的上下文,主要是将 CPU 寄存器内容写入内存的时间。②设置中断处理程序的上下文,包括代码段、数据段、栈等。③更新中断处理程序运行环境,包括 TLB、页表和 Cache 的更新,这需要大量的内存访问。中断处理完后,恢复被中断指令流的这些运行环境同样需要大量时间。

6.5.2 中断机制

计算机系统经过长期的发展和积累已经在处理中断的技术方面十分成熟,形成了中断产生、响应和处理的机制,能够适应各种不同类型的中断。

1. 中断的分类

外部设备可以向 CPU 发送中断信号请求 CPU 进行处理。当多个外设同时向 CPU 发送中断信号时,就需要一个中断控制器从这些中断信号中选择一个优先级最高的送给 CPU,每个设备(确切地说,通过某个接口)发出信号的优先级是由硬件设计时就安排好的。除此之外,中断控制器还能够根据程序的设定,屏蔽某些中断信号,借此也可以通过软件的方式选择要处理的中断,也达到了指定中断优先级的目的。

除外部中断之外,还有一类事件,如除数为零引发的错误,以及系统调用,都是由 CPU 执行程序时产生的事件,导致 CPU 中断当前指令流的执行,并由内核处理该类事件,因而被称为内部中断。

内部中断事件又可以分为两类,一类对于程序来说属于意外事件,如页错误、地址越界、在用户模式下执行敏感指令等,所以此类事件也称为异常;另一类是程序主动产生的事件,目的是请求内核的服务或执行调试程序,如系统调用指令、断点指令等,所以这类事件也称为陷入事件或软件中断。

关于中断、异常、陷入等名词,不同的系统和书中含义和分类可能会有细微的差别,本书采用外部中断和内部中断(异常和陷入)这些名词是为了避免混淆,应该不会引起歧义。从原理上讲，对于这些事件的处理都采用了相同的中断处理机制，这是关键，这也是把它们都称为中断的理由。

2. 中断响应

CPU收到中断信号后会进入中断响应周期：确定中断源，并获得中断类型号；根据中断类型号查找中断向量表，得到该类型中断的处理程序入口地址；保存CPU断点和运行模式；关中断；转向该中断处理程序。该过程称为**中断响应**。中断响应过程完全是由CPU硬件完成的，一气呵成，具有原子性，就像执行一条指令一样，所以也称为**中断隐指令**。

相比于外部中断，CPU对内部中断的响应就简单多了，异常和陷入信号都是指令执行时产生的，直接请求CPU进行处理，不需要经过中断控制器，所以它们都不可能被屏蔽，都是无条件响应的。

3. 中断向量表

中断向量表是物理内存中的一段连续区域，在C语言中通常定义为一个数组，数组中的每个元素存放与中断处理程序相关的信息，其中至少包含一个中断（包括异常和陷入）处理程序的入口地址，或者转向中断处理程序的跳转指令。一般将中断号作为索引，就可以找到中断处理程序。系统为每个中断源（外部中断、异常、陷入）分配了一个中断号。中断号所占二进制位数在硬件设计时就固定好了，所以中断号的数量对程序来说是不变的。当中断源多于中断号的数量时，就会出现一个中断号对应多个中断源的情况，即多个设备共享一个中断号。仅凭中断号无法区分中断来自哪个设备，甄别中断源的任务就由中断处理程序来完成。极端情况下，所有中断共享一个中断号，完全靠中断处理程序检测是哪个设备发来的中断信号。中断向量表是系统设计的一个重要机制，无论是外部中断还是内部中断，都通过它找到相应的中断处理程序。

CPU的中断响应机制需要访问中断向量表，所以它必须知道中断向量表的起始地址。事实上，CPU中一般会有一个专门的寄存器存放中断向量表的起始地址，该寄存器称为中断向量表基址寄存器，供中断响应机制使用。该寄存器的内容是内核初始化时设置的。

在系统初始化过程中，中断向量表的初始化是一项重要的内容，毕竟系统中所有事件的处理都要通过中断向量表。内核需要选择一段内存区域存放中断向量表，在每个中断号对应的单元中填入相应中断处理程序的入口地址，并设置中断向量表基址寄存器，使其指向中断向量表起始地址。

异常和设备中断尽管来源不同，但内核在处理它们时采用了相同的方式，即都通过中断向量表转向相应的处理程序，异常才被称为中断（内部中断）。所以每个异常事件都有相应的一个中断号和中断（异常）处理程序，在中断向量表中占有一个表项，当异常发生时，像中断事件一样，通过中断向量表直接转向相应的异常处理程序。

另外，应用程序发出的系统调用请求也要通过中断向量表转向相应的处理程序，但不同的是，系统中所有的系统调用都通过一个或几个中断号进入相应的系统调用处理程序。内核中有一个系统调用表专门记录系统调用号和相应的系统调用服务程序之间的对应关系。系统调用号在请求系统调用前由应用程序填入某个指定的寄存器。进入系统调用处理程序后，它会根据该寄存器中的内容查询系统调用表并转向相应的系统调用服务程序。

4. 中断处理机制

中断处理机制解决与中断相关的工作，它规定了处理各类中断事件的流程和结构，是所有类型的中断处理必须遵从的规范,而不涉及针对某种特定类型的中断具体需要做的事情。操作系统中建立中断处理机制的好处是:处理各种类型的中断事件都采用同一套中断机制,以最大限度地共享系统资源、简化系统结构。各种不同类型中断的处理程序针对具体的中断采取不同的处理方法,都属于基于中断处理机制的策略。

具体来说,中断处理机制与中断响应、中断向量表紧密相关,具体包括上下文保存、上下文恢复、中断处理、中断服务例程、开/关中断、中断返回等。例如,所有的中断事件都会导致:在中断响应过程中,系统通过中断向量表去转向相应的中断处理程序。所有中断处理过程都是这样启动的,这是共性,是机制。再如,所有的中断处理都会考虑上下文保护、恢复,中断返回的问题,这已成为中断处理过程中不可或缺的阶段。通过中断处理机制的设计,内核会变得简洁、规范。

5. 中断处理程序的基本流程

在不同的 CPU 架构、不同的操作系统中,中断处理程序的具体实现流程并不是完全相同的,但从原理的角度来看,基本上是一致的,如图 6.14 所示。从某个具体的操作系统来说,中断处理程序的基本流程是相对稳定的,属于机制层面的设计。下面从原理的角度来分析中断处理程序的基本流程。

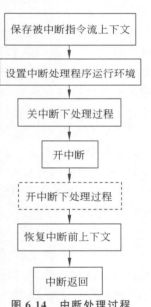

图 6.14 中断处理过程

在中断响应阶段已经保存了指令计数器 PC 和 CPU 运行模式的内容,进入中断处理程序后还应该继续保存中断处理程序可能破坏的所有被中断指令流的上下文,这里的被中断指令流是指被中断的线程或另一个中断处理程序(中断嵌套)。一般情况下,这里需要保护的包括几乎所有 CPU 寄存器中的内容、中断屏蔽字寄存器的内容,它们被保存到线程的栈或控制块中。注意,中断响应阶段保存的内容一般会保存到线程的栈中。

在保存完被中断指令流的上下文之后,中断处理程序就要为本身的运行设置运行环境,这包括页表、TLB、栈等。根据 CPU 架构和操作系统的不同,中断处理程序的某些运行环境可能会借用被中断指令流的,也可能重新建立。

中断处理的内容因中断事件的不同而不同。有的中断号被多个中断源共享,中断处理程序会进一步甄别产生中断的设备,转去调用相应的中断服务例程。中断处理程序也可能会调用内核中 CPU 调度、进程管理、内存管理、驱动程序等各个模块,从某种意义上讲,它仅仅是进入操作系统内核的入口,也就是常说的:中断是激活操作系统的手段。

中断之间可能会嵌套,即中断处理过程的指令流之间是并发执行的,这可能会因为它们之间共享资源而导致竞争状态。例如,收到数据到达的中断信号后,网卡的中断处理程序从网络端口读一个字符到缓冲区 buffer 的操作,如图 6.15 所示。若程序在执行"i = i +

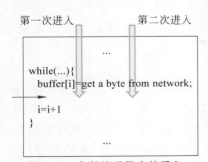

图 6.15 中断处理程序的重入

1;"之前被另一个中断信号中断,再次进入该中断处理程序,称为中断处理程序的重入。在这种情况下,新来的字符覆盖了 buffer 中的前一个字符。所以,中断处理程序在执行某些关键的操作过程中是应该屏蔽其他中断的。这就是为什么进入中断处理程序之前、在中断响应过程中就关中断了。当然,有的系统为了及时响应中断,会在中断处理程序中尽早开中断,此时必须考虑中断重入的问题。

中断重入是中断嵌套的特殊情况,事实上,不同中断的处理程序之间也可能会共享资源(包括内存单元),而中断处理程序又会调用内核中的其他模块。从这个意义上讲,内核中的程序是并发运行的。所以,为了实现临界资源的互斥,在关中断状态下执行中断处理程序是非常必要的。当然,如果中断处理程序保证不出现竞争状态,及时开中断也是很有意义的。

有些中断处理程序需要做复杂的工作,执行时间过长,CPU 长时间处于关中断状态将会错失某些中断事件的处理时机。为了解决这种两难的问题,一种可选的方法是把中断处理程序分成两部分,一部分是与共享资源相关的简单操作,在关中断的状态下执行,而把与共享资源无关的处理工作留给另一部分程序在开中断的状态下完成。Linux 系统中这两部分代码分别称为中断处理程序的上半部和下半部。例如,针对网卡中断事件,上半部从网卡接收数据,下半部对网卡数据进行处理。由于进入中断处理程序时 CPU 是处于关中断状态的,可以直接执行上半部,然后再开中断。这样,既能保证不会出现竞争状态,也可以使其他的中断能够得到及时的响应。当然,如果中断处理能够很快完成,显然就没有必要分成两部分了,图 6.14 中"开中断下处理过程"的边框用虚线表示就是这个意思。

中断处理程序执行完后要返回被中断的线程,返回之前需要依据被中断线程控制块中的内容恢复其上下文。这里应注意的是,中断返回不能用简单的跳转指令或子程序返回指令,像进入中断处理程序一样,中断返回需要同时完成指令计数器和 CPU 运行模式的改变,是一个原子操作。所以,中断返回一般是通过一条专门的指令来完成的,如 Intel CPU 架构中的 iret。另外,在允许中断嵌套的情况下,中断返回可能是返回另一个中断处理程序。

在 Linux 系统中,中断处理的下半部是在中断返回之后才被执行的,而且是作为一个单独的指令流存在的,可以认为是内核中的一个线程,内核会在适当的时机执行相关代码,以尽可能减少中断处理的时间。

6.5.3 中断处理程序与驱动程序的关系

中断处理程序与驱动程序有非常紧密的联系:一方面,二者都和设备直接相关,都是联系设备的最底层软件;另一方面,二者又体现了 CPU 和设备之间在操作过程中两种不同的顺序关系。对于设备来说,前者被设备激活,属于被动的角色,而后者是要主动控制设备,是主动的角色。

1. 中断模式下输入/输出过程中的各种角色

设备安装时,需要初始化设备,设置设备的工作模式、参数等,这部分工作是驱动程序的初始化部分完成的;输入/输出时,CPU 设备发送命令和数据,启动输出,这部分工作是驱动程序启动部分完成的;当输出完成或出错时,设备会向 CPU 发出中断信号,中断处理程序被激活并调用驱动程序处理输出的后续操作,如是否继续进行下一轮输出,或错误处理等,这部分工作是驱动程序的中断服务例程完成的。

原则上讲，中断处理程序和驱动程序的分工是清晰的，与设备相关的问题由驱动程序解决，与中断信号相关的问题由中断处理程序解决。中断信号的产生机制是由 CPU 架构决定的，设备只是利用中断处理机制传输中断信号。从这个意义上讲，中断处理程序是依赖于 CPU 架构的，而不是依赖于设备的。从工作流程上看，驱动程序不会调用中断处理程序，但中断处理程序会调用驱动程序。

2. 中断服务例程

驱动程序是指一组程序，包括设备初始化、设备启动和设备中断事件的处理。其中，设备中断事件的处理程序称为**中断服务例程**（Interrupt Service Routine，ISR），它被中断处理程序调用，完成外部中断处理过程中最核心的工作。中断处理程序和中断服务例程有直接的调用关系，但它们分属于两个不同的模块。需要注意的是，很多教材或资料中未对中断处理程序和中断服务例程做严格区分，但在本书中还是区分二者的内涵，以更确切地描述中断机制。

当一个中断号对应多个中断源时，例如，鼠标和键盘使用一个中断号，即它们各自发出的中断事件产生相同的中断号，也就由同一个中断处理程序来处理。所以，系统会有专门的数据结构记录一个中断号对应的所有中断源的中断服务例程，图 6.16 描述了 Linux 系统中记录同一中断号下所有中断服务例程入口的数据结构。"irq_action"是一个以中断号为下标的数组。具有相同中断号的中断服务例程连接成一个链表，链表首指针存放在以中断号为下标的数组元素中。中断事件发生时，中断处理程序根据中断号找到相应的中断服务例程的链表首指针并依次调用它们。每个中断服务例程用一个名为"irqaction"的结构描述，其中包含服务程序 handler，以及指向下一个服务例程的指针 next 等信息。中断服务例程被调用后首先检测自己负责的设备，看设备是否发出中断，若是，则进行处理；否则，说明不是自己的事，直接返回到中断处理程序。

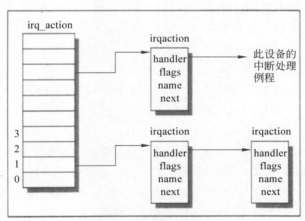

图 6.16　中断服务例程的组织

同中断处理程序一样，每一个中断服务例程也会相应地分为上、下两部分。上半部主要是访问设备的有关信息，确定事件来源等，并告诉内核后面处理这个中断事件的下半部程序在哪里，内核方便的时候会去执行它。

3. 中断服务例程的注册

图 6.16 的数据结构记录了中断号与中断服务例程之间的对应关系，该结构在内核初始

化时建立。当安装一个新驱动程序时,需要将驱动程序中的中断服务例程入口填入图 6.16 的数据结构中,这个过程称为中断服务例程注册。同样,卸载一个驱动程序也应该删除相应的服务例程入口。

6.6 输入/输出子系统中的设备独立软件

内核中除了 CPU 管理、内存管理和文件管理之外,输入/输出管理构成了又一个相对独立的模块,或者称为内核输入/输出子系统。输入/输出子系统中,驱动程序依赖于设备,与硬件紧密相关,像设备一样,形成了很容易装卸的独立模块,它也是输入/输出子系统与设备之间的接口。另外,中断处理程序依赖于 CPU 架构,也与硬件紧密相关,同样形成了相对独立的子模块,它也是各种事件和请求进入内核输入/输出子系统,或者说整个内核的一条通路。当然,它不像驱动程序有那么多改动的机会。驱动程序和中断处理程序屏蔽了系统的硬件特性,这使得内核 I/O 子系统的其他部分,可以不依赖于硬件设备的特性,通常被称为内核 I/O 设备独立软件或内核 I/O 设备无关软件。

内核 I/O 子系统完成通常的输入/输出管理,调用驱动程序完成对设备的操作,并进一步处理中断处理程序转交来的各种外设产生的事件,为应用程序提供各项 I/O 服务。同驱动程序和中断处理程序相比,设备独立软件的特点是仅涉及输入/输出中与设备特性参数无关的一般属性,而不涉及设备的特性及参数,所以设备独立软件包含对各种硬件设备进行管理都会用到的一些通用的代码和数据结构。

驱动程序和中断处理程序只是完成了最基本的输入/输出功能,在提高 I/O 效率、更方便地使用 I/O 设备、代码共享、保护等方面仍有大量的工作要做,这包括缓冲区管理、高速缓存管理、I/O 保护、错误处理等,这些功能是所有的进程在输入/输出时都需要的,这形成了内核的设备独立软件的基本功能。

下面将介绍内核 I/O 子系统应该具有的一些重要功能。

6.6.1 缓冲区

缓冲区在程序设计中被广泛使用,本节讨论缓冲区的概念和特点,以及在内核中是怎样使用和管理它们的。

1. 缓冲区的概念

缓冲区是存放数据的一段存储区,用于多个程序单元之间的数据传送,这些程序单元可以属于同一个指令流,也可以属于不同的指令流。有的缓冲区用于线程之间传输数据,有的缓冲区则用于在同一个线程内的不同阶段执行的代码之间传输数据。数据在缓冲区中都是临时存放的,一旦传送过程结束,缓冲区中的数据也就没有用了,可以释放或者被另外的数据覆盖。

主程序和子程序之间、两个模块之间、两个线程之间、应用程序与内核之间都可以通过缓冲区进行数据传输。缓冲区是两个程序对象都可以访问的公共存储区域,其作用是缓和两个程序对象在数据传输过程中数据处理上的差异性,至少表现在如下三方面。

(1) 数据处理速度不一致。当发送方速度较快时,缓冲区可以暂存发送方的数据,使发送方可以放下数据继续工作;当发送方速度较慢时,缓冲区可以将发送方事先暂存的数据提供给接收方。所以缓冲区可以调节双方时快时慢的收发节奏,防止较快的一方等待较慢的一方,保持双方尽可能地并发运行。如果发送方一直比接收方快,那么当缓冲区被填满后,发送方也只能等待了。同样,当发送方一直比接收方慢时,缓冲区也起不到应有的调节作用。所以,缓冲区特别适合那种双方速度总体一致,但局部时间段上时快时慢的情况。

(2) 数据处理单元大小不一致。例如,发送方每次发送 1024B,而接收方每次只能处理 1B,就必须使用缓冲区暂存接收方处理不过来的那些数据。发送方可以存入一次,而接收方多次取出,反过来也一样。

(3) 支持拷贝语义。语义是指语言中包含的意义,**拷贝语义**是指一个程序 A 传送给另一个程序 B 的对象,必须立即复制到属于程序 B 的空间中,以后 A 再对数据进行修改,也不会影响到 B 的使用。例如,应用程序将要输出的数据放在一个内存对象 X 中,然后将 X 的地址通过系统调用传给内核,内核必须另外申请一个缓冲区将 X 复制过去。不然的话,数据对象 X 很可能会在输出过程中被用户进程修改,导致数据不一致问题。输入/输出过程经常需要这种复制,自然就要使用缓冲区。

2. 缓冲区与并发

从以上关于缓冲区的作用来看,缓冲区装的数据项越多,其缓冲能力越强。仅能存放一个数据项的缓冲区称为**单缓冲**。相对于没有缓冲区的情况,单缓冲在一定程度上提供了收发双方并发的可能。例如,当接收方正忙着时,发送方仍然可以把数据放在缓冲区中,然后去干自己的事情了,不需要等待接收方来接收数据;如果没有缓冲区,数据就没处放,发送和接收必须同时进行。然而,单缓冲仍然存在限制,例如,当发送方往缓冲区中放数据时,接收方即使想取数据,也必须等到发送方完成数据存放,不然就可能会导致接收方取出的数据不完整,反之亦然。显然,单缓冲也限制了通信双方的并发性。

另一种缓冲区是双缓冲,定义仅能存放两个数据项的缓冲区称为**双缓冲**。若采用双缓冲,发送方往缓冲区中放数据项时,接收方就可以从另一个缓冲区中取走另一个数据项。显然,同单缓冲相比,双缓冲在一定程度上提高了并发性,即收和发可以同时进行。但是,当发送方连续向缓冲区存放了两个数据后,若再想存放数据项,就不得不等待了。

若将 n 个缓冲区组织成环形,即第 $n-1$ 个缓冲区之后是第 0 个缓冲区,就像生产者-消费者问题中的那样,这样的一组缓冲区称为**环形缓冲区**。环形缓冲区使用了更多的空间,不仅允许收和发同时进行,而且缓冲的能力更强,极端情况下,发送者或接收者可以进行连续 n 次操作而不发生阻塞。

3. 缓冲区管理

内核输入/输出子系统使用了大量不同类型、不同大小、不同结构的数据项,这导致存放这些数据项的缓冲区的类型和大小也不相同。例如,有的缓冲区存放字符串、有的存放线程控制块、有的存放页表项;有的缓冲区占 512B,有的占 1024B;有的缓冲区采用单向链表链接、有的采用双向链表链接,还有的采用数组的形式。

当输入/输出子系统需要缓冲区时,就调用内核内存管理程序获得它需要类型的缓冲区,用完之后释放。内核代码中的动态内存管理程序专门负责内核程序中动态地申请和释放内存,通常将各种类型的空闲缓冲区存放在不同链表中,统一管理各类空闲的缓冲区,这种缓冲区管理机制称为缓冲池。其特点是:包含多种类型缓冲区、动态申请释放、统一管理。请注意,缓冲池的管理方法与用户堆空间的管理方法是不一样的。

6.6.2 高速缓存

与缓冲区作用不同的另一种存储区是高速缓存,在计算机软硬件系统中,尤其是在管理不同类型的存储器系统中被广泛使用。

1. 高速缓存的定义

CPU 访问某些低速存储器中的数据时,为了提高速度,通常会把低速存储器中的正在使用的数据先读入一个高速存储器中,在高速存储器上完成对数据的操作后再送回低速存储器。这样,CPU 对数据的访问基本上都是在高速设备上完成的,可以大大缩短数据处理时间。这样的高速存储器称为**高速缓存**(Cache)。除了 CPU 之外,高速缓存技术还广泛应用在计算机系统中的其他方面,例如,硬盘驱动器中的 Cache,可以临时存放硬盘的输入/输出数据,操作系统也可以将外存中的数据临时存放在内存中,会大大减少对外存设备的访问次数和数据传输数量。相比于低速存储器,高速缓存总是速度更快、容量更小的存储器。

CPU 高速缓存能够大大提高访问低速存储器的速度,得益于程序运行遵从局部性原理。程序在一段时间内集中访问一小部分数据,而这一小部分数据可以全部放入高速缓存,使程序尽可能访问高速缓存,避免了对低速存储器的频繁访问。哪些数据应该留在高速缓存中是高速缓存管理的重要任务,最常用的是最久未用(LRU)策略。

高速缓存一般与低速存储器的访问速度和容量都不在一个数量级上。例如,CPU 中的 Cache 和内存,硬盘控制器中的 Cache 和硬盘。在多层次的存储架构中,速度更快的存储器往往作为高速缓存。例如,CPU 中的 Cache 是访问内存的高速缓存,而内存又可以作为硬盘的高速缓存。在操作系统中由于需要使用各类存储设备,高速缓存技术使用非常普遍。

2. 与缓冲区的不同

与缓冲区一样,高速缓存也是一段临时的存储区域。高速缓存总是针对更底层的、速度更慢、容量更大的低速存储器而言的,低速存储器中当前正在使用的那部分数据才会存放在高速缓存中,所以高速缓存中的数据都是底层存储器中数据的拷贝,并且高速缓存管理机制应该保证这两部分数据的一致性。一般情况下,有专门的机制管理高速缓存,它对程序来说是透明的。高速缓存的目的是提高程序访问低速存储器的速度,而缓冲区的目的是实现两个程序对象之间的数据传送。另外,高速缓存中的数据往往都具有较好的局部性,可能会多次调入,而缓冲区中的数据是数据流,都是顺序发送和接收的。

高速缓存有多种形式,CPU 中有高速缓存,硬盘上有高速缓存,内存也可被看作外设和 CPU 之间的高速缓存,操作系统也可以使用内存的一段区域作为硬盘的高速缓存。高速缓存都有一个管理者,例如,CPU 中的高速缓存由 CPU 管理,硬盘中的高速缓存由硬盘驱动器中的控制芯片管理。

3. Buffer Cache

尽管缓冲和高速缓存技术有本质的区别,但在内核中,它们又有很多相同的应用场景。例如,在磁盘文件操作时,系统会建立系统缓冲区,以同用户程序之间传输数据;同时又要在内存中建立磁盘的高速缓存,以减少磁盘 I/O 时间。图 6.17(a)表示文件数据的操作流程,内核可以在内存中为磁盘设置一段 Cache 区域,暂存与磁盘之间的输入/输出数据。另外,内核与应用程序之间也需要传输数据,内核需要为应用程序建立文件缓冲区,用于存放正在访问的文件数据。当用户程序发出文件的读请求 read(fd,memp,size)后,内核一般会做以下三步关键操作。

第一步,先检测系统文件缓冲区中是否包含用户程序需要的数据,若有,就不用考虑磁盘的事了,直接转第三步;否则就要考虑执行第二步从磁盘输入。

第二步,检测内存中的磁盘 Cache 中是否已经包含要读的数据,如果已有,就无须实际读磁盘了,而直接从内存中的磁盘 Cache 取出数据送到文件缓冲区中,否则调用驱动程序把磁盘中的数据送到文件缓冲区中,同时在内存的磁盘 Cache 中保留数据的拷贝,这就像 CPU 从内存装入数据到寄存器的过程中,CPU 的 Cache 所起的作用一样。

第三步,内核会从文件缓冲区取出用户需要的、大小为 size 的数据送到用户指定的 memp 中。

从上述操作过程中可以看到,数据从内存中的磁盘 Cache 到文件缓冲区,仅是在系统的内存中移动,尽管逻辑上很清晰,但却消耗了不必要的时间和空间。内核完全可以把这些系统缓冲区和高速缓存统一管理,将同一段内存区域既作为文件缓冲区,又作为磁盘 Cache,如图 6.17(b)所示,从而形成所谓的**缓冲-高速缓存**(Buffer Cache)。这可被看作缓冲区承担了高速缓存的作用,也可被看作高速缓存承担了缓冲区的作用。

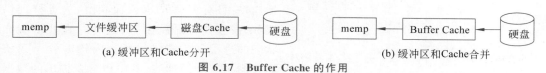

图 6.17　Buffer Cache 的作用

从概念上讲,缓冲区和高速缓存是不同的,但它们之间又有很多相似性和联系,只有掌握了概念的本质内涵,才能有效地管理和使用它们。

6.6.3　假脱机输入/输出

在 3.2 节中,已经介绍了脱机输入/输出技术,将计算和输入/输出分成两个不同的过程,由不同的主体来完成,在当时的技术条件下,大大减轻了 CPU 的负担,提高了 CPU 的效率。与脱机输入/输出技术类似,假脱机输入/输出技术是在多任务条件下,改进了前者,获得了更好的效果。

1. 基本概念

高速 CPU 控制低速外设,尤其是字符设备的方式,经历了从最初的联机控制,脱机输入/输出,到中断控制和假脱机输入/输出等多种技术形式。其中,假脱机技术依然是现代操作系统内核 I/O 子系统的基本功能。

下面以打印操作过程为例,说明假脱机技术的实现机制,其目的是减少进程打印操作的等待时间,提高打印机的利用率,具体做法如下:①在外存储器(例如硬盘)上建立一个缓冲池,存放准备打印的数据;②将所有要输出到打印机的数据送入缓冲池中;③建立一个负责打印的进程,只要缓冲池中有要打印的数据并且打印机就绪,它就负责将数据送给打印机。这个打印进程在没有数据要打印时阻塞,有任务时被唤醒。

现在来跟随一个实际的打印输出过程,看看上述机制的执行效果。当用户进程执行系统调用打印数据时,无论打印机是否就绪,内核 I/O 子系统都将数据送到缓冲池中,并告知进程打印已经由系统受理,将由内核监管下一步的打印工作,用户进程可以继续执行了。所以内核去唤醒用户进程和打印进程:用户进程被唤醒后会以为打印操作已经完成,继续后续工作;打印进程被唤醒后,会在某个时机(由 CPU 调度程序决定)获得 CPU 并从缓冲池中取出数据并打印。在这个过程中,用户进程不会等待实际的打印操作完成,也不会因打印机忙而等待,因为内核总是有足够的缓冲池放下要打印的数据,这样,用户进程在打印机为其工作之前就已经恢复为就绪态了。要注意的是,用户进程可能会因为等待打印数据写入外存的缓冲池而处于阻塞状态,因为缓冲池在硬盘中,写硬盘也是典型的输入/输出操作。

打印数据写入缓冲池的时间要远远小于等待打印机操作的时间,而且即使打印机忙用户进程也无须等待。在 Windows 上使用 Word 或 WPS 打印文件时,发出打印命令后,打印机开始工作,但用户不必等待打印完成就可以继续做别的事情,甚至关闭打印的文件也不影响打印操作。这说明打印的数据不是直接送给了打印机,而是先存到了外存的缓冲池中。

假脱机技术不仅用在打印操作,也完全可以用在其他的输入/输出操作中,并已经成为内核 I/O 子系统中的一般性的缓冲机制。上面提到的打印机可以一般化为各种输入/输出设备,打印进程可以一般化为输入/输出进程。输入/输出进程在系统初始化时建立,关机时撤销,一旦有 I/O 请求就被唤醒,为进程提供服务,没有任务时就阻塞,这种一直处于待命状态的进程称为**守护进程**。内核 I/O 子系统需要维护一个缓冲池,其中包含要输出的数据或已输入的数据,所有装有输入数据的缓冲区构成了输入井,所有装有输出数据的缓冲区构

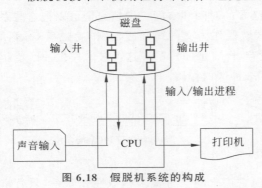

图 6.18 假脱机系统的构成

成了输出井。图 6.18 描述了内核 I/O 子系统中输入井、输出井、外部设备、输入/输出进程之间的关系。

2. 假脱机技术的进一步讨论

采用假脱机技术之后,内核提供的打印操作的系统调用接口没有发生任何改变,用户程序无须知道内核 I/O 子系统是否实现了假脱机技术。所以采用假脱机 I/O 技术后,应用程序无须改变,说明该技术对应用程序是透明的。

假脱机技术是缓冲区在输入/输出管理上的典型应用。缓冲池建立在外存中,在以磁带为外存的计算机系统发展的早期阶段,假脱机技术是实现不了的,这是因为磁带不能支持缓冲池所需的随机读写操作。计算机系统引入作为随机读写存储器的磁盘以后,催生了假脱机输入/输出系统的发展,用户作业可以预先进入假脱机系统的输入井中,这也为作业调度提供了基本的条件。假脱机技术将一个完整的 I/O 过程拆成两部分,分别由用户进程和输入/输出进程完成,使得用户进程的 I/O 操作不再受外设的拖累。假脱机系统通过缓冲区实现二者的通信,这是在操作系统成熟的并发控制技术基础上实现的。

另外,通过虚拟化技术可以将一台独占的物理设备虚拟成多台逻辑设备或者另一类设备,供多个进程同时使用,这种虚拟化后的设备称为**虚拟设备**。假脱机技术完美地演示了虚拟设备的实现机制,为用户进程提供了虚拟设备的运行环境,避免了共享设备的竞争,程序员不用考虑与他人互斥地使用共享设备的问题。最后,假脱机是一种技术,它可以应用在内核 I/O 子系统中,也可以在应用层的软件中使用。例如,在 USENET News system 中,用户为了把一个文件发送到网络的某个地方,会把它丢到一个 spooling 目录中,剩下的事情

就由一个守护进程来完成。

6.6.4 设备的分配与回收

系统中几乎所有的设备都是由各个进程共享的,但共享不是无条件的,必须依据设备的特性,在操作系统的管理和控制下进行,其中最典型的方法就是设备的分配与回收机制。例如,像打印机这样的设备不能被多个进程同时使用,即一个进程还没有打印完,另一个进程不能往打印机上送数据,不然打印出来的东西谁也读不懂,我们说这样的设备必须互斥共享或以独占的方式使用,或者称这样的设备为临界资源。

为了有效管理系统资源,防止进程在使用资源时相互干扰,内核担负起管理系统资源的责任。在第4章和第5章中,分别阐述了内核是如何将 CPU 和内存资源分配给进程的,这些资源的分配对于进程来说,大部分是透明的。当然,进程有时也会动态申请内存。内核为进程分配设备时,也会有事先分配好和动态分配两种情况,前面介绍的标准设备就是事先分配好的,下面来介绍设备的动态分配。

除了标准设备之外,进程使用的所有设备都必须先向内核申请,内核依据进程的权限、设备当前的状态,以及整个系统资源使用等情况决定是否将设备分配给进程。当系统决定为进程分配设备后,进程就可以获得设备的句柄,并以此作为设备的标识来使用设备。内核有一个描述设备状态的表,一般称为设备状态表,记录每个设备的使用情况。内核分配该设备后,其状态也会改变,如果该设备是互斥使用的,那么内核就不会再把它分配给其他进程了。进程使用完设备后,需要明确地通知内核,这称为设备的释放。内核收到进程的释放请求后,需要做相关的善后工作,如释放设备的缓冲区等,并修改设备状态,这样设备就可以再分给其他进程了,这称为设备的回收。图 6.19 描述了进程为使用设备需要经历的申请、分配、使用、释放和回收 5 个阶段。在采用了一切皆文件理念的系统中,例如 UNIX,设备被看作文件,申请设备是通过 open() 系统调用实现的,而释放设备则是通过 close() 系统调用实现的。图 6.19 右侧一列说明了应用程序中是如何申请、使用和释放设备的。

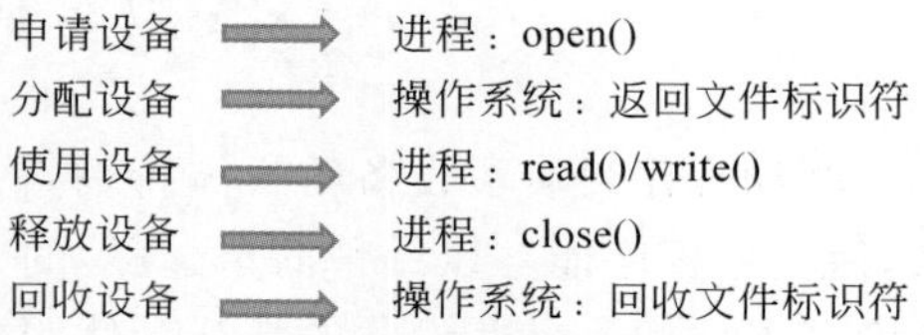

申请设备	⟹	进程: open()
分配设备	⟹	操作系统: 返回文件标识符
使用设备	⟹	进程: read()/write()
释放设备	⟹	进程: close()
回收设备	⟹	操作系统: 回收文件标识符

图 6.19 设备的分配和回收过程

需要说明的是,防止应用程序之间共享资源时出现错误并不完全是操作系统的责任。例如,一个终端上的应用程序创建了子进程,父、子进程都需要在终端上显示数据,如果它们同时显示,结果可能是混乱的、用户不希望看到的。此时终端虽是应该互斥的设备,但操作系统还是把它分配给了这一对父、子进程,它们应该自己解决好终端共享的问题。进一步,同一个进程内线程之间的资源共享更不是内核的事情了。

6.6.5 错误处理

CPU 和内存一般很少出现硬件故障,一旦出错,对整个系统几乎都是致命的,就像人,大脑出现了问题,就没法自救了。相比之下,输入/输出过程中的问题就多了,有些错误是偶然的因素引起的,有些是设备的故障,有些可能是操作不当。不过外设的错误并不是那么可怕,即使有错,只要操作系统仍在运行,就可以发现并找到相应的处理方法。在系统各种不同的软硬件模块中都有处理错误的机制,内核 I/O 子系统中设备独立软件汇聚了来自应用程序和设备的错误信息，承担了处理错误的关键责任。

一类错误是由程序引起的，如试图对打印机进行读操作，或者向外设传送了错误的参数，这类错误可以被内核设备独立软件发现，并停止 I/O 流程，直接返回一个错误码给进程，让它们自己处理。所以在编程时，执行 open 之类的系统调用之后，要想着判断一下返回结果，不要假设一切都是理所应当的。

另一类错误可能是传输过程中受到干扰导致的随机性错误，如奇偶校验错等，读写磁盘、接收网络上的数据包都会出现此类情况。这类错误和具体的设备有关，处理方式也各不相同，一般是先由底层硬件自身进行处理，例如，硬盘控制器可以自动纠正某些从磁盘中读出数据的错误。如果硬件处理不了，就由驱动程序来解决，例如，若从磁盘读出的数据有错，驱动程序会再读一次磁盘，如果成功，说明上一次读操作可能受到了意外的干扰，驱动程序就当什么事都没发生过。

如果是设备出了故障，如网络断开了或打印机卡纸了，这件事就得报告给内核的设备独立软件来处理。如果它依然处理不了，就将错误信息传给用户进程或者系统管理员，让他们看着办。

与内核提供的其他服务不同，错误处理的功能往往分布在内核 I/O 软件的所有角落，而不是集中在某个功能模块中，这是其复杂性所在。用户进程自执行输入/输出操作开始，一层一层调用内核的子程序，直至向外设发送命令，每一步都存在出错或者发现错误的可能，错误信息往往以错误码的形式返回给上一层程序，这形成了内核 I/O 子系统处理 I/O 错误的机制。

◆ 6.7 应用程序 I/O 接口

驱动程序封装了设备的具体特性，内核 I/O 子系统也把缓冲、错误处理等工作隐藏起来，使应用程序能够以一种简单、统一的方式使用各种各样的设备。然而，不是什么东西都能隐藏得住的。有些设备的特征和使用方式和应用还是紧密相关的。例如，从键盘读数据还是从文件读数据，很难用同一段代码；将数据发送给网络中的另一台计算机和发送数据给打印机，在程序设计方面就有很大的区别，也需要用不同的代码分别处理。所以，操作系统为用户进程提供了多种输入/输出的应用程序接口，为进程在不同的设备上提供多种操作方式。输入/输出的应用程序接口应该统一到什么程度、抽象成什么样子，涉及实现和维护的难度、使用的方便性等因素，具体的形式往往是在这些因素之间进行权衡的结果。下面将分别讨论这些接口，从中可以一览输入/输出系统呈现给用户进程的接口的具体形式。

用户进程和内核之间的接口除了定义一组系统调用、参数、数据类型这样的语法和语义的规范外，还应该说明它们之间在操作上的同步关系。例如，用户进程发出输入/输出请求后是否需要等待设备操作的结束等，这种时序关系也应当有明确的规范。

本节将从以上两方面阐述操作系统提供给应用程序接口的一般性问题。

6.7.1 输入/输出接口概述

从应用程序调用输入/输出函数到最终在硬件上实际执行的 I/O 操作，该过程是计算机系统中各层次、不同模块之间协作完成的。系统中的各个软硬件模块各自承担相对独立的功能,实现细节封装在模块内,它们之间存在严格的接口定义。下面从宏观上介绍 I/O 系统中的关键接口类型,希望读者能够分清哪些是应用程序员可以使用的接口,哪些是内核中不同模块之间的接口。

1. 应用程序层的输入/输出 API

不同的软件开发平台提供了各种软件包、程序库,支持应用程序开发人员针对特定的设备使用功能强大的输入/输出功能。例如,OpenGL 支持丰富的绘图功能,C 语言库支持键盘、鼠标、显示器这样通用设备的输入/输出功能。这些应用程序层 API 的特点是:它们本身基于操作系统的系统调用,提供了面向特定设备、开发环境的丰富的函数集合;可以为应用程序提供跨操作系统平台的支持;API 自身所提供的功能都是在应用程序层面上实现的。

例如,C 语言的标准函数库提供了面向高级语言的丰富的函数集合,从文件中读一个字符的函数 fgetc()(甚至专门从键盘上读一个字符的函数 getchar())、按指定格式读入数据的函数 fscanf() 等,C 语言有很多这样的输入函数,它们都是基于操作系统的系统调用 read() 做的增值服务,这些增值服务包括:用户的输入是否需要在显示器上显示出来;是否需要等到回车、空格或其他特殊符号才传送数据;是否按照整型或浮点型格式输入数据等。

2. 输入/输出系统调用

输入/输出系统调用是系统调用集合的子集,由内核输入/输出子系统实现。应用程序可以直接请求系统调用完成输入/输出任务,而不必通过各种输入/输出 API。事实上,这些 API 所具有的强大功能就是依赖于系统调用。

由于系统调用是依赖于操作系统的,即不能跨操作系统平台而使用,所以如果程序员对内核输入/输出过程的细节不是很熟悉,或对效率没有极致的追求,或不追求特定的性能,那么最好还是使用 API。输入/输出 API 一般都是使用系统调用的专家,能以尽可能高效的方式使用系统调用,例如,利用缓存减少系统调用的次数,普通程序员往往做不到这一点。当然,API 还有跨平台的好处。通过 API 间接地使用系统调用,表面上像是走了弯路,实际上绝大部分情况下是合算的。图 6.20 描述了应用程序、各种 API 和系统调用之间的关系。

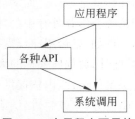

图 6.20 应用程序可用的输入/输出接口

3. 一切皆文件

"一切皆文件"是 UNIX 操作系统提出的重要理念。系统中几乎所有的对象都可以看作文件系统树结构中的一个节点。这样,进程可以采取访问文件的方式访问几乎所有的设备。这主要是因为文件系统提供了按名访问的功能,系统中的所有对象都可以通过文件名的形式指称,并借助文件系统的层次架构最终映射到任何一个对象。

"一切皆文件"理念为操作系统设计和使用带来的好处是:①采用管理文件的一套机制,可以处理系统中所有的对象,系统结构简洁、逻辑清晰;②由于高度抽象,充分提炼了各种对象的共享,从而能够做到代码的充分共享;③对程序员友好,开发者仅需要使用文件系统提供的一套系统调用接口和开发工具即可访问系统中绝大部分的资源。

"一切皆文件"理念在为系统带来众多好处的同时,也同样存在一些弊端:①该理念符合程序员的思维模式,但对普通用户来说太抽象,例如,把打印机想象成一个文件并不是一件很自然的事情;②在使系统结构更清晰的同时,也会增加系统设计的难度,例如,设计者不得不用 read() 机制实现几乎所有的输入操作,这导致该系统调用的参数设置非常复杂。正所谓"当上帝打开这扇门,一定会为你关上另一扇门"。

6.7.2 字符设备与块设备接口

1. 字符设备和块设备的特点

字符设备提供连续的数据流,应用程序可以顺序读取,不支持随机存取,而且此类设备支持按字节/字符来读写数据。举例来说,调制解调器是典型的字符设备,应用程序不能指定读取调制解调器数据流中的某个字符,而且它发送给主机的数据,如不及时接收,则可能数据会"丢掉",这是流的特点。

通过块设备,应用程序可以随机访问(按地址访问)设备数据,程序可自行确定读取数据的位置。硬盘是典型的块设备,应用程序可以对磁盘上的任何位置进行寻址,并由此读取数据。此外,数据的读写只能以块(通常是 512B)的倍数进行。

字符设备和块设备的区别在于是否随机访问或是否按地址访问,这导致了内核中两条不同的处理流程。至于以字符为单位传输还是以块为单位传输,只是这两类设备表现出来的不同特征,也仅是传输单位大小的不同,而内核更多是考虑高速缓存、缓冲区管理等方面上的差异。另外,需要注意的是,字符设备不需要缓存,但还是需要缓冲区的,例如,不论是键盘还是调制解调器都有一个输入缓冲区。如本章前面所述,缓冲区与缓存有本质的区别。

一般的应用程序通过文件系统使用外存,不会被允许直接访问外存,所以,外存的块设备特性经过文件系统的抽象之后,对应用程序来说是透明的。从应用程序的角度,只能看到文件的线性地址空间。而文件系统访问外存时,外存显然是以块设备的角色起作用的。内核 I/O 子系统会缓存外存中的数据,以提高读写效率,但也有些应用程序并不希望内核帮它缓存数据。例如,备份程序仅需要一次性地访问数据,也就是字符设备那样以数据流的形式传输数据;此外,数据库那样的大型软件系统,希望自己管理缓存。可见,有时内核的块设备管理是画蛇添足。为此,内核提供了另外一种外存管理方式,可被看作一种新的设备类型,即直接将一个磁盘分区(或卷)提供给应用程序,没有逻辑格式化,也没有文件系统,当然也没有缓存管理,这样的设备称为**裸设备**(Raw Device)。显然,裸设备也是以块为单位传输的。

如果应用程序希望使用文件系统的功能,但又不想让内核缓存数据,那么操作系统可以采用一种折中的方式。在应用程序打开文件时,可以在系统调用中指定某个选项,告诉内核不要缓存,这样的输入/输出方式称为**直接 I/O**(Direct I/O)。这是因为内核的缓存技术一般是面向所有类型的应用的,针对性较弱,可能并不符合某些应用程序的特殊需求。

2. 字符设备和块设备的统一

尽管内核有关字符设备和块设备的管理在数据结构和代码上有很多的不同,但是以 UNIX 为先河的一类操作系统还是充分挖掘了它们的共性,践行了一切皆文件的理念。不管是字符设备还是块设备,它们都使用名字来访问,都需要打开和关闭,都有访问的权限,等等,所有这些都可以在文件系统的框架下解决。下面说明在类 UNIX 系统中是如何采用统一的方法来抽象字符设备和块设备的。

每一个字符设备或块设备都对应文件系统目录树中的一个节点,应用程序或用户可以使用文件名(绝对路径名或相对路径名)访问该设备。所有设备存放在 /dev 目录下或其子目录下。

索引节点是内核描述文件的元数据的结构,包括访问权限、建立时间、文件类型等。与所有的文件一样,每个字符设备和块设备都在整个系统的索引节点表中占有一个表项,并有一个相应的索引节点号。内核会根据设备名字从目录中找到索引节点号,从对应的索引节点中得到设备的主设备号和次设备号等信息,从而确定所使用的驱动程序和具体的物理设备,并分辨该设备是字符设备还是块设备。

与每个文件在使用前必须先打开一样,字符设备和块设备的使用也必须经过这个步骤,所以,内核使用统一的 file 结构描述所有打开的文件和设备。每个进程都有一个 file 结构数组记录该进程打开的文件或设备,例如,每个进程使用的标准输入/输出设备就存放在 file 结构数组的前三项中。

除了字符设备和块设备的共性之外,当输入/输出开始涉及设备的特性时,体现得更多的是它们之间的差异,这就要放到不同的模块中去解决了,从此字符设备和块设备开始有不同的处理路径。

6.7.3 网络设备接口

网络设备不同于字符设备,也不同于块设备,它速度快,但数据却是流式的,采用数据包的方式发送和接收,不能随机访问,要遵守网络的通信协议,面对的是另一台主机。如果一定要将文件接口用在网络上,则显得有些违和。"一切皆文件"是一种理念,在大部分情况下它应用得很好,并不能说明就没有例外,对显卡的操作也不适合使用文件接口。所以 Linux 系统专门针对网络设备提供一种特殊形式的程序接口,最常用的就是**套接字**(Socket)。套接字描述了 OSI 模型传输层通信的端点对象,包含 IP 地址和端口号。操作系统提供了一组系统调用,使应用程序能够通过套接字与网络设备通信。由于进程通信中服务器和客户端承担的角色不完全一样,所以它们针对套接字的操作有些是相同的,有些则不同。程序中套接字往往以类的形式出现,一般包括如下一些基本的方法。

- socket():创建套接字。
- write():接收网络数据。
- read():向网络发送数据。
- close():关闭通信端口。
- bind():将套接字与一个 IP 地址和端口号指定的通信端点绑定在一起。
- accept():返回一个已完成的连接,与 connect 对等。
- connect():主动连接网络上的某个由 IP 地址和端口号指定的通信端点。

图 6.21 显示了使用 Socket 系统调用的合理顺序和完整的通信过程。

图 6.21 网络通信接口

6.7.4 进程与设备之间的时序关系

CPU 和设备是可以并行工作的，显然，运行在 CPU 上的进程和设备之间也是可以并行运行的。另外，进程可以启动设备、向设备发送命令、检测设备的状态、等待设备的操作结果，这说明进程与设备之间存在同步关系。因此，输入/输出的应用程序接口除了规范接口的各项功能、数据格式之外，还应规范输入/输出过程中进程与设备之间的同步关系，即逻辑上的先后顺序，这种同步关系体现在应用程序执行系统调用的过程中，一般分为阻塞式、非阻塞式和异步方式三类。

1. 阻塞式输入/输出

线程在执行输入/输出系统调用过程中，因为需要等待设备完成输入/输出操作之后才返回应用程序，所以在设备工作期间，当前线程进入阻塞状态，CPU 转去执行其他线程，直到输入/输出完成，被阻塞的线程才变为就绪状态。这样的输入/输出过程称为**阻塞式的输入/输出**。这种输入/输出同忙式等待（即线程不主动放弃 CPU 且不停检测设备，直到设备完成操作）方式相比，节省了大量的 CPU 时间。

阻塞式的输入/输出方式直观且简单，就像在微信上聊天，提出问题之后，要等待人家的回答，然后再说下一句。但进行输入/输出时，线程也可能无须阻塞，操作系统会为设备建立缓冲区，如键盘缓冲区。用户可以在应用程序的线程需要数据之前，在键盘上提前输入数据，这些数据被系统临时存放在内存中的键盘缓冲区。当线程用到这些数据时，直接从缓冲区中取出，就不必因等待输入而阻塞了。其他输入/输出设备也存在类似的情况，所以阻塞式输入/输出方式并不一定导致线程阻塞。显然，可以把线程和设备看作两个并发的实体，阻塞式输入/输出体现了它们之间的一种同步关系。

2. 非阻塞式输入/输出

操作系统面向不同的用户需求，可以提供不同方式的输入/输出系统调用。上面所讲的阻塞式系统调用的特点是，不完成输入/输出操作，就不恢复用户线程的运行。这里要注意的是，线程是在执行系统调用后阻塞的，这对应用程序是透明的。然而在很多情况下，用户线程并没有那么执着，有些输入/输出操作就是有一搭无一搭的。例如，输入操作，输入设备上有数据时就读进来，没有数据就不读了，新输入数据并不是必需的。线程和设备之间这种类型的输入/输出关系称为**非阻塞的输入/输出**。显然，线程的后续操作与设备输入之间不存在逻辑上的先后关系，它们之间没有同步关系。也就是说，输入设备可以在线程需要数据之前或之后提供数据，也可以不提供数据。日常生活中，人们会经常去邮箱看看有没有新邮件，有的话就收邮件，没有的话就什么都不做，与这种输入/输出方式是一样的。

3. 异步输入/输出

在另外一些应用中，线程也不等待输入/输出操作，即不阻塞，它不希望输入/输出延误自身的工作，但却要求输入/输出操作一定要完成，它需要得到输入/输出操作完成的结果。当 I/O 完成后，系统会给线程发一个信号，线程用事先准备好的程序处理该信号。这种输入/输出模式也是非阻塞的，与前者的区别是：线程在意输入/输出的结果，要求系统将输入/输出的执行结果反馈给用户线程，我们称其为**异步输入/输出**。图 6.22 说明了异步输入/输出和阻塞式输入/输出之间的区别。这里所谓的异步，是指输入/输出操作与线程的指令流之间没有逻辑上的先后顺序，是并发的，非同步的。图 6.22(a)描述了阻塞式输入/输出,线程在发出 I/O 请求后,一直等待来自设备的信号(图中向上的箭头);而图 6.22(b)描述了异步输入/输出模式,启动设备后立即返回用户线程(图中第一个向上的箭头),线程继续执行,此时线程与输入/输出并行执行。当设备操作完成后,再向线程发出信号(图中第二个向上的箭头)。图中虚线表示并未经过中断处理程序。另外要注意的是,在图 6.22(a)中,用户线程是因为执行了内核代码而等待的,可以说是在内核态时阻塞的。

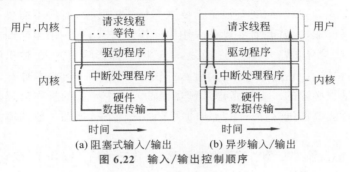

图 6.22　输入/输出控制顺序

4. 信号

自操作系统管理计算机以来,应用程序从此就运行在一个被操作系统提供的封闭环境中,不具有直接感知设备中断信号的能力。然而,中断所提供的异步事件对线程的运行过程有时是很有用的,例如,在上述异步输入/输出方式中,当设备的操作完成后会向 CPU 发出中断信号,但是用户线程是没有权限直接接管并处理这个中断信号的,它只能由内核的中断处理程序来处理。为了能把设备完成操作这一事件告诉输入/输出线程,内核中断处理程序被激活后,会产生一个软的信号,该信号是软件层面上对中断的模拟,并不是硬件产生的中断信号,由应用程序事先准备好的信号处理程序处理该信号。用户在进程运行过程中按 Ctrl＋C(撤销进程)或 Ctrl＋S(暂停)组合键,都会产生键盘中断信号,由内核转换成软信号发给用户进程。

信号机制用来通知进程发生了异步事件,这使操作系统为用户进程提供的虚拟计算环境更真实。信号是操作系统对中断机制的一种模拟,与处理器收到一个中断请求的处理方式几乎是一样的。用户进程不知道信号到底什么时候到达,一旦有信号到达,内核就会去执行应用程序中事先安排好的信号处理程序。与软定时器一样,信号也是由内核实现的、类似中断的机制,它们往往被称为软中断。

用户在键盘上的输入可以作为信号发给正在执行的进程,一个进程可以通过系统调用 kill() 发送软中断信号给另外的进程,内核也可以给进程发送信号,通知进程发生了某个事件。收到信号的进程对各种信号有不同的处理方法。处理方法可以分为三类:①类似中断的处理程序,对于需要处理的信号,进程事先通过一个系统调用(例如 signal())指定相应的处理函数;②忽略某个信号,对该信号不做任何处理,就像未发生过一样;③对该信号的处理保留系统的默认操作。

◆ 6.8 I/O 系统的操作流程和结构

输入/输出操作涉及系统的很多方面,关系到操作系统中的多个软件模块,是由一系列的操作步骤构成的。理解操作系统的输入/输出过程管理,既要掌握其中的各种事件和操作之间的先后关系,又要理解内核采用什么样的软件架构来实现这些操作。

6.8.1　I/O 系统操作流程实例

1. 概述

输入/输出子系统中输入和输出的流程不一样,不同设备的处理流程也不一样。有些设备不需要缓存,有些需要缓存;有些设备需要数据格式的转换,有些不需要;有些设备需要按地址访问,有些只能顺序访问;有些设备采用中断控制方式,有些采用轮询方式;有些是阻塞式输入/输出,有些是异步输入/输出。总之,上述因素都影响了输入/输出的操作流程。

正是由于各种输入/输出过程的差异性,往往很难给出一个描述输入/输出操作总流程的框图,尽管这是很必要的。下面考虑从键盘上输入一个字符的操作流程,这只是一个特定的流程,希望读者能够通过这样一个具体的例子,举一反三,把握一般的输入/输出过程。

2. 过程描述

用户程序从键盘输入一个字符大概是最简单、普遍的输入操作了,但它却经历了输入过程中的大部分的步骤,下面来分析这个过程中的关键操作和数据结构。

(1) 用户进程 J 调用函数库 API,如 C 语言中的 getchar()或 getch(),从键盘上输入一个字符。

(2) 库函数将特定形式的输入请求转换为一般的系统调用 read(stdin,buf,size),从键盘文件 stdin 中读取一个字符。要说明的是,一般在读文件之前要先打开文件,由于键盘是标准输入设备,系统早已经为每个进程打开了该设备文件。

(3) 内核检查应用程序调用系统调用 read()的合法性,如参数、操作权限等,根据文件 stdin 的属性信息确定 stdin 对应的实际物理设备是键盘,并找到相应的键盘驱动程序。

(4) 执行键盘驱动程序,从键盘输入一个字符:如果键盘输入缓冲区中已经装入了满足进程需要的字符数据,则直接取出字符并返回;否则,进程 J 阻塞,被挂到键盘的等待队列中,等待用户输入。

……CPU 此时可以转去执行其他线程。经过一段时间之后,继续以下步骤。

(5) 用户从键盘输入字符。

(6) 产生键盘中断,CPU 执行键盘中断处理程序。

(7) 中断处理程序调用键盘驱动程序的中断服务例程,从键盘控制器读输入数据,键盘上输入数据是以键盘扫描码的形式提供的。扫描码用于报告哪些键被按下,所以也可以表示一些组合键。从键盘控制器读入的原始数据是键盘的扫描码。例如,当用户按 Shift＋A 组合键时,从键盘控制器上读到的是这两个键的扫描码,即两字节,需要把这两字节转换成用户需要的大写字母 A 的 ASCII 码。驱动程序将键盘扫描码放入键盘原始输入缓冲队列 Q1。

(8) 将 Q1 中的扫描码进行转换,成为用户程序可以直接使用的 ASCII 字符数据,放入键盘字符输入队列 Q2。

(9) 根据用户进程的输入需求,决定是否唤醒阻塞的进程 J。如果进程调用的是 getchar(),要等到用户按 Enter 键后才会唤醒进程;要是调用的是 getch(),则直接唤醒进程。

……当用户的数据已经输入完毕,经过一段时间之后,调度程序再次选中了进程 J。

(10) 进程 J 获得 CPU 使用权,驱动程序从断点处恢复执行,从键盘缓冲区 Q2 中获得输入字符,将字符送入用户缓冲区 buf。

(11) 从系统调用 read()返回用户进程 J 的库函数。

(12) 从库函数返回用户程序。

在上述过程中,第(4)(7)步都调用了驱动程序,实际上是调用了驱动程序的不同部分,前者从键盘缓冲区读数据,后者是被中断处理程序调用的,往缓冲区送数据。

3. 输入/输出过程的要点

上述键盘输入过程大致经历了请求、等待、输入、数据转换、调度、恢复执行几个阶段,涉及库函数、系统调用、内核 I/O 子系统的设备独立软件,中断处理程序,驱动程序不同模块。希望读者能够掌握输入/输出过程的全貌,各个阶段的具体工作和相互关联,知道这些阶段都是由哪些模块来负责的。

6.8.2 流

输入/输出设备种类繁多,有各种不同的控制方式,系统不可能用同一个程序管理所有设备的输入/输出。但不同设备之间又存在或多或少的某些共性,例如,输入/输出一般都需要使用缓冲区,即不同设备往往会用到一些相同的功能,所以不同的设备管理模块之间也需要代码共享。要想实现这种代码共享,就需要将设备的输入/输出过程划分成多个不同的阶段,每个阶段都有一个程序模块来负责管理,这样可以实现内核代码最大程度的共享。类似地,在设计公路网时,两个城市之间的道路往往是分成若干段,其中的每一段都可以用于其他城市之间的交通。图 6.23 表示4 个城市 A、B、C、D 之间的公路网,包括 AM、BM、CM 和 DM 4 段,就能实现任意两个城市之间的交通,每一段都属于连接两个城市的道路。

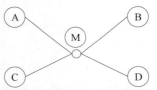

图 6.23 可共享路段的公路网

输入/输出系统采用模块化设计之后,每个输入/输出过程都由若干段组成,每一段由一个模块负责,一个模块的输出作为下一个模块的输入,这就是输入/输出系统中的**流机制**。在 UNIX 系统中使用了流机制构建输入/输出过程。应用程序的请求或输出数据从应用程序向设备端传输,系统的返回信息或输入数据从设备向应用程序端传输,传输过程的每个阶段都有一个相关的模块负责,"流"这个词形象地描述了流机制的特点,代表了流水线的意思。图 6.24 描述了输入/输出数据的传输机制。这样,一个程序模块可以被不同的输入/输出过程所共享。例如,在输入/输出过程中都需要验证操作权限,从键盘输入和从鼠标输入数据时,就可以使用同一个程序模块进行权限验证,当然,从端口读输入数据时,又会使用不同的模块。

在 C++ 或 Java 语言中,也有流(Stream)的概念,定义为一个类,用于处理流数据,如字节流、字符流、视频流等,指一组顺序、大量、快速、连续到达的数据序列。也就是说,"流"描述了所处理数据的特征。所不同的是,在输入/输出系统中,"流"描述了程序的结构特征,二者的含义是有区别的。当然,输入/输出数据也可被看作流式数据,从 C++ 或 Java 语言的角度,输入/输出流中的每个模块都可以设计成一个流类,实现对输入/输出数据的加工。

假如程序模块 A 负责鼠标输入,模块 B 负责键盘输入,A 和 B 从设备输入数据后,分别生成数据 s1 和 s2,它们都可以作为串行输入接口模块 C 的输入数据,这样,用户程序就可以通过统一的接口 C 获得两个不同外部设备的输入。依照这种模式,操作系统可以在进程的输入/输出过程中,依据进程的 I/O 请求,动态装配系统中的程序模块,形成一个处理输入/输出数据的模块序列。例如,当鼠标输入时,C 模块需要调用模块 A;当键盘输入时,C 模块需要调用模块 B。其中,模块 C 是鼠标和键盘输入都需要共享的模块,模块 A 和 B 则是根据输入设备需要动态装配的模块。

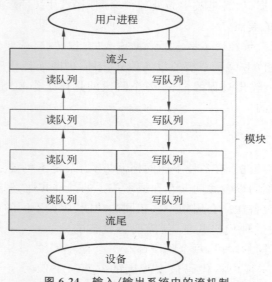

图 6.24　输入/输出系统中的流机制

在操作系统中,这种输入/输出的程序架构也称为**流结构**。早在 1983 年,AT&T 公司发布的第一个商用 UNIX 系统就采用了流结构管理输入/输出系统。流结构中的模块需要为所处理的数据流建立缓冲区,所有的缓冲区都是有限的,所以,在模块之间流动的数据需要**流量控制**,以防止缓冲区溢出。当输出流不能接受更多的数据时,流量控制的方法有两种:一是进程阻塞,一般用于程序的输出;二是丢弃数据,一般用于输入,如网络上来了太多的数据包。

◆ 小　结

6.1～6.3 节介绍了设备的概念,包括设备和 CPU 的连接、设备的访问方式、控制方式等,并详细探讨了两种重要设备的结构和功能。深入理解设备的各方面属性和特点是输入/输出管理的基础。

6.4～6.7 节从输入/输出系统的层次结构的角度,分别阐述了 I/O 不同模块的功能和结构,以及它们之间的关系。这是输入/输出系统的核心内容,也是深入理解操作系统乃至整个计算机系统的关键。

6.8 节从操作流程和结构两方面对输入/输出系统进行了总结,希望读者能对输入/输出有一个完整的认识。

练 习

1. 为什么说缓冲池的管理方法和用户堆空间的管理方法是不一样的？
2. 使用 fegtc、fread、read 进行文件复制，比较它们的效率。
3. 说明图 6.2 中的输入/输出层次模型中各层之间的本质区别，至少列出一个不同点。
4. 什么是互斥共享？什么是并发共享？请各举两个实例。
5. 假设一个磁盘有 5000 个柱面，编号依次为 0～4999。磁盘驱动目前正在 143 号柱面响应服务请求，且其先前在 125 号柱面执行服务请求。等待请求的序列按 FIFO 顺序依次为 86，1470，913，1774，948，1509，1022，1750，130。从当前磁头位置开始，对于以下每种磁盘调度策略，磁头臂移动以满足所有挂起请求的总距离分别是多少？
①FCFS(先来先服务)；②SSTF(最短寻道时间优先)；③SCAN(扫描)。
6. 电池供电时钟与系统时钟不一致时，操作系统会以哪个时钟的时间为准？为什么？
7. 驱动程序为什么要和内核 I/O 子系统分成两个不同的模块？
8. 定义驱动程序接口的意义是什么？
9. 简述内核 I/O 子系统的基本功能。
10. 什么是中断服务例程？它和中断处理程序有什么区别？
11. 阐述驱动程序和中断处理程序之间的关系。
12. 输入/输出过程为什么要分成若干不同的步骤？
13. 系统调用表结构是由软件定义的还是硬件定义的？为什么？
14. 在 6.8.1 节中，描述了键盘的输入过程，其中第(4)(10)步都涉及键盘驱动程序，请说明它们之间的异同点。

第 7 章 文 件 管 理

在第 4~6 章中分别阐述了操作系统如何管理计算机的 CPU、内存和设备,为应用程序的运行提供一个虚拟的运行环境。程序运行需要的数据和运行后的结果都要通过设备输入或输出,有些直接通过设备采集,或在设备上显示,或用于直接控制设备。但更通常的情况是,程序要从外存中读入数据或将结果输出到外存。

相比于内存和其他的设备,外部存储器能够长久保存程序和数据,在计算机系统中扮演了不可或缺的角色。外存是一种可以按地址随机访问的块设备,而且还可以被多个进程并发访问。正是由于外存的这些特殊性,操作系统为应用程序提供了使用外存的特殊方式:一种是采用裸设备的方式,由应用程序自身(如数据库系统)管理外存空间;另一种是由操作系统管理外存空间,为应用程序提供按名访问的方式使用外存,这就是文件系统。裸设备方式强调外存访问的个性化,而文件系统为应用程序提供了更多的服务,更注重方便性和安全性。文件系统已经成为程序虚拟运行环境中不可或缺的基本功能,是应用程序和用户使用外存的主要方式。

由于外存具有能够长久保存数据、可寻址、容量大、价格低等特点,文件系统建立了自身特有的外存空间的管理模式。本章将从介绍文件的概念开始,介绍文件的结构,描述文件系统的架构,阐释文件系统管理的机制与策略。

◆ 7.1 文 件

在操作系统出现之前,应用程序直接访问外存中的数据,数据在存储空间中的存放位置以及如何找到想要的数据,都是应用程序自己负责。如果多个应用程序共同使用一个外部存储器,程序之间需要协商各自使用的存储空间,避免相互干扰。操作系统出现之后,逐渐接管了外存的管理,应用程序再也不能以自己的方式使用外存,只能通过操作系统提供的统一接口,经由操作系统访问外存。为了管理不同用户、不同类型的大量数据,操作系统在外存空间中建立了复杂的数据结构,它会隐藏外存管理的细节,提供给应用程序访问外存数据简单而抽象的方式,于是,文件的概念应运而生。

7.1.1 文件的概念

在操作系统管理下,应用程序不能直接使用外存,仅可以通过操作系统访问外存。操作系统将应用程序的数据、在外存的存放结构、访问方式等各种属性抽象成文件的概念,允许应用程序以文件的方式通过操作系统使用外存。

每个文件有一个名字,应用程序通过文件名访问文件中的数据,操作系统负责建立文件名和文件数据之间的映射关系。当应用程序访问文件时,仅向系统提供文件名,系统就可以根据文件名找到其要访问的数据,这种访问数据的方式称为**按名访问**。按名访问的意义在于:应用程序无须了解、参与数据在外存中的存储细节,由操作系统完全决定文件的存储方法和外部存储空间的管理,以提供更好的性能和效率。按名访问相当于为应用程序在外存中构建了一个基于文件名的虚拟存储空间。

为了有效地描述和管理文件,操作系统还为文件定义了各种属性,一般包括文件在外存中的存放位置、文件大小、建立日期、访问权限等,属于元数据。文件的这些属性是由操作系统维护的,对应用程序和用户来说,有些是可见的,有些是不可见的;有些是可以修改的,有些是只读的。

可见,**文件**是由操作系统管理的、存储在外存上的数据集合。文件包含文件名、文件的属性和文件中的数据。

在类 UNIX 系统中,键盘、打印机等设备都可被看作文件,前者属于只读文件,后者属于只写文件。除了设备之外,系统中的对象,如目录、内存中的共享区域等,也可被视为文件,它们都借用了文件的属性,就是可以读/写,并能够按名访问。在类 UNIX 系统中,所有进程能访问一个统一的文件系统,系统中的所有对象都可以通过文件名指称,并通过访问文件的接口进行读/写操作。所以,把系统中的对象都视为文件,就是很自然的事,这就是所谓的"一切皆文件",是对系统中对象的高度抽象。

操作系统以系统调用的形式为应用程序提供了一系列的文件操作接口,包括读、写、打开、关闭、删除、新建等。这使得应用程序无须再对外存空间进行直接的操作。

操作系统中有一个大的程序模块,负责文件的操作和外存空间的管理,称之为**文件系统**;从程序的角度,文件系统包含文件以及操作系统提供的操作接口;从用户的角度,看到的文件系统就是外存空间中的所有文件。综合以上三种视角可以总结出文件系统的定义:存储在卷空间中的所有文件,描述这些文件的数据结构以及管理文件的内核程序。

7.1.2 文件元数据

文件系统在为应用程序提供按名存取数据服务的同时,还会提供其他的数据管理服务,这包括文件访问权限的控制、文件的更新时间、记录文件的大小和文件的主人,文件类型标识,以及文件的存储位置等。文件的这些信息表示了文件的属性,并非文件本身包含的数据,用于描述文件,被称为**文件属性**或**文件元数据**(Metadata)。

有些文件元数据与文件数据之间存在一定的依赖性,例如文件的长度,是可以通过读文件得到的,但文件系统为了省事还是将其作为文件的元数据,存放在文件控制块中。而大部分文件元数据都是独立于文件数据的,并不能从文件数据中得到。很多情况下,用户会访问文件元数据而不需要访问文件数据,因此文件元数据和文件数据往往在系统中分开存放。

文件系统一般会把一个文件的元数据单独存放在一个数据结构中,该结构被称为**文件控制块**(File Control Block,FCB)。在类 UNIX 系统中,为了便于管理,整个文件系统中所有文件的 FCB 会集中存放在一个表中,每个表项存放一个文件的 FCB,通过该表项的索引就可以访问文件元数据。所以该表也称为**索引节点表**,每个表项就是一个索引节点。可见,索引节点即文件控制块中除了文件名的那部分内容。

文件元数据一般不会与文件数据存放在一起,实际上它和文件名也不存放在一起,这为系统功能的实现提供了灵活性,7.4 节将说明一个文件有多个名字的情况。

7.1.3 文件的类型

文件中可以包含任意内容的数据,依据文件内容及其结构、访问方式、作用等不同,操作系统可以将文件划分为不同的类型,以进行有效的管理。要注意的是,这种划分因操作系统而异,而且即使在同一个系统中,也会因视角的不同而存在划分文件的不同方式,就像对设备进行分类一样。

在类 UNIX 系统中,从系统管理的角度,一般将文件划分成普通文件、目录文件和设备文件。普通文件都是字节流文件,又分为 ASCII 码文件和二进制文件,前者中的每字节都是可显示或打印的 ASCII 码字符,后者中的一字节并不表示一个字符。例如,它可能是 4 字节浮点数中的某字节,显示或打印这样的数据没有意义,可以用于直接保存数据在内存中的样子。C 语言的目标代码文件(.obj)、库文件(.lib)、动态连接库文件(.dll)等都是典型的二进制文件。目录是有关文件名等文件信息的列表,用于文件的查找等操作,在 UNIX 中作为一类特殊的数据文件。UNIX 认为设备可以作为一种特殊的文件,例如,打印机可被看作一种只写而不能读的文件,键盘可被看作一种只读而不能写的文件,磁盘当然是既可以读也可以写的文件,其目标是要采用文件管理的机制管理设备。

各种应用程序在操作系统提供的逻辑结构的基础上可以使用与自身相关的特定类型的文件,这些文件中数据的格式和内容各不相同。例如,Java 系统中的文件有源文件(.java)、编译后文件(.class)、类库文件(.jar)等;C 语言系统中的文件则有源文件(.c)、目标文件(.obj)、可执行程序文件(.exe)等。有些文件类型已经被广泛接收,甚至成为国际标准,例如 PDF、HTML、ELF 等格式的文件。

如何识别各种不同类型的文件呢?一般系统中可以通过三方面来标识文件的类型。①文件属性。在类 UNIX 系统中,从属性中就可以判断出一个文件是普通文件、目录文件,还是设备文件,应用程序可以通过系统调用获取文件的属性信息。用户甚至可以用 ls -l 命令来显示文件的属性或类型。②魔数。一般具有特定格式的文件,在文件的开始都有一个文件头,描述文件的基本结构。在文件头的开始是一个数字,即魔数,它说明了文件的类型,不同类型的文件其魔数和文件头的格式不一样。程序从文件的开始读出其魔数,就确定了其文件头的格式,然后便可以从文件头中获取文件的基本信息。程序根据魔数确定该文件是否是自己能够处理或者需要处理的。例如,用户如果随意把一个文本文件当成可执行程序让操作系统去执行,操作系统是不会运行这样的文件的,因为它可以通过读取文件的魔数,确定该文件不是一个可执行程序。③文件扩展名。标识文件类型最简单的方法就是通过文件名区分不同类型的文件。文件名分为主名和扩展名两个字段,中间一般用"."分开。为了不限制用户或应用程序对文件的命名,一般不会用文件的主名字段,而是用扩展名来标识文件类型,如".pdf"".c"".docx"等。通过文件扩展名来标识类型的方法可以适用于操作系统、应用程序和用户。在 Windows 系统中,如果把一个文本文件的扩展名改为".pdf",该文件的图标立马会变为 PDF 格式文件的模样,这说明 Windows 系统是会识别一些经典的扩展名的,但不会进行更详细的分析和判断。

7.1.4　文件的逻辑结构

　　文件的**逻辑结构**描述了文件系统中所有文件的一般数据组织形式,是应用程序能够看到的文件结构,它决定了应用程序如何访问文件中的数据。文件系统会依据其所面向的应用领域而决定采用什么样的逻辑结构,如字节流结构、记录结构、树结构等。

　　以字节为单位组织文件,把文件内容看作字节流,这样的文件结构称为字节流。字节实际上是一种存储单位,以这种方式定义文件的结构实际上没有给文件限定任何的结构,也可以看作没有结构。操作系统没有给文件设定任何结构,这就把如何组织文件中数据的工作留给了应用程序。应用程序可以根据自身的需求,定义文件中数据的格式,例如,Office 软件定义了以扩展名为.docx、.xlsx、.pptx 等的文件,Adobe 公司定义了 PDF 格式的文件。目前,Windows、Linux 操作系统都是通用的操作系统,使用字节流结构的文件,以支持各种各样的应用程序。

　　除了字节流结构,操作系统还可以采用**记录结构**,将文件看作由一组记录组成,每个记录的长度固定,应用程序读写文件是以记录为单位的。这种结构源于计算机系统发展早期使用行式打印机来输出文件,以行为单位打印,每行 80 列或 132 列。所以把每行看作一个记录,文件就是记录的序列。同字节流结构相比,记录结构的文件只能面向某个领域或属于某个历史阶段了。

　　另外,面向某些特殊应用,操作系统还可以采用树结构的文件,把文件看作一棵树,树的每个节点是等长或不等长的记录,每个记录中包含指向子节点的指针。这种文件结构似乎就是专门为存储树结构而建的,尤其适合存储树结构,如 B 树等,应用于外部排序。

　　目前几乎所有通用的操作系统都采用字节流的逻辑结构,具有更广泛的应用范围。所以,本书后面在不做特别说明的情况下,均假定所讨论的文件系统采用字节流的逻辑结构。需要注意的是,本节讨论的文件的逻辑结构仅是基于操作系统的实现,应用程序完全可以在操作系统提供的逻辑结构的基础上构造基于应用程序的,更贴近具体应用的文件的结构,例如,前面所提到的以扩展名为.docx 和.pdf 的各种文件结构。

7.1.5　文件的访问方式

　　应用程序对文件的访问基于它能够看到的文件结构,即文件的逻辑结构。目前文件系统中文件一般都采用字节流的结构,文件数据的整体可被看作一个线性地址空间。对这种结构,下面讨论文件的访问方式。

　　程序访问文件数据时通常会使用顺序访问和随机访问两种方式。所谓顺序访问,就是从文件的开始处访问文件,每次访问都从上一次访问的结束位置开始。所以顺序访问时,不需要指定访问的位置,程序只能按照数据在文件中的顺序去访问。也就是说,如果没访问一个数据,那么也不能访问它后面的数据。

　　另一种文件访问方式是随机访问,程序可以从指定的位置直接访问文件,而与过去访问数据的位置无关。同顺序访问方式相比,随机访问方式允许程序想访问哪个数据就访问哪个数据,不必受限于数据在文件中的位置顺序。顺序访问中不关心数据的位置,而在随机访问中需要知道每个数据的地址。

在类 UNIX 操作系统中，提供了读文件的系统调用 read()，系统调用接口是 int read(int fd, void * buf, int size_to_read)，其中，fd 为文件标识符，buf 表示读出数据在内存的存放起始地址，size_to_read 表示从文件中读取的字节数。如果是打开文件后的首次读操作，就从文件开始处进行读操作，否则从上次读操作之后的位置继续读。依据上面的讨论，read() 系统调用提供了顺序访问文件的方式。

顺序访问提供了访问文件的一种简单方式，适合于对文件做顺序扫描之类的操作，如文件复制。如果程序仅需要文件的最后一项数据，则顺序访问非常不合适，随机访问的功能更强。然而，随机访问会付出更大的代价，7.2 节将进行更深入的讨论。

另外，类 UNIX 操作系统还提供了系统调用 lseek，用于改变系统调用 read() 访问文件的位置，其系统调用接口是 int lseek(int fd, int offset, int whence)。其中，fd 为文件标识符，offset 用于指定新位置相对于某个地址的偏移量，该地址由 whence 选择，可以是文件开头、末尾或当前的位置。可见，通过系统调用 lseek()，系统很容易提供随机访问的功能。

7.1.6 文件系统接口

文件系统作为操作系统的子系统，以系统调用的形式向应用程序提供有关文件的服务。这些服务包括文件操作，如文件的打开、关闭、读、写等；目录操作，如目录的建立、删除等。所有这些构成了文件系统的接口，它是操作系统系统调用的一部分，属于程序接口。另外，操作系统为方便用户提供了各种文件操作的命令（程序），其中包括命令行命令和图形命令，属于人机接口。这些人机接口的命令都有相应的应用程序。如果它们要对文件进行操作，仍需要调用文件系统接口完成相应的功能。可见，所有对文件进行操作的程序都是依赖于文件系统接口的。

下面通过介绍 Linux 文件系统提供的最常用的几个接口，说明如何在 C 语言程序中获取文件系统的服务，从而对文件系统有一个感性的认识。

系统调用接口 open() 用于打开一个文件，它根据一个字符串描述的文件名，找到文件的属性和数据，检查用户进程是否具有使用文件的权限，如果一切顺利，就在内存建立相关的数据结构，存放后续对文件进行操作所需要的数据，并返回与该数据结构关联的描述符。如果文件不存在，open() 也可以建立一个文件，以后进程就可以使用该描述符来指称需要操作的文件。使用 open() 所需的头文件、open() 函数原型如下。

```
#include "sys/types.h"
#include "sys/stat.h"
#include "fcntl.h"
int open(char * filename, int flags, mode_t mode);
```

其中，第一个参数是文件的路径名；第二个参数说明了对文件的操作方式，如读、写、可读/可写，当文件不存在时，open() 建立一个新文件；第三个参数说明新文件的访问控制权，该系统调用的返回值是文件描述符。具体使用方法可参阅 Linux 的系统调用说明。

系统调用接口 close() 用于关闭一个文件，它依据文件描述符，将内存中的文件属性或数据写回外存，然后释放文件在内存中的数据结构占用的空间和文件描述符，其所需的头文件、close() 函数原型如下。

```
#include "unistd.h"
int close(int fd);
```

其中,参数 fd 是要关闭文件的描述符,成功关闭返回 0。

系统调用接口 read()用于从文件描述符 fd 指定的文件中,从当前读指针所在的位置开始读 n 字节的数据到内存缓冲区 buf 中。read()所需的头文件、函数原型如下。

```
#include "unistd.h"
ssize_t read(int fd, void * buf, size_t n);
```

其中,第一个参数是文件描述符;第二个参数是指向内存缓冲区的指针,存放从文件中读出的数据;第三个参数说明读出多少字节。返回值是实际从文件中读出的字节数。

系统调用接口 write()用于将缓冲区 buf 中的 n 字节写入文件描述符 fd 指定的文件中,write()所需的头文件、函数原型如下。

```
#include "unistd.h"
ssize_t write(int fd, void * buf, size_t n);
```

其中,参数和返回值的含义与 read()类似,不再赘述。

除了以上介绍的 4 个接口函数之外,文件系统一般还会提供其他的函数,如设置当前读写指针等。掌握这些接口函数,对于理解内核、熟练使用内核提供的服务是非常有意义的。

需要注意的是,这些接口函数是 C 语言对系统调用的封装,但它们并不是真正的系统调用,看上去也与 C 语言的函数无异。真正的系统调用是指执行陷入指令,只能通过汇编语言编程来实现。这些接口函数只是 C 语言中调用系统调用的方便之举。

7.2 文件存储空间分配

程序打开文件后所看到的文件的样子,如文件就是一个字节流,也就是文件的逻辑结构,是由操作系统呈现给应用程序的。至于文件中的数据在外存中的什么地方、以什么形式存放,称为文件的物理结构。它是由文件系统的存储空间分配方法决定的,应用程序看不到。

每个文件的数据是一个线性的、连续的、以字节为单位的地址空间。类似地,外存空间也可被看作一个线性的、连续的地址空间。例如,磁盘、固态硬盘格式化后,都是以盘块的序列呈现给文件系统的。存储文件就是把该文件的数据安排到外存空间中,建立该文件数据到存储空间之间的映射关系。

尽管程序以字节为单位访问文件,实际上,文件系统访问外存时是以块为单位的,在系统看来,文件中的数据是按块划分的。假如每块字节数为 b,那么文件的第 i 字节就属于文件第 $[i/b]$ 块中的第 $i\%b$ 字节。所以,应用程序请求读第 i 字节时,文件系统首先要确定它在文件的哪个数据块中,然后确定该数据块存放在外存中的哪个盘块中,下一步就是读出相应的盘块,最后在该块数据中找到程序需要的字节。文件系统是应程序请求才对文件进行操作的,二者不同的是,程序请求文件系统时是以字节为单位的,而文件系统对外存操作时是以块为单位的。

有些外存设备,如磁盘、磁带,访问数据前需要定位时间,即读写头从当前位置移动到数据的位置所需要的时间。外存可以映射为以块为存储单元的线性地址空间,同时,会尽量保持相邻块之间的定位时间,保证从一个块移动到其相邻块所需时间最短,由这些块组成的线性存储空间就是卷或分区。也就是说,按照块地址的顺序访问外存,时间代价是最低的。每个文件系统都是建立在卷上的,管理卷的全部存储空间。因为地址空间是线性的,多个卷可以很容易地合并为一个卷,也可以把一个卷分成多个卷,从而灵活调整一个文件系统所使用的存储空间大小。例如,在一个物理磁盘上,可以建立多个卷或分区,每个卷上都可以驻留一个文件系统。

本节讨论在外存空间中存放文件数据的三类方法,从不同方面阐述这些方法的优势和不足。

7.2.1 连续结构

系统为文件在卷空间中分配一组连续空闲块,存放文件数据,这样的分配方式称**连续分配**。

随着不断地在文件卷中建立和删除文件,时间一长,文件卷中就会出现空闲区和数据区间隔分布的情况,并且很多空闲区会很小而成为碎片。建立连续结构文件的首要工作是为文件在文件卷中找到一段连续的空闲区。该问题同内存管理中的动态分区分配、程序运行中动态申请内存一样,都可以归结为动态存储分配问题,就是如何在 n 个空闲区中找到一个合适的存储空间,既能满足空间需求,又有较高的空间利用率。相关的适配算法和结构可以参考内存管理中的动态分区分配和数据结构中的堆的实现方法。

为了减少外存中的碎片,集中存放文件卷中文件的数据,可以移动文件的数据块,以将小的空闲区合并成大的空闲区,该功能称为紧凑,Windows 系统中的磁盘整理做的就是这个。不论是内存管理还是文件管理,采用该项技术都是开销很大的工作。

连续结构在以下几方面具有优势。

(1) 系统开销小。要想确定连续结构的文件在外存中的位置,只需要记录文件在卷中的起始块号和块数(或结束块号)即可,实现代价低。

(2) 既能够顺序访问,也能够随机访问。从文件在卷中的第一块开始,依次访问后续各块,这说明连续结构支持文件的顺序访问;如果想访问文件的第 i 块,也可以很容易确定它在卷中的位置:文件起始块号+i,然后直接读写,无须访问前 $i-1$ 块中的数据,这说明连续结构也支持文件的随机访问。

(3) 访问速度快。同其他的文件存储空间分配方式相比,访问连续分配文件所花费的时间是最少的,因为文件中数据的存放顺序与卷是相同的,几乎不需要额外的定位时间。

另外,连续结构也存在一些不足,表现在如下几方面。

(1) 文件内容不能增加。因为系统中的文件前后相接,依次存入卷中,一个文件存储区域的前后都有文件存在,新增加的数据没有空间可存放。有些文件在建立时是知道大小的,如文件复制,而有些文件的大小是不确定的,所以增加文件大小的情况还是很多的。当然,也可以通过释放文件当前的存储区域,重新申请一个更大的存储区域存放文件,但这样做会导致大量的外存操作,开销很大。

（2）空间利用率低。如果一个文件被删除，那么留下的空闲空间以后仅能存放一个较小的文件，而且往往会剩下更小的空闲空间，以致这样小的空间难以存放其他的文件，也就是出现了不能被利用的空闲空间，这一点类似于连续内存分配管理中的碎片。所以，采用连续分配方式构造通用的文件系统，存储空间的利用率不会高。

基于以上的特点，在磁带、磁盘和固态硬盘上都适合建立连续结构的文件，尤其适用于存储备份文件，因为这样的文件一般是不会修改的。

固态硬盘并不像磁盘、磁带那样存在不同盘块之间定位时间上的差别，所以固态硬盘存储空间中相邻盘块并不表示定位时间最短，连续分配文件访问速度并没有什么优势。例如，在硬盘文件系统中，碎片整理将文件不连续的数据块移动到一个连续的区域内，能提高硬盘的访问性能，但是，对于固态硬盘就毫无意义。

建立文件时其大小是难以确定的，谁也不知道该为文件分配多大的存储空间，这限制了连续结构在文件系统中的使用。为此，有的文件系统（如 Varitas 文件系统）在尽量保证连续结构特征的基础上，在连续性方面做了妥协。其方法是，把一组连续的存储块看作一个扩展区，允许文件由多个不相邻的扩展区构成。建立文件时，给文件分配一个扩展区，若扩展区被写满，再为文件分配另一个扩展区，扩展区之间用指针链接。扩展区是由连续的存储块组成，仍然保持了连续结构的特征，但由于扩展区之间是不连续的，也会丢失某些连续性文件具有的好的特征，总之，在文件大小可变和访问性能之间做了折中。

7.2.2 链接结构

若放弃对文件存储的连续性要求，允许文件数据可以存放在文件卷中的任何空闲块中，通过指针将文件所有的数据块链接起来，这种为文件分配存储空间的方式称为**链接分配**。

链接分配最简单的实现方式就是在每个数据块中放一个整型数指针，记录下一个数据块的块号，文件第一块的块号放在文件控制块中，最后一块中的指针置为空。当文件内容增加时，就请求系统分配一个新的空闲块，并加入文件的数据块链中。图 7.1 显示了一个有三个数据块的文件的链接结构。

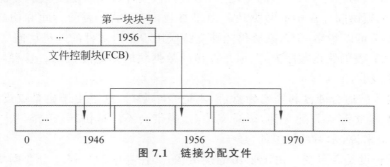

图 7.1 链接分配文件

链接分配的另一种实现方式是在整个卷中建立一个文件分配表（File Allocation Table，FAT），文件卷中每个可分配的块对应一个表项，表项是一个可以表示块号的整型数。如果某个块被文件使用，则相应表项记录文件中下一个块的块号；如果未被占用，则置为一个特殊数字♯1，表示空闲块。文件第一块的块号存放在文件控制块中，文件最后一块对应的表项内容置为一个特殊数字♯2，作为文件结束标记。这样，每个文件在文件分配表中都有一个链，由此可以得到该文件所使用的全部数据块。文件分配表用于描述整个卷中所有文件的分配情况。图 7.2 描述了一个文件在 FAT 表中的块链，以及文件控制块与 FAT 之间的关系。

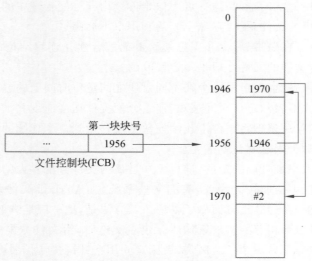

图 7.2　FAT 表文件结构

FAT 表的实现方式把文件数据块之间的指针链从数据块中移出来，单独存放在 FAT 表中，这样就把指针链与数据本身分开。通常情况下，系统会在启动时将 FAT 表读入内存，从而能够在不访问外存的情况下就获得文件在外存中的存放位置。而在第一种实现方式中，访问一个数据块之前，必须先读出其前一个数据块才能得到该数据块的块号。当然，后一种实现付出很大的开销：建立 FAT 表，并事先读入内存，消耗大量内存空间；另外，FAT 表存放了整个卷中文件的分配情况，一旦损坏，文件数据将难以找回。

链接分配具有如下几方面的性质。

（1）对文件访问方式的支持。在上述链接分配的第一种实现中，不支持随机访问，仅支持顺序访问，而在第二种 FAT 表的实现中，尽管获得文件数据块需要依次查找文件在 FAT 表中的链，但无须访问外存中的数据块。由于查找内存 FAT 表的时间和访问外存数据块的时间相比几乎可以忽略，所以系统仍能够支持应用程序对文件的随机访问。所以，从逻辑上看，访问 FAT 表仍然是顺序方式，但是在访问数据块时则是随机的。这种特性对于链接分配非常有意义。

（2）链接分配适合硬盘和固态硬盘，而不适合于磁带，这是由于磁带仅支持顺序访问。如果在磁带上建立链接分配文件，读写文件时，磁带会不停地倒转、正转，从一头转到另一头，这对磁带机来说，是不可想象的。

（3）文件长度是否可变。由于采用链接结构，文件卷中的任何一个数据块都可以添加到文件，或从文件中移出，操作开销不大，所以链接分配文件支持文件内容的更新和长度的变化。

（4）文件访问速度。对于连续分配文件，读/写完一个块后，接着读/写下一个块是几乎不需要定位时间的，但对于链接分配文件，下一块并不在当前块的附近，完成读/写操作需要额外的定位时间开销，所以如果外存是硬盘这种需要定位的设备，链接分配文件的访问速度肯定会比连续分配文件慢很多。当然，如果是固态硬盘这样不需要定位时间开销的设备，那么链接文件与连续分配文件就没有什么差别了。

(5) 空间利用率。在文件控制块中仅用一个整数记录文件的第一个数据块的块号就足以找到文件的全部数据,而且文件卷中的全部存储块都可以单独被使用,没有连续分配方式所担心的碎片问题,没有无法利用的存储空间。

7.2.3 索引结构

连续分配文件只要找到文件第一块,就可以访问文件的全部数据。相比之下,非连续分配面临的主要问题是文件中散落在卷中的数据块。链接分配采用链接方法将文件的所有数据块串起来,而另一种非连续分配方法则是建立一个索引表,记录文件的每一个数据块存放在卷中的哪一块中,该方法称为**索引分配**(Indexed Allocation)。

1. 索引分配

索引分配的关键问题是建立索引表,索引号为文件中数据块的块号,表项内容为文件数据块对应的盘块号。每个文件一个索引表,不同文件的索引表长度是不一样的。如果将索引表放在文件控制块中,那么文件控制块的长度也成为不固定的,这对文件控制块的管理是非常麻烦的。一般情况下,是为每个文件分配一个盘块,专门存放索引表,称为索引块,在文件控制块中记录索引块的块号。这样,当要访问文件数据时,先依据要访问的块号,查找索引表,得到数据在外存中所在的盘块号,然后再进行读写操作。在访问文件之前,必须访问存储在硬盘上的文件索引块,这构成了很大的开销,而且不能像 FAT 表那样事先装入主存。

同前两种分配方式相比,索引分配具有如下几方面的性质。

(1) 对访问方式的支持。显然,按照索引表的顺序访问文件,就是顺序访问;如果给定索引号,查找索引表,就实现了随机访问。所以,同连续分配一样,索引分配支持两种文件访问方式。

(2) 适用设备。索引分配同链接一样,都是非连续分配方式,适合硬盘和固态硬盘,而不适合于磁带。

(3) 文件长度是可以改变的。给文件增加新的块,不会破坏文件原有的存储结构,只需要改动索引表即可。

(4) 文件访问速度。在以顺序方式访问时,同链接分配文件一样,访问速度比连续分配文件慢很多;在以随机方式访问时,访问速度会比连续分配文件慢,因为还需要付出读索引块、查找索引表的时间。

(5) 空间利用率。同链接分配一样,不存在外存空间的碎片问题。但需要一个单独的索引块存放文件使用的盘块号。相比之下,链接分配也存在记录盘块号的开销,不过那些指针是隐藏在各个盘块中。

用一个盘块来存放索引表,尽管简单,但文件的长度会受到限制。例如,若一个索引块大小为 4KB,每个块号占 4B,那么一个盘块最多存放 1k 个索引项,一个文件的大小最大为 4MB。这显然不能满足通常的应用需求,下面将讨论如何存放索引表,以满足更大的文件。

2. 索引块链

如果一个盘块装不下索引表,就用多个盘块,文件控制块中仅记录第一个盘块的块号,后续盘块的块号存放在前一个盘块中,形成了索引块链。索引块链可以支持任意长度的索引表,文件大小也就不受限制。查找索引表时需要依次搜索各个索引块。不同于连续分配和链接分配,索引分配文件其文件控制块中指向数据的指针并不指直接存放数据块的块号,存放的是第一个索引块的块号,如图 7.3 所示。要注意的是,索引块是保存在外存上的,而且在访问文件数据之前需要访问索引块链,这将发生多次访问外存的操作,最坏的情况要查找到索引块链的末尾,当文件很大时索引块链也会很长,这需要很大的时间开销。

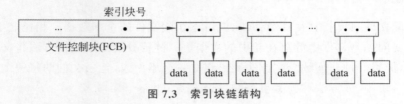

图 7.3　索引块链结构

3. 多级索引

查找索引块链的开销可能会很大,为了提高索引表的查找速度,可以为索引块再建立索引表,放在一个盘块中,该盘块存放索引块的索引表,形成二级索引结构。如果文件较大,一个盘块无法容下所有索引块的索引表,那么可以使用多个盘块存放索引表的索引表,并为这些盘块再建一级索引,形成三级索引结构。以此类推,可以建更多层次的索引,表示的文件长度也会呈指数级增长,这样的结构称为多级索引,如图 7.4 所示。由于外存是以盘块为单位存储的,索引表也是以块为单位存放的,所以在建立多级索引时,每个节点表示一个盘块,这一点与索引块链是一样的。另外,同索引块链的结构相比,多级索引将线性的时间复杂度 $O(n)$(n 为索引表所占盘块数)降低为对数级的时间复杂度 $\log(n)$。

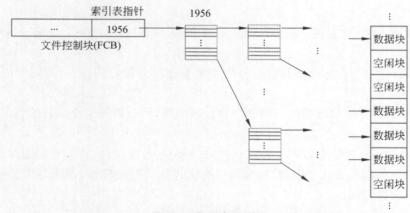

图 7.4　多级索引结构

假设每个盘块中所存放的索引项数量为 m,索引表结构的层数为 n,那么多级索引结构所能表示的文件的最大长度是 m^n 个盘块,索引表的层数 n 也是查找文件数据块所需进行的外存操作次数。所以,为了能表示大文件,多级索引需要付出时间的代价。

4. 混合索引

如果采用层数低的索引表就不能表示大文件,采用多层索引表则导致访问文件的代价提高。访问文件中的某个盘块,首先要多次磁盘操作访问索引表。在早期的 UNIX 系统中就很好地解决了这个看似两难的问题。

20 世纪 60—70 年代,系统中 80% 以上的文件是小于 10 个盘块的,于是设计者在索引节点中预留 10 个位置存放盘块号,称为直接索引表,其中记录的盘块号标识的是文件的数据块,称为直接块。图 7.5 中显示了索引节点中有关文件的部分属性,其中,"直接索引块"部分记录了文件中前 10 块的块号。这样,对于大多数文件,可以在索引节点中直接找到文件数据块的块号,由于索引节点在打开文件时就已经调入内存,这会大大节省访问外存的时间开销。

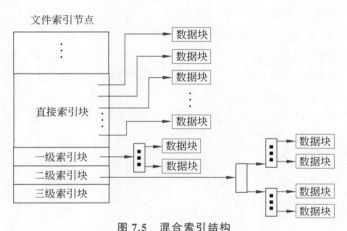

图 7.5 混合索引结构

为了能存放稍大的文件,在索引节点中还设置了三个指针,分别存放一级索引块、二级索引块和三级索引块的块号。假如盘块大小为 1024B,每个块号占 4B,那么一级索引块中可以存放 256 个数据块的块号,这将使文件的长度增加 256 块;二级索引块存放了 256 个一级索引块,这将使文件的长度再增加 256×256 个块;三级索引块存放了 256 个二级索引块,这将使文件的长度再增加 $256 \times 256 \times 256$ 个块。只有当低级的索引表结构无法容纳文件内容时,才会启用高层的索引表结构,否则指向高层索引表的指针为空。当系统需要用到一级、二级或三级索引表时就需要分别增加一次、二次或三次外存访问时间。

可见,混合索引的特点是:能够存放足够大的文件;小文件访问速度快,大文件访问速度慢,适合于小文件多的应用背景,平均来说文件访问时间还是不长。

7.3 空闲存储空间管理

文件系统中与文件存储空间分配相对的另一项功能是空闲存储空间的管理。所有为文件分配的盘块都来自空闲存储空间;文件释放的所有盘块也都要回归空闲存储空间。对于文件分配来说,除了需要指定数量的空闲块,有的分配方法还要求这些空闲块是连续的。这就要求空闲存储空间的管理有时不仅要记住哪些盘块是空闲的,还要记住空闲块之间是否连续,为此需要建立相应的数据结构记录这些信息,这将考虑空间开销。另外,从系统的角度,分配和回收空闲块文件需要相关的操作,访问上述数据结构,也需要付出时间开销。文件系统需要结合文件分配方法、应用领域和系统性能需求采用合适的空闲存储空间管理方法,本节将阐述可能的选项。

7.3.1 空闲块链

将所有的空闲块链接起来,形成一个**空闲块链**。空闲块链的第一个块的块号保存在整个卷的描述信息中,空闲块链中每个块保存下一个块的块号,最后一个块存放特殊标记。空闲块链利用空闲区域存放空闲块链,链指针无须占用额外的存储空间,系统只要保存首块号,就可以找到所有的空闲块,该方法的空间开销极小。然而,分配和回收一个空闲块的时间开销却非常大,分别需要读、写一个盘块的时间。如果一个文件需要 100 个盘块,那么为其分配盘块则需要进行 100 次外存操作。

简单的链表结构适合于内存,并不适合于外存。外存是以块为单位传输的,如果每个块中仅存放一个块号,显然效率太低了。为此,将空闲块分组,每组 n 个空闲块,图 7.6 中 $n=100$,并为每组空闲块建一个索引表,存于前一组空闲块的最后一个空闲块中,最前面一组空闲块(数量小于或等于 n)作为当前空闲块组,称为空闲块栈,其内容存于整个卷的描述信息结构中,开机时读入内存。所以,对空闲块栈的操作是在内存中进行的。这种结构称为**成组空闲块链**,如图 7.6 所示。

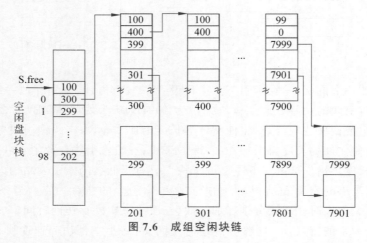

图 7.6 成组空闲块链

与空闲块链一样,成组空闲块链也是利用了现有临时不用的空闲块记录空闲块块号,节省了大量的空间开销,系统需要付出的空间代价是在整个卷的描述信息结构中存放当前空闲块组的索引表。对整个卷而言这种存储代价是很小的。分配空闲块时,系统总是从当前空闲块组索引表中取出一个块号给文件,直到当前组仅剩最后一个空闲块 L。这个 L 块不能直接分配,因为它保存着下一组空闲块的索引表,必须先把索引表的内容取出,复制到卷的描述信息结构空闲块栈中,此时下一组空闲块成为当前空闲块组,这时才能把块 L 分配出去。由于系统运行时整个卷的描述信息结构在内存中,所以分配普通的空闲块仅需要访问内存即可,仅在分配当前组最后一块时,才需要访问一次外存。

空闲块的回收和分配是正好相反的过程,一般情况下,回收一个空闲块仅需要在空闲块栈中增加一个索引项记录块号即可,无须访问外存。仅在当前空闲块组已满时,才需要将当前组的索引表复制到新释放的空闲块中,并形成一个仅包含新释放空闲块的新空闲块组,作为当前空闲块组,此时需要访问一次外存。

7.3.2 位图

空闲块链将所有空闲块组织起来,相对应的另一种方法是分别用 1 和 0 来标记卷中的每一个块是否空闲,这样整个卷中块的使用情况就可以用一串二进制位表示,该串中的每个位与块号一一对应,在串中按照所对应的块号排序,这种记录空闲块的结构称为位图。作为数据结构,位图经常用于描述具有二值状态的大量数据对象。位图是描述文件卷的数据结构,其大小和卷中总块数相关,是固定的,存放在外存的特定位置,一般在系统初始化时读入内存,占用内存的连续存储空间,如图 7.7 所示,图中用 1 表示块空闲,0 表示块被占用。所以外存的分配和回收操作都是在内存中的位图上进行的。

00011101000	...	101001111
10101001100	...	101101011
11101001100	...	101101010
...		
...		
11010001100	...	011011100
01011001010	...	100110011

图 7.7 在内存中的位图

当需要分配 n 个空闲块时,系统就去检索位图,找出 n 个连续或不连续的 1,计算这些位相对于位图起始的偏移量,就得到所需空闲块的块号。当要回收空闲块时,仅需要将这些块所对应的位图中的位置为 1 即可。

位图结构既适合于连续分配也适合于非连续分配,而且结构简单。因为位图放在内存,分配和回收的时间开销也不会太大,尤其是很多指令集架构支持相关的位运算。例如,有的指令集架构中就提供这样的方便,能返回一个字中第一个 1 的偏移量,这对位图方法是有力的支持。

位图方法的优点都基于它是放在内存中的。假如文件卷的容量为 1TB,块的大小为 4KB,则块数为 256M,位图的大小也为 256Mb=32MB,共占用 32M/4K=8K 个块。32MB 是位图的空间开销,这对于 1TB 的卷来说并不算什么,但如果把位图装入内存,对于内存来说,所占空间就不算小了,相比于前面介绍的空闲块链的管理方法大得多。所以,在外存很大而内存又不宽裕的情况下,位图的使用就会受到限制。

如果卷中有连续大片的空闲空间,位图中有连续大量的 1,属于典型的稀疏数据,可以采用压缩的方法进行存储。最简单的方法就是记住连续 1 的个数和起始地址,对于连续分配是非常有帮助的,7.3.3 节将详细讨论。

7.3.3 空闲区表

若文件采用连续分配模式,则系统将每一组连续的空闲块视为一个空闲区,记录所有空闲区的起始块号和包含的块数,形成空闲区表。如图 7.8 所示,空闲区表中空闲区的排序可以依据分配策略采用不同的顺序。

首块号	块数
210	300
8200	10
...	...
12600	56

图 7.8 连续空闲块表

每次为文件分配空闲块时,就去查找空闲区表,找一个能够装下文件所需块数的空闲区,按文件要求分配空闲块数量后,若空闲区内还有剩余的空闲块,则剩余的空闲块仍作为一个空闲区保存在空闲区表中。当文件释放一组连续的空闲块时,将为其建立一个空闲区,按照首块号的顺序插入空闲区表中。如果该空闲区与前、后的空闲区在位置上相邻,则与前、后的空闲区进行合并,以尽量形成一个大的空闲区。

与内存连续分配、堆空间的分配相似,外存空间的连续分配也面临碎片的困扰。除了在回收空间时及时合并碎片之外,在分配时需要考虑采用哪种适配算法,其基本思想与动态分区分配的内存管理是一样的,请参考内存管理的相关内容。

在前面内存管理中介绍的连续内存管理方法,特别关注了碎片问题,并给出了最佳适配、首次适配和最差适配的空间分配策略。这些策略同样适用于外存空闲空间的管理。在此不再赘述。

以上两节介绍了文件的存储结构以及如何管理外存的空闲空间。7.4节将介绍目录,用于组织文件系统的大量文件,方便程序对文件的操作。

◆ 7.4 目 录

文件系统的核心功能是按名存取,应用程序仅需要提供文件名,系统就可以用名字找到文件的属性和数据。为此,系统需要建立从文件名到其相关信息映射关系的数据结构,该结构称为目录。就像是一本书,如果想找到感兴趣的内容,根据书中的目录,就可以找到内容所在的位置(页号)。

本节将介绍文件系统提供给应用程序的目录的结构以及支持的各种目录相关的操作,然后说明文件系统内支持目录的各种数据结构和算法。

7.4.1 目录的概念

本节介绍有关目录的基本概念。

1. 文件名、属性和位置列表

为了实现文件名到文件属性和位置的映射关系,最直观的方法就是将它们用一张表捆绑在一起,形成目录。表中的字段包括文件名、文件属性和文件数据的地址,如图7.9所示。其中,文件属性包括文件大小、访问权限等,文件位置要依赖文件的物理结构。如果文件结构是连续分配或链接分配的话,文件的位置就是文件第一个数据块的块号;如果文件结构是索引分配的话,文件位置就指向索引表所在的块号。

文件名	大小/字节数	…	权限	位置
log.dat	2078	…	R	22030
score.dat	13840	…	RW	1290
⋮	⋮	⋮	⋮	⋮
test.c	65438	…	RW	98340

图7.9 文件名、文件属性和文件数据的地址

在图7.9中,目录就是由文件名、属性和地址作为字段的一个线性表,要实现按名访问,只要根据文件名,在这个线性表中找到相应的表项,就可以得到文件的属性和位置。查找方法可以是顺序查找或二分法查找,依赖于目录中的表项是否按文件名排序。

可见,文件目录是实现文件按名访问的核心。

2. 子目录

即使是简单的桌面计算机,文件系统中的文件动辄也有几十万个,不可能放在一个目录中。为了有效管理大量的文件,目录中的某些文件可以按照所属的用户、功能、相互关系等

分类，并建立不同的目录存放这些不同的文件，这种新建的目录就是子目录。子目录也是目录，它包含子目录中所有文件的相关信息。除了管理方便外，子目录机制减少了目录中的文件数量，还可以提高文件的查找速度。

为了管理方便，文件系统一般将目录中的数据也作为一个文件存放，所以目录是一个特殊的文件，一般称为目录文件，描述文件的信息同样适合于描述目录。一个目录中除了包含该目录中所有文件的表项外，还包含该目录中所有子目录的表项。在这些表项中会有一个字段，说明该表项属于文件还是目录。

3. 树状目录

如果子目录下的文件还需要进行分类，那么可以为子目录再建子目录，这样迭代下去，系统中的文件就形成了一个树结构，其中枝节点都是目录，称为**树状目录**，最顶层的节点称为**根**，每个文件都是叶节点。在图 7.10 中，节点 /、A 是目录，其中 / 表示根目录，B、C、D 是文件。

采用树状目录后，不同目录下的文件的名字可以相同而不会混淆。从根节点到某文件（或目录）所在的叶节点所经历的所有节点的名字一起，称为文件的**绝对路径名**，可以沿着绝对路径名中的节点，找到文件。每个文件都有唯一的绝对路径名，两个具有相同名字的文件，其绝对路径名也是不一样的。在图 7.10 中，文件 C 的绝对路径名可以表示为"/A/C"，其中，第一个"/"表示根目录，第二个"/"表示分隔符。

文件系统中树状目录的层数可能会有很多，绝对路径名就会很长，这对于用户、程序都是不方便的。无论是用户还是程序，在使用文件时，在一段时间内一般都集中在某一个目录中，这符合局部性原理。因此，当对一个目录下的文件进行频繁操作时，可以将该目录设置为当前目录，让系统记住。这样，只要程序请求系统服务而仅提供文件名时，系统就默认地将其作为当前目录下的文件。当前目录的设置既方便了程序和用户，也会提高系统的工作效率。

事实上，一段时间内用户或程序也不会仅访问当前目录下的文件，可能会偶尔使用附近目录（在树状目录结构中）中的文件，但也没有必要重新设置当前目录。为此，系统提供了相对路径名的文件指称方式，即从当前目录开始，找到当前目录和所使用文件的最底层的共同祖先节点，然后再沿着该节点找到要使用的文件，这条路径中的所有节点串在一起称为**相对路径名**。在图 7.10 中，假如当前目录是 A，文件 B 的相对路径名可以表示为"../B"，其中，".."表示父目录。

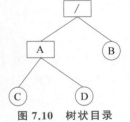

图 7.10 树状目录

7.4.2 一个文件有多个名字

正如一个人会有多个名字，在不同的场合可使用不同的名字，例如，人有乳名、笔名、网名等，这使得名字具有更强的表现能力。同样，文件也有这种需求，不同的程序可能希望自己给某个公用的文件命名，这样，就需要系统支持同一个文件有多个名字。

在 7.4.1 节中介绍的目录的结构，即文件名、文件属性和文件位置列表，将文件名和文件属性及位置捆绑在一起，一一对应，显然不能实现上述目的。另外，这种数据结构的另一个弊端是将每一个文件都固定在一个目录下，不支持多个不同的目录包含同一个文件的情况。实际上多目录包含同一个文件这种现象也是常见的，如一个人可以同时属于不同的组织。

本节将讨论实现一个文件多个名字的具体方法。

1. 硬链接

为了支持一个文件多个名字,需要将文件名与文件属性等分开存放,因为除了文件名之外,文件的属性都是相同的,文件名和文件属性已经不是一对一的关系了。一个解决方法是从目录中将文件的属性和存放位置移出。系统专门建一个表存放卷中所有文件(包括目录)的这些属性及位置信息,即每个文件占有该表中的一个表项,称为**索引节点**,该表称为**索引节点表**,这是借用 UNIX 系统中的说法。文件索引节点在索引节点表中的序号称为文件的**索引节点号**。整个卷只有一个统一的索引节点表,知道了文件的索引节点号,就可以找到文件的属性和位置。

这样,目录的作用就成为建立文件名和文件索引节点号之间的联系,目录文件的每个目录项包含文件名和索引节点号,而索引节点表则包含文件的属性和位置。如图 7.11 所示,文件名 poem 和 song 分别在目录 A 和 B 中,它们名字不同,位置也不同,但是有相同的索引节点号,所以属性和位置相同,实际上仍是同一个文件。

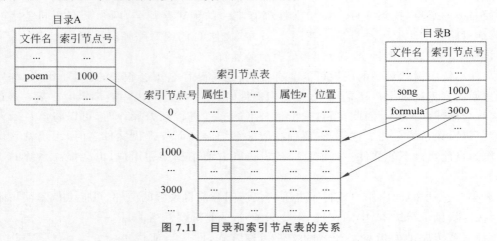

图 7.11　目录和索引节点表的关系

在 Windows 文件系统 NTFS 中,也采用上述文件名与属性分别存放的结构,只是使用的术语不同而已。在 NTFS 中,索引节点表的作用由主文件表 MFT 承担,索引节点号被称为文件标识(文件 ID)。

不同的文件路径名,通过同一个索引节点号或文件标识号,指向同样的文件属性和地址,实现了使用不同的文件路径名访问同一个文件的目的,这样的实现机制称为**硬链接**。通常情况下,目录下的文件被删除,其索引节点也应该被释放。但是如果两个文件共享属性和数据,则删除其中一个文件就不应该释放其索引节点。为此,在索引节点中应该设置一个字段,记录当前链接到此索引节点的文件的个数。删除文件时,仅将该数字减 1,并不释放索引节点,仅当该数字减为 0 时,才释放该索引节点。

2. 软链接

在当前目录下工作时经常需要访问另一个目录下的文件,当然可以用绝对路径名或相对路径名,但是可能会很烦琐。常用的方法是在当前目录下创建一个文件 A,链接到要访问的文件 B,凡是对文件 A 的访问都转向对文件 B 的访问。具体的实现方式是:在一个文件

A 的属性中存放另一个文件 B 的绝对路径名 p,并且在文件 A 的属性中指明文件 A 仅是指向文件 B 的链接,那么通过文件 A 就可以访问到文件 B,这种从文件 A 到文件 B 的链接方式称为**软链接**。软链接也被称为符号链接,因为目标文件 B 的绝对路径名本身就是一个符号串。软链接在 Windows 中被称为快捷方式,在互联网上访问某个网页时使用的也是类似的这种符号串。

在软链接的实现方式中,一个文件和它的软链接都有自己独立的文件名和索引节点,而硬链接中两个文件的索引节点是同一个。软链接通过符号串联系两个文件,而硬链接通过索引节点号联系两个文件名。一个文件被"软链接"后,自身是感觉不到的,不像硬链接,其链接个数字段会加 1。所以一旦一个文件被删除,其所有的软链接都会因找不到它而成为"悬浮的指针"。

7.4.3 目录的存储

在文件系统中目录中的数据也是以文件的形式存储的,不同于普通的文件,目录中的内容是操作系统管理的。例如,为了在目录中查找文件名,目录中的数据确实需要按文件名排序,排序和查找操作都是由操作系统完成的。然而,对于普通文件,操作系统并不关心文件中数据的内容,仅当作字符流数据。如果程序要对自己文件中的数据排序,那是它们自己的事,内核并不关心。

对目录文件中的数据排序和查找不同于内存中的数据,所使用的数据结构和算法均与内存有别,主要原因在于文件中的数据需要从外存调入之后 CPU 才能使用,而且只能以盘块为单位调入,每次读写所花费的时间可能会高出内存几个数量级。所以,由于没有考虑文件中的数据是以盘块的形式存储,以及外存速度慢这些特性,针对内存的那些排序算法和结构不适于目录文件的排序和查找。系统常用 B 树、B+树结构来存储目录文件,关于 B 树中排序和查找的开销主要考虑外存中盘块的操作次数。

一棵 m 阶 B 树是一棵平衡的 m 路搜索树。它或者是空树,或者是满足下列性质的树。

(1) 根节点至少有两个子节点。

(2) 每个非根节点所包含的关键字个数 j 满足 $\text{ceil}(m/2)-1 \leqslant j \leqslant m-1$($\text{ceil}(\cdots)$表示天花板取整)。

(3) 除根节点以外的所有节点(不包括叶子节点)的度数正好是关键字总数加 1,故内部子树个数 k 满足 $\text{ceil}(m/2) \leqslant k \leqslant m$。

(4) 所有的叶子节点都位于同一层。

B 树所具有的上述结构,在目录文件中的具体作用如下。

(1) 节点。不同于一般的二叉平衡树,B 树的每个节点存放在一个盘块中,可以存放 n 个关键字和 $n+1$ 个指针。对盘块的操作时间分成两部分:一是读写盘块的时间;二是盘块内关键字的搜索。盘块装入内存后,才会对盘块内的关键字进行搜索,搜索时间相比于盘块的读写时间是可以忽略的。所以,查找 B 树时主要考虑的是节点(盘块)的访问次数。

(2) 节点内。每个节点中关键字从小到大排列,并且当该节点的孩子是非叶子节点时,该 $k-1$ 个关键字正好是 k 个孩子包含的关键字的值域的分划。B 树中的一个包含 n 个关键字、$n+1$ 个指针的节点的一般形式为

$$(n, P_0, K_1, P_1, K_2, P_2, \cdots, K_n, P_n)$$

其中，K_i 为关键字，$K_1 < K_2 < \cdots < K_n$，P_i 是指向包括 $K_i \sim K_{i+1}$ 的关键字的子树的指针，P_i 为空表示指向叶节点。

(3) B树的高度就是搜索过程中的外存操作次数。B树作为一棵 m 阶平衡树，尽量减少了搜索文件名的外存操作，最多操作次数为

$$\log_{\lceil m/2 \rceil}(n+1)/2 + 1$$

这显然优于二叉平衡树。

可见，B树就是针对外存以块为单位存放和操作的特点，改进了二叉平衡树的结果。数据库系统中广泛使用了索引技术，而且数据保存在外存，所以B树结构也会经常用到。

◆ 7.5 保 护

操作系统为系统中所有进程提供了独立的虚拟运行环境，但这些进程毕竟运行在同一个物理计算机中，共享计算机系统的各种软硬件资源。所以，如何防止进程之间相互干扰，保证进程的顺利运行，一直是操作系统不可或缺的功能。前面几章介绍了相应的保护机制，保证进程之间共享CPU、内存和设备而不会彼此影响，这些机制的主要功能是保证进程的正常执行。

文件保护主要是防止外存中的数据被破坏，在"一切皆文件"的理念下，文件保护的内涵也可以扩充到系统的所有资源。保护是一种机制，用于判定进程是否能够对系统中的资源进行某种操作。从原则上讲，所有的用户或应用程序都可以共享文件系统中的资源，只是访问资源的权限因"身份"而异。所以保护是在共享基础上的一种限制。本节将阐述保护的各种实现机制。

7.5.1 域

计算机系统中做的每件事都包含操作者、操作和操作对象三个因素。操作者可以是用户、进程或程序，在操作系统看来，所有的操作都是通过程序的执行，即进程，来实现的。进程执行时的身份可能有两种来源：一种是启动程序的用户，另一种是程序所属的用户。进程和程序是没有独立身份的，它们都属于某个用户。保护的前提是确认用户的身份，然后才能判断用户是否具有对某种资源的访问和使用权限。一般系统中简单、有效的身份认证方式是"账号名+密码"的登录机制，登录成功后，系统就确认了用户的身份。

权限说明针对某个文件可以进行什么样的操作，表示为一个二元组：（文件，操作）。这里的文件可以表示系统的任何资源，例如，(F,R)表示对文件F可以进行读操作，(PRN,W)表示对打印机可以进行写操作。权限中的操作可以简单地分为三大类：读、写、执行。有的系统会分得更详细，例如，获得文件的名字和属性称为列出操作。

一个用户或进程能够做的所有事情可以用权限的集合来表示，称之为域（Domain），域实际上对应了一种身份。

操作系统有必要记住每个用户的域，以便当它们对资源进行访问时，验证其操作是否符合域的规定。使用**访问矩阵**可以清晰地描述系统中所有用户的域。访问矩阵的每一行对应一个域或用户，每一列对应系统中的某个资源。假设系统中域的数量为 m，资源数量为 n，矩阵的元素 $a_{ij}(1 \leqslant i \leqslant m, 1 \leqslant j \leqslant n)$ 表示域 i 对文件 j 的访问权限。图7.12描述了访问矩

阵。其中，在 D1 域中可以对文件 F2 进行读操作，在 D2 域中可以对文件 F3 进行执行操作，在 D3 域中可以对文件 F1 进行读写操作。

除了描述在一个域中能对文件操作的权限之外，访问矩阵还可以描述域和域之间的关系。参照图 7.13，S 表示域从 D2 可以切换到域 D1 中，C 表示域 D2 对域 D3 具有控制权，也就是运行在 D2 域中的进程可以修改域 D3 的内容，CS 表示 D3 域中运行的进程既能修改 D1 域的内容，也可以切换到 D1 域中。

	F1	F2	F3
D1		R	
D2			X
D3	RW		
⋮	⋮	⋮	⋮

图 7.12　访问矩阵

	D1	D2	D3
D1			
D2	S		C
D3	CS		
⋮	⋮	⋮	⋮

图 7.13　域之间关系

7.5.2　访问矩阵的实现

访问矩阵虽然非常清晰地描述了系统中所有域的信息，但是其规模太大了。一般桌面系统中的文件数量要几十万个，用户数量也会有几十甚至几百，这么大的矩阵存储开销太大。因此，在目前的商用系统中直接实现访问矩阵是不可能的。而且，这类矩阵是稀疏矩阵，因为与某个用户相关的文件仅是文件系统中很少的一部分，文件系统中的大部分文件的访问权限都与该用户无关，体现在访问矩阵中就是大量的空值。因此，访问矩阵的存储开销有可能大幅度降低。下面说明两种改进访问矩阵存储效率的方法。

1. 访问控制表

从某个文件的角度，纵向看访问矩阵，它记录了系统内所有域对该文件的访问权限。事实上，仅有极少数的域和该文件是相关的，其他的域最多是作为访客来使用该文件。这就像是一套公寓，真正和它相关的，即需要进入的，仅仅是少数人，需要记录他们对房子的使用权限；而全世界其他的绝大多数人并不关心这个房子，没有必要记录他们对房子的使用权限，或者说给他们访客的统一权限就可以了。基于这样的想法，访问矩阵中的内容就可以被大规模压缩。**访问控制表**（Access Control List, ACL）是一个线性表，记录对某个文件进行访问的所有用户的权限。访问控制表对应了访问矩阵中的一列，也就是描述了关于一个文件的信息，仅记录和文件相关的用户的访问权限。不过，其省略了大量无关信息，存储开销却比访问矩阵中一列的内容少得多。访问控制表相当于以列为单位压缩了访问矩阵。

访问控制表中的每个元素由两部分构成：<域名，权限集合>，说明该域名访问文件时具有的访问权限。每个文件有自己的访问表，作为文件属性存放在索引节点这样的数据结构中。当一个用户或进程要对某个文件进行操作时，操作系统需要检索文件的访问控制表，找到该用户所属的域，检验用户的操作是否包含在相应的权限集合中，若是，则允许操作，若否，则拒绝。

一般情况下，系统会为所有和某文件不相关的域设置一个统一的访问权限的集合，作为默认的权限，当某个用户要对文件进行操作，而其域在访问控制表中找不到时，就使用该权限验证用户的操作是否被允许。

2. 能力表

与访问表不同的是,能力表从域(访问矩阵的行)的角度,描述保护问题。例如,对于一个进程来说,没必要记录那些与其无关文件的权限,而仅记录那些它感兴趣的文件的权限。如果整个系统的文件数量是一百万个,而进程感兴趣的仅有一千个,那么就可以把存储空间压缩到访问矩阵相关信息的千分之一。

能力表是一个线性表,记录某个用户所具有的全部权限,即有关其可访问的对象的操作权限。能力表中的每个元素表示为＜文件名,权限集合＞。能力表对应了访问矩阵中的一行,也就是描述了一个域的信息,不过其省略了大量无关信息,和某个进程无关的那些对象的权限都可被忽略,存储开销却小得多。能力表相当于以行为单位压缩了访问矩阵。每个进程有自己的能力表,可以存放在进程控制块中。当进程要访问某个文件时,系统会查询其能力表,若与该文件的权限集合匹配,则允许操作,若否,则拒绝。要注意的是,每个用户的能力表是由操作系统来保存的,用户无权修改其能力表。

7.5.3 Linux 系统中的文件保护机制

1. 用户身份和访问权限

Linux 系统从文件的角度将用户分为三类:文件主(Owner),即文件的所有者;组(Group),和文件主同组的其他用户;其他用户(Universe),除文件主和组之外的其他用户。同时将文件操作的权限分为三类:读(R)、写(W)和执行(X)。针对一个文件,设置该文件的每类用户对该文件的访问权限。图 7.14 描述了针对文件 F1 和 F2,各类用户的访问权限。例如,图中文件 F1 的文件主对该文件的权限表示为"RWX",表示可读、可写、可执行,文件 F2 的其他用户对该文件的权限表示为空,表示不能进行任何操作。对比访问矩阵可以看到,Linux 将全部用户进行了分类,仅表示了这三类用户的权限,也就是某一文件的任何一类用户中,用户之间的权限没有区别。这相当于对访问矩阵做了简化,所以图 7.14 仅用三行就可以了。

在 Linux 系统中使用 9 位二进制数字就可以表示一个文件的读、写和执行的访问控制权限,其中,文件主、组和其他用户对文件的访问权限都用 3 位表示:第一位表示能否读,第二位表示能否写,第三位表示能否执行。这 9 位二进制数字作为文件的一个属性保存在文件的索引节点中。图 7.15 显示了 Linux 一个目录下文件的属性,第一列表示文件的权限,其中第一个字符为"d"表示目录,为"-"表示普通文件,为"p"表示管道文件,后面的三个字母一组,分别表示文件主、组、其他用户对文件的权限。例如,master 文件的权限为"-rwxrwxr-x",就表示 master 为普通文件,文件主的权限为可读、可写、可执行,组的权限也为可读、可写、可执行,其他用户权限为可读、可执行。

	…	F1	F2	…
文件主	…	RWX	RX	…
组	…	RX	X	…
其他用户	…		X	…

图 7.14 Linux 文件的访问权限

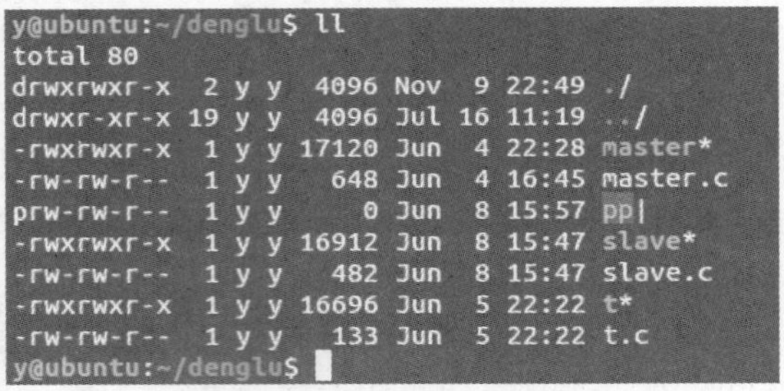

图 7.15 文件的访问权限

对目录的读权限可以读目录文件中的数据，即列出目录下的文件；对目录的写权限可以在目录下删除或添加文件；对目录的执行权限可以将该目录作为工作目录、在该目录下执行命令。用户可以使用 chmod 命令修改文件和目录的权限，详细体会读、写、执行权限的具体意义。

2. 其他权限

仅有读、写、执行这些权限还不足以描述系统中用户与资源之间某些操作上的关系。例如，用户进程是没有权限对打印机这种资源进行直接操作的，但是却可以通过系统调用使用打印机，这种情况就不能用是否允许写打印机这样的权限来描述。内核限制用户进程直接访问打印机的目的不是禁止用户使用，而是担心用户程序不能掌握使用打印机的一些必要信息而造成错误，如是否有其他人在使用打印机等。解决方法是：内核程序承担操作打印机的任务，同时允许用户进程执行与打印相关的系统调用。

类似地，Linux 系统中，文件 /etc/shadow 记录了所有用户的密码，显然普通用户是不能打开这个文件的。实际上，通过 ll /etc/shadow 命令可以看到此文件的文件主是 root，权限是 "-rw-r-----"，也就是说，普通用户对此文件没有任何操作权限。然而，用户通过 passwd 命令可以修改自己的账户密码，原因是 Linux 系统支持特殊权限 "Suid"，当一个可执行程序（一个二进制文件）具有 "Suid" 权限时，执行该程序的用户在程序执行期间具有该程序文件的文件主身份。这样，一个可执行程序的执行权限有三种情况：x、s、-。例如，passwd 程序文件的主人是 root 用户，拥有 shadow 文件的读写权限，而它的可执行权限位为 "Suid"，这种情况下才允许用户修改自己的密码。

Linux 还有其他的特殊权限 "Guid" 和 "t"，不再赘述。

3. 用户主目录

为了有效管理多个不同的用户，Linux 系统在根目录下建立了一个名为 "home" 的目录，在 home 中为每一个用户建立一个与该用户同名的目录，用于存放该用户自己的文件，称为**用户主目录**。除了用户主目录下的文件和子目录外，系统一般不允许用户去修改系统的其他目录。用户登录系统后，其工作目录默认为该用户的用户主目录。

默认情况下，用户对自己的用户主目录拥有读、写、执行的所有权限；对同组用户的用户主目录仅具有读和执行的权限；而对其他用户的用户主目录仅有读权限。

◆ 7.6 文件系统的整体描述

以上各节阐述了文件系统中各种对象的概念以及在系统中具体的实现方法。本节阐述文件系统的架构以及有关全局的数据结构，这将有助于读者形成对文件系统的整体认识。

7.6.1 文件系统的存储架构

硬盘分区是由一组连续扇区构成的线性存储空间。操作系统为分区提供了基本的存取服务。在此功能基础上，文件系统通过对分区进行逻辑格式化建立相关的结构和描述信息，形成**卷**（Volume）。卷中一般包含描述整个卷的数据结构、目录的结构、文件的存储区域等，还包括空闲存储区。在 Windows 中卷也被称为逻辑磁盘，用盘符表示。

卷是对存储空间的逻辑上的划分，而分区对存储空间的物理上的划分。一个卷可以包含一个分区,也可以包含多个分区,每个卷对应一个文件系统。

在 Linux 系统中,卷的空间分为 4 部分:引导块、卷控制块、卷的全局数据结构、文件存储区域,如图 7.16 所示。其中,卷的全局数据结构包括索引节点表、空闲空间描述和根目录等。根目录不同于其他的目录,其位置是固定的,以便于从根目录查找其他的文件或目录,且它涉及整个文件系统,所以存放在卷的全局数据结构中,而其他目录的位置都是不固定的,在建立目录时依据分配的空闲块位置而定,并作为文件,即目录文件,存放在文件的存储空间。

图 7.16 卷存储空间分布

卷控制块是文件系统描述整个卷的信息的数据结构,包括卷内块的数量和大小、空闲块数量、记录空闲块的数据结构、索引节点表等各种有关文件系统全局的信息。在 UNIX 文件系统中,卷控制块称为超级块,在 Windows 的 NTFS 文件系统中称为主文件表(Master File Table)。

这里的引导块是卷内的引导块,用于引导分区内的操作系统。作为比较,磁盘引导块(主引导记录)是决定引导磁盘的哪个分区中的操作系统。卷内引导块也可以不存放引导程序,此时该卷内无须安装操作系统,不承担启动系统的任务。

7.6.2 日志在文件系统中的应用

日志就是每天记录发生的重要事件。由于大容量存储器的发展,计算机系统中尽管每秒钟都在产生大量的重要事件,然而,计算机都能够把它们一个不落地记下来。日志是一个流水账,其重要意义在于:①在日志中所有的事件都按时间顺序依次排列,只要查询日志中最近的少量记录,就可以获取某个对象的最新状态;②日志记录的都是重要的事件;③当系统崩溃时,可以从日志中找回过去的数据,恢复到正常的状态。日志的这些特点,使该机制在文件系统中获得应用。

1. 日志结构的文件系统

同操作系统的其他部分一样,文件系统的设计总是受到计算机硬件发展的影响,其中关键的影响因素是 CPU、内存和硬盘。其中显著的变化是内存、高速缓存和硬盘容量不断扩大,但硬盘的读写速度并没有显著提高。大容量高速缓存极大地提高了硬盘读操作的速度,从而使硬盘写操作成为硬盘访问速度慢的主要原因。硬盘一个块的实际写操作一般花费几十微秒,但在写操作之间的寻道时间和旋转延迟时间却都要花费几毫秒的时间。所以问题的关键不是写数据的多少,而是写操作的次数,高频的小量数据的写操作,使大量时间消耗在寻道和旋转延迟上,大大降低了磁盘带宽(磁盘访问速度)的利用率。

为了减少写操作次数,可采取两种解决方案:一是将要写回硬盘的数据临时留在内存或缓存,等到某个时机批量写回硬盘;二是这些数据尽量存放在硬盘的连续区域内,才能减少寻道和旋转延迟时间。也就是说,不能把这些数据再写回到它们原先的位置,而是为它们申请一个新的连续区域。每批写回的数据称为一个日志(Log),它们在硬盘上呈现出按时间编排的、仅增加而不修改的日志序列。按照这种方式,随着越来越多的日志写回硬盘,硬盘的存储空间将逐渐被填满。为此,系统另一方面的工作是及时释放硬盘中那些已经有了新版本的老版本数据,腾出空间可以记录新的日志。当硬盘空间不够时,可以使用已经释放的空间存放新的日志,反复利用被占用后又被释放的空间,使硬盘中形成了环形日志序列。

一个日志中包含最近一段时间对文件系统的修改,自然会涉及索引节点、目录和文件中的数据。所以每个日志中所包含的文件数据并不是完整的,例如,某个文件的某个数据块最近并没修改,就不会包含在最近的日志中;再如,修改了某个文件,并未修改其所在的目录,也使得最近的日志中包含该文件的内容却没有其所在目录的内容。

这样,系统也不再有统一的索引节点表,而是分散在不同日志中,为此,文件系统往往还需要建立一个统一的索引表,记录所有文件的索引节点所在的位置,指出索引节点在哪个日志中,然后再到相应的日志中找到文件索引节点。总之,从逻辑上讲,日志文件系统依然采用了传统文件系统的结构(索引节点表、目录、文件),但在物理上,却将最近访问的数据集中存放在连续的存储空间。

当修改文件或目录时,总有一些数据并未发生变化,但它们仍然是有效的,称为活数据,它们还留在老日志中,并未发生变化。这将导致文件或目录的数据可能分散在新日志和旧日志中,需要使用指针的方式将它们连接起来。然而,这样将使文件数据分散在外存中,可能产生严重的碎片问题,以致难以找到连续的空间存放新日志。所以,另一种方法就是将那些未修改的数据复制到新日志中,彻底释放旧日志的空间。这可能会增加复制开销,但也解决了碎片问题。为了权衡时间和空间的开销,在系统实现中往往采用以上两种方法相结合的实现措施。例如,在 Sprite LFS 系统中,采用长度固定的段存储日志,段的大小为 1MB,允许活数据留在旧日志中,其目标是既减少碎片又减少复制[1]。

可见,日志结构的文件系统将对文件的修改以流水账(日志)的形式记录下来,然后利用了缓冲区,批量存储到外存,减少了外存的操作次数,由此提高文件访问速度。

2. 系统恢复

日志这样一种记录系统变化的方式,不仅可以用于设计新的文件系统结构,提高访问文件速度,而且可以用于提高文件系统的可靠性,纠正系统中数据的不一致性,这也是日志经典的适应方式。

数据的不一致性是由一个关键操作的不完整导致的,为此,引入事务的概念。**事务**是一系列操作,要么全做,要么全不做。可见,事务的特征是原子性,系统的不一致性往往源于无法保证事务的原子性。实际上,由于软件或硬件的原因,系统崩溃时可能正在执行某个事务,其一系列操作中的最后几个操作可能因为没有全部执行完而产生数据一致性问题,例如,已经在目录中建立了一个新文件,却没有来得及将数据实际写入文件的存储块中。

使用日志的方式记录系统已经发生的所有操作,并将日志保存在一个稳定的存储器中。一旦系统崩溃,当系统重启时,通过分析日志就可以知道一个事务中的哪些操作已经完成,哪些没有完成,然后重新执行那些未完成的操作,以恢复一致性,或者撤销该事务中已经完成的那些操作,在此不再赘述具体实现。

7.6.3 文件系统的层次架构

对文件的操作往往涉及文件查找、权限验证、文件定位、缓冲等很多步骤,文件系统处理应用程序请求的过程一般分成若干阶段,每阶段由一个独立的大模块完成。模块之间存在调用关系，系统在结构上自然呈现为层次架构，一般包括应用程序、逻辑文件系统、文件组织模块、基本文件系统、驱动程序、外存或网络，如图7.17所示。系统在设计上采用层次结构也体现了机制与策略的关系：层次架构是一种机制，处理请求的方法则是策略，各种不同的请求都通过这种层次架构得到处理。

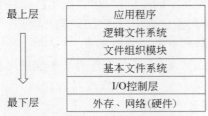

图 7.17　文件系统层次架构

文件系统的各层之间从上而下存在逻辑上的依赖关系。例如，从应用程序层面，访问文件是以字符或记录为单位，称为**逻辑块**；文件系统要访问外存则是以若干扇区（一般为2的整数幂个）为单元，称为**簇**；驱动程序和硬盘之间则以扇区为单位进行数据传输，传输单元称为磁盘的**物理块**。不同的传输单元及其地址反映了程序需求、系统性能以及设备特性方面的考虑，需要在各层之间进行必要的转换和缓冲。本节按照由下而上的方式从宏观上阐述一般情况下文件系统所呈现出来的层次架构，以及各层之间的内在联系。

1. I/O 控制层

I/O控制层负责直接访问外存设备或网络（针对网络文件系统），由外存或网卡驱动程序、中断处理程序构成。该层软件通过直接向外设（外存或网卡）发送命令、响应外设的中断控制外设，实现外存与内存之间的数据交换。I/O控制层接受来自基本文件系统的调用，向外存接口发出请求，其中包括针对外存的读/写命令、数据在外存中的位置、传输多少数据等。例如，针对磁盘，它接收到来自上层关于物理块号的读写请求，需要转换成柱面号、磁道号、扇区号，然后向设备接口发送命令。所以，I/O控制层是依赖于设备的，与设备的特性紧密相关，这一层的任务由驱动程序和中断处理程序相互配合才能完成。

要注意的是，原则上讲，I/O控制层属于操作系统的输入/输出子系统，不属于文件系统，只是被文件系统使用而已。这一层软件的主要内容是驱动程序，所以也可以称为驱动程序层。

另外，I/O控制层直接控制的是设备的接口，对于硬盘来说，就是硬盘控制器。在桌面系统中，硬盘控制器一般位于主板上。与硬盘控制器相连的是硬盘驱动器，是指硬盘盒子内的部件，属于计算机外设。目前像硬盘这样的设备本身都包含一个嵌入式系统，负责硬盘的控制和优化，如调度、高速缓存等，代替了操作系统输入/输出控制层中一些传统的功能。

2. 基本文件系统

从文件系统的层面上看，存储空间的基本单元是簇，所以文件系统读写外存时都是通过簇号作为地址来标识存储单元的。但在I/O控制层看来，外层是物理块的序列，这就需要在簇号和物理块号之间进行转换，基本文件系统承担了这项工作。一个簇由若干连续的物理块（物理扇区）组成，转换是简单的，但它体现了系统对存储空间抽象的不同层次。

物理块传送给I/O控制层的输出数据或来自I/O控制层的输入数据需要在内核中临时存放，以进行必要的分解或组装。临时存放这些数据的内核空间称为缓冲区，是由基本文件系统管理的。这些缓冲区依据输入/输出方式和设备的特性，其大小和管理方式也不相同，往往需要根据输入/输出过程动态分配和回收。除了缓冲管理之外，为了提高输入/输出效率，基本文件系统在内存中建立外存设备的高速缓存。事实上，很多缓冲区也承担了高速缓存的作用。在有的系统中,也称基本文件系统这一层软件为缓冲控制层。

I/O 控制层与基本文件系统的分工是明确的,前者负责数据的直接输入/输出操作,后者负责输出前、输入后数据的临时性的管理。

簇、缓冲区、高速缓存都会涉及文件的管理,所以基本文件系统可被看作文件系统的最底层,提供最基本的文件存储服务,而驱动程序是面向整个系统的,不仅是为文件系统服务。

3. 文件组织模块

应用程序看到的是文件的逻辑结构,并以逻辑块为单位访问文件内容,并看不到文件数据在外存中的存放结构。也就是说,文件数据存放在外存中的哪些簇中,对于应用程序来说是透明的。依据文件的物理结构,将逻辑块号转变为外存中对应的簇号是文件系统的关键功能,由文件组织模块承担。文件组织模块根据文件的机构解析出要访问的簇号后,传送给基本文件系统以访问外存。

文件组织模块维护文件的物理结构,从另一方面来说,就是负责为文件分配存储空间,所以文件的物理结构和文件的分配方式说的是同一个问题。与分配存储空间密切相关的问题是外存空闲空间的管理,这也是文件组织模块的工作。

4. 逻辑文件系统

除了能够看到文件的逻辑结构之外,应用程序还可以看到文件系统为文件定义的各种属性。应用程序既可以操作文件中的数据,也可以仅查询或修改文件的属性,所有这些工作都是通过逻辑文件系统层来完成的。

文件控制块是描述文件属性信息的数据结构,它在不同的文件系统中呈现的样子并不完全一样。例如,在类 UNIX 操作系统中,文件的属性信息存放在称为索引节点的数据结构中。逻辑文件系统负责管理文件控制块或索引节点这样的数据结构,并为应用程序提供相应的服务。

目录是文件系统为应用程序提供的组织文件的方式,应用程序通过绝对或相对路径名查找文件,也是基于逻辑文件系统提供的目录管理功能。

逻辑文件系统向应用程序提供 open()、close()、read()、write() 等系统调用,是文件系统中最接近应用程序的一层。总之,应用程序向文件系统提交的所有请求,都要先经过逻辑文件系统处理,这些应用程序请求的共性就是文件的内容、结构、属性都是应用程序可见的,这也是此处"逻辑"的内涵。逻辑文件系统的功能基本上都和文件的属性信息相关,因而也被称为文件属性管理模块。

总之,驱动程序屏蔽了设备的具体特性,提供了通用存储服务;基本文件系统针对文件系统的存储需求,提供高效的文件组织存储服务;文件组织模块则在基本文件系统提供的高效存储的基础上,负责管理、分配外存空间,构建文件的物理存储结构;逻辑文件系统依托文件组织模块的功能,提供与应用程序的接口。

7.6.4 根文件系统

不仅用户和应用程序需要使用文件系统存放程序和数据,操作系统也需要将自身使用的文件和数据以文件的形式存放在文件系统中。例如,内核代码就是文件系统中的文件,在系统引导时装入内存。所以,在操作系统启动的过程中,必须挂载存放操作系统的文件系统,才能进行操作系统的初始化工作。**文件系统的挂载**主要是将文件系统的服务程序装入内存并在内存中建立必要的数据结构,以方便后续对文件的访问。操作系统可以在不同的阶段挂载不同的文件系统,其中存放内核本身的文件系统称为**根文件系统**。

显然,根文件系统是内核挂载的第一个文件系统。而其他的文件系统不必在内核启动时挂载,一般当需要时再挂载到指定的节点上。用户或应用程序可以使用 mount 命令或系统调用完成文件系统的挂载。下列命令将设备 sdc1 中的文件系统挂载到 /mnt/ufs 目录下,通过系统调用也可以完成类似的功能。

```
#mount /dev/sdc1 /mnt/ufs
```

当然,用户不再使用时,也可以卸载一个文件系统。

一个文件系统一旦被挂载到系统中,就认为是一个活动的文件系统,应用程序就可以直接访问了。内核用挂载表描述所有活动的文件系统,其每个表项对应一个文件系统,表项字段包括该文件系统的挂载点、名字、所在设备、根目录和相应的服务程序等信息。当应用程序访问到某文件系统挂载点以下的文件时,就可以通过挂载表找到相应的代码或数据结构完成操作。

7.6.5 文件系统在内存中的结构

文件系统中的文件、文件的属性信息、目录等都保存在外存中,形成一个完整的结构。尽管如此,内核在对文件进行操作时,如果需要的所有数据都从外存中读取,则会产生大量的 I/O 操作,降低文件系统的效率。为此,内核会把经常用到的文件系统中的数据调入内存,例如,根目录的信息、描述文件系统卷中空闲块的信息等。有时,内核为了管理的方便,也会在内存中建立一些外存中并不存在的数据结构,例如,文件系统挂载表、进程打开文件表、各种缓冲区等。了解文件系统在内存中相关的数据结构,将会对内核如何动态地为应用程序提供文件服务有深入的认识。下面将介绍一些文件系统在内存中的关键的数据结构。

7.6.4 节已经介绍了文件系统挂载表,在此不赘述。

除了根目录是经常需要访问的之外,每个进程在一段时间内访问的文件往往集中在数量不多的几个目录中,这也是局部性原理的呈现。所有进程当前访问的目录的属性和数据都会保存在内存中(起到高速缓存的作用),以减少外存读写次数,提高访问效率。由于目录往往作为一种特殊的文件,具体的管理方法与下述文件类似。

系统打开文件表描述了所有进程当前打开的文件的信息,每个表项描述一个打开的文件,表项中的内容主要是文件索引节点中的内容,所以,在类 UNIX 系统中也称为内存索引节点表。文件一般是一次打开,多次使用。进程打开文件时,系统通过路径名找到文件,并将文件索引节点的内容装入系统打开文件表,该过程包含多次的外存操作,会消耗很多时间。文件索引节点的内容读入内存后,进程再对文件进行其他操作,就无须重复上述打开文件的过程,直接从系统打开文件表中获得文件的各种描述信息,可以直接去读写文件的数据了,从而节省时间。当文件用完之后,系统打开文件表中的相应表项就可以标记为空闲,留待其他文件打开时使用。

在内存中整个系统只有一个系统打开文件表,如果两个进程都打开了同一个文件,那么它们会共享该文件在系统打开文件表中的同一个表项中的信息。当一个进程关闭文件时,内核还不能将该表项标记为空,因为另外一个进程还需要继续使用。为此,在表项中还需要增加一个计数字段，记录当前使用该表项的进程个数，其初值为 0。当一个文件被进程打开时，其在文件打开表中对应的表项中的计数字段加 1，文件被关闭时计数字段减 1。若减为 0，则该表项可以标记为空。该计数字段并未出现在文件的外存索引节点中。可见，系统打开文件表中表项的内容与文件在外存中索引节点的内容不是完全一样的。

进程打开一个文件后，除了需要用到文件的属性信息之外，还会建立相应的数据结构以完成文件的相关操作。例如，读写文件时，都会用一个读写指针记录进程当前读写的位置，读写指针不是由应用程序而是由内核来维护。例如，内核需要建立缓冲区存放进程当前对文件的操作数据。读写指针和缓冲区都是与进程相关的，不同的进程即使操作同一个文件，文件的读写指针和缓冲区位置也不会相同。像这样的数据结构不适合放在系统打开文件表中，必须为每个进程单独建立，于是有了进程打开文件表。进程打开文件表中每个表项对应一个打开的文件，整个表记录了一个进程打开的所有文件。

系统打开文件表和进程打开文件表都保存了打开文件的信息，前者保存的内容是不同进程可以共享的，而后者保存的内容是进程自用的。所以，整个系统只有一个系统打开文件表，而每个进程都有一个自己的进程打开文件表。进程打开文件表中有一个字段表示文件在系统打开文件表中的表项的索引号，进程可以通过访问进程打开文件表，找到一个打开的文件在系统打开文件表中的表项。当程序使用 open() 系统调用打开文件时，其返回值就是该文件在进程打开文件表中的序号，称为文件描述符。所以，当进程使用文件描述符对文件进行读写操作时可能会依次访问进程打开文件表、系统打开文件表以及文件在外存中的数据。

open() 和 fopen() 都可以打开文件，作用类似，但二者分别由不同的软件支持。前者是系统调用，由内核支持，后者是 C 语言的标准函数，由 C 的编译系统支持。fopen() 具有更好的跨平台性质，当然，它最终还是要调用系统调用来完成其功能。

7.6.6 虚拟文件系统

虚拟文件系统（Virtual File System，VFS）的概念是由 Sun 公司在 20 世纪 80 年代设计网络文件系统（NFS）时提出的。网络上不同的主机中往往配有不同的文件系统，如何让一台机器上运行的应用程序能够方便地访问另一台机器上的文件系统呢？Sun 公司的解决方案是：为应用程序提供访问文件系统的统一接口，也就是说，应用程序不必关心要访问的文件系统的类型；同时，每个文件系统按照统一的接口向其他主机提供访问该文件系统的服务。有了这两个统一的接口，操作系统就可以将应用程序的文件访问请求，转换为对目标文件系统的服务调用，从而实现对网络上各种文件系统的透明访问。事实上，在同一台机器上，常常安装各种外存储器，每个外存储器上的文件系统也不相同，同样可以使用上述方案解决对各种文件系统的透明访问。这就是虚拟文件系统的基本思想。

虚拟文件系统的上层接口定义了应用程序所看到的文件系统的样子，下层接口则定义了各种实体文件系统（不妨称为物理文件系统）的样子，实现这两个接口之间映射关系的内核模块就构成了虚拟文件系统，如图 7.18 所示。

1. 虚拟文件系统的应用程序接口

为了使应用程序能够在各种类 UNIX 操作系统上运行，IEEE 已经定义了一系列应用程序接口 API，称为 POSIX，作为国际标准在各种操作系统上广泛应用。其中有关文件的

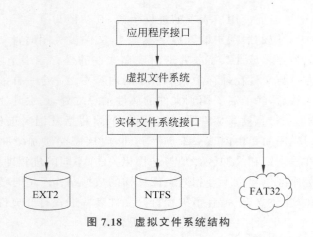

图 7.18 虚拟文件系统结构

系统调用接口,如 open()、close()、read()、write()、lseek()等几乎受到包括类 UNIX 系统和 Windows 系统等所有操作系统的支持。这些接口可以直接作为虚拟文件系统的应用程序接口。

2. 虚拟文件系统与实体文件系统的接口

采用虚拟文件系统机制的主要优势在于:操作系统不需要准备特定的程序去读写并解析外存介质中的各类文件系统中的数据,而是由各种实体文件系统自己提供相关的代码模块。为此,操作系统需要定义一个统一的实体文件系统接口,任何接入系统的实体文件系统都按接口规定的方式提供服务程序,只要应用程序访问该实体文件系统,操作系统就会调用其相关的服务程序。当然,这样做的前提是,每个实体文件系统在接入系统时,需要装入其按接口规范提供的服务程序模块,并在系统中进行注册,从而确保以后在需要时能够找到它们。

另外,接口中也应该包含实体文件系统对内核中有关外存输入/输出模块(主要是指驱动程序)的调用,因为实体文件系统不会自带驱动程序,而是借用内核的 I/O 功能。

虚拟文件系统与实体文件系统的接口是操作系统厂家定义的,其他的文件系统要接入该系统必须遵守该接口的规范。当一个实体文件系统接入该操作系统时,系统本身不需要进行改动,就可以支持对该实体文件系统的访问。这得益于接口和注册机制,就像驱动程序接口和装载一样。

需要注意的是,虚拟文件系统和实体文件系统的关系是系统启动后,装载实体文件系统时建立的,也就是说,VFS 是一个动态的结构,它仅存在于内存中。

3. Linux 中 VFS 接口实例

在 Linux 系统中实现了 VFS 机制,采用面向对象结构定义了 4 个接口对象分别如下:inode 对象描述文件的索引节点;file 对象描述打开的文件;superblock 描述整个文件系统的全局信息;dentry 对象描述目录。针对上述每个对象,接口定义了对象的属性和操作方法。在装载实体文件系统时,实体文件系统提供的操作代码装载到内存中,并连接到上述接口对象。例如,针对 inode 对象,接口中定义了 open()、close()、read()、write()和 mmap()等操作。

4. 调用实体文件系统的过程描述

在操作系统初始化时,内核会首先将根文件系统注册到 VFS 中,作为系统默认的文件系统。在系统运行过程中，会应用户的请求装载其他的实体文件系统，并挂接到根文件系统的某个节点上。VFS 会在内存中建立必要的数据结构，以记录这些已经装载的实体文件系统以及描述它们的那些接口对象。

当应用程序要打开某个文件，例如，执行 open("/ufs/office/test.dat",…)时，VFS 在根文件中查找该路径名，当找到/ufs 时发现该目录上挂载了一个实体文件系统，然后找到该实体文件系统的超级块和根目录，利用该实体文件系统提供的接口功能继续在实体文件系统中查找文件"/office/test.dat"，并将文件的索引节点数据保存到内存中的一个 vnode 结构中，其中包含实体文件系统提供的对该 vnode 进行操作的方法，如读写操作等。至此，VFS 建立起了进程和实体文件系统之间的联系。

图 7.19 描述了进程、VFS 和实体文件系统的关系。其中，进程打开文件表、系统打开文件表和函数指针列表都属于 VFS，它们建立起了从进程到实体文件系统的逻辑通路。

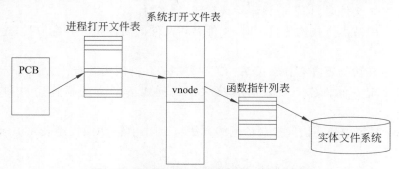

图 7.19　进程、VFS 和实体文件系统的关系

◆ 小　　结

本章开始部分阐述了文件的概念、属性和访问方式等特征，这是关于文件的基本概念。接着介绍了文件的分配方法和文件系统空闲空间管理方法，即文件的实现，这是理解文件系统的基础。

然后说明了文件系统中是如何将成千上万的文件有效组织起来的，这就是目录的实现方法。这些方法决定了文件系统的查找效率和友好性。

7.5 节则讨论了文件系统的保护问题，探讨了保护的概念、各种实现方法以及优缺点。

最后概述了文件系统的整体结构和实现方法。

◆ 练　　习

1. 试分析文件名、元数据、文件数据放在一起有什么缺点。
2. 连续分配文件面临的主要问题是什么？
3. 在 Linux 系统中，编写一个 C 语言程序，使用 Linux 文件系统提供的系统调用实现文件复制。
4. 采用 FAT 结构改进链接结构的文件有什么优点和缺点？

5. 举例说明：在文件系统中，为了提高系统性能采用的一些方法，可能会给在系统崩溃时维护系统的一致性带来困难。

6. 使用内存空间构建的一个虚拟磁盘称为 RAM disk，可以大大提高文件的访问效率。试比较该方法与使用内存作为磁盘高速缓存相比，各适用什么场合。

7. 什么是文件的逻辑结构和物理结构？说明二者之间的区别。

8. 文件存储空间的分配方法有哪些？试从文件的访问速度、存储空间的利用率、是否支持文件修改、适合什么样的设备、支持什么样的访问方式等几方面比较它们的异同。

9. 7.2 节阐述了三种文件存储空间的分配方法，在基本方法之后，又给出了相应的改进措施。试说明这些改进措施在哪些方面有所提高？付出的代价是什么？

10. 文件系统空闲空间管理方法有哪些？这些方法各适合什么样的文件的存储结构？

11. 软链接和硬链接的区别是什么？

12. 删除一个文件时，是否应该删除其软链接？为什么？

13. 采用索引节点方式构建目录时，文件名和文件的属性是分开存放的，这样做能带来什么好处？

14. 能力表和访问矩阵有什么关系？访问控制表和访问矩阵有什么关系？

15. 为什么现有的操作系统没有直接采用访问矩阵的方法描述用户和文件之间的关系？

16. Linux 系统中描述访问控制信息的方法与访问矩阵、访问控制表和访问矩阵有什么关系？

17. 请说明文件系统的总体数据结构一般有哪些。

18. 文件系统的结构为什么是分层次的？这样做有什么好处？

19. 卷和分区的概念有什么异同？

第 8 章 互斥与同步

现代操作系统中,通常需要线程之间互相协作,共同完成一项工作。协作线程是可以与其他线程相互影响的线程。互相协作的线程之间可以直接共享逻辑地址空间(代码和数据),也可以通过共享文件、存储区来实现通信。由于线程的执行呈现异步性特征,这些协作的线程会按照彼此不可预知的顺序和速度执行,可能会导致被共享的数据出现数据不一致性问题。这种情况在多线程环境中更为普遍。本章将讨论一些机制,使这些彼此可能相互影响的线程(进程)能够正确地执行。

互斥与同步描述的是两个并发执行的指令流之间的关系,所以本质上本章讨论的是线程之间的同步与互斥关系。当线程是单线程时,也可以认为是进程之间的同步与互斥关系;当线程是多线程时,互斥与同步问题一般是基于线程来讨论的。所以,本章讨论到互斥与同步时,不区分是单线程还是多线程,国内外的其他教材也大多如此。

◆ 8.1 互　斥

在程序顺序执行时看上去是很简单的情况,在并发执行时可能会变得非常麻烦。例如,两个表格需要在打印机上输出,这可以在一个线程内完成,也可以由两个线程分别输出。若两个线程各自输出自己的表格,由于并发执行,它们会不会同时往打印机上输出,最终导致两个表格的内容在打印机上交替出现呢?答案是肯定的,这说明在并发环境下,有些操作不能同时执行,并发需要受到限制。

8.1.1 互斥的概念

本节以一个火车票订票系统为例,说明线程之间并发执行可能带来的问题。在该系统中,利用变量 tickets 存储目前剩余的票数,如果乘客订走一张票,tickets－－;如果旅客退回一张票,tickets＋＋。一般情况下,语句 tickets－－与 tickets＋＋执行过程分别对应如下三条机器指令来实现。其中,register1 与 register2 均为 CPU 通用寄存器。

```
tickets--:                          tickets++:
register1=tickets                   register2=tickets
register1= register1-1              register2=register2+1
tickets=register1                   tickets=register2
```

假设目前有剩余票数 100 张,即 tickets＝100。如果有人买一张票,同时有人退一张票,则买票与退票操作完成后,tickets 的值仍然是 100。假定服务器中保存变量 tickets,并且有买票线程和退票线程并发执行,分别执行上述左、右两段代码,以响应来自客户的相关请求,那么语句 tickets－－与 tickets＋＋各自对应的三条机器指令可能会交替执行。其中的一种交替形式如下。

```
T0:订票线程执行    register1= tickets         { register1=100 }
T1:订票线程执行    register1= register1-1     { register1=99  }
T2:退票线程执行    register2= tickets         { register2=100 }
T3:退票线程执行    register1= register1+1     { register2=101 }
T4:订票线程执行    tickets = register1        { tickets=99    }
T5:退票线程执行    tickets = register2        { tickets=101   }
```

显然,此时变量 tickets＝101 是错误的。同样,如果交换 T4 和 T5 两条指令的执行顺序,同样得到错误的结果 tickets＝99。

这里 tickets 之所以得到不正确的结果,是因为买票线程与退票线程并发操作(读写)共享变量 tickets,且对其并发操作没有加以限制。像这种多个线程并发访问和操作同一数据,数据的最终结果与线程访问的特定顺序有关,取决于线程运行的时序,称为**竞争状态**。显然,操作系统应该采取措施避免竞争状态。容易看出,当保证 ticket－－与 tickets＋＋操作是**原子操作**,即执行过程在时间上是完整的、不可分割的、不允许被其他的操作打断,那么执行结果才是正确的。CPU 必须完整地执行完原子操作之后,才能执行其他操作。也就是说,要么买完票之后再退票,要么退完票之后再买票,二者不能并发执行。

要避免竞争状态,需要保证在一段时间只有一个线程能够操作共享变量 tickets,即线程之间需要互斥访问共享变量 tickets。所谓**互斥**,是指在并发环境下,对某资源进行访问的两个操作不能并发执行,只能一个操作执行完后,另一个操作才能执行。可见,互斥描述了两个操作在并发环境下执行时的相互关系。如果两个线程分别包含这样的两个操作,则称这两个线程之间存在互斥关系。

两个原子操作之间一定是互斥的,但互斥的两个操作不一定是原子的,原子性比互斥要求更强。在计算机系统中,尽管有些操作确实是原子操作,但操作系统一般不要求操作的原子性,其出发点是：保证某关键操作只要不被相关的操作打断即可,并不要求它不被任何操作打断。所以,如果不特别说明,本书后续有关原子操作的含义等同互斥,这大大降低了系统实现的难度。

在单 CPU 系统中,指令都具有原子性。通过特定的方法,也可以使某些代码具有原子性,例如后面介绍的各种关中断的方法或互斥的方法。

8.1.2 临界资源和临界区

在操作系统中,把在一段时间内只允许一个线程访问的资源称为**临界资源**。系统中大多数的硬件设备、共享变量、软件运行栈、加锁的数据库记录,以及像 Windows 的注册表这样的表格等硬件与软件资源都属于临界资源,都需要被互斥访问。像打印机这种硬件资源,其固有属性要求必须被线程之间互斥访问,而像共享变量与加锁的数据库记录等这类软件资源,如果多个线程对其同时进行读操作,不会带来副作用,不需要互斥,但如果有线程对其进行写操作,则必须保证这些资源的互斥访问,否则会产生竞争状态。

线程之间并发执行需满足**伯恩斯坦**(Bernstein)**条件**。即假设两个线程 P1 和 P2,利用 R(P1)表示线程 P1 进行读操作的资源的集合,W(P1)表示线程 P1 进行写操作的资源的集合,R(P2)表示线程 P2 进行读操作的资源的集合,W(P2)表示线程 P2 进行写操作的资源的集合,则线程 P1 和 P2 并发执行的充要条件,即伯恩斯坦(Bernstein)条件为

$$[R(P1) \cap W(P2)] \cup [R(P2) \cap W(P1)] \cup [W(P1) \cap W(P2)] = \Phi$$

每个使用临界资源的线程,都有一段代码和欲访问的临界资源有关。把线程中访问临界资源的那段代码称为**临界区**。显然,只要能够保证诸线程互斥地进入自己的临界区,便可实现线程对临界资源的互斥访问。图 8.1 给出了利用临界区对临界资源互斥访问的线程行为。在 T_1 时刻线程 A 进入临界区访问临界资源,T_2 时刻线程 B 试图进入临界区,由于此时已经有其他线程在临界区内,因此线程 B 进入阻塞状态直到线程 A 离开临界区为止。T_3 时刻线程 A 离开临界区,线程 B 可进入临界区,T_4 时刻线程 B 离开,临界区恢复到没有线程的原始状态。

可以看出,每个线程进入临界区之前,应先检查要访问的临界资源是否可以被访问。如果此时临界资源未被其他线程访问,线程便可进入临界区访问临界资源,并设置正被访问的标志,否则本线程不能进入临界区。实现这一功能的代码段称为**进入区**,在临界区之后应该有一段称为**退出区**的代码,用于将临界区正被访问的标志恢复成未被访问的标志。图 8.2 示意了一个线程的通用结构,其中最外层的循环表示解决互斥问题时,要考虑到一个线程可能多次进入临界区,无限循环表示次数没有限制。

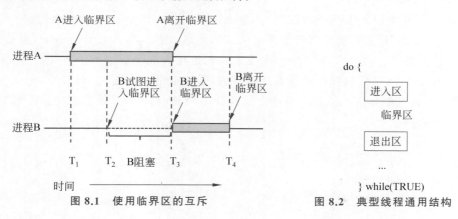

图 8.1 使用临界区的互斥　　　　图 8.2 典型线程通用结构

8.1.3 实现互斥的机制

在并发环境下实现两个操作之间的互斥并不是简单的事情,如果完全由程序员自己解决既非常困难复杂,也不会高效。所以系统会在高度抽象的基础上,为实现互斥提供一般性的机制,应用程序则在这些机制的基础上提出相关的策略,以解决具体的应用问题。8.2 节开始将介绍系统在软件、硬件、操作系统和编译系统不同层面所提供的互斥机制。这些实现互斥机制的共性,也就是它们所遵循的一般性准则如下。

(1) 互斥(忙则等待)。当有线程在临界区内执行,说明临界资源正在被访问,其他试图进入临界区的线程必须等待,即任何两个或多个线程不能同时处于临界区,以保证对临界资源的互斥访问。

(2) 前进(空闲让进)。如果没有线程在临界区内执行,说明目前临界资源空闲可用。若此时有线程欲访问临界资源,则应允许进入临界区内执行,且这种选择不能无限推迟。

(3) 有限等待。对要求访问临界资源的线程,应保证在有限时间内而不能是无限期等待进入临界区。也就是说,当一个线程等待进入临界区时,其他线程允许进入临界区的次数应有一个上限。

(4) 让权等待。当线程不能进入临界区时,应立即释放处理机,以免线程占用 CPU 等待而陷入"忙等待"。该条件是可选的。

需要注意的是,对于一个互斥问题解决方案,除满足上述条件外,不应该对 CPU 的速度和数量做任何假设,也不能对线程之间的相对速度做任何假设。

◆ 8.2 软 件 方 法

本节将讨论几种实现临界区互斥的解决方案。在这些方案中,当一个线程在临界区内执行时,其他线程将不会进入临界区。

8.2.1 Dekker 算法

荷兰数学家 T.Dekker 最早提出了一个利用软件解决临界区问题的算法,适用于两个线程竞争临界区的情况。

Dekker 算法中设置了两个数据项 boolean flag[2] 与 int turn,为两个线程所共享。其中,flag[0] 与 flag[1] 表示哪个线程想要进入其临界区,例如,当 flag[0]=true,表示线程 P0 想要进入其临界区。数组 flag[2] 的两个元素均初始化为 false。

变量 turn 表示哪个线程可以进入其临界区,可初始化为 0 或 1。例如,当 turn=1,那么允许线程 P1 在其临界区内执行。设两个线程分别为 P0 与 P1,其线程结构如图 8.3 所示。

```
线程P1:
do {
    flag[0]=true;
    while(flag[1]) {
        if (turn==1) {
            flag[0]=false;
            while(turn==1) ; //等待
            flag[0]=true;
        }
        flag[1]=false;
    }
    //临界区
    turn=1;
    flag[0]=false;
    剩余区
} while (true);
```

```
线程P1:
do {
    flag[1]=true;
    while(flag[0]) {
        if (turn==0) {
            flag[1]=false;
            while (turn==0) ; //等待
            flag[1]=true;
        }
        flag[0]=false;
    }
    //临界区
    turn=0;
    flag[1]=false;
    剩余区
} while (true);
```

图 8.3　T.Dekker 算法

当线程 P0 希望进入临界区时,把自己的 flag[0] 设置为 true,然后检查另一个线程 P1 的 flag[1]。如果此时 P1 的 flag[1] 为 false,即临界区处于空闲状态,P0 可立即进入临界区;否则 P0 检查变量 turn 的值,如果此时 turn=0,那么它知道自己应该进入临界区,从而持续检查 P1 的 flag[1],直至 flag[1] 为 false。如果此时 flag[1]=true 且 turn=1,则说明 P1 希望且应该进入临界区,从而 P0 等待。

当 P1 执行完临界区后,将 turn 设置为 0,将临界区的执行权转交给线程 P0,允许 P0 进入临界区,随后将自己的 flag[1] 设置为 false。同样,当 P0 执行完临界区时,也做类似的工作。

T.Dekker 算法可满足互斥、前进与有限等待条件,读者可自己来分析、证明。

8.2.2 Peterson 算法

G. L. Peterson 于 1981 年给出了一个基于软件解决临界区问题的经典算法,与 Dekker 算法类似,Peterson 算法也采用软件方法解决两线程临界区的互斥问题,不需要依靠硬件、操作系统或编程语言的支持。

设两个线程分别为 P0 与 P1,为方便描述,将两个线程表示为 Pi 与 Pj,其中,i 与 j 可取 0 或 1,且 $j=i-1$。

Peterson 算法中也设置了两个数据项 boolean flag[2] 与 int turn,与 Dekker 算法中的相同。该算法的程序如图 8.4 所示。

假设线程 Pi 想进入临界区,则在其进入区设置 flag[i]=true,turn=j。如果此时另一线程 Pj 不希望进入临界区,即 flag[j]=false,则在线程 Pi 中,条件 (flag[j] && turn==j) 不会成立,Pi 即可进入临界区执行,执行结束后,会在退出区将 flag[i] 设置为 false。

注意在 Pi 的进入区中设置 flag[i]=true 的同时,也设置 turn=j,其目的是如果此时线程 Pj 也希望进入临界区(Pj 已经设置其 flag[j]=true),则允许其进入。在 Pj 执行其临界区期间,线程 Pi 会一直循环等待,直至 Pj 退出其临界区。

线程 Pi:
do {
 flag[i]=true;
 turn=j;
 while (flag[j] && turn==j);
 //等待进入临界区
 临界区
 flag[i]=false;
 剩余区
} while (TRUE);

图 8.4 Peterson 算法中线程 Pi 的结构

为证明 Peterson 算法的正确性,需要证明互斥条件成立,且满足前进与有限等待条件。

如果两个线程同时试图进入它们的临界区,则 flag[i] 与 flag[j] 同时设置为 true,线程 Pi 中的赋值语句 turn=j 与线程 Pj 中的赋值语句 turn=i 也会几乎同时执行,但最终 turn 的值会是 i 与 j 其中的一个,其中的一个线程会陷入 while 语句,循环等待,两个线程不会同时在临界区中执行,互斥条件成立。turn 决定允许哪个线程先进入临界区。

显然,当临界区中没有线程执行时,如果两个线程中的一个意图进入临界区,则会进入,满足前进条件。

当两个线程几乎同时试图进入它们的临界区时,同样,两个线程在它们的进入区中将 flag[i] 与 flag[j] 同时设置为 true,由于变量 turn 的值为 i 与 j 其中之一,因此两个线程中的 while 循环条件 (flag[j] && turn==j) 与 (flag[i] && turn==i) 其中之一为真,即其中的一个线程会进入临界区中执行,满足前进条件。当进入临界区的线程,不妨假设为线程 P_i,在临界区中执行时,turn 的值保持为 j,当 P_i 执行完其临界区后,在退出区会将其对应的 flag[i] 置为 false,如果 P_j 希望进入其临界区,会成功进入,因此线程 P_j 最多在 P_i 进入临界区一次后就能进入,满足有限等待。

要注意的是,该方法同 Dekker 方法一样,实现方式简单直观,比较原始,完全在应用程序层面解决互斥问题。这两个软件方法都仅解决了两个线程之间的互斥,如果多个线程之间要实现互斥,例如,多个线程要互斥地使用打印机,上述方法都要进行较大的改动,并且更为复杂。下面将要介绍的硬件方法,减轻了程序员的负担,提高了效率,可适用于任意多个线程访问临界区的情况。

◆ 8.3 硬件方法

在 8.2 节介绍的软件方法中,程序员必须考虑到代码在执行过程中 CPU 随时可能被抢占,为此,程序设计变得复杂。也就是说,程序员不能保证一段代码可被不间断地执行,但可以通过硬件来实现。本节介绍关中断和硬件指令的方法,以及它们各自的优缺点,这将减轻程序设计的负担。

8.3.1 关中断方法

对于单处理器环境,临界区问题可以采用关中断的方式加以简单地解决,即在进入区关闭或屏蔽中断,在退出区恢复原中断状态,这样可以保证线程执行临界区中的指令序列时不会被中断,保证了临界区执行的原子性。这种方式通常为非抢占内核所采用。

然而,这种方法在多处理器环境下是不可行的。如果在多个处理器运行的线程都希望访问同一个临界区,仅在一个处理器关闭或屏蔽中断,不会影响到其他处理器的中断处理过程。因此,临界区问题的处理需要在每个处理器上都要关闭中断,烦琐费时。同时,当一个处理器上的线程执行完其临界区后,需要向所有处理器发送相关的消息告知这一过程,以便其他处理器做相应的处理,这种消息传递可能为线程进入临界区带来延迟,降低了系统的效率。不仅如此,该方法可能会影响系统时钟,因为在一般情况下,系统时钟是通过中断来完成的。

由于关中断指令通常是特权指令,应用程序不能直接使用,所以,这种方法只能在内核中使用,并且内核应保证在关中断状态下执行的代码运行时间不能太长,以免影响对中断事件处理。

8.3.2 硬件指令方法

许多现代的计算机系统提供了一些特殊的硬件指令,能够检查和修改内存单元的内容,或交换两个内存单元的内容,这些指令都是不可中断的指令,即这些指令的执行都是原子的。例如,许多计算机系统提供了测试并加锁(Test and Set Lock,TSL)指令 TSL RX,LOCK,它从内存地址 LOCK 中读一个字 lock 到寄存器 RX 中,然后在 LOCK 中存一个非零值,该读写过程是不可分割的。执行 TSL 指令的 CPU 会锁住内存总线,以禁止其他 CPU 在本指令结束之前访问内存。Intel x86 CPU 提供的 XCHG 指令实现了两个操作数对换的功能,可以借助这些指令来相对简单地解决临界区问题。这里不讨论某个机器的特定指令,而是抽象了这类指令背后的主要概念。

采用特定的硬件指令解决临界区问题,可以简化编程任务并能提高程序的执行效率。下面分别介绍两种典型的指令及其使用方法。

1. 利用指令 TestAndSet 实现互斥

该指令的功能可以用下列程序定义。

```
boolean TestAndSet (boolean * target)
{
    boolean rv = * target;              //取锁原状态(test)
    * target = TRUE;                    //加锁(set)
    return rv:                          //返回锁原状态
}
```

从中可以看出,该指令测试并返回欲访问对象的锁状态(test),同时给对象上锁(set)。该指令要原子地执行。因此,如果在两个不同的CPU同时执行该指令,会顺序执行,但执行的前后顺序可以是任意的。

利用该指令实现临界区互斥,需定义一个 Boolean 类型的全局变量 lock 并初始化为 false,表示开始时线程欲访问的对象的锁处于开锁状态。如果线程 Pi 试图进入临界区,首先要测试获取锁目前的状态并将其加锁(将 lock 设置为 true),如果 Pi 测试到锁原来处于加锁状态,则说明有其他线程正在临界区中执行,则线程 Pi 等待,直到正在临界区执行的线程访问完临界资源后将锁打开,如果 Pi 测试到锁处于开锁状态,线程 Pi 进入临界区执行,执行期间锁处于加锁状态,执行结束后将锁打开,以允许其他线程进入临界区。线程 Pi 的程序结构如下。

```
do {
    while ( TestAndSet (&lock))         //测试lock锁原状态并加锁
        ;                               //等待
        临界区
        lock = FALSE;                   //开锁
        剩余区
} while(true)
```

2. swap 指令

类似于 Intel x86 CPU 提供的 XCHG 指令,swap 指令的功能是交换两个操作数的值。同 TestAndSet 指令一样,交换两个变量值的操作也是在一条指令内完成的,是原子操作。该指令的功能用程序描述如下。

```
void swap (boolean * a, boolean * b)
{
    boolean temp = * a;
    * a = * b;
    * b = temp:
}
```

在程序中使用 swap 指令实现互斥的代码如下。

```
do {
    key = TRUE;                              //加锁
    while ( key == TRUE)
        swap (&lock, &key);                  //等待
            临界区
        lock = FALSE;                        //开锁
        剩余区
}
```

利用 swap 指令实现临界区互斥,也需要定义一个全局 Boolean 型变量 lock 并初始化为 false。另外,还需为每个线程定义一个局部 Boolean 型变量 key,初始化为 true。其实现原理与指令 TestAndSet 类似。

8.4 操作系统方法

利用软件方法和硬件方法都可以正确解决临界区互斥问题,但它们存在一个共同的问题:忙等待。关于忙等待的问题将在 8.4.1 节详细讨论。

对于应用程序员而言,使用 8.2 节和 8.3 节介绍的软件方法和硬件方法编程比较复杂。不仅如此,软件方法只适用于在抢先式线程调度的系统中解决两线程的临界区问题。对于硬件方法,还需要硬件支持,处理器需要提供相关指令,在有些硬件平台下无法使用。

操作系统提供的锁机制与信号量机制,方便了用户编程。特别是基于信号量机制,还可解决线程的同步问题。不仅如此,当线程无法进入临界区时可将其阻塞,当访问临界区的线程退出临界区时再将其唤醒。避免了忙等待所带来的问题。

8.4.1 锁

所谓"锁",可以理解为一个共享的整型变量或布尔型变量,该变量拥有两种状态:开锁状态和加锁状态。设想为一个临界区设置一把锁,初始值为开锁状态,表示目前临界资源空闲。当一个线程想进入临界区时,首先测试这把锁,如果该锁为开锁状态,则该线程将其设置为加锁状态并进入临界区,当执行完临界区后,则将锁重置为开锁状态;反之,如果该锁处于加锁状态,则该线程等待,直到锁变为开锁状态为止。

在使用锁机制解决临界区问题的过程中,需要遵循获取锁、执行临界区和释放锁的基本流程。其中,获取锁 acquire() 与释放锁 release() 是两个由内核提供的系统调用,其操作过程描述如下。

```
acquire() {
    while (lock) {                           //忙等
        开中断;
        关中断;
    }
    lock = true;                             //加锁
}
```

```
release () {
    lock = true;                    //开锁
}
```

在单处理机平台上,操作系统可以采用中断机制来保证这两个操作的原子性。调用它们之前关闭中断,执行结束后再将中断恢复到原来的状态。

由于 acquire() 在关中断状态下执行,因此,不会有其他线程改变 lock 的值,这将使 acquire() 陷于无限循环。为此,在 while 循环体中执行开中断、关中断,在这两条指令之间,允许中断处理,目的是给其他线程运行的机会,以修改 lock 的值。

利用锁机制实现线程对临界区的互斥访问,需要为临界区定义一个全局的锁变量 lock,并初始化为 false:boolean lock = false。当 lock 为 false 时意为锁处于开锁状态,为 true 则为关锁状态。线程在进入临界区之前要请求锁,执行完临界区后要释放锁。线程的程序结构如下。

```
do {
    acquire(lock);
    //临界区
    release(lock);
    ...                             //后续代码
} while (TRUE);
```

显然,该解决方案满足互斥、前进和有限等待的要求。显然,硬件方法就是基于锁机制的思想,是锁机制的一种具体实现。

需要指出的是,在 acquire 原语中,线程在进入临界区之前,利用 while 循环不停地测试锁 lock 的状态。像这种连续测试一个变量直到某个值出现为止,称为忙等待。忙等待的锁被称为**自旋锁**。自旋锁这种方式不仅浪费 CPU 时间,而且可能引起一些意想不到的问题。例如,在一个单 CPU 系统中,假设系统中有两个线程 P 与 Q 均需要执行它们的临界区,且 P 的优先级高于 Q。当某时刻 Q 在临界区中执行,P 由阻塞转为就绪状态。若系统采用抢先式优先权调度方式,系统会剥夺线程 Q 的 CPU 执行权,调度 P 执行。由于线程 Q 尚未退出临界区,P 会开始忙等待。由于 P 的优先级高于 Q,系统不会调度 Q 执行,Q 也就不会离开临界区,因此 P 会永远忙等待下去。这种情况有时被称为优先权翻转问题。

但如果锁的占用时间比较短,其优点也比较突出,因为线程在等待锁时不需要进行上下文切换,而上下文切换开销可能比较大。自旋锁常用于多处理器系统中,这样一个线程在一个处理器上自旋时,另一个线程可在其他处理器上执行其临界区。

8.4.2 信号量

信号量是 E. W. Dijkstra 在 1965 年提出的一种解决临界区互斥的方法,而且也普遍地作为线程同步的解决方案。现代的程序员基本都采用信号量解决临界区互斥与线程同步问题。

信号量是 Dijkstra 引入的一种新的数据类型,包括二进制信号量、整型信号量和结构型信号量。结构型信号量具有更完整的功能、广泛的应用和代表性,本书以此阐述信号量的机制和应用。与指令方法和锁的方法不同的是，结构型信号量具有更强的描述能力，且可以实现非忙式等待。

结构型信号量试图避免线程忙等待问题。当一个线程欲访问临界资源时，若此时临界资源不空闲，该线程不是忙等待而是阻塞自己，随后释放临界资源的线程会将其唤醒。

结构型信号量的定义以及对应的 wait() 与 signal() 操作如下。

```
typedef struct {
    int value;
    struct process * list;
} semaphore;
wait(semaphore * S) {
    S->value--;
    if  (S->value < 0)
        block();
}
signal(semaphore * S) {
    S->value++;
    if  (S->value <= 0)
        wakeup(P);
}
```

这里定义的信号量是一个结构体类型，包括两个成员变量 value 与 list。其中，整型变量 value 为信号量的值，初始化为某类资源可用(实例)的数量。list 指向一个线程的等待队列(线程的 PCB 队列)，该队列中存放因申请不到信号量所对应的资源而被阻塞的线程。

线程在使用资源之前，首先要执行 wait() 操作。在 wait() 操作中，线程请求一个资源实例(S->value--)，如果目前系统中无资源可用(S->value < 0)，则将该线程添加到信号量等待队列 S->list 中，然后线程调用 block() 阻塞自身；否则，说明可以满足本次资源请求，线程可退出 wait() 操作，正常访问资源。

当线程使用完资源之后，需要执行 signal() 操作。在 signal() 操作中，释放一个资源实例(S->value++)，若此时有等待资源的线程(S->value≤0)，则按照一定的策略，例如 FIFO，从信号量等待队列 S->list 中取出一个线程 P，并调用 wakeup(P) 将其唤醒，切换到就绪队列中。

利用信号量可以方便地解决临界区的互斥问题。例如，定义一个信号量 mutex，并初始化为 1，然后在线程进入临界区之前执行 wait(mutex)，在退出临界区时执行 signal(mutex)。每个线程的结构如下。

```
do {
    wait(mutex);
    //临界区
    signal(mutex);
    ...                                        //后续代码
} while(true);
```

由上述可以看出，一个结构型信号量中 value 的值可正可负，当 value 的值非负时，表示信号量所对应资源当前可用的实例数，当 value 的值为负数时，其绝对值是等待在该信号量阻塞队列中的线程的个数,即信号量线程等待队列 list 的长度。可以将 wait() 操作理解为请求一个资源,signal() 操作理解为释放一个资源。

需要注意的是,尽管信号量是一个结构类型,为了表述上的简单,在给信号量 S 的 value 赋值 a 时,往往直接写成"S = a;"这样的形式。

实现与使用信号量的一个关键之处在于 wait() 与 signal() 操作需要原子地执行,这属于临界区问题。在单 CPU 环境下,可以在执行这两个操作时禁止中断以保证它们的原子性。在多 CPU 环境中,需要禁止每个 CPU 的中断,这不仅会比较困难,而且会严重影响系统性能。为此,有的对称多处理系统中,采用像自旋锁等加锁技术来保证 wait() 与 signal() 操作的原子性。

需要说明的是,这里的 wait() 与 signal() 取消了应用程序进入临界区时的忙等待。由于应用程序的临界区可能比较长,取消应用程序的忙等待会极大地提高系统的执行效率,是非常有必要的。然而,为了保证这两个操作的原子性所采用的技术,如自旋锁、关中断,也是必需的。要注意的是,进入临界区前的忙等待与进入信号量操作之前的忙等待是大不一样的。前者是在等待另一个线程退出临界区,该线程什么时候退出临界区是应用程序决定的,如果其程序在临界区中不出来,那么其他线程都进不去。后者是在等待内核程序 wait() 退出临界区,我们相信内核不会犯错,而对应用程序并不放心。另外,由于 wait() 与 signal() 的代码比较短,忙等待可能会很少发生,所需时间也比较短,对系统效率的影响不大。

对于信号量中线程等待队列 list 的管理问题,信号量的正确使用并不依赖于该队列的实现方式与排队策略,例如,可以采用链表形式将阻塞线程按照 FIFO 的策略实现。但需要注意的是,如果采用后进先出(LIFO)的策略来管理 list 队列,即按照 LIFO 顺序来增加或移出(唤醒)等待队列中的线程,可能导致队列头部的线程无限期等待,长时间不被唤醒,这种现象称为**饥饿**。

信号量结构体中,value 可以用来控制访问具有若干个实例的某种资源,因此这种信号量也称为**资源信号量**,其初始值可设定为可用资源的数量。当每个线程需要使用资源时,对该信号量执行 wait() 操作,当线程释放资源时,对该信号量执行 signal() 操作,当信号量计数为 0 时,表示所有资源都已被使用,其后需要使用资源的线程将会阻塞,直到信号量计数大于 0 为止。因此,计数信号量的取值范围为 0~n,其中,n≥1,表示系统中某类资源可用的数量。当 n=1 时,计数信号量就退变为二值信号量。

利用信号量不仅可方便地解决临界区的互斥问题,还可以解决各种同步问题。

◆ 8.5 同 步

现代操作系统无一例外地为程序提供了并发的运行环境。线程之间所访问的资源可以没有交集,呈现出完全并发的运行方式。也有线程之间会共享临界资源的情况,这导致线程中访问临界资源的那些操作彼此必须互斥执行,即依次顺序执行。可见,互斥是对线程并发执行性的一种限制。事实上,互斥仅是对并发执行的限制之一,除了互斥之外,还有多种形式的限制。

同步是对并发执行的另外一种限制,以保证并发执行的正确性。除了像互斥那样要求操作之间不能同时执行外,它还要求两个操作必须按照指定的次序执行。本节将在介绍同步概念的基础上,探讨同步的实现。对比互斥的概念和实现,对深入理解同步是非常重要的。

8.5.1 同步的概念

在计算机出现以前,同步的概念就已经在通信领域广泛使用。通信过程中收发双方是两个不同的实体,是完全并行工作的,这需要进行必要的协调。最基本的要求是接收必须在发送之后开始。

为解决收发双方操作的有序性,一个典型的方法是双方拥有同频同相的时钟信号,并在同步时钟的控制下逐位发送/接收。图 8.5 描述了时钟信号与发送操作之间的关系,当时钟的第 2 个脉冲 C2 到达时,数据信号才开始发送并保持有效。图 8.6 描述了时钟信号与接收操作之间的关系,当时钟的第 3 个脉冲 C3 到达时,接收方才开始接收数据信号。可见,发送操作绑定在第 2 个脉冲 C2 上,而接收操作绑定在第 3 个 C3 脉冲上。由于发送方和接收方是并行工作的,原则上它们各自操作的执行顺序是完全随机的,是时钟的顺序性保证了发送操作在接收操作之前完成。

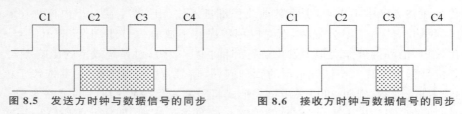

图 8.5　发送方时钟与数据信号的同步　　图 8.6　接收方时钟与数据信号的同步

在网络中往往没有一个统一的时钟,那又如何保证发送、接收的顺序呢?通常的做法是采用应答方式。例如,接收方在接收数据前一直处于等待状态,随时准备接收发送方送来的数据,只有当收到数据到达的信号后,才会接收数据,接收完成后向发送方发送一个确认收到的信号,发送方才可以启动下一轮的数据发送。应答方式不需要收发双方统一时钟的支持,而是通过特定的信号实现有序的发送/接收操作的。

上述两种方式都实现了先发送后接收的顺序,这种在并发环境中保持操作之间有序性的行为,称为同步。前一种方式依赖于统一的时钟,是和时钟同步的,称为**同步定时**方式,是和时钟同步的,后一种方式是和时钟异步的,称为**异步定时**方式。在异步定时方式下,虽然不依赖于统一的时钟,但要依次执行同步操作,图 8.7 形象地描述了同步信号、需要同步的操作之间的关系。不管采用什么方式,同步定时和异步定时在逻辑上的结果都一样,即实现了发送操作和接收操作之间的同步。注意,"异步定时"这个名字给人的感觉似乎是"异步",实际上,它的含义是"不用定时信号来实现的同步"。

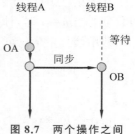

图 8.7　两个操作之间的同步

在操作系统管理下的并发运行,不同线程之间的操作也是并发的。但有些操作也存在同步关系。例如,一个线程负责执行对某个变量初始化的操作,而另一个线程需要引用这个变量,那么初始化操作和引用操作就存在同步关系。图 8.7 显示了线程 A 中的操作 OA 和线程 B 中的操作 OB 之间的同步关系,当操作 OA 完成之后,会向线程 B 发送一个同步信号,只有收到同步信号之后,操作 OB 才能开始执行。也就是说,同步信号发出后,线程 A

和线程 B 就可以并发执行了。

多个操作可以在多个线程之间形成多重的同步关系。例如，有 6 个操作 A、B、C、D、E 和 F，其执行顺序所必须满足的约束为：C 在 A 和 B 完成后执行，D 和 E 在 C 完成后执行，F 在 E 完成后执行，如图 8.8 所示。当这些操作在不同的线程中执行时，要求程序设计必须想办法实现上述同步要求。

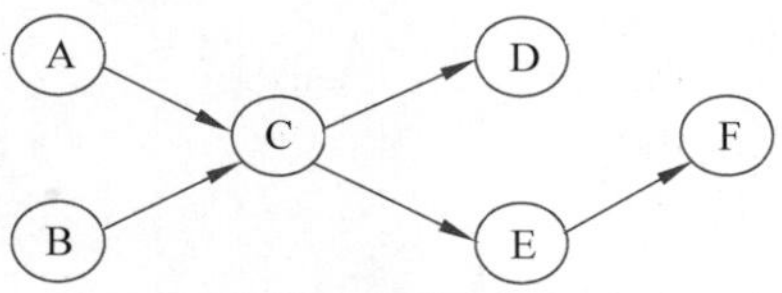

图 8.8 多重同步关系

与互斥一样，同步也描述了两个操作在并发环境中运行时的关系，两个操作必须顺序执行。不同的是，同步定义了两个操作在逻辑上固有的先后关系，而互斥并没有这种先后顺序的要求。因此，同步的内涵比互斥更多，实现了两个操作的同步，就不用担心它们会在执行时间上重叠。也就是说，只要两个操作具有同步关系，它们一定是互斥的。

8.5.2 同步的实现

同步的目标是在并发环境下保持两个操作的逻辑顺序。如果这两个操作在同一个线程中，只需要在程序中将先发操作安排在后发操作之前执行即可；如果这两个操作在不同的线程中，则它们的执行顺序在并发执行时是不确定的，需要特殊处理。无论是编写内核代码还是应用程序，都会遇到同步的问题，由于操作之间的顺序和具体的任务紧密相关，保证操作之间的同步关系是程序设计者的任务。一般情况下，为了方便和高效，系统会提供特定的同步机制保证操作之间的执行顺序。

同步和互斥均描述了两个操作在并发环境下执行时的关系，两个概念的共同点是：两个操作都是不能并发执行的；两个操作之间的关系都是需要在执行过程中动态实现的。它们的不同点是：同步操作之间存在先后关系，而互斥不区分两个操作之间的先后顺序，谁先执行都行；同步操作之间需要合作完成一个大的任务，往往存在逻辑上的关联或依赖；而互斥操作之间不存在这种逻辑关系，例如，一辆车 A 给另一辆车 B 带路，是同步关系；而经过路口的两辆车相互避让，则是互斥关系。在同步和互斥的实现方面，也存在共性：为了维护同步或互斥关系，需要在一个操作之前判断是否该操作具备执行的条件，如果具备就执行，否则就等待。

正是基于同步和互斥在实现方面的共性，可以具体分析前面已经介绍的那些互斥机制，看是否可用于实现同步。从原理上讲，要实现同步至少具备如下功能：先发操作完成后需要向后发操作发送信号，后发操作执行前需要检测该信号。前面介绍的软件方法、硬件指令方法和操作系统的方法都采用了一个变量（如 lock，信号量）来存储同步信号，可以通过先发操作设置该变量的值，向后发操作传递状态信息，且后发操作在执行前也都会检测先发操作是否已经完成，所以，它们都具备实现同步的能力。而中断方法中后发操作不可能通过检测中断是否关闭来判断先发操作是否完成，也就难以实现同步。能够实现同步的互斥机制，也可以称为同步机制或者同步-互斥机制。下面将以信号量为例，说明如何实现同步。

前面的图 8.7 描述了线程 A 中的操作 OA 和线程 B 中的操作 OB 之间的同步关系，这是最基本的同步。图 8.9 是使用一个信号量 S 实现这两个操作同步的代码，信号量的初值为 0，程序中的"…"表示线程中的其余代码。若线程 A 先执行时，OA 的执行不受限制，执行完后会执行 signal 操作，将信号量 S 的值加 1，信号量 S 变为 1。当线程 B 在执行操作 OB

```
semaphore S=0;
线程A:                  线程B:
    ...                     ...
    OA;                     wait(S);
    signal(S)               OB;
    ...                     ...
```

图 8.9　两个线程的同步代码

时,可以顺利通过 wait 操作。反之,若线程 B 先执行 OB 操作,由于 S 初值为 0,会在 wait 中阻塞,只有当线程 A 的 OA 操作执行完,通过 signal 唤醒线程 B,OB 操作才能得以执行。总之,无论操作系统如何调度线程 A 和线程 B 的执行顺序,该程序都能保证操作 OA 和操作 OB 之间的执行顺序。

如果某线程的两个线程 T1 和 T2 并发执行图 8.8 中的 6 个操作 A、B、C、D、E 和 F,线程 T1 依次执行 A、E、F,线程 T2 依次执行 B、C、D,那么如何实现这些操作之间的同步呢?观察可知,图 8.8 中存在 A 和 C、B 和 C、C 和 D、C 和 E 4 对同步关系。由于 B 和 C、C 和 D 的先后关系已经由线程 T2 中代码的执行顺序确定,只要确保 A 和 C、C 和 E 之间的先后顺序即可。这只要简单地重复两次使用图 8.9 程序中的方法即可。设置两个信号量 S_{AC} 和 S_{CE},分别实现 A 和 C、C 和 E 之间的同步,具体的程序代码如图 8.10 所示。

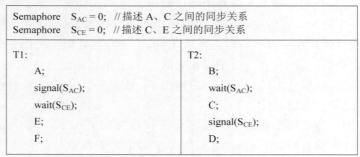

图 8.10　复杂同步关系的实现

◆ 8.6　经典互斥与同步问题

现在流行的操作系统都提供了信号量机制,程序员可以利用信号量方便地实现临界区的互斥与解决应用线程的同步问题。这里也将使用信号量给出几个经典同步问题的解答,这些问题可用来测试几乎所有新提出的同步方案。

8.6.1　生产者-消费者问题

生产者-消费者(Producer-Consumer)问题,也称为有界缓冲区(Bounded-buffer)问题,是一个著名的同步与互斥问题。在该问题中,有一些称为生产者的线程生产产品,并将这些产品提供给一些称为消费者的线程去消费。这些生产者线程与消费者线程之间可并发执行,为此在它们之间设置了一个有 N 个缓冲区的环形缓冲池,每个缓冲区中能存放一件产品。生产者线程将其生产的产品依次放入缓冲区中;消费者线程依次从缓冲区中取走产品消费。从操作系统的角度看,线程之间是并发执行的,系统并不清楚线程之间的同步或互斥关系,其关心的是合理地在线程之间分配 CPU 的使用权。然而,从应用程序设计者的角度来看,线程之间的同步或互斥关系是和应用相关的,必须得到保证,需要通过应用程序设计控制这些线程的关系。

当缓冲池中的所有缓冲区都已经放入产品,而尚未被消费者线程取走,即缓冲池中所有缓冲区已满时的情况下,如果此时生产者再次向缓冲池中投放新的产品,应该让生产者线程阻塞,待消费者线程从缓冲池中取走产品将其唤醒。同样,当消费者线程已经取走了缓冲池中的所有产品,即缓冲池中的所有缓冲区已空的情况下,如果消费者线程试图从中取走产品,消费者应该阻塞,直到生产者向其中放入产品时将其唤醒。为了更清晰地展现解决该问题的思路,下面从简单的特例开始逐步给出最终答案。首先阐释一个生产者、一个消费者、一个缓冲区的解决方法;然后是一个生产者、一个消费者、N 个缓冲区的解决方法;最后是该问题的完整解决方案。

1. 一个生产者、一个消费者、一个缓冲区

图 8.11 描述了一个生产者、一个消费者、一个缓冲区的生产者-消费者问题,缓冲池中仅有一个缓冲区,用一个长度为 1 的数组表示。

生产者主要完成两个操作,即生产产品、把产品放入缓冲区;消费者主要完成的两个操作是从缓冲区取出产品并消费。生产和消费这两个操作是可以并发进行的,只要它们不是针对同一件产品。所以,可以用两个线程分别描述生产者和消费者的行为。但是,往缓冲区放入产品和从缓冲区取出产品这两个操作必须同步。就像前面图 8.9 实现的同步那样,需要编写两个程序,分别控制生产者和消费者之间的操作顺序,不过这里的情况会稍微麻烦一点,下面分为三方面来考虑。

首先,单纯地考虑生产者和消费者之间的一次同步关系,可以分为两种情况:一是缓冲区初始为空,此时生产者的放入是先发操作,消费者的取出是后发操作;二是缓冲区初始为满,此时生产者的放入是后发操作,而消费者的取出是先发操作。无论哪种情况都属于图 8.9 所描述的最简单的同步关系。

然后,假设缓冲区初始为空的情况下,保证生产者第一次放入后,消费者才能取出,并且还要保证消费者取出,生产者才可以第二次放入,如图 8.12 所示。这实际上是由两个连续的同步关系构成,需要使用两个不同的信号量分别描述这两种同步关系。定义一个信号量 empty,初值为 1,表示一开始存在一个空缓冲区,描述生产者先、消费者后的同步关系;再定义另一个信号量 full,初值为 0,表示一个缓冲区中是否装有数据,描述消费者先、生产者后的同步关系。图 8.13 中的代码用两对信号量操作具体实现了这种同步关系。

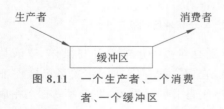

图 8.11 一个生产者、一个消费者、一个缓冲区

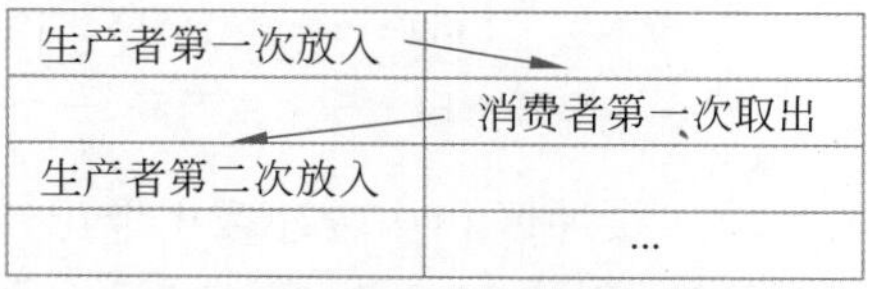

图 8.12 生产者和消费者之间的两次同步

最后,当生产者放入产品,然后消费者取出产品,完成两次同步,系统又恢复到初始状态。这样,二者的同步关系可以多次迭代,形成良性循环。上述代码描述了在任意多次迭代的情况下,如何保持生产者和消费者之间的两对同步关系,其中,do-while 语句描述了这种多次的迭代关系。

2. 一个生产者、一个消费者、N 个缓冲区

和上一个问题相比,这里缓冲区的数量增加为 N 个,用 N 个元素的数组 buffer[N] 表

```
Semaphore full=0, empty=1;   Item buffer[1];
producer:                    consumer:
do {                         do {
    ...                          ...
    // 生产一个产品 item         wait(full);
    wait(empty);                 item= buffer[0];
    buffer[0] = item;            signal(empty);
    signal(full);                // 消费一个 item
    ...                          ...
} while (true);              } while (true);
```

图 8.13 一个生产者、一个消费者、一个缓冲区的同步代码

示缓冲池,数组元素 buffer[i] 表示第 i 个缓冲区($0 \leqslant i \leqslant N-1$)。相应地,放入操作也需要具体指定将产品放入哪一个缓冲区,取出操作也是如此。为此,定义两个整型变量 in 与 out,均初始化为 0,它们的取值范围分别是 $0 \leqslant \text{in} \leqslant N-1$ 和 $0 \leqslant \text{out} \leqslant N-1$。生产者线程每次将新的产品放入 buffer[in] 中,每放入一个产品,in 指针后移一个元素。同样,消费者线程也是如此。生产者和消费者严格地按顺序放入和取出产品,生产者在前面放入,消费者在后面取出。当生产者填满缓冲区的最后一个元素 buffer[$N-1$] 后,会将产品放到消费者取空的缓冲区中。所以,生产者和消费者指针后移的操作分别是 in=(in+1)%N 和 out=(out+1)%N。这样的缓冲池称为环形缓冲池。

尽管缓冲区从 1 变成 N,放入和取出操作更具体,但是生产者和消费者之间的同步关系并没有发生变化,所以,实现它们之间同步的代码并没有本质的变化。当然,信号量 empty 的初值应该设置为 N,full 仍然初始化为 0。缓冲区数量为 N 的一个生产者、一个消费者同步代码如图 8.14 所示。

```
semaphore full=0, empty=N;   Item buffer[N];   int in=0, out=0;
producer:                    consumer:
do {                         do {
    ...                          ...
    // produce an item           wait(full);
    wait(empty);                 item = buffer[out];
    buffer[in] = item;           out = (out+1)%N;
    in = (in+1)%N;               signal(empty);
    signal(full);                // consume an item
    ...                          ...
} while (true);              } while (true);
```

图 8.14 一个生产者、一个消费者、N 个缓冲区的同步代码

将产品放入缓冲区和从缓冲区中取出产品分别是对缓冲区的读和写操作,应该是互斥执行的。由于这里只有一个生产者和一个消费者,它们之间存在的同步关系已经保证了它们之间的执行顺序,所以互斥就没必要了。从程序代码上可以看出,生产者只有在完成放入操作后,才会通知消费者,所以不用担心二者之间出现竞争状态。

采用 N 个缓冲区的缓冲池后,生产者在放入一个产品后,不必像仅有一个缓冲区那样,必须等消费者取走之后,才能再放入下一个,甚至可以在消费者没有取过产品的情况下,连续放入多个产品。缓冲区数量增加后,明显可以提高生产者和消费之间的并发程度。

3. m 个生产者、k 个消费者、N 个缓冲区

增加生产者或消费者的数量,可大大提高系统的性能,同时也需要考虑由此而引入的生

产者和生产者、消费者和消费者之间在并发执行时的关系。从宏观上讲,生产者和消费者都使用了缓冲池,是否需要互斥要依据伯恩斯坦条件做具体的分析。对缓冲池的访问具体需要使用 buffer、in 和 out 三个变量。由于生产者之间共享变量 in,并且都进行了读、写操作,所以必须互斥使用 in。同样,消费者之间也必须互斥使用 out。至于 buffer,可以理解为数组的首地址,生产者和消费者都以只读方式使用 buffer,所以无须互斥使用。

为此,定义互斥信号量 mutex_in=1,mutex_out=1,分别实现对于 in 和 out 的互斥访问。仍然采用信号量 empty、full 控制生产者线程与消费者线程之间的同步,并初始化 empty=N,full=0。

利用结构型信号量解决生产者-消费者问题的代码如图 8.15 所示。

```
semaphore full=0, empty=N, mutex_in=1, mutex_out=1;
Item buffer[N];
int in=0, out=0;

producer:                          consumer:
do {                               do {
    ...                                ...
    // produce an item                 wait(full);
    wait(empty);                       wait(mutex_out);
    wait(mutex_in);                    item = buffer[out];
    buffer[in] = item;                 out = (out+1)%N;
    in = (in+1)%N;                     signal(mutex_out);
    signal(mutex_in);                  signal(empty);
    signal(full);                      // consume an item
    ...                                ...
} while (true);                    } while (true);
```

图 8.15 m 个生产者、k 个消费者、N 个缓冲区的同步代码

该模型在计算机系统中应用非常多,例如媒体播放器中,下载线程即为生产者,播放线程即为消费者。一些下载工具也是基于生产者-消费者模型实现的。

4. 关于互斥的进一步讨论

另外需要注意的是,虽然在上述例子中,生产者和消费者之间在访问共有的数据缓冲区时不需要互斥,但这个结论是基于数组实现的环形缓冲池的数据结构。如果生产者和消费者之间共享的是其他类型的数据结构,如队列、栈等,是否互斥就需要重新进行分析。事实上,无论是栈还是队列,生产者和消费者之间都需要互斥访问,即双方共享一个互斥信号量 mutex。此时它们的代码如图 8.16 所示。

```
Semaphore full=0, empty=N, mutex=1;
producer:                          consumer:
do {                               do {
    ...                                ...
    // produce an item                 wait(full);
    wait(empty);                       wait(mutex);
    wait(mutex);                       从缓冲区中取出 item;
    将 item 放入缓冲区;                 signal(mutex);
    signal(mutex);                     signal(empty);
    signal(full);                      // consume an item
    ...                                ...
} while (true);                    } while (true);
```

图 8.16 生产者和消费者使用同一个互斥信号量

8.6.2 读者/写者问题

一个数据库可以为多个线程所共享。其中,有的线程只进行查询操作,即只需要读数据库,将这些线程称为读者(Reader)。而有的线程可能要处理更新和插入操作,这些线程需要读/写数据库,这里将这些线程称为写者(Writer)。

显然,对于数据库中的表、表的记录或其他类型的数据文件,如果多个读者同时读取这些数据对象,不会产生不利的结果,而如果读者与写者,或者多个写者同时访问它们,就可能导致数据不一致性问题,造成数据混乱。

因此,要求写者排他性地访问这些共享的数据对象,该问题称为读者/写者问题。该问题有两个最常见的变种,通常称为第一读者/写者问题与第二读者/写者问题,都与读者或写者的优先级有关。对于第一读者/写者问题,如果有读者在读数据对象,无论此时是否有写者等待,新的读者均可开始读操作。而对于第二读者/写者问题,一旦有写者就绪,即使有读者正在读,新的读者也不可开始读操作,以保证写者尽可能快地执行其写操作。从中可以看出,第一读者/写者问题中读者优先级较高,而第二读者/写者问题中写者优先级比较高。

两个问题的解答都可能导致饥饿问题。对于第一种情况,写者可能饥饿;对于第二种情况,读者可能饥饿。这里只给出第一读者/写者问题的解决方案。对于第二读者/写者问题的解答,读者可自行练习。下面给出了利用结构型信号量解决第一读者/写者问题的代码。

```
int readcount=0;                    /*读者计数器*/
semaphore mutex=1;                  /*控制对 readcount 的互斥访问*/
semaphore wrt=1;                    /*控制对数据对象的互斥访问*/
Reader:                             //读者线程
do {
    wait(mutex);
    readcount++;
    if (readcount==1)
        wait(wrt);
    signal(mutex);
    ...
    //读数据对象
    ...
    wait(mutex);
    readcount--;
    if (readcount==0)
        signal(wrt);
    signal(mutex);
} while(true);
Writer:                             //写者线程
do {
    wait(wrt);
        ...
    //写数据对象
    ...
    signal(wrt);
} while(true);
```

在第一读者/写者问题中，由于写者线程要独占数据对象，因此利用信号量实现对数据对象的互斥访问即可。而对于读者线程，有两个特殊的读者，即第一个开始读操作的读者与最后一个完成读操作的读者。对于第一个读者，如果发现有写者正在访问数据对象，则需要等待直至写者访问完数据对象为止。如果第一个读者检测到数据对象空闲，则应该对数据对象加锁，以拒绝任何写者的访问，但应允许新的读者开始读操作。而对于最后一个完成读操作的读者，应该释放数据对象的锁，如果此时有写者等待，应唤醒写者。为此应设置一个计数器 readcount 以标识这两个特殊的读者。显然，计数器 readcount 是一个临界资源，应该被这些读者互斥访问，需设置一个互斥信号量实现读者对计数器 readcount 的互斥访问。为了实现写者与写者以及写者与读者之间对数据对象的互斥访问，设置互斥信号量 wrt 实现这些线程数据对象的互斥访问。

8.6.3 哲学家进餐问题

由 Dijkstra 提出并解决的哲学家进餐问题，是一个典型的并发控制问题，在计算机科学中，通常用来描述多线程之间分配多个资源时，如何处理死锁与饥饿问题。

假设有 5 个哲学家，他们的生活方式主要是思考和吃饭交替进行。这些哲学家共用一个圆桌，每位都有一把椅子。在桌子中央放一碗米饭，桌子上有 5 支筷子，每位哲学家的左边与右边分别放有一支筷子。如图 8.17 所示。这些哲学家之间思考问题与吃饭都是异步的。当某位哲学家感到饥饿时，他会试图拿起左右与他相近的两支筷子，如果他能同时拿起两支筷子，就开始吃饭，吃完后就将两支筷子放下，并开始思考。

图 8.17 哲学家进餐问题

显然，该问题中每支筷子是临界资源，需要相邻的两位哲学家互斥使用。一种简单的解决方法是为每支筷子设置一个互斥信号量，每位哲学家饥饿时通过执行 wait() 操作试图获取相应的筷子，吃饱之后通过执行 signal() 操作释放相应的筷子。

利用结构型信号量解决哲学家进餐问题的代码如下。

```
semaphore chopstick[5]={1,1,1,1,1};      //控制对每支筷子的互斥
Philosopher i:                            //第 i 个哲学家
do {
   wait ( chopstick[i] );
   wait ( chopStick[ (i + 1) % 5] );
   ...
   //吃饭
   ...
   signal ( chopstick[i] );
   signal ( chopStick[ (i + 1) % 5] );
   ...
   //思考
   ...
} while(true);
```

上述解决方案能够保证两个哲学家不能同时使用同一支筷子,但可能会导致死锁。当这 5 个哲学家同时感到饥饿且拿起左边的筷子,在试图拿起右边的筷子时,会永远等待。像这样有一组线程,每个线程持有其他线程所需的资源,且等待其他线程持有的资源时,会陷入互相等待的情形,这组线程就称为死锁线程。

为防止死锁的产生,可以采取如下措施。

(1) 限定最多允许 4 个哲学家同时进餐。

(2) 使用非对称解决方法,即规定奇数哲学家先拿左边的筷子,再拿右边的筷子,而偶数哲学家先拿右边的筷子,再拿左边的筷子。或规定前 4 个哲学家先拿左边的筷子,再拿右边的筷子,而最后一个哲学家先拿右边的筷子,再拿左边的筷子。

(3) 只有当一个哲学家左右两支筷子都可用时,才允许哲学家拿起它们。

前两种解决方案读者可自行练习,第三种措施将在 8.7 节中介绍。更多关于防止哲学家进餐问题出现死锁现象的讨论,请参阅第 9 章中的有关内容。最后,关于哲学家进餐问题任何满意的解决方案都应该确保不会出现饥饿现象,不会出现死锁的解决方案并不能消除饥饿的可能性。

8.7 管 程

虽然信号量提供了一种方便且有效的机制以处理线程的同步问题,但由于信号量通常应用于多线程之间的并发控制问题,因此如果在使用信号量的过程中稍有不慎,就会出现问题,如竞争状态、死锁或其他一些不可预测的问题。因为这些错误可能只在并发线程一些特定的执行顺序下才会出现,而这些顺序可能难以再现,致使这些问题比较难以检测。

例如,在生产者-消费者问题中,当生产者和消费者共享缓冲池的数据结构是一个队列,生产者和消费者之间使用同一个互斥信号量。此时如果误将生产者线程中的 wait(empty) 与 wait(mutex)这两个操作的顺序颠倒,即当一个生产者企图向缓冲池中存放产品时,先执行 wait(mutex)占用缓冲池,然后执行 wait(empty)检查是否有空的缓冲区,如果此时所有缓冲区已满,生产者线程执行 wait(empty)后会被阻塞,等待消费者取走产品后执行 signal(empty)将其唤醒。而当消费者试图取走产品时,执行 wait(mutex)后会被阻塞,等待生产者执行 signal(mutex)后将其唤醒。显然,此时生产者与消费者线程陷入互相等待的状态,产生了死锁。

同样,如果消费者线程中 wait(full)与 wait(mutex)的顺序被颠倒,当所有缓冲区都为空时,也可能会导致死锁。而死锁现象只有在特定条件下、特定的线程执行顺序时才会出现,增加了程序调试的难度。

同样,线程访问临界区时,正确的顺序是先执行 wait(mutex),然后访问临界区,退出临界区时执行 signal(mutex)。如果出现以下几种信号量使用问题,也会导致程序的执行错误。

(1) 如果误将 wait(mutex)和 signal(mutex)的顺序颠倒,会违反互斥要求。

(2) 如果误将 wait(mutex)和 signal(mutex)写成 wait(mutex)和 wait(mutex),会出现死锁。

(3) 如果漏掉 wait(mutex),破坏了互斥条件。如果漏掉了 signal(mutex),死锁会产生。

出现上述问题的原因在于：虽然信号量机制功能强大，然而由于其使用的灵活性，编程时需要考虑的情况可能比较复杂，易造成错误。为了避免上述问题，易于编写正确的程序，Brinch Hansen 和 Hoare 分别于 1973 年和 1974 年提出了一种称为管程（Monitor）的高级同步机制。这里所谓的高级主要是指：管程是由高级语言而不是操作系统支持的，并且提供了一种更规范的解决同步与互斥问题的形式。

8.7.1 管程的概念

管程的语法与面向对象编程语言中类的语法相似。管程由一组变量和数据结构，以及对这些变量操作的过程或函数组成，它们组成一个特殊的模块或软件包，线程可在任何需要的时候调用管程中的过程。管程内的变量和过程之间的关系也与 C++ 中类的属性和成员函数之间的关系类似，即管程内的过程只能访问位于管程内的那些局部变量和形式参数，同样，管程内的局部变量只能被管程内的过程访问，管程的结构的示意图如图 8.18 所示。

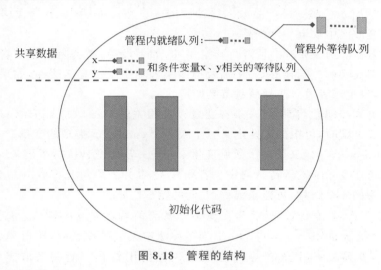

图 8.18　管程的结构

下面是管程结构的程序描述。

```
monitor monitor-name
{
    //shared variable
    procedure P1 (…)
    { … }
    …
    procedure Pn (…)
    { … }

    initialization code (…)
    { … }
    …
}
```

管程有一个很重要的特性,就是确保在任一时刻只能有一个线程在管程内活动,即管程会保证绝不会有两个线程同时执行管程中定义的过程。管程的互斥由编译器负责,程序不需要关心编译器是如何实现的,只需要在编程时简单地将所有的临界区转换成管程内的过程,即可保证线程对临界区的互斥访问。

管程是编程语言的组成部分,因其具有互斥这一特殊性,编译器对管程内过程的调用方法与其他过程调用方法不同。一种典型的处理方法,就是当一个线程调用管程内的过程时,该过程中的开始几条指令将检查管程中是否有其他活跃的线程,如果有,调用线程将被阻塞,直到当前管程内活跃的线程离开管程后将其唤醒。如果没有活跃线程在使用管程,则该调用线程可以进入管程。

管程提供了一种实现临界区互斥的简便途径,因编译器的支持,出错的可能性极小。但线程之间一些特定的同步问题,还需要程序员在编写管程内的过程时加以解决。例如,在利用管程解决生产者-消费者问题时,缓冲池的互斥问题可以由管程的互斥特性来保证,为实现生产者与消费者之间的同步问题,还需要程序员在管程内实现两个过程 put()和 get()。其中,生产者调用 put()将一件产品放入缓冲池的一个空缓冲区中,消费者调用 get()从缓冲池的一个满缓冲区中取走一件产品。

put()中,需要检测缓冲池中是否尚有空缓冲,如果没有,需要阻塞生产者线程,当消费者取走产品后将其唤醒。同样 get()中需要检测缓冲池中是否有满缓冲,如果没有,需要阻塞消费者线程,当生产者放入产品后将其唤醒。

为实现这类同步问题,管程引入条件变量以及相关的 wait()与 signal()两个操作。程序员在编写同步方案时,可根据需要定义一个或多个 condition 类型的变量。

语句 condition x, y 定义了两个条件变量 x 与 y。若线程 P 执行了语句 x.wait(),P 可能会被添加到条件变量 x 的等待队列中。若线程 Q 执行了语句 x.signal(),会唤醒条件变量 x 等待队列中的一个线程,可能是线程 P,也可能不是 P。

例如,对于生产者-消费者问题,为实现生产者与消费者之间的同步,可定义 empty 和 full 两个条件变量 condition empty, full;当缓冲池中无空缓冲区时,执行 empty.wait()阻塞生产者线程,并调度一个正在等待管程的线程使用管程。消费者取走产品后,执行 empty.signal()唤醒一个阻塞的生产者线程。如果条件变量 empty 下没有阻塞的线程,则 empty.signal()将不起任何作用,这与对信号量执行 signal()操作的结果不同,因为对信号量执行 signal()操作会影响信号量的状态。

如果线程 P 调用 x.signal()唤醒了与 x 相关联的线程 Q,此时线程 P 与 Q 可能都会在管程内执行,这违反了管程必须互斥的要求。为避免管程中同时有两个活跃的线程,需要定义相应的规则以解决上述问题。有以下三种方式可以选择。

(1) Signal and Wait:Hoare 建议让新唤醒的线程 Q 运行,P 等待。直到 Q 离开管程或者等待另一个条件时再执行 P。

(2) Signal and Continue:Brinch Hansen 建议 P 必须立即退出管程,执行 Q。如果采纳 Brinch Hansen 的建议,语句 x.signal()只能作为一个管程过程的最后一条语句出现。

(3) Signal and Leave:继续执行 P,Q 等待,当 P 退出管程或等待另一个条件时,才允许 Q 开始执行。

上述三种选择,都有合理的解释。并行 Pascal 语言中采用了 Brinch Hansen 的建议,如果在一个条件变量上有若干线程正在等待,则对该条件变量执行 signal()操作后,系统调度程序只能在其中选择一个使其恢复执行,这种方法概念上更为简单,也更易于实现。

如果上述方式(1)和(3),P 和 Q 总有一个等待执行,那么等待执行的线程应该放到哪里呢?退出管程显然是不符合逻辑的,因为线程已经执行了管程内的部分代码。为此,在管程内设置一个队列,专门存放这些等待执行的线程并不是阻塞,而是处于就绪状态,如图 8.18 中所示的管程内就绪队列。一旦当前执行的线程退出管程,系统首先会从管程内就绪队列中选择线程执行,然后才会考虑管程外等待的线程。

8.7.2 生产者-消费者问题的管程解决方案

基于上述讨论,利用管程解决生产者-消费者问题,首先要建立一个管程,在管程内定义缓冲池对应的数据结构,声明并初始化生产者与消费者访问缓冲区的一些局部变量,定义生产者与消费者同步所使用的条件变量,编写生产者将产品放入缓冲池和消费者从缓冲池中取走产品的两个过程。使用类 C 语言语法描述的管程如下。

```
monitor PC                                    //管程 Producer-Consumer,简称 PC
{
    item buffer[N];                           //缓冲池中有 N 个缓冲区
    int in, out, count;                       //缓冲区下标与产品计数
    condition empty, full;                    //条件变量

    void put(item nextp)                      //存放产品 nextp 到 buffer[in]中
    {
        if(count >= N)
            empty.wait;                       //缓冲池满,等待空缓冲区
        buffer[in] = nextp;
        in = (in+1)%N;
        count++;
        full.signal;                          //有消费者等待,则唤醒之;否则无效果
    }

    item get()                                //取 buffer[out]中的产品到 nextc 中
    {
        if(count <= 0)
            full.wait;                        //缓冲池空,等待满缓冲区
        iterm nextc = buffer[out];
        out = (out+1)%n;
        count- -;
        empty.signal;                         //若有生产者等待,则唤醒之;否则无效果
        return nextc;
    }

    initialization_code()                     //初始化管程局部变量
    {
        in=0;
        out=0;
        count=0;
    }
}
```

基于上述定义的管程结构解决生产者-消费者问题的线程结构如图 8.19 所示。

```
Producer: //生产者                    Consumer:     //消费者
    do {                                  do {
        …                                     …
        生产出一件产品 nextp;                  nextc = PC.get(); //取产品
        PC.put(nextp); //放产品                消费产品 nextc;
        …                                     …
    } while (true);                       } while (1);

       (a) 生产者                              (b) 消费者
```
图 8.19 基于管程实现的生产者-消费者问题的线程结构

8.7.3 哲学家就餐问题的管程解决方案

哲学家进餐问题中,一个无死锁的解决方案是,当一个哲学家思考过程中感到饥饿时,只有在两支筷子均可用时,才可拿起筷子。即一个哲学家能拿起两支筷子的前提是自己感到饥饿,并且相邻的左右两个哲学家均不在进餐。为此,需要区分哲学家目前所处的三种状态:思考、饥饿和进餐。引入如下数据结构表示每位哲学家的这三种状态。

```
enum {THINKING, HUNGRY, EATING} state[5];
```

哲学家 i 能拿起两支筷子吃饭的条件可表示成:

```
if ((state[i]) = HUNGRY) && (state[i+4]%5) != EATING) && (state[i+1]%5) != EATING)) state[i]= EATING;
```

当一个哲学家感到饥饿,但又不能拿起所需的筷子时,需要阻塞自己,等待有两支筷子可用。为此声明条件变量 condition self[5]以实现这一过程。

还需定义两个过程 pickup()和 putdown(),当一个哲学家需要进餐时,调用过程 pickup()尝试拿起两支筷子,如果能够拿起就进餐,否则等待。当哲学家进餐完毕,调用过程 putdown()放下手中的筷子,并开始思考。如果有等待进餐的哲学家,过程 putdown()需要唤醒它们。

基于上述讨论,定义哲学家进餐问题的管程程序结构如下。

```
monitor DP
{
    enum {THINKING, HUNGRY, EATING } state[5];
    condition self[5];

    void pickup(int i) {                    //哲学家 i 试图拿起两支筷子
        state[i]= HUNGRY;
        test(i);                            //测试左右两支筷子是否可用
        if (state[i] != EATING )
            self[i].wait();                 //如果左右两个哲学家中至少一个在进餐,等待
    }
```

```
    void putdown(int i) {              //哲学家 i 放下手中的筷子
        state[i]= HUNGRY;
        test((i+4)%5);                 //测试左边哲学家是否等待进餐,如果是,唤醒他
        test((i+1)%5);                 //测试右边哲学家是否等待进餐,如果是,唤醒他
    }
    void test(i) {
        if ((state[i]) = HUNGRY) && (state[i+4]%5) != EATING) &&
           (state[i+1]%5) != EATING)) {
            state[i]= EATING;
            self[i].signal();          //如果有等待哲学家,唤醒他;否则,无效果
        }
    }

    initialization_code() {            //初始化管程局部变量
    for ( int i=0;i<5;i++ )
        state[i] = THINKING;
    }
}
```

基于上述定义的管程结构解决哲学家进餐问题的线程结构如下。

```
Philosopher i:                         //第 i 个哲学家
do {
    DP.pickup(i);
    ...
    吃饭;
    ...
    DP.putdown(i);
    ...
    思考;
    ...
} while(true);
```

◆ 小　　结

在计算机系统中,在一段时间内只允许一个线程访问的资源称为临界资源,即临界资源必须要被多个线程互斥地访问。大多数的硬件设备基本上都是临界资源,数据库中的表、记录以及一些共享的变量也属于临界资源。临界区是线程中访问临界资源的那段代码,只要能够实现线程对临界区的互斥,也就能够解决对应临界资源的互斥问题。

Dekker 和 Peterson 采用软件的方法解决两个线程对临界资源的互斥,更为简单有效的方法是基于能够原子执行的硬件指令,这些方法都是基于锁机制的思想,它们的主要缺点是都需要忙等待,不仅降低了系统的效率,在单处理器环境中可能导致优先级翻转问题,违反有限等待的原则。信号量克服了忙等待问题。

信号量能够解决临界区互斥和各种同步问题,而且可以高效地加以实现。现代的操作系统几乎都提供了信号量机制,供程序员编程使用。

生产者-消费者问题(或有界缓冲区问题)、读者/写者问题以及哲学家进餐问题是三个非常重要、经典的同步问题,是计算机系统中众多实际问题的抽象,可用于测试几乎所有新提出的同步方案。

使用信号量编程解决同步问题,如果稍有不慎,可能会导致出现死锁、饥饿等难以调试的问题,为此,人们提出了一些像管程这样的结构来处理同步过程中出现的时序出错问题。

管程为共享抽象数据类型提供了同步机制。由于有了编译器的支持,使用管程可以很容易地实现临界区的互斥,并可以极大地降低出现错误的可能性。管程提供的条件变量,为解决线程阻塞与唤醒等较为复杂的同步问题带来了方便。

◆ 练 习

1. 竞争状态的含义是什么?如何避免竞争状态?
2. 术语忙等待的含义是什么?在众多的临界区问题解决方案中,忙等待是否能够完全避免?为什么?
3. 为什么自旋锁不适用于单处理器系统而适用于多处理器系统?
4. 在抢占式线程调度条件下,图 8-4 中互斥问题的 Peterson 解法可行吗?如果是非抢占式线程调度呢?
5. 举例说明为什么通过禁止中断实现同步原语不适合于多处理器系统?
6. 用 swap() 指令实现互斥,满足有限等待要求。
7. 举例说明如果信号量的 wait() 与 signal() 操作不是原子操作,可能会违反互斥的要求。
8. 现有两个并发执行的线程 t1 与 t2,问:
(1) 它们能正确执行吗?为什么?
(2) 如果不能执行,其中的临界资源与临界区各为什么?

```
int x;
Thread  t1 {
    int y,z;
    x=1;
    y=0;
    if x>=1 then y++;
    z=y;
}
Thread  t2 {
    int t,u;
    x=0;
    t=0;
    if x<1 then t=t+2;
    u=t;
}
```

9. 一个可以屏蔽中断的操作系统如何实现信号量?
10. 一个快餐店有 4 类雇员:①领班,接收顾客点的菜单;②厨师,准备饭菜;(3)打包工,将饭菜装在袋子里;④收银员,将食品袋交给顾客并收钱。请用信号量机制实现这 4 类雇员之间的同步。

11. 三个线程 P1、P2、P3 中分别执行了下述语句。

```
s1: x=a+b;
s2: y=c+d;
s3: z=x+y;
```

如何利用信号量协调它们的执行?

12. 三个线程共享一个开始为空的缓冲区,缓冲区中每次只能存放一个数。计算线程 A 将计算结果送入缓冲区,加工线程 B 从缓冲区中取出数据加工,然后将加工结果再送回缓冲区。在 B 将加工结果送回缓冲区之前,不允许计算线程 A 送入新的数据。输出线程 C 将线程 B 加工后的数据取出打印。利用信号量解决这些线程之间的同步。

13. 三个线程共享一个开始为空的缓冲区,缓冲区中每次只能存放一个数。线程 A 负责给缓冲区提供数据。如果 A 送入的是偶数,则线程 B 将其取出;如果 A 送入的是奇数,则线程 C 将其取出。利用信号量解决这些线程之间的同步。

14. 桌子上有一只盘子,每次只能放入一个水果。爸爸向盘中放苹果,妈妈向盘中放橘子,女儿取盘中的苹果,儿子取盘中的橘子。利用信号量描述家庭成员的活动。

15. 数量相等的黑子与白子混在一起,利用两个线程分开。一个线程拣白子,另一个线程拣黑子。要求:

(1) 两个线程不能同时拣子。

(2) 一个线程拣了一个子,必须让另一个线程拣子;即两个线程应交替拣子。

(3) 假定先拣黑子。

利用信号量解决线程之间的同步。

16. 某博物馆最多可容纳 500 人同时参观,有一个出入口,一次仅允许一个人通过。参观者的活动描述如下。

```
参观者线程 i:
{
    进门;
    参观;
    出门;
}
```

请添加必要的信号量和 P、V 操作,以实现上述操作过程中的互斥与同步。

17. 在第二读者/写者问题中,写者优先,即一旦有写者就绪,写者之后到来的读者都必须等待,而无论目前是否已有读者正在访问对象。请利用信号量实现第二读者/写者问题。

18. 有一座桥的桥面较窄,每次只能允许一个方向的车通行。当一个方向的车全部通过后,才允许另一个方向的车通行。利用信号量协调两个方向的车过桥。

19. 在哲学家进餐问题中,下述两种方案都不会导致死锁产生。利用信号量分别实现它们。

(1) 限定最多允许 4 个哲学家同时进餐。

(2) 使用非对称解决方法,即规定奇数哲学家先拿左边的筷子,再拿右边的筷子,而偶数哲学家先拿右边的筷子,再拿左边的筷子。或规定前 4 个哲学家先拿左边的筷子,再拿右边的筷子,而最后一个哲学家先拿右边的筷子,再拿左边的筷子。

20. 某银行提供 1 个访问窗口和 10 个顾客等待座位。顾客到达银行时,若有空座位,则到取号机领取一个号,坐在座位上等待叫号。取号机每次仅允许一个顾客使用。当营业员空闲时,通过叫号选取一位顾客,并为其服务。顾客和营业员的活动过程描述如下。

```
process 顾客 i                      process 营业员
{                                  {
    从取号机获取一个号码;               while(true)
    等待叫号;                         {
    获得服务;                             叫号;
}                                       为顾客服务;
                                   }
                                  }
```

请添加必要的信号量和 P、V(signal()、wait())操作实现上述过程的互斥和同步。

21. 服务器可设计成限制打开的连接数。例如,某个服务器可能需要在某个时刻执行打开 N 个 Socket 连接,一旦有 N 个连接,那么服务器就不再接收新的连接请求,直到有现有的连接释放为止。利用信号量限制服务器并发连接的数量。

22. 理发店问题:也称为睡眠理发师问题。某理发店由一个接待室和一个理发室组成。理发室中有一把理发椅,接待室中有 N 把椅子。若没有顾客等待理发,则理发师睡眠。当有顾客到达理发店时,若发现所有的椅子都有人,则顾客将会离去;若发现理发师忙而接待室中有空座位,则顾客会坐在一个空闲的椅子上。若发现理发师在睡眠,则将理发师叫醒。编写一个程序协调理发师和顾客之间的活动。

23. 为防止某病毒携带者向社会传播,某飞机场对每个到来航班中的乘客都要进行身体检查。机场设置了一个容纳 50 人的休息室供乘客休息并等候医生检查,开始的时候休息室是空的。当乘客下飞机提取自己的行李后,若休息室中有空座位,则进入休息室等候检查,否则暂时离开。医生每次呼叫一个在休息室中等待的乘客进入检查室对其进行检查,无乘客时医生休息。试用信号量及 wait()、signal()操作描述乘客及医生的活动。

24. 吸烟者问题 1:有三个抽烟者坐在桌子边,每个抽烟者不断地卷烟并抽烟。抽烟者卷起并抽掉一支烟需要有三种材料:烟草(T)、纸(P)和火柴(M)。三个吸烟者中,每个吸烟者有两种材料,各自缺少烟草、纸和火柴。假设吸烟者 A 缺烟草(T),吸烟者 B 缺纸(P),吸烟者 C 缺火柴(M)。有一个供应者,无限地供应所有三种材料,但每次仅提供三种材料中的一种。

供应者将提供的一种材料放到桌子上,得到缺失一种材料的抽烟者在卷起并抽掉一支烟后会发信号通知供应者,让它继续提供一种材料。在材料被相应的吸烟者取走之前,不允许供应者供应新的材料。这一过程重复进行。利用信号量协调吸烟者和供应者之间的活动。

25. 吸烟者问题 2:有三个抽烟者,每个抽烟者不断地卷烟并抽烟。抽烟者卷起并抽掉一支烟需要有三种材料:烟草、纸和火柴。三个吸烟者中,一个抽烟者有烟草,一个有纸,另一个有火柴。有一个供应者,无限地供应三种材料,但每次仅提供三种材料中的两种。得到缺失的两种材料的抽烟者在卷起并抽掉一支烟后会发信号通知供应者,让它继续提供三种材料中的两种。在两种材料被相应的吸烟者取走之前,不允许供应者供应新的材料。这一过程重复进行。利用信号量给出一种无死锁的解决方案。

26. 设有三个线程 A、B、C,两个分别有 M 个和 N 个缓冲区的缓冲池 buf1 和 buf2。线程 A 不断地将产品存放到 buf1 中的缓冲区中,线程 B 不断地从 buf1 中取出产品,加工后再存放到 buf2 中的缓冲区中,供线程 C 消费。用信号量协调这些线程之间的活动。

27. 某媒体播放器由一组循环使用的缓冲区及两个并发的下载线程与播放线程组成,其中,8 个缓冲区构成一个循环链表,用于缓存要播放的媒体流;下载线程负责从服务器端下载欲播放的媒体流,并依次放入缓冲区中;播放线程依次从缓冲区中取出媒体流播放。利用信号量协调线程之间的活动。

28. 有一个阅览室,共有 100 个座位。读者进入时必须先在一张登记表上登记,该表为每一个座位列一个目录,包括座位号与读者姓名。读者离开时要销掉登记内容。利用信号量描述读者之间的同步。

29. 生产者-消费者问题中,利用信号量给出一种没有缓冲区数量限制的同步问题的解决方案。

30. 有一个仓库,可以存放 A 与 B 两种产品,仓库的存储空间足够大,但要求:
(1) 每次只能存入一种产品(A 或 B)。
(2) $-N <$ A 产品数量 $-$ B 产品数量 $< M$;其中,M 和 N 是正整数。
试用信号量描述产品 A 与产品 B 的入库过程。

31. 有一个仓库存放两种零件 A 和 B,最大库容各为 m 个。有一个车间不断地取 A 和 B 进行装配,每次各取一个。为避免零件锈蚀,遵循先入库者先出库的原则。有两组供应商分别不断地供应 A 和 B(每次一个)。为保证配套和合理库存,当某种零件的数量比另一种的数量超过 $n(n<m)$ 个时,暂停对数量大的零件的进货,集中补充数量少的零件。试用信号量协调供应商之间的活动。

32. 两个线程 P1 与 P2 共享变量 x,其中,P1 对 x 加 1,P2 对 x 减 1。编写一个管程,线程 P1 与 P2 通过调用管程中相应的过程或函数,完成各线程的功能,并避免竞争状态。

第 9 章 死 锁

现代操作系统采用多道程序设计技术,提高了系统资源的利用率和系统的吞吐量,但由于系统中的并发进程相互竞争有限数量的资源,也带来了一些新的问题。例如,当进程竞争 I/O 设备这类独占性硬件资源时,如果进程 P1 与 P2 分别占用了设备 A 与 B,此时如果进程 P1 与 P2 再分别申请设备 B 与 A,会造成两个进程互相等待,均无法完成相应的操作。

进程在访问数据库记录等软件资源时,也可能会出现上述现象。例如,在一个数据库系统中,进程 P1 对记录 R1 加了锁,进程 P2 对记录 R2 加了锁,其后两个进程试图访问对方加了锁的记录,也会导致进程之间互相等待而无法向前推进。

以上这些现象不仅阻碍了进程的执行,而且大大降低了系统资源的利用率。随着软件设计技术的发展,软件规模的增大,进程的数量和系统资源会越来越多,死锁问题会越来越普遍。本章将讨论一些预防、避免、检测与处理死锁的方法。但由于这些方法给出的限制条件比较苛刻,在实际应用时有些方法代价比较高,有些方法难以实现,目前也只是对这些方法进行理论上的探讨。因此,目前流行的操作系统一般不提供预防、避免或处理死锁的措施,这就要求程序员设计开发的软件系统需要保证不会产生死锁。

◆ 9.1 进程与资源的关系

大部分死锁与进程对资源的访问有关。例如,在进程对设备、文件等取得排他性访问权时,可能会出现死锁。一般地,我们把进程执行时所使用或访问的对象称为**资源**。资源可能是物理资源(如打印机、磁带机、内存空间和 CPU 周期等),也可能是逻辑资源(如信号量、互斥锁和文件等)。有的资源可能有若干相同的实例(如多台打印机)。当某一资源有若干实例时,其中的任何一个实例都可以用来满足进程对该类资源的请求。简而言之,资源就是随着时间的推移,进程能够获取、使用及释放的任何对象。

9.1.1 可抢占资源和不可抢占资源

根据资源的固有属性,可将系统中的资源分为两类:可抢占资源和不可抢占资源。**可抢占资源**是指某进程获得这类资源后,系统或其他进程可以抢占该资源而不会产生任何副作用。例如,存储器、CPU 属于可抢占的资源,优先权高的进程可以抢占优先权较低进程的CPU，存储器管理程序可以将一个进程从一个存储区移动到另一个存储区，或从内存调到外存的对换区中。相反，**不可抢占资源**指的是当这类资源分配给某进程后，系统或其他进程不能强行收回或抢占该资源，否则会导致数据一致性错误或其他不可预知的错误，甚至会造成系统崩溃。例如，打印机、磁带机等硬件设备，或者是系统内部使用的表项、数据库中一条锁定的记录等都属于不可抢占资源。

某个资源是否可被抢占取决于系统的上下文环境。现在的通用操作系统都支持虚拟存储器，内存中的页面总是可以根据需要置换到外存中并置换回来，此时内存是可抢占的。但在不支持虚拟存储器的嵌入式系统中，内存是不可以被抢占的。

死锁与不可抢占资源有关，可抢占资源一般不会产生死锁。由可抢占资源引起的潜在的死锁可以通过在进程之间重新分配资源而化解。因此本章将重点讨论非抢占性资源与死锁之间的关系。

9.1.2 资源的使用过程

在正常模式下，进程需按以下过程使用资源。

(1) 申请资源。进程在使用资源之前需向系统提出资源请求。若请求时资源不可用（例如，进程申请的资源正在被其他进程使用），则申请进程被迫等待。在一些操作系统中，资源请求失败时进程会被阻塞，在资源可用时再将其唤醒，在有的系统中，资源请求失败会返回一个错误代码，请求的进程会等待一段时间后重试。这里假定如果进程请求资源失败，进入等待状态。如果目前资源可用，系统将资源分配给进程。

(2) 使用资源。进程使用已获得的资源完成相应的操作。例如，如果资源是打印机，则进程可以执行与打印相关的操作。

(3) 释放资源。进程使用完资源后释放资源，系统回收资源。

资源的请求与释放一般通过系统调用来完成。不失一般性，下面以文件的系统调用为例说明这一过程（有的操作系统只知道资源是一些特殊的文件）。

(1) 进程通过系统调用 open() 申请资源。

(2) 系统为系统调用 open() 返回文件描述符，相当于为进程分配了资源。

(3) 进程可以通过 read()/write() 等系统调用使用资源。

(4) 进程通过系统调用 close() 释放资源，系统将资源收回。

9.1.3 资源分配图

进程与资源之间的使用关系可以通过资源分配图（System Resource-Allocation Graph, RAG）清晰地表达。

资源分配图 $RAG=\{P,R,E\}$ 是一个有向图，该图包括一个节点集合 V 和一个边集合 E。节点集合 V 包括两种类型的节点 P 和 R，其中，$P=\{P_1,P_2,\cdots,P_n\}$ 表示系统中所有活动进程的集合，$R=\{R_1,R_2,\cdots,R_m\}$ 表示系统中所有资源类型的集合。边集合 E 中，进程节点到资源节点的有向边 $P_i \rightarrow R_j$ 称为请求边，表示进程 P_i 正在申请资源类型 R_j 的一个实例，资源节点到进程节点的有向边 $R_j \rightarrow P_i$ 称为分配边，表示资源 R_j 的一个实例已经分配给进程 P_i。

例如,在如图 9.1 所示的资源分配图中:
(1) 集合。
$P = \{P_1, P_2, P_3\}$
$R = \{R_1, R_2, R_3, R_4\}$
$E = \{P_1 \to R_1, P_2 \to R_3, R_1 \to P_2, R_2 \to P_2, R_2 \to P_1, R_3 \to P_3\}$
(2) 资源实例。

资源类型 R_1 有 1 个实例。

资源类型 R_2 有 2 个实例。

资源类型 R_3 有 1 个实例。

资源类型 R_4 有 3 个实例。

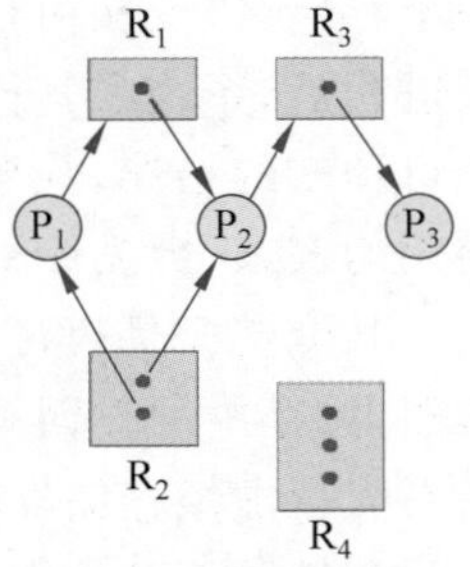

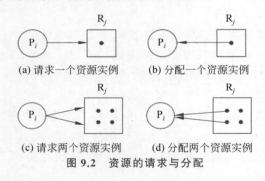

图 9.1 资源分配图

(3) 进程状态。

进程 P_1 占有资源类型 R_2 的 1 个实例,请求资源类型 R_1 的 1 个实例。

进程 P_2 分别占有资源类型 R_1 与 R_2 的 1 个实例,请求资源类型 R_3 的 1 个实例。

进程 P_3 占有资源类型 R_3 的 1 个实例。

在资源分配图中,用圆表示进程 P_i,用矩形表示资源类型 R_j。由于一种资源类型可能有多个实例(例如打印机有 3 台),用矩形内的一个点表示该类资源的一个实例,矩形内的点数就表示该类资源的实例数量。根据设备的无关性或设备的独立性,操作进程 P_i 请求资源类型 R_j 时,如果 R_j 中有可用的实例,系统会将 R_j 中一个具体的实例分配给进程 P_i,以满足进程 P_i 的请求。因此,在资源分配图中,申请边只指向矩形,而不是指向矩形内的某个点,而分配边应关联矩形内的某个确定的点,如图 9.2 所示。

(a) 请求一个资源实例　　(b) 分配一个资源实例

(c) 请求两个资源实例　　(d) 分配两个资源实例

图 9.2 资源的请求与分配

当进程 P_i 申请资源类型 R_j 的一个实例时,就在资源分配图中加入一条请求边。当该申请得到满足时,就将申请边转换成分配边。当进程不再访问资源时,就删除分配边,表示释放了该资源。

9.2 死锁的概念

当一个进程申请某资源时,若目前系统中该资源不可用,进程就会因等待该资源而进入阻塞状态。如果某资源已经被一个进程 P 占用,那么申请使用该资源的进程 Q 就会阻塞,如果有进程 R 申请 Q 占用的资源,那么进程 R 也将阻塞,以此类推,这样就可能会形成进程的等待链,例如,Q 等待 P,R 等待 Q。如果这个链形成环路,环路中的进程都在申请环路中进程所占用的资源,那么这种等待将永远持续下去,这种现象称为**死锁**,称等待链中的所有进程处于死锁状态。

关于死锁的概念需要做如下说明。①死锁本质上针对线程,即使是同一个进程中的两个线程,也是可能死锁的。在上述死锁的定义中使用的是进程而不是线程,主要是目前的习惯说法,或者说在这里假定进程是单线程的。②线程的阻塞有两种情况:一种是执行输入/输出操作,另一种是申请资源。前一种情况下线程会被输入/输出完成事件唤醒,不可能发生死锁;只有当死锁定义中环形等待链中的所有线程都是因为申请资源得不到而阻塞时,才有可能发生死锁。

9.2.1 死锁产生的原因

死锁产生的原因可归结为如下两点。

(1) 竞争资源。考虑一种极端的情况,如果系统中有足够的资源能够满足每个进程的所有资源请求,这些进程都可以顺利执行结束,系统就不会有死锁进程。

因此,当系统中进程共享的资源,如打印机、表格、数据库记录、公共队列(如消息队列)等,其数目不足以满足诸进程的需求时,进程之间需要竞争使用这些资源,可能会产生死锁。

(2) 进程间的推进顺序不当。进程在运行过程中,需要多种(个)资源,而请求和释放资源的顺序不当,可能会导致进程之间互相等待对方所占用的资源,从而产生死锁。

前面已经提到,当进程之间竞争如存储器、CPU 这类可抢占的资源时,一般不会产生死锁,而当竞争如打印机、表格和公共队列等这种不可抢占性的资源时,如果进程没有按照一定的要求请求和释放这些资源,死锁就有可能产生。

例如,系统中有一台打印机 R_1 和一台磁带机 R_2 供进程 P_1 和 P_2 共享,它们都属于非抢占性的独占设备。进程 P_1 与进程 P_2 各自按如下顺序申请、使用与释放资源 R_1 与 R_2。

进程 P_1	进程 P_2
Request(R_1)	Request(R_2)
Request(R_2)	Request(R_1)
Release(R_1)	Release(R_2)
Release(R_2)	Release(R_1)

假设进程 P_1 与 P_2 并发执行时,按以下顺序推进。

P_1: Request(R_1), Request(R_2)
P_2: Request(R_2), Request(R_1)
P_1: Release(R_1), Release(R_2)
P_2: Release(R_2), Release(R_1)

两个进程便可顺利完成,不会产生死锁。图 9.3 中的曲线①示出了这一情况。

同样,如果进程 P_1 与 P_2 按照图 9.3 中曲线②和③所示的顺序推进,两个进程也可以顺利完成。

但当 P_1 与 P_2 按如下顺序推进:

P_1: Request(R_1)
P_2: Request(R_2)
P_2: Request(R_1)

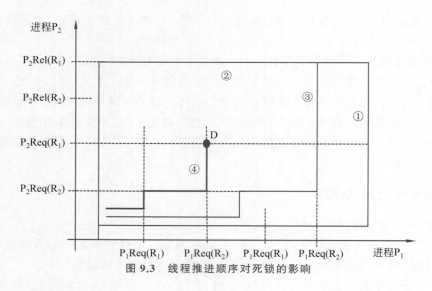

图 9.3 线程推进顺序对死锁的影响

P_1：Request(R_2)

当 P_1 申请并占用了打印机 R_1，P_2 申请并占用了磁带机 R_2 后，若进程 P_1 继续请求磁带机 R_2，P_1 将阻塞，若进程 P_2 继续请求打印机 R_1，P_2 也将阻塞；于是两个进程都在等待对方释放自己所需要的资源，但它们又都因不能获得资源而无法继续推进，也就不能释放自己所占用的资源，从而进入死锁状态。该情况如图 9.3 中曲线④所示，D 点即为死锁点。

需要注意的是，死锁与饥饿是两个不同的概念。饥饿是由于某种原因，使一些进程长时间（或永久）得不到运行所需的资源或服务而无法正常运行。例如，一些就绪进程由于其优先级比较低等原因，可能长时间（或永远）不被调度程序选中，致使这些进程无法取得 CPU 的执行权。或有些进程由于某种原因无法获取其所请求的资源，长期或永远不被唤醒，进入无限期阻塞。这些进程的执行被无限期推后，致使这些进程处于饥饿状态。显然，这些进程之间不是互相等待，没有进入死锁状态。

9.2.2 死锁的必要条件

进程在运行过程中必须具备一定的条件才可能发生死锁。Coffman 等(1971)总结了产生（资源）死锁的 4 个必要条件，即系统中如有死锁进程，下述 4 个条件必然同时成立。

(1) 互斥条件：进程所分配到的资源至少有一个具备排他性使用的特征，即一次只允许一个进程使用。如果其他进程申请该资源，那么申请进程需等待到该资源释放为止。即资源要么已经分配给了一个进程，要么就是可用的。

(2) 占有并等待条件：进程已经至少占用了一个资源，并请求另外的资源，而该资源已被其他进程所占用，此时请求进程进入阻塞状态，但又不释放自己已经占用的资源。

(3) 不可抢占条件：已经分配给一个进程的资源不能被抢占或剥夺，只能在占有该资源的进程使用完后主动地释放。

(4) 循环等待条件：死锁发生时，系统中必然存在由两个或两个以上的进程构成的一条环路，该环路中的每个进程都在等待下一个进程所占用的资源。假设有一组等待进程 $\{P_0, P_1, \cdots, P_n\}$，$P_0$ 等待的资源被 P_1 所占有，P_1 等待的资源被 P_2 所占有，以此类推，P_{n-1} 等

待的资源被 P_n 所占有,而 P_n 等待的资源被 P_0 所占有。

死锁发生时,以上 4 个条件一定会同时成立。如果其中任何一个条件不满足,死锁就不会发生。后面将要介绍的预防死锁就是基于这一观点。

9.2.3 基于资源分配图的死锁建模

基于有向图建立上述死锁的模型(Holt,1972),可以更加清晰、直观和精确地描述死锁问题。

根据资源分配图的定义可以证明:如果资源分配图中没有环,系统就没有进程死锁。如果资源分配图中有环存在,可能存在死锁进程。

如果每个资源类型都只有一个实例,那么图中有环意味着已经出现死锁。如果环上的每个资源类型只有一个实例,即使不在环上的资源类型有多个实例,也意味着发生了死锁,环上的进程就是死锁进程。在这两种情况下,图中有环就是死锁存在的充分且必要条件。

如果资源分配图中有环存在,但环上有的资源类型有多个实例,死锁不一定发生,因此图中的环就是死锁存在的必要不充分条件。

例如,在如图 9.1 所示的资源分配图中,假设进程 P_3 又申请了资源 R_2 的一个实例,在图中增加请求边 $P_3 \rightarrow R_2$,由于此时 R_2 没有实例可用,该请求边无法变成分配边,如图 9.4 所示(注意图 9.1 和图 9.4 的差别)。

这时系统中有两个环:

$P_1 \rightarrow R_1 \rightarrow P_2 \rightarrow R_3 \rightarrow P_3 \rightarrow R_2 \rightarrow P_1$

$P_2 \rightarrow R_3 \rightarrow P_3 \rightarrow R_2 \rightarrow P_2$

即进程 P_1 等待资源类型 R_1,而它又被 P_2 占用;进程 P_2 等待资源类型 R_3,而它又被 P_3 占用;进程 P_3 等待资源类型 R_2,而它又被 P_1 与 P_2 占用。这样,进程 P_1、P_2 和 P_3 直接或间接地占有对方所需要的资源,又等待对方所需要的资源,因此,进程 P_1、P_2 和 P_3 就成为死锁进程。

而对于如图 9.5 所示的资源分配图,虽然有环 $P_1 \rightarrow R_1 \rightarrow P_3 \rightarrow R_2 \rightarrow P_1$ 存在,但并没有发生死锁。因为进程 P_2 可释放资源类型 R_1 的实例,并将其分配给进程 P_1,或进程 P_4 可释放资源类型 R_2 的实例,并将其分配给进程 P_3,环就会被打破。

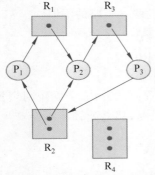

图 9.4 存在死锁的资源分配图

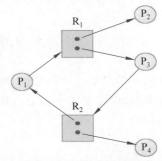

图 9.5 资源分配图有环但并无死锁线程

总之,如果资源分配图中没有环,那么系统就一定没有发生死锁。如果有环,系统中有可能会存在死锁进程。

9.3 死锁的处理方法

一般来说，处理死锁问题有以下 4 种方法。

1. 死锁预防

通过对进程申请资源的方法加以限制，破坏引起死锁的 4 个必要条件中的一个或几个条件，从而防止死锁的产生。该方法所施加的限制条件往往太苛刻，可能会降低系统资源的利用率和系统的吞吐量。

2. 死锁避免

该方法要求操作系统预先获知进程使用资源的相关情况，系统基于这些信息，在资源的动态申请与分配过程中，采取一定的措施，确保系统不会进入死锁状态。该方法可以获得较高的系统资源的利用率和系统的吞吐量，但实现起来存在一定的难度。

3. 死锁的检测与解除

系统对进程资源的使用情况不采取任何限制措施，允许系统进入死锁状态。然后通过系统设计的检测机构，检测出死锁的发生，并确定与死锁有关的进程和资源，然后采取适当措施解除死锁。

4. 鸵鸟策略

对于死锁问题，最简单的解决方法就是鸵鸟策略：把头埋在沙子里，假装根本没有问题发生。忽略死锁问题，是一种消极的方法，但被目前绝大多数操作系统所采用，包括 Windows 与 UNIX。主要原因是由于预防、避免以及检测与解除死锁的复杂性，系统开销也非常大。如果采用鸵鸟策略，一旦出现死锁现象，系统资源就被死锁进程占用，导致系统性能严重下降，甚至整个系统停止工作，这时需要系统管理员干预，撤销某些进程，甚至重新启动系统。虽然这看起来似乎不是一个解决死锁问题的完美方法，但是它却被大多数操作系统所采用。因为解决问题的代价是一个系统重要的考虑因素。对于许多系统，死锁很少发生，因此，与使用开销昂贵的死锁预防、死锁避免和死锁的检测与解除相比，鸵鸟策略具有较高的可行性。

本章后续将介绍前三种解决死锁问题的方法。前两种方法不会允许死锁出现，第三种方法允许死锁出现，但会有相应的对策来解决，这是它们与鸵鸟策略的不同。

9.4 死锁预防

系统如果能够采取某种(些)措施，例如，对进程请求资源的方法，或系统对资源的管理方法施加某些限制，以确保 4 个必要条件中至少一个不成立，那么死锁将不会产生，从而达到预防死锁的目的。

9.4.1 破坏互斥条件

显然，如果系统中的资源不需要互斥访问，那么肯定不会产生死锁。例如，对于一个只读文件，多个进程可以同时打开并访问它，在这种情况下，死锁就不会产生。但对于打印机、互斥锁这样的独占性资源，不仅不能破坏它们的互斥特性，而且应加以保证。例如，在哲学家就餐问题中，两个哲学家不能共用一支筷子，因此必须要保证筷子的互斥使用。

9.4.2 破坏占有并等待条件

同样，只要保证已持有资源的进程不再等待其他资源，即要求每个进程申请资源时，不能占有其他资源，便可以消除死锁。第一种方法是规定所有进程在开始执行前请求所需的全部资源。如果所需的全部资源可用，那么就将它们分配给这个进程，该进程肯定能够运行结束。如果有一个或多个资源正被使用，那么就不进行分配，进程等待。

第二种方法是进程在没有占用资源时可以申请一些资源并使用它们，但在进程申请更多其他的资源时，先暂时释放其当前占用的所有资源。

下述例子说明了这两种方法的不同。假设有一个进程，其功能是将数据从磁带机复制到磁盘文件中，并对磁盘文件进行排序，然后将排序结果输出到打印机。对于第一种情况，进程应该在其开始执行之前就申请磁带机、磁盘文件和打印机，如果这三台（个）设备目前都可用，就将它们分配给进程，否则进程等待。如果申请成功，尽管进程只在结束时才需要打印机，但在进程的整个执行过程中，会一直占用打印机（时间可能很长），降低了打印机的利用率。

对于第二种方法，进程开始时只申请磁带机和磁盘文件，并将数据从磁带机复制到磁盘文件中，数据复制结束后，释放磁带机与磁盘文件。然后，进程申请磁盘文件和打印机，打印完成后释放这两个资源并终止。

在哲学家就餐问题中，对于第一种方法，就是要求一个哲学家左右两支筷子都可用，他才能就餐，否则等待。第二种方法显然不适合于该问题。

第一种方法的优点是简单，易于实现且很安全，其缺点也比较明显。第一，资源利用率可能比较低，因为进程在执行前就需要申请其所需的全部资源并占有这些资源，而有些资源可能需要很长时间才被使用。第二，可能发生饥饿。一个进程如果需要多个常用的资源，可能需要永久等待，因为这些资源中的一个或多个已分配给其他进程。

还有一个直接的问题是很多进程在运行之前无法确定其所需要的资源。不过一些大型计算机批处理系统要求用户在所提交的作业中（第一行）列出它们需要的资源，系统可根据该说明为作业分配全部资源，直到作业完成时才回收资源。虽然这加重了编程人员的负担，也造成了资源的浪费，但这的确能防止死锁的发生。

9.4.3 破坏不可抢占条件

死锁的第三个必要条件是，不能抢占已分配的资源。为了确保这一条件不成立，可以规定，如果一个进程持有资源并等待其他资源时，它已分配的资源都可被抢占。系统将这些被抢占的资源添加到进程等待的资源列表上，只有当进程获取原有已被抢占的资源和所申请的资源时，才可以重新运行。

具体实现上，可以采用如下策略：当一个进程处于等待时，如果其他进程申请等待进程所拥有的资源，该等待进程的部分资源可以被抢占。即如果一个进程申请一些资源时，系统首先检查它们是否可用，如果可用，就分配给申请进程。如果不可用，就检查目前占有这些资源的进程是否处于阻塞状态，如果是，就从阻塞的进程中抢占这些资源，并分配给申请进程。如果资源不可用,且占有这些资源的进程没有处于等待状态,那么申请进程应该阻塞等待。

还有一种实现方法,就是当一个已经持有某些资源的进程,在提出新的资源请求而不能立即得到满足时,必须暂时释放它目前占有的所有资源,待以后需要时再重新申请。对于这种实现方法,看起来是进程"主动"释放其所占有的资源,也可认为进程的资源被抢占。例如,哲学家就餐问题中,如果某个哲学家拿起一支筷子,如果另一支筷子不可用,则放下已经拿起的筷子。

这种预防死锁的方法实现起来比较复杂且要付出很高的代价。因为一个资源在使用一段时间后,若被抢占而被迫释放,可能会造成前段工作的失效。当再次申请使用该资源时,可能使进程前后两次的运行信息不连续。例如,进程在运行过程中已使用打印机输出信息,中途因申请其他资源未果而进入阻塞状态,如果这时打印机被抢占而分配给其他进程使用,当进程再次恢复运行并再次获得打印机继续打印时,这前后两次打印输出的数据会不连续,即打印输出的信息中间有一段是其他进程的输出。此外,这种策略还可能因为反复地申请和释放资源,致使进程的执行被无限期滞后,发生饥饿现象,这不仅延长了进程的周转时间,也增加了系统开销,降低了系统吞吐量。

因此,这种方法通常适用于状态可以保存和恢复的资源,如 CPU 寄存器和内存,一般不适用于像互斥锁、信号量以及打印机这类需要互斥非共享使用的资源。

9.4.4　破坏环路等待条件

为破坏环路等待条件,可以对进程申请资源的顺序加以限制。首先,将系统中所有的资源类型进行线性排队,并统一编号。进程在任何时候均可提出资源请求,但规定:①所有请求必须按照资源编号递增的顺序提出,不允许进程请求比当前所占有设备编号低的资源,或者规定当进程申请某种资源类型时,如果其所占有的资源中有编号大于所请求资源的编号,应先予以释放;②如果进程需要同一资源的多个实例时,需要一起申请它们。

例如,如果将输入设备编号为 1,磁带机的编号为 2,磁盘为 3,打印机为 4,绘图仪为 5,则进程可以先请求打印机再请求绘图仪,但不可以先请求磁盘,再请求磁带机。

在哲学家问题中,将 5 个哲学家依次编号为 1~5,将第 1 号哲学家左边的筷子编号为 1,第 2 号哲学家左边的筷子编号为 2,以此类推。当哲学家就餐时,总是先拿起其左右两边的编号较小的筷子,即 1~4 号哲学家先拿起左边筷子,再拿起右边筷子,而 5 号哲学家先拿起右边筷子再拿起左边筷子。

按照上述规则申请使用资源,在资源分配图中不可能出现环路,也就破坏了"环路等待"条件。事实上,采用这种策略,在任何时候,总有一个进程占据了已经分配资源中编号最高的资源,该进程要么执行结束,要么继续申请编号更高的资源,而编号更高的资源肯定是空闲的,因而该进程会一直向前推进,最终,它会执行结束并释放所有的资源,同样,其他占有系统已分配资源中编号最高资源的进程也可以执行结束。简言之,系统总存在一种所有进程都可以执行结束的情景,因而不会产生死锁。

这种预防死锁的策略与前两种方法相比,其资源利用率和系统吞吐量似乎有较为明显的改善,但也存在下述比较严重的问题:

首先,为使该方法能够实用,要求系统中各类资源所分配的序号应相对稳定,这限制了新类型设备的增加。

其次，尽管在为资源类型分配编号时，已经考虑到大多数进程在实际使用这些资源时的顺序，但也几乎无法给出一种令人满意的资源编号方法。同时，按照资源编号的升序申请资源时，先申请到的资源可能被长时间闲置，造成资源浪费，降低了资源利用率和系统吞吐量。

再次，当资源包括进程表项、假脱机磁盘空间、加锁的数据库记录以及其他抽象资源时，系统中潜在的资源数目会很大，以至于资源的编号方法根本无法使用。

最后，如果要求应用程序员在编程时应根据该策略采用适当的顺序获取使用资源，必然会增加编程人员的负担，违反了用户简单、自主编程的原则。

有的操作系统也在尝试采用一些简单的预防措施来处理死锁问题。例如，BSD UNIX（如 FreeBSD）中的锁顺序验证器 witness，通过动态维护系统内的锁顺序，来验证进程是否按照规定的顺序获取临界区的互斥锁，如果进程没有按照顺序申请且可能出现死锁，witness 会给出适当警告，操作员可根据实际情况酌情处理。

◆ 9.5 死锁避免

采取一定的措施打破或摒弃死锁的 4 个必要条件，可以保证系统中不会出现死锁，但这些方法所带来的副作用也异常明显，如设备使用率低下、进程推进缓慢或饥饿、系统吞吐率低下等。

为解决上述问题，可允许在进程的推进过程中，随时根据需求动态申请与使用资源的一个或多个实例。这就要求系统能够对进程的每个资源请求的安全性进行评估，即如果系统满足该申请，不会导致系统出现死锁的可能，则系统满足进程本次的资源申请；否则，可能使系统存在死锁产生的风险，则系统就拒绝进程本次的资源申请，进程进入阻塞状态，当被唤醒后可再次提出该资源的请求。即要求系统只能在保证不会出现死锁的前提下为进程分配资源，从而避免死锁的发生。

为实现该方法，要求系统要事先获知进程对资源的使用情况。不同的算法所要求的信息量和信息类型有所不同。一种常用的模型是，根据每个进程对各种资源可能申请的最大需求信息，构造相应的死锁避免算法，使循环等待条件不会成立，以确保系统不会进入死锁状态。

9.5.1 安全状态与不安全状态

在 9.2.1 节中提到，进程的推进顺序是死锁产生的原因之一。直观上，如果进程 P_1 与 P_2 推进到如图 9.6 所示的"不安全区域"，此时 P_1 保持了资源 R_1，P_2 保持了资源 R_2。如果系统不采取相应的措施对进程的资源分配加以限制，这时两进程再向前推进，总会到达点 D，此时便发生了死锁。可以看出，除了图中所示的不安全区域外，其他区域都不会产生死锁，因此，其他区域都是安全的。我们的目的就是确保进程不会推进到图中的"不安全区域"，从而避免死锁的产生。

为便于算法实现，这里将图 9.6 中的矩形区域用状态来描述。这里所说的状态，即资源的分配状态，由系统中目前可用的资源、已分配给进程的资源以及进程对每种资源的最大需求来描述。

例如，考虑一个系统，有 12 台磁带机和 3 个进程 P_0、P_1 和 P_2。进程 P_0 最多需要 10 台磁带机，P_1 最多需要 4 台磁带机，P_2 最多需要 9 台磁带机。假设在 t_0 时刻，进程 P_0 占有

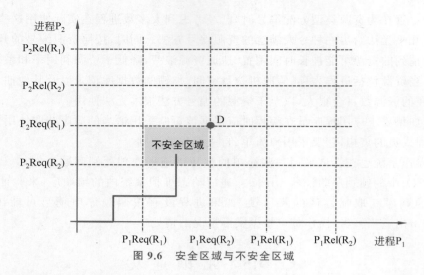

图 9.6　安全区域与不安全区域

(已分配)5 台磁带机,进程 P_1 占有 2 台磁带机,进程 P_2 占有 2 台磁带机,显然目前还有 3 台空闲磁带机可供分配。t_0 时刻的状态如表 9.1 所示。

表 9.1　安全状态

进　程	已　分　配	最大需求	当前可用
P_0	5	10	3
P_1	2	4	
P_2	2	9	

在 t_0 时刻,系统处于安全状态。因为目前尚有 3 台空闲磁带机可供分配,对于进程 P_1,最多可以再继续请求 2 台磁带机,进程 P_1 可得到其所需的磁带机,使用完毕后归还给系统,系统就会有 5 台磁带机。接着进程 P_0 可得到其所需的磁带机(最多可请求 5 台磁带机),使用完毕后归还给系统,系统就会有 10 台磁带机,最后进程 P_2 可得到其所需的磁带机(最多可请求 7 台磁带机)并归还给系统(系统就会有 12 台磁带机)。这里称进程序列 $<P_1,P_0,P_2>$ 是一个安全序列。对于一个安全的资源分配状态,可能会存在多个安全序列。

相反,如表 9.2 所示的 t_1 时刻状态是一个不安全状态。

表 9.2　不安全状态

进　程	已　分　配	最大需求	当前可用
P_0	5	10	2
P_1	2	4	
P_2	3	9	

因为此时系统有 2 台可供分配的空闲磁带机,可满足进程 P_1 的请求并使进程 P_1 能够将已分配的 2 台磁带机归还给系统,此时系统有 4 台磁带机可供分配。而进程 P_0 尚需 5 台磁带机,P_2 尚需 6 台磁带机,因此 P_0 与 P_2 均不能获取它们各自所需的磁带机,最终会导致进程 P_0

与 P_2 都进入阻塞状态,它们持有对方需要的资源,而又等待对方的资源,导致了死锁。

因此,如果系统能按照某个顺序为每个进程分配资源而不会导致死锁,那么系统状态就是安全的。更为准确地说,如果存在一个进程序列,系统按照该序列调度进程能够使每个进程都能继续推进,则称该状态是安全的,称该进程序列为安全序列。

值得注意的是,不安全状态可能会导致死锁的产生,但不安全状态不是死锁状态,例如,如表 9.2 所示的状态是不安全状态,但系统还能够继续运行一段时间,甚至进程 P_1 是可以完成的。相反,死锁状态是不安全状态。不是所有不安全状态都能导致死锁状态,只是从该状态出发,系统不能保证所有进程都能完成,存在死锁的可能。安全、不安全和死锁状态的关系如图 9.7 所示。

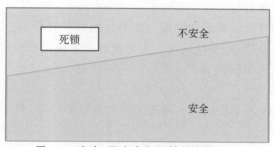

图 9.7 安全、不安全和死锁状态的关系

安全状态与不安全状态的区别在于,从安全状态出发,系统能够保证所有进程都能完成,而从不安全状态出发,就没有这样的保证。

9.5.2 银行家算法

Dijkstra 于 1965 年提出的银行家算法能够避免死锁的产生。该模型基于一个小城镇的银行家,他向一群客户分别承诺了一定的贷款额度。当某客户提出贷款请求后,银行家会根据所收集到的客户信息判断如果满足该客户的贷款请求,是否会出现还款风险等(状态不安全),如果是,就拒绝该客户的贷款请求;如果不是,就予以通过。

利用银行家算法避免死锁,首先要求进程说明其对每种类型资源实例的最大需求量,该数量不能超过系统资源的总和。当进程申请一组资源时,系统需要确定分配这些资源后,系统是否仍会处于安全状态。如果是,就为进程分配资源;否则,进程等待直到某个其他进程释放足够的资源为止。

1. 银行家算法中的数据结构

为实现银行家算法,需要一些数据结构记录资源的分配状态,即系统的状态。设 n 为系统中进程的个数,m 为资源类型的种类。该算法的数据结构如下。

- Available:长度为 m 的向量,表示每种资源现有空闲实例的个数。如果 Available$[j]=k$,那么资源类型 R_j 现有 k 个实例可用。
- Max:$n\times m$ 矩阵,说明每个进程对每种资源的最大需求,如果 Max$[i][j]=k$,那么进程 P_i 最多可申请 k 个资源类型 R_j 的实例。
- Allocation:$n\times m$ 矩阵,说明每个进程目前已分配的各种资源类型的实例数量。如果,Allocation$[i][j]=k$,那么系统已经为进程 P_i 分配了 k 个资源类型 R_j 的实例。

- Need：$n \times m$ 矩阵，表示每个进程完成其任务还需要（还可以申请）的资源数。如果 Need$[i][j] = k$，那么进程 P_i 还可能申请 k 个资源类型 R_j 的实例。显然有
$$\text{Need}[i][j] = \text{Max}[i][j] - \text{Allocation}[i][j]$$

这些数据结构的大小和值会随着进程申请或释放资源的过程而改变。

可以利用一些符号，以简化银行家算法的描述。设 X 与 Y 为长度为 n 的向量，则 $X \leqslant Y$ 当且仅当对所有的 $i = 1, 2, \cdots, n, X[i] \leqslant Y[i]$。例如，如果 $X = (0, 3, 2, 1), Y = (1, 7, 3, 2)$，则 $X < Y$。

可以将矩阵 Allocation 和 Need 的每行作为向量，并分别用 Allocation$_i$ 和 Need$_i$ 来表示。其中，向量 Allocation$_i$ 表示分配给进程 P_i 的资源数量，向量 Need$_i$ 表示进程 P_i 为完成其任务仍需要申请的资源数量。

银行家算法由安全性检查算法和资源分配算法组成。其中，安全性检查算法的功能是判定一个状态是否是安全状态，系统利用资源分配算法处理进程的资源请求，并基于安全性检查算法确定是否满足进程的请求。

2. 安全性检查算法

基于 Available、Max 与 Allocation 描述了一个系统的状态，判断该状态是否安全，分为如下几步。

（1）设 Work 表示长度为 m 的向量，并初始化 Work = Available；Finish 表示长度为 n 的向量，对于 $i = 1, 2, \cdots, n$，初始化 Finish$[i]$ = false。

（2）对于 $i = 1, 2, \cdots, n$，查找满足 Finish$[i]$ = false 和 Need$_i \leqslant$ Work 的 i，如果没有这样的 i 存在，转第（4）步，否则转第（3）步。

（3）Work = Work + Allocation$_i$，Finish$[i]$ = true，返回第（2）步。

（4）如果对所有的 $i = 1, 2, \cdots, n$，都有 Finish$[i]$ = true，则状态是安全的；否则，该状态不是安全状态。

显然，该算法的时间复杂度是 $O(mn^2)$。

3. 资源分配算法

设长度为 m 的向量 Request$_i$ 是进程 P_i 的请求向量，如果 Request$_i[j] = k$，表示进程 P_i 需要资源类型 R_j 的实例数量为 k。

当进程 P_i 提出资源请 Request$_i$ 时，系统按如下步骤对该请求进行处理。

（1）如果 Request$_i \leqslant$ Need$_i$，转第（2）步；否则，说明进程 P_i 的资源请求数量超出了其最大需求，引发错误条件。

（2）如果 Request$_i \leqslant$ Available，转第（3）步；否则，说明目前系统中可用的资源不能满足进程 P_i 的请求，P_i 必须等待。

（3）假分配或试探分配。系统假设可以分配给进程 P_i 所请求的资源，并按如下方式修改数据结构中的数值。

Available = Available − Request$_i$
Allocation$_i$ = Allocation$_i$ + Request$_i$
Need$_i$ = Need$_i$ − Request$_i$

（4）系统运行安全性检查算法，检测试探分配后所产生的状态是否安全，如果状态安全，则系统会满足进程 P_i 的资源请求，正式将资源分配给 P_i，以完成本次分配。如果状态

不安全,系统拒绝进程 P_i 的请求 $Request_i$,让进程 P_i 等待,并将本次试探分配作废,恢复到原来的资源分配状态。

4. 银行家算法例

考虑有这样一个系统,有 5 个进程 $\{P_0,P_1,P_2,P_3,P_4\}$,3 种资源类型 $\{A,B,C\}$。其中,资源类型 A 有 10 个实例,资源类型 B 有 5 个实例,资源类型 C 有 7 个实例。假设在时刻 T_0,系统状态如表 9.3 所示。

表 9.3 T_0 时刻资源分配状态

进程	Allocation A B C	Max A B C	Available A B C
P_0	0 1 0	7 5 3	3 3 2
P_1	2 0 0	3 2 2	
P_2	3 0 2	9 0 2	
P_3	2 1 1	2 2 2	
P_4	0 0 2	4 3 3	

为便于利用安全性检查算法判定该状态的安全性,增加 Need 矩阵的状态如表 9.4 所示,其中,Need = Max − Allocation。

表 9.4 T_0 时刻资源分配状态(增加 Need 矩阵)

进程	Allocation A B C	Max A B C	Need A B C	Available A B C
P_0	0 1 0	7 5 3	7 4 3	3 3 2
P_1	2 0 0	3 2 2	1 2 2	
P_2	3 0 2	9 0 2	6 0 0	
P_3	2 1 1	2 2 2	0 1 1	
P_4	0 0 2	4 3 3	4 3 1	

1) T_0 时刻的安全性

利用安全性检查算法对 T_0 时刻的资源分配情况进行分析可知,在该时刻至少存在一个安全序列 $<P_1,P_3,P_4,P_2,P_0>$,按该顺序调度进程,均可使每个进程对应的 $Finish[i]$ 都变为 true,如表 9.5 所示,故系统状态是安全的。

表 9.5 T_0 时刻的安全序列

进程	Allocation A B C	Need A B C	Work A B C	Work + Allocation A B C	Finish
P_1	2 0 0	1 2 2	3 3 2	5 3 2	true
P_3	2 1 1	0 1 1	5 3 2	7 4 3	true

续表

进程	Allocation A B C	Need A B C	Work A B C	Work + Allocation A B C	Finish
P_4	0 0 2	4 3 1	7 4 3	7 4 5	true
P_2	3 0 2	6 0 0	7 4 5	10 4 7	true
P_0	0 1 0	7 4 3	10 4 7	10 5 7	true

2) P_1 请求资源

假设此时 P_1 请求 1 个资源类型 A 和 2 个资源类型 C，即 P_1 发出请求向量 $Request_1=(1,0,2)$，系统按照银行家算法处理该请求：

① $(1,0,2) \leqslant (1,2,2)$ 成立，即 $Request_1 \leqslant Need_1$ 为真。

② $(1,0,2) \leqslant (3,3,2)$ 成立，即 $Request_1 \leqslant Available$ 为真。

③ 系统先假设可为 P_1 分配资源，并修改向量 Available、$Allocation_1$ 和 $Need_1$，由此形成的资源变化情况如表 9.6 所示。

表 9.6 P_1 申请资源时的资源分配表

进程	Allocation A B C	Max A B C	Need A B C	Available A B C
P_0	0 1 0	7 5 3	7 4 3	**2 3 0**
P_1	**3 0 2**	3 2 2	**0 2 0**	
P_2	3 0 2	9 0 2	6 0 0	
P_3	2 1 1	2 2 2	0 1 1	
P_4	0 0 2	4 3 3	4 3 1	

④ 利用安全性检查算法检查此时的资源分配状态是否安全，如表 9.7 所示。

表 9.7 P_1 申请资源时的安全性检查

进程	Allocation A B C	Need A B C	Work A B C	Work + Allocation A B C	Finish
P_1	**3 0 2**	**0 2 0**	2 3 0	5 3 2	true
P_3	2 1 1	0 1 1	5 3 2	7 4 3	true
P_4	0 0 2	4 3 1	7 4 3	7 4 5	true
P_2	3 0 2	6 0 0	7 4 5	7 5 5	true
P_0	0 1 0	7 4 3	7 5 5	10 5 7	true

由所进行的安全性检查得知，可以找到一个安全序列$<P_1,P_3,P_4,P_2,P_0>$，因此状态是安全的，可以立即将 P_1 所申请的资源分配给它。

3) P_4 请求资源

假设此时 P_4 的请求向量 $Request_4 = (3,3,0)$,系统按照银行家算法处理该请求:

① $(3,3,0) \leqslant (4,3,1)$ 成立,即 $Request_4 \leqslant Need_4$ 为真。

② $(3,3,0) \leqslant (2,3,0)$ 不成立,即 $Request_4 \leqslant Available$ 不为真,则 P_4 等待。

4) P_0 请求资源

假设此时 P_0 的请求向量 $Request_0 = (0,2,0)$,系统按照银行家算法处理该请求:

① $(0,2,0) \leqslant (7,4,3)$ 成立,即 $Request_0 \leqslant Need_0$ 为真。

② $(0,2,0) \leqslant (2,3,0)$ 成立,即 $Request_0 \leqslant Available$ 为真。

③ 系统先假设可为 P_0 分配资源,并修改向量 $Available$、$Allocation_0$ 和 $Need_0$,由此形成的资源变化情况如表 9.8 所示。

表 9.8 P_0 申请资源时的资源分配表

进程	Allocation A B C	Max A B C	Need A B C	Available A B C
P_0	**0 3 0**	7 5 3	**7 2 3**	**2 1 0**
P_1	3 0 2	3 2 2	0 2 0	
P_2	3 0 2	9 0 2	6 0 0	
P_3	2 1 1	2 2 2	0 1 1	
P_4	0 0 2	4 3 3	4 3 1	

④ 利用安全性检查算法检查此时的资源分配状态是否安全。

此时可用资源 $Available = (2,1,0)$,不能满足任何进程的需求,系统处于不安全状态,因此,系统拒绝为 P_0 分配资源,P_0 等待。

利用银行家算法避免死锁,虽然算法很有意义,但缺乏实用价值,主要原因有两个:一个是进程难以在运行前就知道其所需资源的最大需求量;另一个是随着进程的创建与终止,系统中的进程数也不是固定的,而是在不断地变化。而且系统中原本可用的资源可能由于故障等原因突然变得不可用,因此目前的系统中没有采用该方法来处理死锁问题。然而有的系统使用诸如银行家算法之类的启发式方法来避免死锁。例如,在网络通信中,当缓冲区利用率达到 70% 以上时,网络会实现自动节流,此时网络预计剩余的 30% 就能够使用户完成任务并释放已占用的资源。

在一些大型计算机批处理系统中要求用户在所提交的作业中(第一行)列出它们需要的资源,可以对利用银行家算法避免死锁在一定程度上提供支持。

◆ 9.6 死锁检测

当为进程分配资源时,如果系统既不采用死锁预防,也不采用死锁避免等任何限制措施,系统就有可能会出现死锁。此时系统应提供检测和解除死锁的手段。为此,系统应该:

(1) 保存有关资源的请求和分配信息。

(2) 提供相应的算法,利用上述信息检测系统是否已进入死锁状态。

9.6.1 基于资源分配图的死锁检测

根据 9.1.3 节给出的资源分配图(RAG)的定义,某一时刻的资源分配图,直观地给出了该时刻系统中资源的请求和分配信息。可以利用简化资源分配图的方法,检测系统此时是否存在死锁的进程。

1. 资源分配图的简化过程

(1) 在资源分配图中,查找既不阻塞又非孤立的进程节点 P_i。

一般情况下,这样的进程 P_i 可以获得所需资源而继续执行,直至运行结束,从而会释放其所占有的全部资源。这相当于消去 P_i 所有的请求边和分配边而成为孤立节点。例如,在如图 9.8(a)所示的资源分配图中,消去进程节点 P_1 的两个分配边和一个请求边,使之成为孤立点,如图 9.8(b)所示。

(2) 查找获取 P_1 释放资源后可继续执行的进程节点,消去所有的请求边和分配边。

在图 9.8(b)中,进程 P_2 可获取 P_1 释放的资源而继续执行,执行结束后可释放其所占有的全部资源,成为孤立点,如图 9.8(c)所示。

(3) 在进行一系列的简化后,如果能消去图中所有的边,使所有的进程节点都成为孤立点,称该图是可完全简化的,否则称该图是不可完全简化的。例如,图 9.8(a)是可完全简化的。

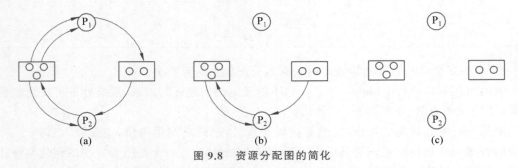

图 9.8 资源分配图的简化

对于较复杂的资源分配图,可能有多个既未阻塞又非孤立的进程节点,不同的简化顺序是否会得到不同的简化图?有关文献已经证明,所有的简化顺序,都将得到相同的不可简化图。

2. 死锁定理

一个资源分配图所表示的系统状态 S 为死锁状态的充要条件是:当且仅当状态 S 的资源分配图是不可完全简化的。该充要条件称为死锁定理。不能简化为孤立点的进程为死锁进程。

3. 等价性

基于资源分配图的检测方法思想与 9.6.3 节介绍的死锁检测算法是等价的,可以利用 9.7.3 节介绍的死锁检测算法具体实现。

9.6.2 每种资源类型只有单个实例

在基于资源分配图的死锁检测方法中,如果资源分配图中所有的资源只有一个实例,可以利用等待图的方法简化处理过程。

1. 等待图

在资源分配图中,如果进程 P_i 请求资源 R_j,而资源 R_j 又被进程 P_k 占有,由于资源 R_j 只有一个实例,可消除资源节点 R_j,转换成进程 P_i 等待进程 P_k,表示进程 P_i 等待 P_k 释放 P_i 所需的资源,如图 9.9 所示。

图 9.9　线程 P_i 等待线程 P_k 释放资源

在所有资源只有一个实例的资源分配图中,按照上述规则,消除所有的资源类型节点,保留进程节点,合并适当的边,就得到资源分配图对应的等待图。图 9.10 给出了一个资源分配图对应的等待图。

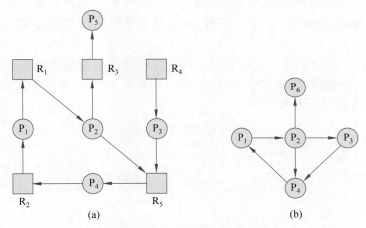

图 9.10　资源分配图对应的等待图

2. 基于等待图的死锁检测方法

显然,如果等待图中有环,说明环中的进程进入互相等待,系统存在死锁。环中的进程为死锁进程。

采用该方法检测死锁,系统需要周期性地维护等待图,并检测图中是否有环。检测环的算法需要 n^2 级别的操作,其中,n 为等待图中的节点数,即进程数。

9.6.3　每种资源类型可有多个实例

等待图方案并不适用于每种资源类型可能有多个实例的资源分配系统。下面介绍的死锁检测算法,适用于每种资源类型有多个实例的情况,该方法实质上是基于资源分配图的死锁检测方法(死锁定理)的算法实现。

1. 死锁检测中的数据结构

该算法使用了一些随时间而变化的数据结构,与银行家算法中使用的数据结构类似。

设 n 为系统中进程的个数,m 为资源类型的种类。相关的数据结构如下。

- Available:长度为 m 的向量,表示每种资源的可用实例。
- Allocation:$n \times m$ 矩阵,表示当前各进程的资源分配情况。

- Request：$n \times m$ 矩阵，表示当前各进程的资源请求情况。如果 Request$[i][j]=k$，表示进程 P_i 正在请求资源类型 R_j 的 k 个实例。

2. 死锁检测算法

死锁检测算法的思想与银行家算法中的安全性检查算法类似，但涉及的数据结构有所差别，读者可自行比较两者之间的异同。

(1) 设 Work 表示长度为 m 的向量，并初始化 Work=Available；Finish 表示长度为 n 的向量，对于 $i=0,1,\cdots,n-1$，初始化 Finish$[i]$=false。

(2) 对于 $i=0,1,\cdots,n-1$，查找满足 Finish$[i]$=false 和 Request$_i \leqslant$ Work 的 i，如果没有这样的 i 存在，转第(4)步，否则转第(3)步。

(3) Work=Work+Allocation$_i$，Finish$[i]$=true，返回到第(2)步。

(4) 如果对所有的 $i=0,1,\cdots,n-1$，都有 Finish$[i]$=true，则目前系统没有产生死锁；否则，说明系统处于死锁状态，如果 Finish$[i]$=false，则 P_i 是死锁进程。

该算法的时间复杂度是 $O(mn^2)$，其中，m 是资源类型数，n 是进程数。

3. 举例

考虑有这样一个系统，有 5 个进程$\{P_0,P_1,P_2,P_3,P_4\}$，3 种资源类型$\{A,B,C\}$。其中，资源类型 A 有 7 个实例，资源类型 B 有 2 个实例，资源类型 C 有 6 个实例。假设在时刻 T_0，系统资源分配状态如表 9.9 所示。

表 9.9 T_0 时刻资源分配状态

进程	Allocation			Request			Available		
	A	B	C	A	B	C	A	B	C
P_0	0	1	0	0	0	0	0	0	0
P_1	2	0	0	2	0	2			
P_2	3	0	3	0	0	0			
P_3	2	1	1	1	0	0			
P_4	0	0	2	0	0	2			

运行死锁检测算法，会找到一个序列<P_0,P_2,P_3,P_1,P_4>满足对所有的 $i=0,1,\cdots,4$，Finish$[i]$=true。如表 9.10 所示。因此，时刻 T_0 系统不处于死锁状态。

表 9.10 T_0 时刻死锁检查

进程	Allocation			Request			Work			Work+Allocation			Finish
	A	B	C	A	B	C	A	B	C	A	B	C	
P_0	0	1	0	0	0	0	0	0	0	0	1	0	true
P_2	3	0	3	0	0	0	0	1	0	3	1	3	true
P_3	2	1	1	1	0	0	3	1	3	5	2	4	true
P_1	2	0	0	2	0	2	5	2	4	7	2	4	true
P_4	0	0	2	0	0	2	7	2	4	7	2	6	true

假设在 T_1 时刻进程 P_2 又请求了资源类型 C 的一个实例,该时刻的资源分配状态如表 9.11 所示。

表 9.11 T_1 时刻资源分配状态

进 程	Allocation A B C	Request A B C	Available A B C
P_0	0 1 0	0 0 0	0 0 0
P_1	2 0 0	2 0 2	
P_2	3 0 3	0 0 1	
P_3	2 1 1	1 0 0	
P_4	0 0 2	0 0 2	

运行死锁检测算法,对于 $i=0,1,\cdots,4$,Finish$[i]$=false。如表 9.12 所示。因此时刻 T_1 系统中有死锁进程 $\{P_1,P_2,P_3,P_4\}$。

表 9.12 T_1 时刻死锁检查

进 程	Allocation A B C	Request A B C	Work A B C	Work + Allocation A B C	Finish
P_0	0 1 0	0 0 0	0 0 0	0 1 0	true
P_1	2 0 0	2 0 2			false
P_2	3 0 3	0 0 1			false
P_3	2 1 1	1 0 0			false
P_4	0 0 2	0 0 2			false

9.6.4 死锁检测算法的应用

如果系统具备死锁检测的功能,应该何时去调用它们? 一种方法是每当有资源请求时调用。这种方法可以及早地发现死锁,但会过多地占用 CPU 时间,系统成本比较高。另一种方法是每隔一段时间,以一个不太高的频率调用,如每隔 1 小时,或者在 CPU 的使用率降到某一阈值时(例如 40%,因为如果系统中死锁的进程达到一定数量,能够运行的进程就比较少,CPU 就比较空闲)。但这时的资源分配图中可能会存在很多环。

◆ 9.7 死锁解除

当检测到系统中有死锁产生时,可以采取多种措施解除死锁。常用的方法有:系统采用终止某些进程或抢占某些进程资源的方法,打破死锁的某项必要条件,让系统从死锁状态中自动恢复过来,系统也可以退到过去某一个安全状态重新执行。

9.7.1 终止进程

终止一个或多个进程,可以打破死锁进程之间的循环等待,将死锁解除。可以采用:

(1) 终止所有死锁进程。该方法代价太大,因为其中的一些死锁进程可能已经计算了很长时间,被终止后需要重新开始计算。

(2) 逐个终止死锁环中的进程,直至打破死锁环为止。由于每终止一个进程,都需要调用死锁检查算法以确定死锁是否仍然存在,因此该方法的开销也会相当大。

选择终止哪个或哪些进程,是一个策略选择问题,理想情况下应该终止代价最小的进程。然而,代价受到很多因素的影响,例如:

- 进程的优先级是什么?
- 进程已经计算了多久?完成指定任务还需要多长时间?
- 进程完成指定任务需要哪些资源类型?数量是多少?
- 进程正在使用哪些资源类型?使用了多少?这些资源是否适于抢占?
- 需要终止多少进程?
- 进程是交互式的还是批处理的?

每次都选择终止代价最小的进程,是典型的贪心算法,并不一定能保证解除死锁后所付出的代价最小。如果一定要求终止进程的总代价最小,可能会付出很高的算法复杂性。

9.7.2 抢占资源

逐步抢占一些进程的资源给死锁进程使用,直到死锁环被打破为止。该策略有以下问题需要处理。

(1) 抢占哪个进程的哪些资源?

与终止进程一样,需要确定抢占顺序以使代价最小化。这里代价需要考虑的因素也很多,诸如死锁进程所拥有的资源数量,死锁进程已经执行的时间等。

(2) 将进程回退到哪个状态?

资源被抢占的进程由于缺少资源无法正常执行,需要将其回退到进程申请该资源之前的状态。极端情况下,进程可能需要重新执行。

(3) 如何保证进程不会发生饥饿?

如果总是从同一个进程中抢占资源,该进程就会处于饥饿状态。系统需要避免这种情况的发生。最常用的方法是在代价因素中加上被抢占次数。

9.7.3 回退

在并发系统中,由于进程执行的异步性特征,重新执行将改变进程的推进顺序,依据 9.2.1 节的分析,重新执行后,进程可能不再进入死锁状态。

系统可以周期性地使用死锁检测算法,判断当前系统中是否出现了死锁。一旦发现,系统就回退到过去的某个安全状态重新执行。

回退使系统重复执行某些已完成的工作,导致计算资源的损失。另外,记录过去系统的安全状态,需要采用日志的方法,保存系统中所有进程在相关时刻使用资源的情况和各种状态,也会消耗大量的系统资源。

◆ 小 结

本章从进程执行过程与资源的关系开始,引入了死锁的概念,然后阐述了解决死锁问题的各种方法。希望读者能够在深入理解死锁问题的基础上,掌握各种方法的要点,理解它们是如何解决死锁问题的。

死锁的预防是对进程资源申请进行限制,减轻了操作系统的负担,但是,各种预防死锁的方法都存在过度限制进程之间并发性的问题。死锁的避免不限制进程请求资源的过程,但操作系统承担了大量的工作,由于计算量太大,以至于现实系统中难以使用。死锁的检测和解除方法所耗费的系统开销也是目前系统难以承受的。

鸵鸟策略成为现代操作系统的首选,它实际上是把死锁问题留给了系统管理员。或许人工智能技术会给出比较满意的结果。

◆ 练 习

1. 何谓死锁?死锁产生的原因和必要条件是什么?举例说明在什么情况下这4个条件是必要条件,其中哪一个是充要条件?

2. 在解决死锁问题的几个方法中,哪种方法最易于实现?哪种方法使资源利用率最高?

3. 当每个哲学家一次只拿起一支筷子时,哲学家就餐问题就会出现死锁。请讨论在这种情况下的4个死锁必要条件确实存在。可以取消哪些条件来预防死锁?如何取消?

4. 为什么进程不会因为等待CPU、内存等这类资源而进入死锁?

5. 一种防止死锁的方法是将一个资源的优先级设置得比较高,在进程申请其他资源时,必须先申请该高优先级资源。例如,当多个进程试图访问像互斥、信号量以及条件变量等同步对象A,B,…,E时,可能出现死锁。现在增加第6个对象F,当任一进程需要获取对象A,B,…,E的同步锁时,必须先获取对象F的锁,可以防止死锁。这种方法称为包含:对象A,B,…,E的锁包含在对象F的锁中。该方法与破坏环路等待所讨论的死锁预防措施相比,存在的主要问题是什么?

6. 考虑下面的资源分配策略。进程在任何时刻都可以请求或释放资源。

如果一个进程请求资源时,若系统中目前没有可用的资源,系统则检查所有等待资源而被阻塞的进程。

如果这些阻塞的进程中有请求资源进程所需要的资源,则把资源从这些阻塞的进程中拿出以分配给请求资源的进程。

(1) 这种资源分配方案会出现死锁吗?为什么?

(2) 这种资源分配方案存在什么问题?

7. 一个系统有4个进程和5个可分配资源,当前分配和最大需求如表9.13所示。

表 9.13 当前分配和最大需求

	已分配资源	最大需求量	目前可用资源
进程 A	1 0 2 1 1	1 1 2 1 3	0 0 x 1 2
进程 B	2 0 1 1 0	2 2 2 1 0	
进程 C	1 1 0 1 0	2 1 3 1 0	
进程 D	1 1 1 1 0	1 1 2 2 1	

若保持该状态是安全的,x 的最小值是多少? 给出求解步骤。

8. 死锁的必要条件有哪些? 利用银行家算法可以避免死锁的产生,它实质上是摒弃了死锁必要条件中的哪些(个)条件?

9. 给定下列两个资源分配图,如图 9.11 所示,请利用死锁检测算法分别检测它们的状态是否是死锁状态。如果是,分别利用终止进程与抢占资源两种方法解除死锁。

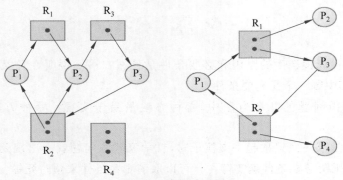

图 9.11 资源分配图

10. 一个使用信箱的分布式系统有两条 IPC 原语:send 和 receive。receive 原语用于指定从哪个进程接收消息,并且如果指定的进程没有可用消息,即使有从其他进程发来的消息,该进程也等待。进程之间不存在共享资源,但是进程由于其他原因需要经常通信。死锁会产生吗? 举例说明。

11. 在银行家算法中,若目前的资源分配情况如表 9.14 所示:

表 9.14 资源分配情况

Process	Allocation	Max	Available
P_0	0 0 3 2	0 0 4 4	1 6 2 2
P_1	1 0 0 0	2 7 5 0	
P_2	1 3 5 4	3 6 10 10	
P_3	0 3 3 2	0 9 8 4	
P_4	0 0 1 4	0 6 6 10	

请回答:①该状态是否安全? ②若进程 P_2 提出请求 $Request_2(1,2,2,2)$ 后,系统能否将资源分配给它?

12. 假设有 4 个相同类型的资源被 3 个进程共享,每个进程最多需要 2 个资源。试证明该系统不会死锁。并进一步证明:

(1) 某系统有同类资源 m 个,它们供 n 个进程共享。如果每个进程最多申请 x 个资源($1 \leqslant x \leqslant m$),说明只要不等式 $n(x-1)+1 \leqslant m$ 成立,该系统就不会发生死锁。

(2) 某系统有同类资源 m 个,供 n 个进程共享,如果每个进程最多申请 x 个资源($1 \leqslant x \leqslant m$),且所有进程的最大需求量之和小于 $(m+n)$(即 $nx < m+n$),试证明该系统不会发生死锁。

提示:不等式 $n(x-1)+1 \leqslant m$ 的含义是什么?

13. 如果系统中的所有进程都阻塞了,那么这些进程是不是处于死锁状态?

14. 对于如图 9.12 所描述的情景,分别利用终止进程、抢占资源与系统回退三种方法,说明如何解决现实中的死锁问题。

图 9.12 问题情景

参考文献

[1] Turing A M. On Computable Numbers, with an Application to the Entscheidungsproblem[J]. Proceedings of the London Mathematical Society, 1937, 42(1): 230-265.

[2] John V N. First Draft of a Report on the EDVAC[J]. IEEE Annals of the History of Computing. 1993, 15(4): 27-75.

[3] 大卫·帕特森, 安德鲁·沃特曼. RISC-V 开放架构设计之道[M]. 北京: 电子工业出版社, 2024.

[4] Hennessy J L, Patterson D A. 计算机体系结构: 量化研究方法[M]. 贾洪峰, 译. 5版. 北京: 人民邮电出版社, 2013.

[5] 袁春风, 余子豪. 计算机组成与设计[M]. 北京: 高等教育出版社, 2020.

[6] 郑纬民, 汤志忠. 计算机系统结构[M]. 北京: 清华大学出版社, 2020.

[7] Bryant R E. 深入理解计算机系统[M]. 龚奕利, 译. 4版. 北京: 机械工业出版社, 2016.

[8] 俞甲子, 石凡, 潘爱民. 程序员的自我修养[M]. 北京: 电子工业出版社, 2009.

[9] Patt Y N. 计算机系统概论[M]. 梁阿磊, 译. 2版. 北京: 机械工业出版社, 2007.

[10] Henry Lawrence Gantt. Industrial efficiency, wages, cost and standard of living[M]. The Engineering Magazine co. NY, 1919.

[11] Patrick R L. Oral History[J]. Computer History Museum, 1973.

[12] Pinkerton J M M. The Evolution Of Design In A Series Of Computers LEOI-Ⅲ[J]. The Computer Journal, 1961, 4(1): 42-46.

[13] Lampson B W. Hints for computer system design[J]. ACM SIGOPS Operating Systems Review, 1983, 17(5): 33-48.

[14] 陈海波, 夏虞斌. 现代操作系统: 原理与实现[M]. 北京: 机械工业出版社, 2020.

[15] Organic E I. Computer System Organization: The B5700/B6700 Series[M]. Academic Press, 1973.

[16] Organic E I. The Multics System: An Examination of its Structure[M]. Cambridge: MIT Press, 1972.

[17] Tanenbaum A S. Modern Operating System[M]. 北京: 机械工业出版社, 2017.

[18] 威廉·斯托林斯. 操作系统精髓[M]. 北京: 电子工业出版社, 2020.

[19] Rosenblum. The Design and Implementation of a Log-structured file system[M]. New York: Springer, 1994.

图书资源支持

感谢您一直以来对清华版图书的支持和爱护。为了配合本书的使用,本书提供配套的资源,有需求的读者请扫描下方的"书圈"微信公众号二维码,在图书专区下载,也可以拨打电话或发送电子邮件咨询。

如果您在使用本书的过程中遇到了什么问题,或者有相关图书出版计划,也请您发邮件告诉我们,以便我们更好地为您服务。

我们的联系方式:

清华大学出版社计算机与信息分社网站: https://www.shuimushuhui.com/

地　　址: 北京市海淀区双清路学研大厦 A 座 714

邮　　编: 100084

电　　话: 010-83470236　　010-83470237

客服邮箱: 2301891038@qq.com

QQ: 2301891038(请写明您的单位和姓名)

资源下载: 关注公众号"书圈"下载配套资源。

书圈

清华计算机学堂

观看课程直播